2024

산업안전
기사·산업기사
실기 **필답형+작업형**

최현준 · 서진수 · 송환의 · 이철한 · 이승호 저

Ⅰ권 │ 이론

예문에듀
EDU

머리말

새로운 도전의 길에 들어선 여러분!

자격증 취득이라는 인생의 크지 않은 목표이지만, 그 외로운 싸움 앞에서 얼마나 망설이고 주저앉고 포기를 반복하셨습니까?

다년간의 강의를 하면서 합격자를 보다 많이 배출시킬 수 있는 방법을 고민하고, 좀 더 쉽고 효율적으로 공부할 수 있는 교재의 필요성을 느끼게 되어 오늘까지 왔습니다.

이 교재는 기출문제를 철저히 분석하여 이론정리 및 예상문제를 체계적으로 정리하였고, 필답형과 작업형으로 구분하여 한 권으로 학습할 수 있도록 하였습니다.

최소한의 시간 투자로 산업안전(산업)기사 자격을 취득할 수 있도록 하는 데 초점을 두고 정리한 이 책의 특징은 다음과 같습니다.

---

01 최근 출제기준에 맞추어 각 단원의 내용을 구성하였고, 다년간의 기출문제를 철저히 분석하여 출제빈도가 높은 문제를 엄선하여 예상문제를 수록하였습니다.

02 계산문제의 공식에 관련된 내용은 예상문제를 수록하여 이해도를 높일 수 있도록 하였습니다.

03 필답형은 예상문제와 과년도 기출문제를 기사와 산업기사로 구분하여 수록함으로써 출제 문제를 파악하는 데 도움이 되도록 하였습니다.

04 작업형의 경우 다년간의 출제된 문제를 분석하여 예상문제를 수록함으로써 기사와 산업기사를 한 권으로 학습할 수 있도록 하였습니다.

05 각종 법규는 최근 개정된 내용에 맞추어 수록하였습니다.

강의를 하면서 쌓아온 노하우와 자료를 최대한 살려 출간하였지만, 미천한 지식의 한계로 아직은 많이 부족하고 아쉬움이 있으리라 생각됩니다. 따라서 산업현장의 안전을 위해 노력하시는 선후배 및 여러 교수님들의 애정 어린 관심과 아낌없는 지도ㆍ편달을 바라며, 항상 수험생의 입장에서 생각하고 여러분들의 충고를 겸허히 받아들여 부족한 부분들은 계속 수정 보완해 나갈 것을 약속드립니다.

끝으로 이 책이 완성되기까지 물심양면으로 도와주신 주경야독 운동기 대표님, 주경야독 조정희 이사님, 주경야독 여러분, 도서출판 예문사, 옆에서 용기와 많은 시간을 인내해 준 사랑하는 아내와 가족들에게 깊은 감사의 뜻을 전합니다.

저자

출제기준

직무 분야	안전관리	중직무 분야	안전관리	자격 종목	산업안전기사	적용 기간	2024.1.1.~2026.12.31.

직무내용 : 제조 및 서비스업 등 각 산업현장에 소속되어 산업재해 예방계획의 수립에 관한 사항을 수행하며, 작업환경의 점검 및 개선에 관한 사항, 사고사례 분석 및 개선에 관한 사항, 근로자의 안전교육 및 훈련 등을 수행하는 직무이다.

수행준거 : 1. 사업장의 안전한 작업환경을 구성하기 위해 산업안전계획과 재해예방계획, 안전보건관리 규정을 수행할 수 있는 산업안전관리 매뉴얼을 개발할 수 있다.
2. 관련 공정의 특수성을 분석하여, 안전관리상 고려사항을 조사하고, 관련 자료 및 기계위험에 대한 안전조건 분석 등을 수행할 수 있다.
3. 사업장 내 발생한 사고에 대한 신속한 조치를 통하여 추가 피해를 방지하고, 사고 원인에 대한 분석을 실시하여 향후 발생할 수 있는 산업재해를 예방할 수 있다.
4. 사업장 안전점검이란 안전점검계획 수립과 점검표 작성을 통해 안전점검을 실행하고 이를 평가하는 능력이다.
5. 근로자 안전과 관련한 안전시설을 관련 법령과 기준, 지침에 따라 관리할 수 있다.
6. 근로자 안전과 관련한 보호구와 안전장구를 관련 법령, 기준, 지침에 따라 관리할 수 있다.
7. 정전기로 인해 발생할 수 있는 전기안전사고를 예방하기 위하여 정전기 위험요소를 파악하고 제거할 수 있다.
8. 전기로 인해 발생할 수 있는 폭발 사고를 방지하기 위해, 사고 위험요소를 파악하고 대응할 수 있다.
9. 작업 중 발생할 수 있는 전기사고로부터 근로자를 보호하기 위해 안전하게 전기작업을 수행하도록 지원하고 예방할 수 있다.
10. 작업장에서 발생할 수 있는 관련 사고를 예방하기 위해 관련 요소를 파악하고 계획을 수립할 수 있다.
11. 화학물질에 대한 유해·위험성을 파악하고, MSDS를 활용하여 제반 안전활동을 수행할 수 있다.
12. 화학공정 시설에서 발생할 수 있는 안전사고를 방지하기 위해 안전점검계획을 수립하고 안전점검표에 따라 안전점검을 실행하며 안전점검 결과를 평가할 수 있다.
13. 건설공사와 관련된 특수성을 분석하고 공사와 연관된 안전관리의 고려사항과 기존의 관련 공사자료를 활용하여 안전관리업무에 적용할 수 있다.
14. 근로자 안전과 관련한 건설현장 안전시설을 관련 법령과 기준, 지침에 따라 관리할 수 있다.
15. 건설 작업 중 발생할 수 있는 유해·위험요인을 파악하여 감소대책을 수립하고, 평가보고서 작성 후 평가결과를 환류하여 건설현장 내 유해·위험요인을 관리할 수 있다.

실기검정방법	복합형	시험시간	2시간 30분 정도 (필답형 1시간 30분, 작업형 1시간 정도)

실기 과목명	주요항목	세부항목	세세항목
산업안전 관리 실무	1. 산업안전관리 계획수립	1. 산업안전계획 수립하기	1. 사업장의 안전보건경영방침에 따라 안전관리 목표를 설정할 수 있다. 2. 설정된 안전관리 목표를 기준으로 안전관리를 위한 대상을 설정할 수 있다. 3. 설정된 안전관리 대상별 인력, 예산, 시설 등의 사항을 계획할 수 있다. 4. 안전관리 대상별 안전점검 및 유지 보수에 관한 사항을 계획할 수 있다.

실기 과목명	주요항목	세부항목	세세항목
			5. 계획된 내용을 보고서로 작성하여 산업안전보건위원회에 심의를 받을 수 있다. 6. 산업안전보건위원회에서 심의된 안전보건계획을 이사회 승인 후 안전관리 업무에 적용할 수 있다.
		2. 산업재해예방계획 수립하기	1. 사업장에서 발생 가능한 유해 · 위험요소를 선정할 수 있다. 2. 유해 · 위험요소별 재해 원인과 사례를 통해 재해예방을 위한 방법을 결정할 수 있다. 3. 결정된 방법에 따라 세부적인 예방 활동을 도출할 수 있다. 4. 산업재해예방을 위한 소요 예산을 계상할 수 있다. 5. 산업재해예방을 위한 활동, 인력, 점검, 훈련 등이 포함된 계획서를 작성할 수 있다.
		3. 안전보건관리규정 작성하기	1. 산업안전관리를 위한 사업장의 특성을 파악할 수 있다. 2. 안전보건관리규정 작성에 필요한 기초자료를 파악할 수 있다. 3. 안전보건경영방침에 따라 안전보건관리규정을 작성할 수 있다. 4. 산업안전보건 관련 법령에 따라 안전보건관리규정을 관리할 수 있다.
		4. 산업안전관리 매뉴얼 개발하기	1. 사업장 내 설비와 유해 · 위험요인을 파악할 수 있다. 2. 안전보건관리규정에 따라 산업안전관리에 필요 절차를 파악할 수 있다. 3. 사업장 내 안전관리를 위한 분야별 매뉴얼을 개발할 수 있다.
	2. 기계작업공정 특성 분석	1. 안전관리상 고려사항 결정하기	1. 기계작업공정과 관련된 설계도를 검토하여 안전관리 운영 항목을 도출할 수 있다. 2. 기계작업공정에서 도출된 안전관리요소를 검토하여 안전관리 업무의 핵심 내용을 도출할 수 있다. 3. 유관 부서와 협의하고 협조 운영될 수 있는 방안을 검토할 수 있다. 4. 사전예방활동 또는 작업성과의 향상에 기여할 수 있도록 위험을 최소화할 수 있는 안전관리 방안을 결정할 수 있다.
		2. 관련 공정 특성 분석하기	1. 기계작업 공정 안전관리 요소를 도출하기 위하여 기계작업공정의 설계도에 따라 세부적인 안전지침을 검토할 수 있다. 2. 작업환경에 따라 안전관리에 적용해야 하는 위험요인을 도출할 수 있다. 3. 특수 작업의 작업조건에 따라 안전관리에 적용해야 하는 위험요인을 도출할 수 있다. 4. 기계작업 공정별 특수성에 따라 위험요인을 도출하여 안전관리방안을 도출할 수 있다.

실기 과목명	주요항목	세부항목	세세항목
		3. 유사 공정 안전관리 사례 분석하기	1. 안전관리상 고려사항을 도출하기 위하여 유사 공정 분석에 필요한 정보를 수집할 수 있다. 2. 외부전문가가 필요한 경우 안전관리 분야 전문가를 위촉하여 활용 할 수 있다. 3. 외부전문가를 활용한 기계작업 안전관리 사례 분석결과에서 안전 관리요소를 도출할 수 있다.
		4. 기계 위험 안전조건 분석하기	1. 현장에서 사용되는 기계별 위험요인과 기계설비의 안전요소를 도출할 수 있다. 2. 기계의 안전장치의 설치 등 기계의 방호장치에 대한 특성을 분석하 고 활용할 수 있다. 3. 기계설비의 결함을 조사하여 구조적, 기능적 안전에 대응할 수 있다. 4. 유해위험기계기구의 종류, 기능과 작동원리를 활용하여 안전조건 을 검토할 수 있다.
	3. 산업재해 대응	1. 산업재해 처리 절차 수립하기	1. 비상조치 계획에 의거하여 사고 등 비상상황에 대비한 처리 절차를 수립할 수 있다. 2. 비상대응 매뉴얼에 따라 비상 상황전달 및 비상조직의 운영으로 피해를 최소화할 수 있다. 3. 비상상태 발생 시 신속한 대응을 위해 비상 훈련계획을 수립할 수 있다.
		2. 산업재해자 응급조치하기	1. 응급처치 기술을 활용하여 재해자를 안정시키고 인근 병원으로 즉시 이송할 수 있다. 2. 병력과 치료현황이 포함된 재해자 건강검진 자료를 확인하여 사고 대응에 활용할 수 있다. 3. 재해조사 조치요령에 근거하여 재해현장을 보존하여 증거자료를 확보할 수 있다.
		3. 산업재해원인 분석하기	1. 작업공정, 절차, 안전기준 및 시설 유지보수 등을 통하여 재해원인 을 분석할 수 있다. 2. 사고장소와 시설의 증거물, 관련자와의 면담 등을 통하여 사고와 관련된 기인물과 가해물을 규명할 수 있다. 3. 재해요인을 정량화하여 수치로 표시할 수 있다. 4. 재발 발생 가능성과 예상 피해를 감소시키기 위해 필요한 사항을 추가 조사할 수 있다. 5. 동일 유형의 사고 재발을 방지하기 위해 사고조사보고서를 작성할 수 있다.

실기 과목명	주요항목	세부항목	세세항목
		4. 산업재해 대책 수립하기	1. 사고조사를 통해 근본적인 사고원인을 규명하여 개선대책을 제시할 수 있다. 2. 개선조치사항을 사고발생 설비와 유사 공정·작업에 반영할 수 있다. 3. 사고보고서에 따라 대책을 수립하고, 평가하여 교육 훈련 계획을 수립할 수 있다. 4. 사업장 내 근로자를 대상으로 비상대응 교육훈련을 실시할 수 있다.
	4. 사업장 안전 점검	1. 산업안전 점검계획 수립하기	1. 작업공정에 맞는 점검 방법을 선정할 수 있다. 2. 안전점검 대상 기계·기구를 파악할 수 있다. 3. 위험에 따른 안전관리 중요도에 대한 우선순위를 결정할 수 있다. 4. 적용하는 기계·기구에 따라 안전장치와 관련된 지식을 활용하여 안전점검계획을 수립할 수 있다.
		2. 산업안전 점검표 작성하기	1. 작업공정이나 기계·기구에 따라 발생할 수 있는 위험요소를 포함한 점검항목을 도출할 수 있다. 2. 안전점검 방법과 평가기준을 도출할 수 있다. 3. 안전점검계획을 고려하여 안전점검표를 작성할 수 있다.
		3. 산업안전 점검 실행하기	1. 안전점검표의 점검항목을 파악할 수 있다. 2. 해당 점검대상 기계·기구의 점검주기를 판단할 수 있다. 3. 안전점검표의 항목에 따라 위험요인을 점검할 수 있다. 4. 안전점검결과를 분석하여 안전점검 결과보고서를 작성할 수 있다.
		4. 산업안전 점검 평가하기	1. 안전기준에 따라 점검내용을 평가하여 위험요인을 도출할 수 있다. 2. 안전점검결과 발생한 위험요소를 감소하기 위한 개선방안을 도출할 수 있다. 3. 안전점검결과를 바탕으로 사업장 내 안전관리 시스템을 개선할 수 있다.
	5. 기계안전시설 관리	1. 안전시설 관리 계획하기	1. 작업공정도와 작업표준서를 검토하여 작업장의 위험성에 따른 안전시설설치 계획을 작성할 수 있다. 2. 기 설치된 안전시설에 대해 측정 장비를 이용하여 정기적인 안전점검을 실시할 수 있도록 관리계획을 수립할 수 있다. 3. 공정진행에 의한 안전시설의 변경, 해체 계획을 작성할 수 있다.
		2. 안전시설 설치하기	1. 관련 법령, 기준, 지침에 따라 성능검정에 합격한 제품을 확인할 수 있다. 2. 관련 법령, 기준, 지침에 따라 안전시설물 설치기준을 준수하여 설치할 수 있다. 3. 관련 법령, 기준, 지침에 따라 안전보건표지를 설치할 수 있다. 4. 안전시설을 모니터링하여 개선 또는 보수 여부를 판단하여 대응할 수 있다.

출제기준

실기 과목명	주요항목	세부항목	세세항목
		3. 안전시설 관리하기	1. 안전시설을 모니터링하여 필요한 경우 교체 등 조치할 수 있다. 2. 공정 변경 시 발생할 수 있는 위험을 사전에 분석하여 안전 시설을 변경·설치할 수 있다. 3. 작업자가 시설에 위험 요소를 발견하여 신고 시 즉각 대응할 수 있다. 4. 현장에 설치된 안전시설보다 우수하거나 선진 기법 등이 개발되었을 경우 현장에 적용할 수 있다.
	6. 산업안전 보호 장비관리	1. 보호구 관리하기	1. 산업안전보건법령에 기준한 보호구를 선정할 수 있다. 2. 작업 상황에 맞는 검정 대상 보호구를 선정하고 착용상태를 확인할 수 있다. 3. 사용설명서에 따른 올바른 착용법을 확인하고, 작업자에게 착용 지도할 수 있다. 4. 보호구의 특성에 따라 적절하게 관리하도록 지도할 수 있다.
		2. 안전장구 관리하기	1. 산업안전보건법령에 기준한 안전장구를 선정할 수 있다. 2. 작업 상황에 맞는 검정 대상 안전장구를 선정하고 착용상태를 확인할 수 있다. 3. 사용설명서에 따른 올바른 착용법을 확인하고, 작업자에게 착용 지도할 수 있다. 4. 안전장구의 특성에 따라 적절하게 관리하도록 지도할 수 있다.
	7. 정전기 위험 관리	1. 정전기 발생방지 계획 수립하기	1. 정전기 발생원인과 정전기 방전을 파악하여, 정전기 위험장소 점검계획을 수립할 수 있다. 2. 정전기 방지를 위한 접지시설과 등전위본딩, 도전성 향상 계획을 수립할 수 있다. 3. 인화성 화학물질 취급 장치·시설과 취급 장소에서 발생할 수 있는 정전기 방지 대책을 수립할 수 있다. 4. 정전기 계측설비 운용 계획을 수립할 수 있다.
		2. 정전기 위험요소 파악하기	1. 정전기 발생이 전격, 화재, 폭발 등으로 이어질 수 있는 위험요소를 파악할 수 있다. 2. 정전기가 발생될 수 있는 장치·시설에 절연저항, 표면저항, 접지 저항, 대전전압, 정전용량 등을 측정하여 정전기의 위험성을 판단할 수 있다. 3. 정전기로 인한 재해를 예방하기 위하여 정전기가 발생되는 원인을 파악할 수 있다.

실기 과목명	주요항목	세부항목	세세항목
		3. 정전기 위험요소 제거하기	1. 정전기가 발생될 수 있는 장치·시설과 취급 장소에서 접지시설, 본딩시설을 구축하여 정전기 발생 원인을 제거할 수 있다. 2. 정전기가 발생될 수 있는 장치·시설과 취급 장소에 도전성 향상과 제전기를 설치하여 정전기 위험요소를 제거할 수 있다. 3. 정전기가 발생될 수 있는 장치·시설의 취급 시 정전기 완화 환경 을 구축할 수 있다. 4. 정전기가 발생할 수 있는 작업 환경을 개선하여 정전기를 제거할 수 있다.
	8. 전기 방폭 관리	1. 사고 예방 계획 수립하기	1. 전기 방폭에 영향을 미칠 수 있는 위험요소를 확인하고 점검 계획을 수립할 수 있다. 2. 전기로 인해 발생할 수 있는 폭발사고의 사고원인을 구분하여 전기 방폭 방지 계획을 수립할 수 있다. 3. 사고원인에 의해 폭발사고가 발생하는 위험물질의 관리 방안을 수립할 수 있다. 4. 전기로 인해 발생할 수 있는 폭발사고를 예방하기 위해 계측설비운 용에 관한 계획을 수립할 수 있다. 5. 전기로 인해 발생할 수 있는 폭발사고사례를 통한 사고원인을 분석 하고 전기설비 유지관리를 위한 체크리스트를 작성하여 전기 방폭 관리계획을 수립할 수 있다.
		2. 전기 방폭 결함요소 파악하기	1. 전기로 인해 발생할 수 있는 폭발사고 발생 메커니즘을 적용하여 관련 사고의 위험성을 파악할 수 있다. 2. 전기로 인해 발생할 수 있는 폭발사고가 발생할 수 있는 작업조건, 작업장소, 사용물질을 파악할 수 있다. 3. 전기적 과전류, 단락, 누전, 정전기 등 사고원인을 점검, 파악할 수 있다. 4. 전기로 인해 발생할 수 있는 폭발사고가 발생할 수 있는 위험물질의 관리대상을 파악할 수 있다.
		3. 전기 방폭 결함요소 제거하기	1. 전기로 인해 발생할 수 있는 폭발사고 형태별 원인을 분석하여 사고를 예방할 수 있다. 2. 전기로 인해 발생할 수 있는 폭발사고의 사고원인을 파악하여 사고 를 예방할 수 있다. 3. 전기로 인해 발생할 수 있는 폭발사고를 방지하기 위하여 방폭형 전기설비를 도입하여 사고를 예방할 수 있다.

실기 과목명	주요항목	세부항목	세세항목
	9. 전기작업 안전 관리	1. 전기작업 위험성 파악하기	1. 전기안전사고 발생 형태를 파악할 수 있다. 2. 전기안전사고 주요 발생 장소를 파악할 수 있다. 3. 전기안전사고 발생 시 피해 정도를 예측할 수 있다. 4. 전기안전 관련 법령에 따라 전기안전사고를 예방할 목적으로 설치된 안전보호장치의 사용 여부를 확인할 수 있다. 5. 전기안전사고 예방을 위한 안전조치 및 개인보호장구의 적합 여부를 확인할 수 있다.
		2. 정전작업 지원하기	1. 안전한 정전작업 수행을 위한 안전작업계획서를 수립할 수 있다. 2. 정전작업 중 안전사고가 우려 시 작업중지를 결정할 수 있다. 3. 정전작업 수행 시 필요한 보호구와 방호구, 작업용 기구와 장치, 표지를 선정하고 사용할 수 있다.
		3. 활선작업 지원하기	1. 안전한 활선작업 수행을 위한 안전작업계획서를 수립할 수 있다. 2. 활선작업 중 안전사고가 우려 시 작업중지를 결정할 수 있다. 3. 활선작업 수행 시 필요한 보호구와 방호구, 작업용 기구와 장치, 표지를 선정하고 사용할 수 있다.
		4. 충전전로 근접작업 안전 지원하기	1. 가공 송전선로에서 전압별로 발생하는 정전·전자유도 현상을 이해하고 안전대책을 제공할 수 있다. 2. 가공 배전선로에서 필요한 작업 전 준비사항 및 작업 시 안전대책, 작업 후 안전점검 사항을 작성할 수 있다. 3. 전기설비의 작업 시 수행하는 고소작업 등에 의한 위험요인을 적용한 사고 예방대책을 제공할 수 있다. 4. 특고압 송전선 부근에서 작업 시 필요한 이격거리 및 접근한계거리, 정전유도 현상을 숙지하고 안전대책을 제공할 수 있다. 5. 크레인 등의 중기작업을 수행할 때 필요한 보호구, 안전장구, 각종 중장비 사용 시 주의사항을 파악할 수 있다.
	10. 화재·폭발· 누출사고 예방	1. 화재·폭발·누출 요소 파악하기	1. 화학공장 등에서 위험물질로 인한 화재·폭발·누출로 인한 사고를 예방하기 위하여 현장에서 취급 및 저장하고 있는 유해·위험물의 종류와 수량을 파악할 수 있다. 2. 화학공장 등에서 위험물질로 인한 화재·폭발·누출로 인한 사고를 예방하기 위하여 현장에 설치된 유해·위험 설비를 파악할 수 있다. 3. 유해·위험 설비의 공정도면을 확인하여 유해·위험 설비의 운전 방법에 의한 위험 요인을 파악할 수 있다. 4. 유해·위험 설비, 폭발 위험이 있는 장소를 사전에 파악하여 사고 예방활동용의 필요점을 파악할 수 있다.

실기 과목명	주요항목	세부항목	세세항목
		2. 화재 · 폭발 · 누출 예방계획 수립하기	1. 화학공장 내 잠재한 사고 위험 요인을 발굴하여 위험등급을 결정할 수 있다. 2. 유해 · 위험 설비의 운전을 위한 안전운전지침서를 개발할 수 있다. 3. 화재 · 폭발 · 누출 사고를 예방하기 위하여 설비에 관한 보수 및 유지 계획을 수립할 수 있다. 4. 유해 · 위험 설비의 도급 시 안전업무 수행실적 및 실행결과를 평가하기 위하여 도급업체 안전관리 계획을 수립할 수 있다. 5. 유해 · 위험 설비에 대한 변경 시 변경요소관리계획을 수립할 수 있다. 6. 산업사고 발생 시 공정 사고조사를 위하여 조사팀 및 방법 등이 포함된 공정 사고조사 계획을 수립할 수 있다. 7. 비상상황 발생 시 대응할 수 있도록 장비, 인력, 비상연락망 및 수행 내용을 포함한 비상조치 계획을 수립할 수 있다.
		3. 화재 · 폭발 · 누출 사고 예방활동하기	1. 유해 · 위험 설비 및 유해 · 위험물질의 취급 시 개발된 안전지침 및 계획에 따라 작업이 이루어지는지 모니터링할 수 있다. 2. 작업허가가 필요한 작업에 대하여 안전작업허가 기준에 부합된 절차에 따라 작업허가를 할 수 있다. 3. 화재 · 폭발 · 누출 사고 예방을 위한 제조공정, 안전운전지침 및 절차 등을 근로자에게 교육을 할 수 있다. 4. 안전사고 예방활동에 대하여 자체 감사를 실시하여 사고 예방 활동 을 개선할 수 있다.
11. 화학물질 안전관리 실행	1. 유해 · 위험성 확인하기		1. 화학물질 및 독성가스 관련 정보와 법규를 확인할 수 있다. 2. 화학공장에서 취급하거나 생산되는 화학물질에 대한 물질안전보 건자료(MSDS : Material Safety Data Sheet)를 확인할 수 있다. 3. MSDS의 유해 · 위험성에 따라 적합한 보호구 착용을 교육할 수 있다. 4. 화학물질의 안전관리를 위하여 안전보건자료(MSDS : Material Safety Data Sheet)에 제공되는 유해 · 위험 요소 등을 파악할 수 있다.
		2. MSDS 활용하기	1. 화학공장에서 취합하는 화학물질에 대한 MSDS를 작업현장에 부착할 수 있다. 2. MSDS 제도를 기준으로 취급하거나 생산한 화학물질의 MSDS의 내용을 교육을 실시할 수 있다. 3. MSDS의 정보를 표지판으로 제작 및 부착하여 근로자에게 화학물 질의 유해성과 위험성 정보를 제공할 수 있다. 4. MSDS 내에 있는 정보를 활용하여 경고 표지를 작성하여 작업현장 에 부착할 수 있다.

출제기준

실기 과목명	주요항목	세부항목	세세항목
	12. 화공안전점검	1. 안전점검계획 수립하기	1. 공정운전에 맞는 점검 주기와 방법을 파악할 수 있다. 2. 산업안전보건법령에서 정하는 안전검사 기계 · 기구를 구분하여 안전점검계획에 적용할 수 있다. 3. 사용하는 안전장치와 관련된 지식을 활용하여 안전점검계획을 수립할 수 있다.
		2. 안전점검표 작성하기	1. 공정운전이나 기계 · 기구에 따라 발생할 수 있는 위험요소를 포함 하도록 점검항목을 작성할 수 있다. 2. 공정운전이나 기계 · 기구에 따라 발생할 수 있는 위험요소를 포함 하도록 점검항목을 작성할 수 있다. 3. 위험에 따른 안전관리 중요도 우선순위를 결정할 수 있다. 4. 객관적인 안전점검 실시를 위해서 안전점검 방법이나 평가기준을 작성할 수 있다. 5. 안전점검계획에 따라 공정별 안전점검표를 작성할 수 있다.
		3. 안전점검 실행하기	1. 공정 순서에 따라 작성된 화학 공정별 작업절차에 의해 운전할 수 있다. 2. 측정 장비를 사용하여 위험요인을 점검할 수 있다. 3. 점검주기와 강도를 고려하여 점검을 실시할 수 있다. 4. 안전점검표에 의하여 위험요인에 대한 구체적인 점검을 수행할 수 있다.
		4. 안전점검 평가하기	1. 안전기준에 따라 점검 내용을 평가하고, 위험요인을 산출할 수 있다. 2. 점검 결과 지적사항을 즉시 조치가 필요시 반영 조치하여 공사를 진행할 수 있다. 3. 점검 결과에 의한 위험성을 기준으로 공정의 가동중지, 설비의 사용금지 등 위험요소에 대한 조치를 취할 수 있다. 4. 점검 결과에 의한 지적사항이 반복되지 않도록 해당 시스템을 개선 할 수 있다.
	13. 건설공사 특성분석	1. 건설공사 특수성 분석하기	1. 설계도서에서 요구하는 특수성을 확인하여 안전관리계획 시 반영 할 수 있다. 2. 공정관리계획 수립 시 해당 공사의 특수성에 따라 세부적인 안전지 침을 검토할 수 있다. 3. 공사장 주변 작업환경이나 공법에 따라 안전관리에 적용해야 하는 특수성을 도출할 수 있다. 4. 공사의 계약조건, 발주처 요청 등에 따라 안전관리상의 특수성을 도출할 수 있다.

실기 과목명	주요항목	세부항목	세세항목
		2. 안전관리 고려사항 확인하기	1. 설계도서 검토 후 안전관리를 위한 중요 항목을 도출할 수 있다. 2. 전체적인 공사 현황을 검토하여 안전관리 업무의 주요 항목을 도출할 수 있다. 3. 안전관리를 위한 조직을 효율적으로 운영할 수 있는 방안을 도출할 수 있다. 4. 외부 전문가 인력풀을 활용하여 안전관리사항을 검토할 수 있다. 5. 안전관리를 위한 구성원별 역할을 부여하고 활용할 수 있다.
		3. 관련 공사자료 활용하기	1. 시스템 운영에 필요한 정보를 수집하고, 정리하여 문서화할 수 있다. 2. 안전관리의 충분한 지식 확보를 위하여 안전관리에 관련한 자료를 수집하고 활용할 수 있다. 3. 기존의 시공사례나 재해사례 등을 활용하여 해당 현장에 맞는 안전자료를 작성할 수 있다. 4. 관련 공사자료를 확보하기 위하여 외부 전문가 인력풀을 활용할 수 있다.
	14. 건설현장 안전시설 관리	1. 안전시설 관리 계획하기	1. 공정관리계획서와 건설공사 표준안전지침을 검토하여 작업장의 위험성에 따른 안전시설 설치 계획을 작성할 수 있다. 2. 현장점검 시 발견된 위험성을 바탕으로 안전시설을 관리할 수 있다. 3. 기 설치된 안전시설에 대해 측정 장비를 이용하여 정기적인 안전점검을 실시할 수 있도록 관리계획을 수립할 수 있다. 4. 안전시설 설치방법과 종류의 장·단점을 분석할 수 있다. 5. 공정 진행에 따라 안전시설의 설치, 해체, 변경 계획을 작성할 수 있다.
		2. 안전시설 설치하기	1. 관련 법령, 기준, 지침에 따라 안전인증에 합격한 제품을 확인할 수 있다. 2. 관련 법령, 기준, 지침에 따라 안전시설물 설치기준을 준수하여 설치할 수 있다. 3. 관련 법령, 기준, 지침에 따라 안전보건표지를 설치기준을 준수하여 설치할 수 있다. 4. 설치계획에 따른 건설현장의 배치계획을 재검토하고, 개선사항을 도출하여 기록할 수 있다. 5. 안전보호구를 유용하게 사용할 수 있는 필요 장치를 설치할 수 있다.

출제기준

실기 과목명	주요항목	세부항목	세세항목
		3. 안전시설 관리하기	1. 기 설치된 안전시설에 대해 관련 법령, 기준, 지침에 따라 확인하고, 수시로 개선할 수 있다. 2. 측정 장비를 이용하여 안전시설이 제대로 유지되고 있는지 확인하고, 필요한 경우 교체할 수 있다. 3. 공정의 변경 시 발생할 수 있는 위험을 사전에 분석하고, 안전 시설을 변경 · 설치할 수 있다. 4. 설치계획에 의거하여 안전시설을 설치하고, 불안전 상태가 발생되는 경우 즉시 조치할 수 있다.
		4. 안전시설 적용하기	1. 선진기법이나 우수사례를 고려하여 안전시설을 건설현장에 맞게 도입할 수 있다. 2. 근로자의 제안제도 등을 활용하여 안전시설을 건설현장에 적합하도록 자체 개발 또는 적용할 수 있다. 3. 자체 개발된 안전시설이 관련 법령에 적합한지 판단할 수 있다. 4. 개발된 안전시설을 안전관계자 또는 외부전문가의 검증을 거쳐 건설현장에 사용할 수 있다.
	15. 건설공사 위험성 평가	1. 건설공사 위험성 평가 사전준비하기	1. 관련 법령, 기준, 지침에 따라 위험성 평가를 효과적으로 실시하기 위하여 최초, 정기 또는 수시 위험성 평가 실시규정을 작성할 수 있다. 2. 건설공사 작업과 관련하여 부상 또는 질병의 발생이 합리적으로 예견 가능한 유해 · 위험요인을 위험성 평가 대상으로 선정할 수 있다. 3. 건설공사 위험성 평가와 관련하여 이의신청, 청렴의무를 파악할 수 있다. 4. 건설공사 위험성 평가와 관련하여 위험성 평가 인정기준 등 관련 지침을 파악할 수 있다. 5. 건설현장 안전보건정보를 사전에 조사하여 위험성 평가에 활용할 수 있다.
		2. 건설공사 유해 · 위험요인 파악하기	1. 건설현장 순회점검 방법에 의한 유해 · 위험요인 선정을 위험성 평가에 활용할 수 있다. 2. 청취조사 방법에 의한 유해 · 위험요인 선정을 위험성 평가에 활용할 수 있다. 3. 자료 방법에 의한 유해 · 위험요인 선정을 위험성 평가에 활용할 수 있다. 4. 체크리스트 방법에 의한 유해 · 위험요인 선정을 위험성 평가에 활용할 수 있다. 5. 건설현장의 특성에 적합한 방법으로 유해 · 위험요인을 선정할 수 있다.

실기 과목명	주요항목	세부항목	세세항목
		3. 건설공사 위험성 결정하기	1. 건설현장 특성에 따라 부상 또는 질병으로 이어질 수 있는 가능성 및 중대성의 크기를 추정할 수 있다. 2. 곱셈에 의한 방법으로 추정할 수 있다. 3. 조합(Matrix)에 의한 방법으로 추정할 수 있다. 4. 덧셈식에 의한 방법으로 추정할 수 있다. 5. 건설공사 위험성 추정 시 관련 지침에 따른 주의사항을 적용할 수 있다. 6. 건설공사 위험성 추정결과와 사업장 설정 허용 가능 위험성 기준을 비교하여 위험요인별 허용 여부를 판단할 수 있다. 7. 건설현장 특성에 위험성 판단 기준을 달리 결정할 수 있다.
		4. 건설공사 위험성 평가 보고서 작성하기	1. 관련 법령, 기준, 지침에 따라 위험성 평가를 실시한 내용과 결과를 기록할 수 있다. 2. 위험성 평가와 관련한 위험성 평가 기록물을 관련 법령, 기준, 지침 에서 정한 기간 동안 보존할 수 있다. 3. 유해 · 위험요인을 목록화할 수 있다. 4. 위험성 평가와 관련해서 위험성 평가 인정신청, 심사, 사후관리 등 필요한 위험성 평가 인정제도에 참여할 수 있다.
		5. 건설공사 위험성 감소대책 수립하기	1. 관련 법령, 기준, 지침에 따라 위험수준과 근로자수를 감안하여 감소대책을 수립할 수 있다. 2. 건설공사 위험성 감소대책에 필요한 본질적 안전 확보 대책을 수립 할 수 있다. 3. 건설공사 위험성 감소대책에 필요한 공학적 대책을 수립할 수 있다. 4. 건설공사 위험성 감소대책에 필요한 관리적 대책을 수립할 수 있다. 5. 건설공사 위험성 감소대책과 관련하여 최종적으로 작업에 적합한 개인 보호구를 제시할 수 있다.
		6. 건설공사 위험성 감소대책 타당성 검토하기	1. 건설공사 위험성의 크기가 허용 가능한 위험성의 범위인지 확인할 수 있다. 2. 허용 가능한 위험성 수준으로 지속적으로 감소시키는 대책을 수립 할 수 있다. 3. 위험성 감소대책 실행에 장시간이 필요한 경우 등 건설현장 실정에 맞게 잠정적인 조치를 취하게 할 수 있다. 4. 근로자에게 위험성 평가 결과 남아 있는 유해 · 위험 정보의 게시, 주지 등 적절하게 정보를 제공할 수 있다.

출제기준

직무 분야	안전관리	중직무 분야	안전관리	자격 종목	산업안전산업기사	적용 기간	2024.1.1.~2026.12.31.

직무내용 : 제조 및 서비스업 등 각 산업현장에 소속되어 산업재해 예방계획 수립에 관한 사항을 수행하여 작업환경의 점검 및 개선에 관한 사항, 사고 사례 분석 및 개선에 관한 사항, 근로자의 안전교육 및 훈련 등을 수행하는 직무이다.

수행준거 : 1. 사업장의 안전한 작업환경을 구성하기 위해 산업안전계획과 재해예방계획, 안전보건관리 규정을 수행하는 산업안전관리 매뉴얼을 개발할 수 있다.
2. 근로자 안전과 관련한 보호구와 안전장구를 관련 법령, 기준, 지침에 따라 관리할 수 있다.
3. 작업환경관리 및 근로자 건강관리 능력을 향상시켜 산업재해를 예방하고 관리하기 위해 근로자에게 산업보건에 관한 지식을 제공하고 유익한 태도를 지니게 하여 바람직한 행동의 변화를 가져오도록 지도할 수 있다.
4. 안전의식을 높이고 사고 및 재해를 예방하기 위하여 사업장 여건에 맞는 산업안전교육훈련을 실시할 수 있다.
5. 근로자 안전과 관련한 안전시설을 관련 법령과 기준, 지침에 따라 관리할 수 있다.
6. 안전점검계획 수립과 점검표 작성을 통해 안전점검을 실행하고 이를 평가할 수 있다.
7. 산업현장에서 기계를 사용하면서 발생할 수 있는 안전사고를 방지하기 위해 안전점검계획을 수립하고 안전점검표에 따라 안전점검을 실행하며 안전점검 내용을 평가할 수 있다.
8. 작업 중 발생할 수 있는 전기사고로부터 근로자를 보호하기 위해 안전하게 전기작업을 수행하도록 지원하고 예방할 수 있다.
9. 전기 설비에서 발생할 수 있는 전기화재 사고를 예방하기 위하여 전기화재 위험 요소를 파악하고 예방할 수 있다.
10. 작업장에서 발생할 수 있는 관련 사고를 예방하기 위해 관련 요소를 파악하고 계획을 수립할 수 있다.
11. 화학물질에 대한 유해·위험성을 파악하고, MSDS를 활용하여 제반 안전활동을 수행할 수 있다.
12. 화학공정 시설에서 발생할 수 있는 안전사고를 방지하기 위해 안전점검계획을 수립하고 안전점검표에 따라 안전점검을 실행하며 안전점검 결과를 평가할 수 있다.
13. 근로자 안전과 관련한 건설현장 안전시설을 관련 법령과 기준, 지침에 따라 관리하는 능력이다.
14. 건설현장에서 발생할 수 있는 안전사고를 방지하기 위해 안전점검계획을 수립하고 안전점검표에 따라 안전점검을 실행하며, 안전점검 결과를 평가할 수 있다.
15. 작업에 잠재하고 있는 위험요인을 파악하고 실현 가능한 개선대책을 제시하여 건설현장 내 안전사고를 관리할 수 있다.

실기검정방법	복합형	시험시간	2시간 정도 (필답형 1시간, 작업형 1시간 정도)

실기 과목명	주요항목	세부항목	세세항목
산업안전 실무	1. 산업안전관리 계획수립	1. 산업안전계획 수립하기	1. 사업장의 안전보건경영방침에 따라 안전관리 목표를 설정할 수 있다. 2. 설정된 안전관리 목표를 기준으로 안전관리를 위한 대상을 설정할 수 있다. 3. 설정된 안전관리 대상별 인력, 예산, 시설 등의 사항을 계획할 수 있다. 4. 안전관리 대상별 안전점검 및 유지 보수에 관한 사항을 계획할 수 있다.

실기 과목명	주요항목	세부항목	세세항목
			5. 계획된 내용을 보고서로 작성하여 산업안전보건위원회에 심의를 받을 수 있다. 6. 산업안전보건위원회에서 심의된 안전보건계획을 이사회 승인 후 안전관리 업무에 적용할 수 있다.
		2. 산업재해예방계획 수립하기	1. 사업장에서 발생 가능한 유해 · 위험요소를 선정할 수 있다. 2. 유해 · 위험요소별 재해 원인과 사례를 통해 재해예방을 위한 방법 을 결정할 수 있다. 3. 결정된 방법에 따라 세부적인 예방 활동을 도출할 수 있다. 4. 산업재해예방을 위한 소요 예산을 계상할 수 있다. 5. 산업재해예방을 위한 활동, 인력, 점검, 훈련 등이 포함된 계획서를 작성할 수 있다.
		3. 안전보건관리규정 작성하기	1. 산업안전관리를 위한 사업장의 특성을 파악할 수 있다. 2. 안전보건관리규정 작성에 필요한 기초자료를 파악할 수 있다. 3. 안전보건경영방침에 따라 안전보건관리규정을 작성할 수 있다. 4. 산업안전보건 관련 법령에 따라 안전보건관리규정을 관리할 수 있다.
		4. 산업안전관리 매뉴얼 개발하기	1. 사업장 내 설비와 유해 · 위험요인을 파악할 수 있다. 2. 안전보건관리규정에 따라 산업안전관리에 필요 절차를 파악할 수 있다. 3. 사업장 내 안전관리를 위한 분야별 매뉴얼을 개발할 수 있다.
	2. 산업안전 보호 장비관리	1. 보호구 관리하기	1. 산업안전보건법령에 기준한 보호구를 선정할 수 있다. 2. 작업 상황에 맞는 검정 대상 보호구를 선정하고 착용상태를 확인할 수 있다. 3. 사용설명서에 따른 올바른 착용법을 확인하고, 작업자에게 착용 지도할 수 있다. 4. 보호구의 특성에 따라 적절하게 관리하도록 지도할 수 있다.
		2. 안전장구 관리하기	1. 산업안전보건법령에 기준한 안전장구를 선정할 수 있다. 2. 작업 상황에 맞는 검정 대상 안전장구를 선정하고 착용상태를 확인 할 수 있다. 3. 사용설명서에 따른 올바른 착용법을 확인하고, 작업자에게 착용 지도할 수 있다. 4. 안전장구의 특성에 따라 적절하게 관리하도록 지도할 수 있다.
	3. 사업장 산업 보건교육	1. 산업보건교육 요구 사정하기	1. 사업장 산업보건교육 요구 파악에 필요한 자료를 수집할 수 있다. 2. 수집한 자료를 근거로 사업장의 유해위험 요인과 근로자의 질병위 험 요인 간 관계를 검토할 수 있다. 3. 교육 종류에 따라 교육대상에 대한 지침이나 기준을 확인할 수 있다.

출제기준

실기 과목명	주요항목	세부항목	세세항목
			4. 사업장의 산업보건교육 우선순위를 결정하고, 사회적 관심, 행 · 재정, 자원 활용 등에 따라 사업장 산업보건교육의 타당성을 검토할 수 있다.
		2. 산업보건교육 계획하기	1. 교육종류에 따라 산업보건교육의 연간일정 계획을 수립할 수 있다. 2. 사업장 산업보건교육의 원리에 따라 산업보건교육 계획안을 작성할 수 있다. 3. 산업보건교육 평가기준을 마련하고, 목표달성 정도가 반영되는 평가도구를 선정할 수 있다. 4. 관리담당자와 산업보건교육 계획 일정을 논의하고 조정할 수 있다. 5. 노사협의회, 안전보건위원회, 경영 팀과 협의하여 보건교육을 홍보하고 예산지원을 구성할 수 있다.
		3. 산업보건교육 수행하기	1. 산업보건교육 연간계획표를 제공하고, 산업보건교육대상자를 확인할 수 있다. 2. 산업보건교육의 날을 인트라넷 등에 알리고, 경영지도자를 참여시킬 수 있다. 3. 산업보건교육 계획에 따라 산업보건교육 실시에 필요한 준비 사항을 확인할 수 있다. 4. 산업보건교육 계획안에 따라 교육을 실시하거나 지원할 수 있다. 5. 안전보건관리책임자, 관리감독자 및 특별교육대상자의 교육이수를 점검할 수 있다. 6. 추후 산업보건교육에 대해 논의할 수 있다.
		4. 산업보건교육 평가하기	1. 산업보건교육 계획에서 제시한 평가도구를 활용하여 산업보건교육 실시 결과를 평가할 수 있다. 2. 산업보건교육 실시 후 결과를 토대로 산업보건교육 평가 요약서를 제시할 수 있다. 3. 산업보건교육을 통해 수립된 자료를 바탕으로 산업보건교육 실시 결과 보고서를 작성할 수 있다. 4. 산업보건교육 실시 기록을 문서화하여 관리할 수 있다.
	4. 산업안전교육	1. 산업안전교육 사전 준비하기	1. 관련 법령, 기준, 지침에 따라 교육의 횟수, 대상 등을 결정할 수 있다. 2. 사업장의 안전의식 및 안전 주요 이슈별 안전교육의 내용을 도출할 수 있다. 3. 협력업체의 안전교육 경력과 작업의 위험성을 파악하여 안전교육의 내용을 도출할 수 있다. 4. 안전교육 운영을 위한 인적, 물적 자원 현황을 파악할 수 있다. 5. 사업장의 여건을 고려하여 도출된 교육 필요점을 중심으로 교육계획을 수립할 수 있다.

실기 과목명	주요항목	세부항목	세세항목
		2. 산업안전교육 제공하기	1. 산업안전교육에 필요한 매체를 활용할 수 있다. 2. 산업안전교육의 연간 계획에 따라 교육할 수 있다. 3. 모든 관계자와 작업자가 안전관리의 중요성을 인식하고, 이행할 수 있다. 4. 근로자의 의식과 행동에 변화를 가져올 때까지 지속적 교육을 할 수 있다. 5. 사고 · 재해를 예방하기 위한 실무 · 실습교육을 실시할 수 있다. 6. 효과가 우수한 기법이나 재해예방기술을 우수사례 발표를 제공할 수 있다.
		3. 산업안전교육 평가하기	1. 교육실시 결과에 따른 교육효과를 평가하기 위하여 필기시험, 실기시험, 실습, 구술, 면담, 설문 등의 객관적인 교육평가 절차를 수립할 수 있다. 2. 교육결과에 대한 설문조사 시에 교육평가방법, 평가항목 등의 적합 여부를 확인할 수 있다. 3. 교육자와 피교육자 모두 평가에 대한 피드백을 받을 수 있는 의사소통 채널을 구축할 수 있다. 4. 교육훈련 활동의 적정성 평가와 보완을 위하여 교육평가 결과보고서를 작성할 수 있다. 5. 교육대상자 평가 후 일정수준 이하의 피교육자들에 대한 재교육 · 훈련을 할 수 있다.
		4. 산업안전교육 사후 관리하기	1. 교육평가 절차서에 따라 교육 사후관리 계획서를 작성, 검토, 개정할 수 있다. 2. 교육평가 절차서에 따라 교육생의 자격요건, 평가결과 관리, 사후관리 이력사항 등을 확인할 수 있다. 3. 교육평가 절차서에 따라 교육평가결과를 기록하고 피드백된 부분을 보완 관리할 수 있다. 4. 피교육자의 수준을 계속 업데이트하여 교육과정에 반영할 수 있다. 5. 사후관리 요건에 따라 교육평가 절차서 내용에 대하여 정기적으로 적합성 평가를 할 수 있다.
	5. 기계안전시설 관리	1. 안전시설 관리 계획하기	1. 작업공정도와 작업표준서를 검토하여 작업장의 위험성에 따른 안전시설 설치 계획을 작성할 수 있다. 2. 기 설치된 안전시설에 대해 측정 장비를 이용하여 정기적인 안전점검을 실시할 수 있도록 관리계획을 수립할 수 있다. 3. 공정진행에 의한 안전시설의 변경, 해체 계획을 작성할 수 있다.

출제기준

실기 과목명	주요항목	세부항목	세세항목
		2. 안전시설 설치하기	1. 관련 법령, 기준, 지침에 따라 성능검정에 합격한 제품을 확인할 수 있다. 2. 관련 법령, 기준, 지침에 따라 안전시설물 설치기준을 준수하여 설치할 수 있다. 3. 관련 법령, 기준, 지침에 따라 안전보건표지를 설치할 수 있다. 4. 안전시설을 모니터링하여 개선 또는 보수 여부를 판단하여 대응할 수 있다.
		3. 안전시설 관리하기	1. 안전시설을 모니터링하여 필요한 경우 교체 등 조치할 수 있다. 2. 공정 변경 시 발생할 수 있는 위험을 사전에 분석하여 안전 시설을 변경·설치할 수 있다. 3. 작업자가 시설에 위험 요소를 발견하여 신고 시 즉각 대응할 수 있다. 4. 현장에 설치된 안전시설보다 우수하거나 선진 기법 등이 개발되었을 경우 현장에 적용할 수 있다.
	6. 사업장 안전 점검	1. 산업안전 점검계획 수립하기	1. 작업공정에 맞는 점검 방법을 선정할 수 있다. 2. 안전점검 대상 기계·기구를 파악할 수 있다. 3. 위험에 따른 안전관리 중요도에 대한 우선순위를 결정할 수 있다. 4. 적용하는 기계·기구에 따라 안전장치와 관련된 지식을 활용하여 안전점검계획을 수립할 수 있다.
		2. 산업안전 점검표 작성하기	1. 작업공정이나 기계·기구에 따라 발생할 수 있는 위험요소를 포함한 점검항목을 도출할 수 있다. 2. 안전점검 방법과 평가기준을 도출할 수 있다. 3. 안전점검계획을 고려하여 안전점검표를 작성할 수 있다.
		3. 산업안전 점검 실행하기	1. 안전점검표의 점검항목을 파악할 수 있다. 2. 해당 점검대상 기계·기구의 점검주기를 판단할 수 있다. 3. 안전점검표의 항목에 따라 위험요인을 점검할 수 있다. 4. 안전점검결과를 분석하여 안전점검 결과보고서를 작성할 수 있다.
		4. 산업안전 점검 평가하기	1. 안전기준에 따라 점검내용을 평가하여 위험요인을 도출할 수 있다. 2. 안전점검결과 발생한 위험요소를 감소하기 위한 개선방안을 도출할 수 있다. 3. 안전점검결과를 바탕으로 사업장 내 안전관리 시스템을 개선할 수 있다.
	7. 기계안전점검	1. 기계 위험요인 파악하기	1. 작업공정에 따른 기계의 점검주기와 방법을 파악할 수 있다. 2. 작업과 관련한 법령, 기준, 지침에 따라 기계 위험요인을 도출할 수 있다. 3. 기계설비와 관련한 작업자의 작업행동 및 방법에 대한 위험을 인식할 수 있다.

실기 과목명	주요항목	세부항목	세세항목
		2. 안전점검계획 수립하기	1. 관련 법령에 따라 자율안전확인대상 기계·기구와 안전검사대상 유해·위험기계로 구분하여 안전점검계획에 적용할 수 있다. 2. 안전점검표를 활용하여 안전장치의 종류에 따른 점검주기, 점검방법을 포함한 안전점검계획을 수립할 수 있다.
		3. 안전점검표 작성하기	1. 작업공정이나 기계·기구에 따라 발생할 수 있는 위험요소를 포함한 점검항목을 도출할 수 있다. 2. 안전관리 중요도 우선순위와 점검방법 및 기준을 도출할 수 있다. 3. 안전점검계획에 따라 안전점검표를 작성할 수 있다.
		4. 안전점검 실행하기	1. 작업과 관련한 작업행동, 작업방법 준수 여부를 점검할 수 있다. 2. 관련 법령, 기준, 지침에 따라 기계·전기 등 설비에 대한 안전점검을 적절한 방법으로 시행할 수 있다. 3. 사고 또는 재해로 인한 대처방법을 점검할 수 있다. 4. 안전점검표에 점검결과를 작성할 수 있다. 5. 안전점검계획에 따라 안전점검 후 설비를 최상의 상태로 유지관리할 수 있다.
		5. 안전점검 평가하기	1. 안전점검표를 통하여 기계안전상태를 파악할 수 있다. 2. 안전기준에 따라 안전상태를 평가하고, 위험요인을 도출할 수 있다. 3. 점검결과에 따라 기계의 사용, 유지보수, 폐기 등의 조치를 할 수 있다. 4. 점검결과를 바탕으로 문제가 발생하지 않도록 해당 시스템을 개선할 수 있다.
	8. 전기작업 안전관리	1. 전기작업 위험성 파악하기	1. 전기안전사고 발생 형태를 파악할 수 있다. 2. 전기안전사고 주요 발생 장소를 파악할 수 있다. 3. 전기안전사고 발생 시 피해 정도를 예측할 수 있다. 4. 전기안전 관련 법령에 따라 전기안전사고를 예방할 목적으로 설치된 안전보호장치의 사용 여부를 확인할 수 있다. 5. 전기안전사고 예방을 위한 안전조치 및 개인보호장구의 적합 여부를 확인할 수 있다.
		2. 정전작업 지원하기	1. 안전한 정전작업 수행을 위한 안전작업계획서를 수립할 수 있다. 2. 정전작업 중 안전사고가 우려 시 작업중지를 결정할 수 있다. 3. 정전작업 수행 시 필요한 보호구와 방호구, 작업용 기구와 장치, 표지를 선정하고 사용할 수 있다.
		3. 활선작업 지원하기	1. 안전한 활선작업 수행을 위한 안전작업계획서를 수립할 수 있다. 2. 활선작업 중 안전사고가 우려 시 작업중지를 결정할 수 있다. 3. 활선작업 수행 시 필요한 보호구와 방호구, 작업용 기구와 장치, 표지를 선정하고 사용할 수 있다.

실기 과목명	주요항목	세부항목	세세항목
		4. 충전전로 근접작업 안전 지원하기	1. 가공 송전선로에서 전압별로 발생하는 정전·전자유도 현상을 이해하고 안전대책을 제공할 수 있다. 2. 가공 배전선로에서 필요한 작업 전 준비사항 및 작업 시 안전대책, 작업 후 안전점검 사항을 작성할 수 있다. 3. 전기설비의 작업 시 수행하는 고소작업 등에 의한 위험요인을 적용한 사고 예방대책을 제공할 수 있다. 4. 특고압 송전선 부근에서 작업 시 필요한 이격거리 및 접근한계거리, 정전유도 현상을 숙지하고 안전대책을 제공할 수 있다. 5. 크레인 등의 중기작업을 수행할 때 필요한 보호구, 안전장구, 각종 중장비 사용 시 주의사항을 파악할 수 있다.
	9. 전기화재 위험 관리	1. 전기화재 사고 예방계획 수립하기	1. 전기화재가 발생할 수 있는 위험장소의 점검 계획을 수립할 수 있다. 2. 전기화재의 점화원을 구분하여 전기화재 방지 계획을 수립할 수 있다. 3. 전기 점화원에 의해 화재가 발생할 수 있는 위험물질의 관리 방안을 수립할 수 있다. 4. 전기화재를 예방하기 위해 계측설비 운용에 관한 계획을 수립할 수 있다. 5. 사고사례를 통한 점화원을 분석하고 전기작업 시 체크리스트 항목을 정하여 전기화재 사고 방지의 점검 계획을 수립할 수 있다.
		2. 전기화재 사고 위험요소 파악하기	1. 전기화재 발생 메커니즘을 적용하여 전기화재 위험성을 파악할 수 있다. 2. 전기화재가 발생할 수 있는 작업조건, 작업장소, 사용물질을 파악할 수 있다. 3. 전기적 과전류, 단락, 누전, 정전기 등 점화원을 점검, 파악할 수 있다. 4. 점화원에 의해 화재가 발생할 수 있는 위험물질의 관리대상을 파악할 수 있다.
		3. 전기화재 사고 예방하기	1. 전기화재 사고형태별 원인을 분석하여 전기화재 사고를 예방할 수 있다. 2. 전기화재 점화원을 점검, 관리하여 전기화재 사고를 예방할 수 있다. 3. 전기화재를 방지하기 위하여 방폭전기설비를 도입하여 화재사고를 예방할 수 있다.

실기 과목명	주요항목	세부항목	세세항목
	10. 화재 · 폭발 · 누출사고 예방	1. 화재 · 폭발 · 누출 요소 파악하기	1. 화학공장 등에서 위험물질로 인한 화재 · 폭발 · 누출로 인한 사고를 예방하기 위하여 현장에서 취급 및 저장하고 있는 유해 · 위험물의 종류와 수량을 파악할 수 있다. 2. 화학공장 등에서 위험물질로 인한 화재 · 폭발 · 누출로 인한 사고를 예방하기 위하여 현장에 설치된 유해 · 위험 설비를 파악할 수 있다. 3. 유해 · 위험 설비의 공정도면을 확인하여 유해 · 위험 설비의 운전 방법에 의한 위험 요인을 파악할 수 있다. 4. 유해 · 위험 설비, 폭발 위험이 있는 장소를 사전에 파악하여 사고 예방활동용의 필요점을 파악할 수 있다.
		2. 화재 · 폭발 · 누출 예방계획 수립하기	1. 화학공장 내 잠재한 사고 위험 요인을 발굴하여 위험등급을 결정할 수 있다. 2. 유해 · 위험 설비의 운전을 위한 안전운전지침서를 개발할 수 있다. 3. 화재 · 폭발 · 누출 사고를 예방하기 위하여 설비에 관한 보수 및 유지 계획을 수립할 수 있다. 4. 유해 · 위험 설비의 도급 시 안전업무 수행실적 및 실행결과를 평가하기 위하여 도급업체 안전관리 계획을 수립할 수 있다. 5. 유해 · 위험 설비에 대한 변경 시 변경요소관리계획을 수립할 수 있다. 6. 산업사고 발생 시 공정 사고조사를 위하여 조사팀 및 방법 등이 포함된 공정 사고조사 계획을 수립할 수 있다. 7. 비상상황 발생 시 대응할 수 있도록 장비, 인력, 비상연락망 및 수행 내용을 포함한 비상조치 계획을 수립할 수 있다.
		3. 화재 · 폭발 · 누출 사고 예방활동하기	1. 유해 · 위험 설비 및 유해 · 위험물질의 취급 시 개발된 안전지침 및 계획에 따라 작업이 이루어지는지 모니터링할 수 있다. 2. 작업허가가 필요한 작업에 대하여 안전작업허가 기준에 부합된 절차에 따라 작업허가를 할 수 있다. 3. 화재 · 폭발 · 누출 사고 예방을 위한 제조공정, 안전운전지침 및 절차 등을 근로자에게 교육을 할 수 있다. 4. 안전사고 예방활동에 대하여 자체 감사를 실시하여 사고 예방 활동을 개선할 수 있다.
	11. 화학물질 안전관리 실행	1. 유해 · 위험성 확인하기	1. 화학물질 및 독성가스 관련 정보와 법규를 확인할 수 있다. 2. 화학공장에서 취급하거나 생산되는 화학물질에 대한 물질안전보건자료(MSDS : Material Safety Data Sheet)를 확인할 수 있다. 3. MSDS의 유해 · 위험성에 따라 적합한 보호구 착용을 교육할 수 있다. 4. 화학물질의 안전관리를 위하여 안전보건자료(MSDS : Material Safety Data Sheet)에 제공되는 유해 · 위험 요소 등을 파악할 수 있다.

실기 과목명	주요항목	세부항목	세세항목
		2. MSDS 활용하기	1. 화학공장에서 취합하는 화학물질에 대한 MSDS를 작업현장에 부착할 수 있다. 2. MSDS 제도를 기준으로 취급하거나 생산한 화학물질의 MSDS의 내용을 교육을 실시할 수 있다. 3. MSDS의 정보를 표지판으로 제작 및 부착하여 근로자에게 화학물질의 유해성과 위험성 정보를 제공할 수 있다. 4. MSDS 내에 있는 정보를 활용하여 경고 표지를 작성하여 작업현장에 부착할 수 있다.
	12. 화공안전점검	1. 안전점검계획 수립하기	1. 공정운전에 맞는 점검 주기와 방법을 파악할 수 있다. 2. 산업안전보건법령에서 정하는 안전검사 기계 · 기구를 구분하여 안전점검계획에 적용할 수 있다. 3. 사용하는 안전장치와 관련된 지식을 활용하여 안전점검계획을 수립할 수 있다.
		2. 안전점검표 작성하기	1. 공정운전이나 기계 · 기구에 따라 발생할 수 있는 위험요소를 포함하도록 점검항목을 작성할 수 있다. 2. 공정운전이나 기계 · 기구에 따라 발생할 수 있는 위험요소를 포함하도록 점검항목을 작성할 수 있다. 3. 위험에 따른 안전관리 중요도 우선순위를 결정할 수 있다. 4. 객관적인 안전점검 실시를 위해서 안전점검 방법이나 평가기준을 작성할 수 있다. 5. 안전점검계획에 따라 공정별 안전점검표를 작성할 수 있다.
		3. 안전점검 실행하기	1. 공정 순서에 따라 작성된 화학 공정별 작업절차에 의해 운전할 수 있다. 2. 측정 장비를 사용하여 위험요인을 점검할 수 있다. 3. 점검주기와 강도를 고려하여 점검을 실시할 수 있다. 4. 안전점검표에 의하여 위험요인에 대한 구체적인 점검을 수행할 수 있다.
		4. 안전점검 평가하기	1. 안전기준에 따라 점검 내용을 평가하고, 위험요인을 산출할 수 있다. 2. 점검 결과 지적사항을 즉시 조치가 필요시 반영 조치하여 공사를 진행할 수 있다. 3. 점검 결과에 의한 위험성을 기준으로 공정의 가동중지, 설비의 사용금지 등 위험요소에 대한 조치를 취할 수 있다. 4. 점검 결과에 의한 지적사항이 반복되지 않도록 해당 시스템을 개선할 수 있다.

실기 과목명	주요항목	세부항목	세세항목
13. 건설현장 안전시설 관리	1. 안전시설 관리 계획하기	1. 공정관리계획서와 건설공사 표준안전지침을 검토하여 작업장의 위험성에 따른 안전시설 설치 계획을 작성할 수 있다. 2. 현장점검 시 발견된 위험성을 바탕으로 안전시설을 관리할 수 있다. 3. 기 설치된 안전시설에 대해 측정 장비를 이용하여 정기적인 안전점검을 실시할 수 있도록 관리계획을 수립할 수 있다. 4. 안전시설 설치방법과 종류의 장·단점을 분석할 수 있다. 5. 공정 진행에 따라 안전시설의 설치, 해체, 변경 계획을 작성할 수 있다.
	2. 안전시설 설치하기	1. 관련 법령, 기준, 지침에 따라 안전인증에 합격한 제품을 확인할 수 있다. 2. 관련 법령, 기준, 지침에 따라 안전시설물 설치기준을 준수하여 설치할 수 있다. 3. 관련 법령, 기준, 지침에 따라 안전보건표지를 설치기준을 준수하여 설치할 수 있다. 4. 설치계획에 따른 건설현장의 배치계획을 재검토하고, 개선사항을 도출하여 기록할 수 있다. 5. 안전보호구를 유용하게 사용할 수 있는 필요 장치를 설치할 수 있다.
	3. 안전시설 관리하기	1. 기 설치된 안전시설에 대해 관련 법령, 기준, 지침에 따라 확인하고, 수시로 개선할 수 있다. 2. 측정 장비를 이용하여 안전시설이 제대로 유지되고 있는지 확인하고, 필요한 경우 교체할 수 있다. 3. 공정의 변경 시 발생할 수 있는 위험을 사전에 분석하고, 안전 시설을 변경·설치할 수 있다. 4. 설치계획에 의거하여 안전시설을 설치하고, 불안전 상태가 발생되는 경우 즉시 조치할 수 있다.
	4. 안전시설 적용하기	1. 선진기법이나 우수사례를 고려하여 안전시설을 건설현장에 맞게 도입할 수 있다. 2. 근로자의 제안제도 등을 활용하여 안전시설을 건설현장에 적합하도록 자체 개발 또는 적용할 수 있다. 3. 자체 개발된 안전시설이 관련 법령에 적합한지 판단할 수 있다. 4. 개발된 안전시설을 안전관계자 또는 외부전문가의 검증을 거쳐 건설현장에 사용할 수 있다.

출제기준

실기 과목명	주요항목	세부항목	세세항목
	14. 건설현장 안전점검	1. 안전점검계획 수립하기	1. 작업공정에 맞게 안전점검계획을 수립할 수 있다. 2. 작업공정에 맞는 점검 방법을 선정하여 안전점검계획을 수립할 수 있다. 3. 산업안전보건법령에서 정하는 자체검사 기계·기구를 구분하여 안전점검계획에 적용할 수 있다. 4. 사용하는 기계·기구에 따라 안전장치와 관련된 지식을 활용하여 안전점검계획을 수립할 수 있다.
		2. 안전점검표 작성하기	1. 작업공정이나 기계·기구에 따라 발생할 수 있는 위험요소를 포함하도록 점검항목을 작성할 수 있다. 2. 위험에 따른 안전관리 중요도 우선순위를 결정하고, 결정된 순서에 따라 안전점검표를 작성할 수 있다. 3. 객관적인 안전점검 실시를 위해서 안전점검 방법이나 평가기준을 작성할 수 있다. 4. 안전점검 항목에 대해 점검자가 쉽게 대상 및 상태를 확인하기 위해 안전점검표를 작성할 수 있다. 5. 안전점검계획을 고려하여 공정별로 안전점검표를 작성할 수 있다.
		3. 안전점검 실행하기	1. 안전점검계획에 따라 작성된 공종별 또는 공정별 안전점검표에 의해 점검할 수 있다. 2. 측정 장비를 사용하여 위험요인을 점검할 수 있다. 3. 점검주기와 강도를 고려하여 점검을 실시할 수 있다. 4. 안전점검표에 의하여 위험요인에 대한 구체적인 점검을 수행할 수 있다.
		4. 안전점검 평가하기	1. 안전기준에 따라 점검 내용을 평가하고, 위험요인을 산출할 수 있다. 2. 점검 결과 지적사항을 즉시 조치가 필요시 반영 조치하여 공사를 진행할 수 있다. 3. 점검 결과에 의한 위험성을 기준으로 작업의 중지, 기계기구의 사용금지 등 위험요소에 대한 조치를 취할 수 있다. 4. 점검 결과에 의한 지적사항이 반복되지 않도록 해당 시스템을 개선, 적용할 수 있다.
	15. 건설현장 유해·위험 요인관리	1. 건설현장 위험요인 예측하기	1. 건설현장 작업과 관련한 작업공정을 파악할 수 있다. 2. 건설현장 작업과 관련한 법령, 기준, 지침에 따라 위험요인을 사전에 파악할 수 있다. 3. 근로자의 작업행동 및 방법에 대한 위험을 인식할 수 있다. 4. 건설현장 작업에 잠재하고 있는 위험요인을 예측할 수 있다. 5. 위험요인 확인 시 필요한 개인 보호장구를 사전에 준비할 수 있다.

실기 과목명	주요항목	세부항목	세세항목
		2. 건설현장 위험요인 확인하기	1. 근로자의 작업행동, 작업방법 준수 여부를 확인할 수 있다. 2. 건설현장 작업 관련한 위험요인을 확인할 수 있다. 3. 근로자의 생명에 영향을 줄 수 있다고 판단할 경우 작업 중지를 요청할 수 있다. 4. 건설현장 위험요인 확인을 안전하고 건강한 방법으로 시행할 수 있다. 5. 건설현장 위험요인 사고로 인한 대처방법을 확인할 수 있다.
		3. 건설현장 위험요인 개선하기	1. 건설현장의 위험요인 파악에 따른 대책을 수립할 수 있다. 2. 작업으로 인한 위험요인 제거와 관리방안을 제시할 수 있다. 3. 건설현장 위험요인 저감 대책을 제시하여 작업장 환경을 개선할 수 있다. 4. 실현 가능한 건설현장 위험요인 관리대책을 제시할 수 있다. 5. 개선된 건설현장 환경을 유지 · 관리할 수 있다.

차례

PART 01. 산업안전관리 계획수립

PART 02 산업재해 대응

PART 03 기계안전시설 관리

PART 04 전기작업안전관리 및 화공안전점검

차례

산업안전관리
계획수립

1 안전관리조직의 목적과 종류

1. 안전관리조직의 목적

안전관리조직의 목적	① 모든 위험요소의 제거 ② 위험요소 제거의 기술 수준 향상 ③ 재해예방률의 향상 ④ 단위당 예방비용의 절감
안전관리조직의 구비 조건	① 회사의 특성과 규모에 부합되게 조직화될 것 ② 조직의 기능이 충분히 발휘될 수 있는 제도적 체계를 갖출 것 ③ 조직을 구성하는 관리자의 책임과 권한을 분명히 할 것 ④ 생산라인과 밀착된 조직이 될 것

2. 안전관리 조직의 종류★★

구분	라인형(Line형) 직계형 조직	스태프형(Staff형) 참모형 조직	라인 – 스태프형(Line – Staff형) 직계 참모형 조직
형태	 경영자 작업자 ← 안전지시 ←--- 생산지시	 경영자 안전 스태프 작업자 ← 안전지시 ←--- 생산지시	 경영자 → 안전 스태프 작업자 ← 안전지시 ←--- 생산지시

2 안전보건관리조직의 장단점★★

1. 라인형(Line형, 직계형 조직)

특징	① 안전을 전문으로 분담하는 조직이 없고, 안전관리에 관한 계획에서부터 실시·평가에 이르기까지 생산 라인(생산지시)을 통해서 이루어지는 조직 형태 ② 100명 미만의 소규모 사업장에 적합한 조직 형태
장점	① 명령계통이 간단명료함 ② 안전에 관한 지시나 조치가 신속하고, 철저함
단점	① 라인에 과중한 책임을 지우기 쉬움 ② 안전에 대한 전문지식이나 정보가 불충분 ③ 생산라인의 업무에 중점을 두어 안전보건관리가 소홀해질 수 있음

2. 스태프형(Staff형, 참모형 조직)

특징	① 회사 내에 별도로 안전활동 전담부서를 두는 방식의 조직 형태 ② 안전관리에 관한 계획과 조정, 조사, 검토, 보고 등의 일과 현장에 대한 기술지원을 담당하도록 편성된 조직 ③ 100명 이상 1,000명 미만의 중규모 사업장에 적합한 조직 형태
장점	① 사업장 특성에 적합한 기술연구를 전문적으로 할 수 있음 ② 경영자의 조언과 자문역할을 함 ③ 안전정보 수집이 용이하고 빠름 ④ 안전전문가가 안전계획을 세워 문제해결방안을 모색하고 조치함
단점	① 생산부분은 안전에 대한 책임과 권한이 없음 ② 권한다툼이나 조정 때문에 시간과 노력이 소모됨 ③ 안전과 생산을 별개로 취급하기 쉬움

3. 라인-스태프형(Line-Staff형, 직계 참모형 조직)

특징	① 안전보건 업무를 전담하는 스태프를 별도로 두고 또 생산라인에는 그 부서의 장으로 하여금 계획된 생산라인의 안전관리조직을 통하여 실시하도록 한 조직 형태 ② 스태프는 안전에 관한 기획, 조사, 검토 및 연구를 수행 ③ 라인형과 스태프형의 장점을 취한 절충식 조직 형태 ④ 라인의 관리감독자에게도 안전에 관한 책임과 권한이 부여됨 ⑤ 안전활동과 생산업무가 분리될 가능성이 낮기 때문에 균형을 유지할 수 있음 ⑥ 1,000명 이상의 대규모 사업장에 적합한 조직 형태
장점	① 조직원 전원을 자율적으로 안전활동에 참여시킬 수 있음 ② 스태프에 의해 입안된 것을 경영자의 지침으로 명령 실시하도록 하므로 정확·신속함
단점	① 명령계통과 조언이나 권고적 참여가 혼동되기 쉬움 ② 라인과 스태프 간에 협조가 안 될 경우 업무의 원활한 추진 불가(라인과 스태프 간의 월권 또는 상호 의견충돌이 생길 수 있음) ③ 라인이 스태프에 의존 또는 활용하지 않는 경우가 있음

3 안전보건관리체제

1. 안전보건관리체제

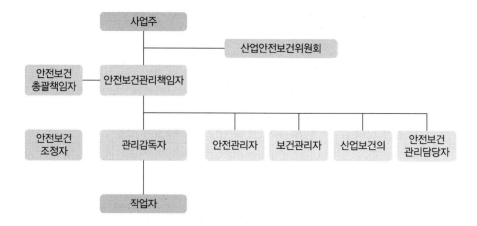

2. 안전보건관리 책임자

1) 안전보건관리 책임자의 업무(안전관리자와 보건관리자를 지휘 · 감독한다)★

① 사업장의 산업재해 예방계획의 수립에 관한 사항
② 안전보건관리규정의 작성 및 변경에 관한 사항
③ 안전보건교육에 관한 사항
④ 작업환경측정 등 작업환경의 점검 및 개선에 관한 사항
⑤ 근로자의 건강진단 등 건강관리에 관한 사항
⑥ 산업재해의 원인 조사 및 재발 방지대책 수립에 관한 사항
⑦ 산업재해에 관한 통계의 기록 및 유지에 관한 사항
⑧ 안전장치 및 보호구 구입 시 적격품 여부 확인에 관한 사항
⑨ 그 밖에 근로자의 유해 · 위험 방지조치에 관한 사항으로서 고용노동부령으로 정하는 사항

2) 안전보건관리책임자를 두어야 하는 사업의 종류 및 상시근로자 수

사업의 종류		사업장의 상시근로자 수
1. 토사석 광업 2. 식료품 제조업, 음료 제조업 3. 목재 및 나무제품 제조업 ; 가구 제외 4. 펄프, 종이 및 종이제품 제조업 5. 코크스, 연탄 및 석유정제품 제조업 6. 화학물질 및 화학제품 제조업 ; 의약품 제외 7. 의료용 물질 및 의약품 제조업 8. 고무 및 플라스틱제품 제조업 9. 비금속 광물제품 제조업 10. 1차 금속 제조업 11. 금속가공제품 제조업 ; 기계 및 가구 제외 12. 전자부품, 컴퓨터, 영상, 음향 및 통신장비 제조업	13. 의료, 정밀, 광학기기 및 시계 제조업 14. 전기장비 제조업 15. 기타 기계 및 장비 제조업 16. 자동차 및 트레일러 제조업 17. 기타 운송장비 제조업 18. 가구 제조업 19. 기타 제품 제조업 20. 서적, 잡지 및 기타 인쇄물 출판업 21. 해체, 선별 및 원료 재생업 22. 자동차 종합 수리업, 자동차 전문 수리업	상시근로자 50명 이상
23. 농업 24. 어업 25. 소프트웨어 개발 및 공급업 26. 컴퓨터 프로그래밍, 시스템 통합 및 관리업 27. 정보서비스업 28. 금융 및 보험업	29. 임대업 ; 부동산 제외 30. 전문, 과학 및 기술 서비스업(연구개발업은 제외) 31. 사업지원 서비스업 32. 사회복지 서비스업	상시근로자 300명 이상
33. 건설업		공사금액 20억 원 이상
34. 제1호부터 제33호까지의 사업을 제외한 사업		상시근로자 100명 이상

3. 관리감독자

사업장의 생산과 관련되는 업무와 그 소속 직원을 직접 지휘 · 감독하는 직위에 있는 사람에게 산업 안전 및 보건에 관한 업무로서 대통령령으로 정하는 업무를 수행하도록 하여야 한다.

1) 관리감독자의 업무내용

① 사업장 내 관리감독자가 지휘 · 감독하는 작업과 관련된 기계 · 기구 또는 설비의 안전 · 보건 점검 및 이상 유무의 확인

② 관리감독자에게 소속된 근로자의 작업복 · 보호구 및 방호장치의 점검과 그 착용 · 사용에 관한 교육 · 지도

③ 해당 작업에서 발생한 산업재해에 관한 보고 및 이에 대한 응급조치

④ 해당 작업의 작업장 정리 · 정돈 및 통로 확보에 대한 확인 · 감독

⑤ 사업장의 다음 각 목의 어느 하나에 해당하는 사람의 지도 · 조언에 대한 협조

　　㉠ 안전관리자 또는 안전관리자의 업무를 안전관리전문기관에 위탁한 사업장의 경우에는 그 안전관리전문기관의 해당 사업장 담당자

    ⓛ 보건관리자 또는 보건관리자의 업무를 보건관리전문기관에 위탁한 사업장의 경우에는 그 보건관리전문기관의 해당 사업장 담당자

    ⓒ 안전보건관리담당자 또는 안전보건관리담당자의 업무를 안전관리전문기관 또는 보건관리전문기관에 위탁한 사업장의 경우에는 그 안전관리전문기관 또는 보건관리전문기관의 해당 사업장 담당자

    ⓔ 산업보건의

⑥ 위험성 평가에 관한 다음 각 목의 업무

    ㉠ 유해ㆍ위험요인의 파악에 대한 참여

    ⓛ 개선조치의 시행에 대한 참여

⑦ 그 밖에 해당 작업의 안전 및 보건에 관한 사항으로서 고용노동부령으로 정하는 사항

4. 안전관리자

안전보건관리책임자의 업무 중 안전에 관한 기술적인 사항에 관하여 사업주 또는 안전보건관리책임자를 보좌하고 관리감독자에게 지도ㆍ조언하는 업무를 수행하는 사람을 두어야 한다.

1) 안전관리자의 업무★★

① 산업안전보건위원회 또는 안전 및 보건에 관한 노사협의체에서 심의ㆍ의결한 업무와 해당 사업장의 안전보건관리규정 및 취업규칙에서 정한 업무

② 위험성 평가에 관한 보좌 및 지도ㆍ조언

③ 안전인증대상 기계 등과 자율안전확인대상 기계 등 구입 시 적격품의 선정에 관한 보좌 및 지도ㆍ조언

④ 해당 사업장 안전교육계획의 수립 및 안전교육 실시에 관한 보좌 및 지도ㆍ조언

⑤ 사업장 순회점검, 지도 및 조치 건의

⑥ 산업재해 발생의 원인 조사ㆍ분석 및 재발 방지를 위한 기술적 보좌 및 지도ㆍ조언

⑦ 산업재해에 관한 통계의 유지ㆍ관리ㆍ분석을 위한 보좌 및 지도ㆍ조언

⑧ 법 또는 법에 따른 명령으로 정한 안전에 관한 사항의 이행에 관한 보좌 및 지도ㆍ조언

⑨ 업무수행 내용의 기록ㆍ유지

⑩ 그 밖에 안전에 관한 사항으로서 고용노동부장관이 정하는 사항

2) 전담 안전관리자 선임대상사업장

① 안전관리자를 두어야 하는 사업 중 상시근로자 300명 이상을 사용하는 사업장

② 건설업의 경우에는 공사금액이 120억 원(토목공사업의 경우에는 150억 원) 이상인 사업장

3) 안전관리자 등의 증원ㆍ교체임명★

지방고용노동관서의 장은 다음 각 호의 어느 하나에 해당하는 사유가 발생한 경우에는 사업주에게

안전관리자, 보건관리자 또는 안전보건관리담당자를 정수 이상으로 증원하게 하거나 교체하여 임명할 것을 명할 수 있다.

① 해당 사업장의 연간재해율이 같은 업종의 평균재해율의 2배 이상인 경우
② 중대재해가 연간 2건 이상 발생한 경우
③ 관리자가 질병이나 그 밖의 사유로 3개월 이상 직무를 수행할 수 없게 된 경우
④ 화학적 인자로 인한 직업성 질병자가 연간 3명 이상 발생한 경우. 이 경우 직업성 질병자 발생일은 요양급여의 결정일로 한다.(직업성질병자 발생 당시 사업장에서 해당 화학적 인자를 사용하지 아니하는 경우에는 그렇지 않다.)

4) 안전관리자를 두어야 하는 사업의 종류, 상시근로자 수, 안전관리자의 수

사업의 종류	사업장의 상시근로자 수	안전관리자의 수
1. 토사석 광업 2. 식료품 제조업, 음료 제조업	상시근로자 50명 이상 500명 미만	1명 이상
3. 섬유제품 제조업 ; 의복 제외 4. 목재 및 나무제품 제조업 ; 가구 제외 5. 펄프, 종이 및 종이제품 제조업 6. 코크스, 연탄 및 석유정제품 제조업 7. 화학물질 및 화학제품 제조업 ; 의약품 제외 8. 의료용 물질 및 의약품 제조업 9. 고무 및 플라스틱제품 제조업 10. 비금속 광물제품 제조업 11. 1차 금속 제조업 12. 금속가공제품 제조업 ; 기계 및 가구 제외 13. 전자부품, 컴퓨터, 영상, 음향 및 통신장비 제조업 14. 의료, 정밀, 광학기기 및 시계 제조업 15. 전기장비 제조업 16. 기타 기계 및 장비 제조업 17. 자동차 및 트레일러 제조업 18. 기타 운송장비 제조업 19. 가구 제조업 20. 기타 제품 제조업 21. 산업용 기계 및 장비 수리업 22. 서적, 잡지 및 기타 인쇄물 출판업 23. 폐기물 수집, 운반, 처리 및 원료 재생업 24. 환경 정화 및 복원업 25. 자동차 종합 수리업, 자동차 전문 수리업 26. 발전업 27. 운수 및 창고업	상시근로자 500명 이상	2명 이상
28. 농업, 임업 및 어업 29. 제2호부터 제21호까지의 사업을 제외한 제조업 30. 전기, 가스, 증기 및 공기조절 공급업(발전업은 제외한다) 31. 수도, 하수 및 폐기물 처리, 원료 재생업(제23호 및 제24호에 해당하는 사업은 제외한다)	상시근로자 50명 이상 1,000명 미만. 다만, 제37호의 사업(부동산 관리업은 제외한다)과 제40호의 사업의 경우에는 상시근로자 100명 이상 1,000명 미만으로 한다.	1명 이상
32. 도매 및 소매업 33. 숙박 및 음식점업	상시근로자 1,000명 이상	2명 이상

사업의 종류	사업장의 상시근로자 수	안전관리자의 수
34. 영상 · 오디오 기록물 제작 및 배급업 35. 방송업 36. 우편 및 통신업 37. 부동산업 38. 임대업 ; 부동산 제외 39. 연구개발업 40. 사진처리업 41. 사업시설 관리 및 조경 서비스업 42. 청소년 수련시설 운영업 43. 보건업 44. 예술, 스포츠 및 여가 관련 서비스업 45. 개인 및 소비용품수리업(제25호에 해당하는 사업은 제외한다) 46. 기타 개인 서비스업 47. 공공행정(청소, 시설관리, 조리 등 현업업무에 종사하는 사람으로서 고용노동부장관이 정하여 고시하는 사람으로 한정한다) 48. 교육서비스업 중 초등 · 중등 · 고등 교육기관, 특수학교 · 외국인학교 및 대안학교(청소, 시설관리, 조리 등 현업업무에 종사하는 사람으로서 고용노동부장관이 정하여 고시하는 사람으로 한정한다)		
49. 건설업	공사금액 50억 원 이상(관계수급인은 100억 원 이상) 120억 원 미만(토목공사업의 경우에는 150억 원 미만)	1명 이상
	공사금액 120억 원 이상(토목공사업의 경우에는 150억 원 이상) 800억 원 미만	1명 이상
	공사금액 800억 원 이상 1,500억 원 미만	2명 이상. 다만, 전체 공사기간을 100으로 할 때 공사 시작에서 15에 해당하는 기간과 공사 종료 전의 15에 해당하는 기간(이하 "전체 공사기간 중 전 · 후 15에 해당하는 기간"이라 한다) 동안은 1명 이상으로 한다.
	공사금액 1,500억 원 이상 2,200억 원 미만	3명 이상. 다만, 전체 공사기간 중 전 · 후 15에 해당하는 기간은 2명 이상으로 한다.
	공사금액 2,200억 원 이상 3천억 원 미만	4명 이상. 다만, 전체 공사기간 중 전 · 후 15에 해당하는 기간은 2명 이상으로 한다.
	공사금액 3,000억 원 이상 3,900억 원 미만	5명 이상. 다만, 전체 공사기간 중 전 · 후 15에 해당하는 기간은 3명 이상으로 한다.
	공사금액 3,900억 원 이상 4,900억 원 미만	6명 이상. 다만, 전체 공사기간 중 전 · 후 15에 해당하는 기간은 3명 이상으로 한다.

사업의 종류	사업장의 상시근로자 수	안전관리자의 수
	공사금액 4,900억 원 이상 6,000억 원 미만	7명 이상. 다만, 전체 공사기간 중 전·후 15에 해당하는 기간은 4명 이상으로 한다.
	공사금액 6,000억 원 이상 7,200억 원 미만	8명 이상. 다만, 전체 공사기간 중 전·후 15에 해당하는 기간은 4명 이상으로 한다.
	공사금액 7,200억 원 이상 8,500억 원 미만	9명 이상. 다만, 전체 공사기간 중 전·후 15에 해당하는 기간은 5명 이상으로 한다.
	공사금액 8,500억 원 이상 1조 원 미만	10명 이상. 다만, 전체 공사기간 중 전·후 15에 해당하는 기간은 5명 이상으로 한다.
	1조 원 이상	11명 이상[매 2천억 원(2조 원 이상부터는 매 3천억 원)마다 1명씩 추가한다]. 다만, 전체 공사기간 중 전·후 15에 해당하는 기간은 선임 대상 안전관리자 수의 2분의 1(소수점 이하는 올림한다) 이상으로 한다.

비고
1. 철거공사가 포함된 건설공사의 경우 철거공사만 이루어지는 기간은 전체 공사기간에는 산입되나 전체 공사기간 중 전·후 15에 해당하는 기간에는 산입되지 않는다. 이 경우 전체 공사기간 중 전·후 15에 해당하는 기간은 철거공사만 이루어지는 기간을 제외한 공사기간을 기준으로 산정한다.
2. 철거공사만 이루어지는 기간에는 공사금액별로 선임해야 하는 최소 안전관리자 수 이상으로 안전관리자를 선임해야 한다.

PART 01
PART 02
PART 03
PART 04
PART 05
PART 06
PART 07

4 산업안전보건위원회의 구성과 역할

1. 산업안전보건위원회를 구성해야 할 사업의 종류 및 상시근로자 수★

사업의 종류	사업장의 상시근로자 수
1. 토사석 광업 2. 목재 및 나무제품 제조업 ; 가구제외 3. 화학물질 및 화학제품 제조업 ; 의약품 제외(세제, 화장품 및 광택제 제조업과 화학섬유 제조업은 제외) 4. 비금속 광물제품 제조업 5. 1차 금속 제조업 6. 금속가공제품 제조업 ; 기계 및 가구 제외 7. 자동차 및 트레일러 제조업 8. 기타 기계 및 장비 제조업(사무용 기계 및 장비 제조업은 제외) 9. 기타 운송장비 제조업(전투용 차량 제조업은 제외)	상시근로자 50명 이상

사업의 종류	사업장의 상시근로자 수
10. 농업 11. 어업 12. 소프트웨어 개발 및 공급업 13. 컴퓨터 프로그래밍, 시스템 통합 및 관리업 14. 정보서비스업 15. 금융 및 보험업 16. 임대업 ; 부동산 제외 17. 전문, 과학 및 기술 서비스업(연구개발업은 제외) 18. 사업지원 서비스업 19. 사회복지 서비스업	상시근로자 300명 이상
20. 건설업	공사금액 120억 원 이상(토목공사업에 해당하는 공사의 경우에는 150억 원 이상)
21. 제1호부터 제20호까지의 사업을 제외한 사업	상시근로자 100명 이상

2. 산업안전보건위원회 심의 의결사항★★

① 사업장의 산업재해 예방계획의 수립에 관한 사항

② 안전보건관리규정의 작성 및 변경에 관한 사항

③ 안전보건교육에 관한 사항

④ 작업환경측정 등 작업환경의 점검 및 개선에 관한 사항

⑤ 근로자의 건강진단 등 건강관리에 관한 사항

⑥ 산업재해에 관한 통계의 기록 및 유지에 관한 사항

⑦ 산업재해의 원인 조사 및 재발 방지대책 수립에 관한 사항 중 중대재해에 관한 사항

⑧ 유해하거나 위험한 기계 · 기구 · 설비를 도입한 경우 안전 및 보건 관련 조치에 관한 사항

⑨ 그 밖에 해당 사업장 근로자의 안전 및 보건을 유지 · 증진시키기 위하여 필요한 사항

3. 산업안전보건위원 구성 및 회의 진행

1) 산업안전보건위원회 구성★★

구분	산업안전보건위원회 구성위원
근로자위원	① 근로자대표 ② 근로자대표가 지명하는 1명 이상의 명예산업안전감독관(위촉되어 있는 사업장의 경우) ③ 근로자대표가 지명하는 9명 이내의 해당 사업장의 근로자(명예산업안전감독관이 근로자위원으로 지명되어 있는 경우에는 그 수를 제외한 수의 근로자를 말한다)
사용자위원	상시근로자 50명 이상 100명 미만을 사용하는 사업장에서는 ⑤에 해당하는 사람을 제외하고 구성할 수 있다. ① 해당 사업의 대표자 ② 안전관리자 1명 ③ 보건관리자 1명 ④ 산업보건의(해당 사업장에 선임되어 있는 경우) ⑤ 해당 사업의 대표자가 지명하는 9명 이내의 해당 사업장 부서의 장

2) 위원장 선출

산업안전보건위원회의 위원장은 위원 중에서 호선(互選)한다. 이 경우 근로자위원과 사용자위원 중 각 1명을 공동위원장으로 선출할 수 있다.

3) 회의

종류	① 정기회의 : 분기마다 위원장이 소집 ② 임시회의 : 위원장이 필요하다고 인정할 때에 소집
의결	근로자위원 및 사용자위원 각 과반수의 출석으로 개의하고 출석위원 과반수의 찬성으로 의결한다.
직무대리	근로자대표, 명예산업안전감독관, 해당 사업의 대표자, 안전관리자 또는 보건관리자는 회의에 출석할 수 없는 경우에는 해당 사업에 종사하는 사람 중에서 1명을 지정하여 위원으로서의 직무를 대리하게 할 수 있다.
회의록 기록사항 ★	① 개최 일시 및 장소 ② 출석위원 ③ 심의 내용 및 의결 · 결정 사항 ④ 그 밖의 토의사항

PART 01
PART 02
PART 03
PART 04
PART 05
PART 06
PART 07

4) 회의 결과 등의 주지

산업안전보건위원회의 위원장은 산업안전보건위원회에서 심의 · 의결된 내용 등 회의 결과와 중재 결정된 내용 등을 사내방송이나 사내보, 게시 또는 자체 정례조회, 그 밖의 적절한 방법으로 근로자에게 신속히 알려야 한다.

4. 안전 · 보건에 관한 노사협의체의 구성★

공사금액이 120억 원(토목공사업은 150억 원) 이상인 건설공사

사용자위원	① 도급 또는 하도급 사업을 포함한 전체 사업의 대표자 ② 안전관리자 1명 ③ 보건관리자 1명(보건관리자 선임대상 건설업으로 한정) ④ 공사금액이 20억 원 이상인 공사의 관계수급인의 각 대표자
근로자위원	① 도급 또는 하도급 사업을 포함한 전체 사업의 근로자대표 ② 근로자대표가 지명하는 명예산업안전감독관 1명. 다만, 명예산업안전감독관이 위촉되어 있지 않은 경우에는 근로자대표가 지명하는 해당 사업장 근로자 1명 ③ 공사금액이 20억 원 이상인 공사의 관계수급인의 각 근로자대표

※ 노사협의체의 근로자위원과 사용자위원은 합의하여 노사협의체에 공사금액이 20억 원 미만인 공사의 관계수급인 및 관계수급인 근로자대표를 위원으로 위촉할 수 있다.

※ 노사협의체의 근로자위원과 사용자위원은 합의하여 건설기계관리법에 따라 등록된 건설기계를 직접 운전하는 사람을 노사협의체에 참여하도록 할 수 있다.

02 안전관리계획 수립 및 운용

1 안전보건관리규정

1. 안전보건관리규정을 작성해야 할 사업의 종류 및 상시근로자 수

사업의 종류	상시근로자 수
1. 농업 2. 어업 3. 소프트웨어 개발 및 공급업 4. 컴퓨터 프로그래밍, 시스템 통합 및 관리업 5. 정보서비스업 6. 금융 및 보험업 7. 임대업 ; 부동산 제외 8. 전문, 과학 및 기술 서비스업(연구개발업은 제외) 9. 사업지원 서비스업 10. 사회복지 서비스업	300명 이상
11. 제1호부터 제10호까지의 사업을 제외한 사업	100명 이상

2. 작성방법 및 세부내용

작성방법	안전보건관리규정을 작성하여야 할 사유가 발생한 날부터 30일 이내에 세부내용을 포함한 안전보건관리규정을 작성해야 한다. 이를 변경할 사유가 발생한 경우에도 또한 같다.		
세부내용	① 총칙 ② 안전 · 보건 관리조직과 직무 ③ 안전 · 보건교육	④ 작업장 안전관리 ⑤ 작업장 보건관리 ⑥ 사고조사 및 대책수립	⑦ 위험성 평가에 관한 사항 ⑧ 보칙

3. 안전보건관리규정에 포함되어야 할 내용★★

사업주는 사업장의 안전 및 보건을 유지하기 위하여 다음 각 호의 사항이 포함된 안전보건관리규정을 작성하여야 한다.

① 안전 및 보건에 관한 관리조직과 그 직무에 관한 사항

② 안전보건교육에 관한 사항

③ 작업장의 안전 및 보건 관리에 관한 사항

④ 사고 조사 및 대책 수립에 관한 사항

⑤ 그 밖에 안전 및 보건에 관한 사항

4. 안전보건관리규정 작성 시 유의사항

① 규정된 안전기준은 법적 기준을 상회하도록 작성한다.
② 관리자층의 직무와 권한 및 근로자에게 강제 또는 요청한 부분을 명확히 한다.
③ 관계 법령의 제정, 개정에 따라 즉시 개정한다.
④ 작성 또는 개정 시에 현장의 의견을 충분히 반영한다.
⑤ 규정내용을 정상 시는 물론 이상 시, 즉 사고 및 재해 발생 시의 조치에 관해서도 규정한다.

2 안전보건관리 계획

1. 계획의 기본방향

① 현재 기준의 범위 내에서의 안전유지 방향
② 기준의 재설정 방향
③ 문제해결의 방향

2. 계획 작성 시 고려사항

① 사업장의 실태에 맞도록 독자적으로 수립하되 실현 가능성이 있도록 한다.
② 계획의 목표는 점진적으로 하여 높은 수준으로 한다.
③ 직장 단위로 구체적인 내용으로 작성한다.

3 주요 평가척도

① 절대 척도(재해 건수 등 수치)
② 상대 척도(도수율, 강도율 등)
③ 평정 척도(양적으로 나타내는 것. 양, 보통, 불가 등 단계로 평정)
④ 도수 척도(중앙값, % 등)

4 안전보건 개선계획

1. 안전보건개선계획 수립 · 시행을 명할 수 있는 사업장★★

① 산업재해율이 같은 업종의 규모별 평균 산업재해율보다 높은 사업장
② 사업주가 필요한 안전조치 또는 보건조치를 이행하지 아니하여 중대재해가 발생한 사업장

PART 01
PART 02
PART 03
PART 04
PART 05
PART 06
PART 07

③ 직업성 질병자가 연간 2명 이상 발생한 사업장

④ 유해인자의 노출기준을 초과한 사업장

2. 안전보건개선계획서에 포함되어야 할 사항★★

① 시설

② 안전보건관리체제

③ 안전보건교육

④ 산업재해 예방 및 작업환경의 개선을 위하여 필요한 사항

3. 안전보건진단을 받아 안전보건개선계획을 수립해야 할 사업장★★

① 산업재해율이 같은 업종 평균 산업재해율의 2배 이상인 사업장

② 사업주가 필요한 안전조치 또는 보건조치를 이행하지 아니하여 중대재해가 발생한 사업장

③ 직업성 질병자가 연간 2명 이상(상시근로자 1천 명 이상 사업장의 경우 3명 이상) 발생한 사업장

④ 그 밖에 작업환경 불량, 화재 · 폭발 또는 누출 사고 등으로 사업장 주변까지 피해가 확산된 사업장

1 재해조사 목적

1. 목적★

재해 원인과 결함을 규명하고 예방 자료를 수집하여 동종 재해 및 유사재해의 재발 방지 대책을 강구하는 데 목적이 있다.
① 재해 발생원인 및 결함 규명
② 재해 예방 자료 수집
③ 동종 및 유사 재해 재발방지

2. 용어의 정의

1) 안전사고

불안전한 행동이나 조건이 선행되어 고의성 없이 작업을 방해하거나 일의 능률을 저하시키며, 직·간접으로 인명이나 재산손실을 가져올 수 있는 사건을 말한다.

2) 재해

안전사고의 결과로 일어난 인명과 재산의 손실을 가져올 수 있는 계획되지 않거나 예상하지 못한 사건을 말한다.

3) 아차사고(Near Accident)

재해 또는 사고가 발생하여도 인명 상해나 물적 손실 등 일체의 피해가 없는 사고를 말한다.

4) 산업재해

근로자가 업무에 관계되는 건설물·설비·원재료·가스·증기·분진 등에 의하거나 작업 또는 그밖의 업무로 인하여 사망 또는 부상하거나 질병에 걸리는 것을 말한다.

5) 중대재해★★

① 사망자가 1명 이상 발생한 재해
② 3개월 이상의 요양이 필요한 부상자가 동시에 2명 이상 발생한 재해
③ 부상자 또는 직업성 질병자가 동시에 10명 이상 발생한 재해

재해 발생 시 조치사항 및 재해조사 분석

1. 재해 발생 시 조치사항★★

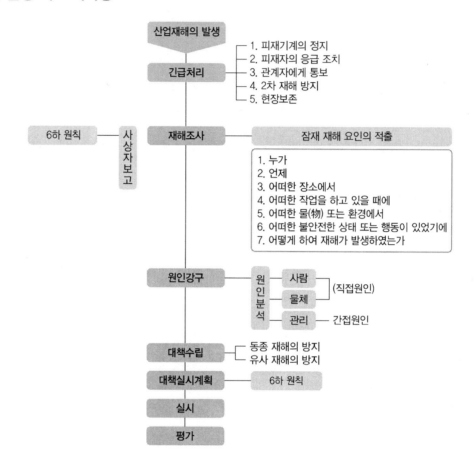

2. 조사 시 유의사항★★

① 사실을 수집하고 재해 이유는 뒤로 미룬다.

② 목격자 등이 발언하는 사실 이외의 추측의 말은 참고로 한다.

③ 조사는 신속하게 행하고 2차 재해의 방지를 도모한다.

④ 사람, 설비, 환경의 측면에서 재해요인을 도출한다.

⑤ 객관성을 가지고 제3자의 입장에서 공정하게 조사하며, 조사는 2인 이상으로 한다.

⑥ 책임추궁보다 재발 방지를 우선하는 기본태도를 갖는다.

⑦ 피해자에 대한 구급조치를 우선으로 한다.

⑧ 2차 재해의 예방과 위험성에 대응하여 보호구를 착용한다.

⑨ 발생 후 가급적 빨리 재해현장이 변형되지 않은 상태에서 실시한다.

3. 산업재해 보고방법 및 내용

산업재해보고	대상재해	산업재해로 사망자가 발생하거나 3일 이상의 휴업이 필요한 부상을 입거나 질병에 걸린 사람이 발생한 경우
	보고방법	해당 산업재해가 발생한 날부터 1개월 이내에 산업재해조사표를 작성하여 관할 지방고용노동관서의 장에게 제출(전자문서로 제출하는 것을 포함)
중대재해 발생 사실을 알게 된 경우	보고방법 ★	지체 없이 사업장 소재지를 관할하는 지방고용노동관서의 장에게 전화·팩스 또는 그 밖의 적절한 방법으로 보고해야 한다.
	보고사항 ★	① 발생 개요 및 피해 상황 ② 조치 및 전망 ③ 그 밖의 중요한 사항
산업재해 발생 시 기록·보존사항		① 사업장의 개요 및 근로자의 인적사항 ② 재해 발생의 일시 및 장소 ③ 재해 발생의 원인 및 과정 ④ 재해 재발방지 계획

PART 01

PART 02

PART 03

PART 04

PART 05

PART 06

PART 07

4. 산업재해조사표 작성방법

1) 산업재해조사표의 주요 항목

산업재해조사표

※ 뒤쪽의 작성방법을 읽고 작성해 주시기 바라며, [ ]에는 해당하는 곳에 √ 표시를 합니다. (앞쪽)

<table>
<tr>
<td rowspan="9">Ⅰ.
사업장
정보</td>
<td colspan="2">① 산재관리번호
(사업개시번호)</td>
<td></td>
<td colspan="2">사업자등록번호</td>
<td></td>
</tr>
<tr>
<td colspan="2">② 사업장명</td>
<td></td>
<td colspan="2">③ 근로자 수</td>
<td></td>
</tr>
<tr>
<td colspan="2">④ 업종</td>
<td></td>
<td colspan="2">소재지</td>
<td>(-)</td>
</tr>
<tr>
<td rowspan="2">⑤ 재해자가 사내
수급인 소속인
경우 (건설업
제외)</td>
<td>원도급인 사업장명</td>
<td></td>
<td rowspan="2">⑥ 재해자가 파견근
로자인 경우</td>
<td>파견사업주 사업장명</td>
<td></td>
</tr>
<tr>
<td>사업장 산재관리번호
(사업개시번호)</td>
<td></td>
<td>사업장 산재관리번호
(사업개시번호)</td>
<td></td>
</tr>
<tr>
<td rowspan="4">건설업만
작성</td>
<td>발주자</td>
<td></td>
<td colspan="3">[ ]민간 [ ]국가·지방자치단체 [ ]공공기관</td>
</tr>
<tr>
<td>⑦ 원수급 사업장명</td>
<td></td>
<td colspan="3">공사현장 명</td>
</tr>
<tr>
<td>⑧ 원수급 사업장 산재관
리번호(사업개시번호)</td>
<td></td>
<td colspan="3"></td>
</tr>
<tr>
<td>⑨ 공사종류</td>
<td></td>
<td>공정률 %</td>
<td colspan="2">공사금액 백만원</td>
</tr>
</table>

※ 아래 항목은 재해자별로 각각 작성하되, 같은 재해로 재해자가 여러 명이 발생한 경우에는 별도 서식에 추가로 적습니다.

<table>
<tr>
<td rowspan="9">Ⅱ.
재해
정보</td>
<td>성명</td>
<td></td>
<td>주민등록번호
(외국인등록번호)</td>
<td></td>
<td>성별</td>
<td>[ ]남 [ ]여</td>
</tr>
<tr>
<td>국적</td>
<td colspan="3">[ ]내국인 [ ]외국인 [국적 : ⑩ 체류자격 :]</td>
<td>⑪ 직업</td>
<td></td>
</tr>
<tr>
<td>입사일</td>
<td colspan="3">년 월 일</td>
<td>⑫ 같은 종류업무
근속기간</td>
<td>년 월</td>
</tr>
<tr>
<td>⑬ 고용형태</td>
<td colspan="5">[ ]상용 [ ]임시 [ ]일용 [ ]무급가족종사자 [ ]자영업자 [ ]그 밖의 사항 [ ]</td>
</tr>
<tr>
<td>⑭ 근무형태</td>
<td colspan="5">[ ]정상 [ ]2교대 [ ]3교대 [ ]4교대 [ ]시간제 [ ]그 밖의 사항 [ ]</td>
</tr>
<tr>
<td>⑮ 상해종류
(질병명)</td>
<td colspan="2"></td>
<td>⑯ 상해부위
(질병부위)</td>
<td colspan="2"></td>
</tr>
<tr>
<td rowspan="2">⑰ 휴업예
상일수</td>
<td colspan="2" rowspan="2"></td>
<td>휴업 [ ]일</td>
<td colspan="2"></td>
</tr>
<tr>
<td>사망 여부</td>
<td colspan="2">[ ] 사망</td>
</tr>
</table>

<table>
<tr>
<td rowspan="5">Ⅲ.
재해발생
개요 및
원인</td>
<td rowspan="4">⑱
재해
발생
개요</td>
<td>발생일시</td>
<td>[ ]년 [ ]월 [ ]일 [ ]요일 [ ]시 [ ]분</td>
</tr>
<tr>
<td>발생장소</td>
<td></td>
</tr>
<tr>
<td>재해관련 작업유형</td>
<td></td>
</tr>
<tr>
<td>재해발생 당시 상황</td>
<td></td>
</tr>
<tr>
<td colspan="2">⑲ 재해발생원인</td>
<td></td>
</tr>
</table>

<table>
<tr>
<td>Ⅳ.
⑳ 재발
방지
계획</td>
<td></td>
</tr>
</table>

※ 위 재발방지 계획 이행을 위한 안전보건교육 및 기술지도 등을 한국산업안전보건
공단에서 무료로 제공하고 있으니 즉시 기술지원 서비스를 받고자 하는 경우 오른 | 즉시 기술지원 서비스 요청[ ]
쪽에 √ 표시를 하시기 바랍니다.

작성자 성명
작성자 전화번호 　　　　　　　　　작성일　　　년　　월　　일
　　　　　　　　　　　　　　　　　사업주　　　　　　　　　　(서명 또는 인)
　　　　　　　　　　　　근로자대표(재해자)　　　　　　　　(서명 또는 인)

( )지방고용노동청장(지청장) 귀하

<table>
<tr>
<td rowspan="2">재해 분류자 기입란
(사업장에서는 작성하지 않습니다)</td>
<td>발생형태</td>
<td>□□□</td>
<td>기인물</td>
<td>□□□□□</td>
</tr>
<tr>
<td>작업지역·공정</td>
<td>□□□</td>
<td>작업내용</td>
<td>□□□</td>
</tr>
</table>

2) 작성방법

① 재해자 정보

  ⊙ 고용형태

    ⓐ 상용 : 고용계약기간을 정하지 않았거나 고용계약기간이 1년 이상인 사람

    ⓑ 임시 : 고용계약기간을 정하여 고용된 사람으로서 고용계약기간이 1개월 이상 1년 미만인 사람

    ⓒ 일용 : 고용계약기간이 1개월 미만인 사람 또는 매일 고용되어 근로의 대가로 일급 또는 일당제 급여를 받고 일하는 사람

    ⓓ 자영업자 : 혼자 또는 그 동업자로서 근로자를 고용하지 않은 사람

    ⓔ 무급가족종사자 : 사업주의 가족으로 임금을 받지 않는 사람

    ⓕ 그 밖의 사항 : 교육 · 훈련생 등

  ⊙ 상해종류(질병명) : 재해로 발생된 신체적 특성 또는 상태 형태를 적는다.

    예 골절, 절단, 타박상, 찰과상, 중독 · 질식, 화상, 감전, 뇌진탕, 고혈압, 뇌졸중, 피부염, 진폐, 수근관증후군 등

  ⊙ 상해부위(질병부위) : 재해로 피해가 발생된 신체 부위를 적는다.

    예 머리, 눈, 목, 어깨, 팔, 손, 손가락, 등, 척추, 몸통, 다리, 발, 발가락, 전신, 신체내부기관(소화 · 신경 · 순환 · 호흡배설) 등

  ⊙ 휴업예상일수 : 재해발생일을 제외한 3일 이상의 결근 등으로 회사에 출근하지 못한 일수를 적는다.(추정 시 의사의 진단 소견 참조)

② 재해발생 정보

  ⊙ 재해발생 개요 : 재해원인의 상세한 분석이 가능하도록 발생일시[연, 월, 일, 요일, 시(24시 기준), 분], 발생 장소(공정 포함), 재해 관련 작업유형(누가 어떤 기계 · 설비를 다루면서 무슨 작업을 하고 있었는지), 재해발생 당시 상황[재해 발생 당시 기계 · 설비 · 구조물이나 작업환경 등의 불안전한 상태(예시 : 떨어짐, 무너짐 등)와 재해자나 동료 근로자가 어떠한 불안전한 행동(예시 : 넘어짐, 끼임 등)을 했는지]을 상세히 적는다.

    ▼ **작성 예시**

발생일시	2014년 6월 30일 월요일 14시 30분
발생장소	사출성형부 플라스틱 용기 생산 1팀 사출공정에서
재해 관련 작업유형	재해자 ○○○가 사출성형기 2호기에서 플라스틱 용기를 꺼낸 후 금형을 점검하던 중
재해발생 당시 상황	재해자가 점검 중임을 모르던 동료 근로자 ○○○가 사출성형기 조작 스위치를 가동하여 금형 사이에 재해자가 끼어 사망하였음

  ⊙ 재해발생 원인 : 재해가 발생한 사업장에서 재해발생 원인을 인적 요인(무의식 행동, 착오, 피로, 연령, 커뮤니케이션 등), 설비적 요인(기계 · 설비의 설계상 결함, 방호장치의 불량, 작업표준화의 부족, 점검 · 정비의 부족 등), 작업 · 환경적 요인(작업정보의 부적절, 작업자세 · 동작

의 결함, 작업방법의 부적절, 작업환경 조건의 불량 등), 관리적 요인(관리조직의 결함, 규정·
매뉴얼의 불비·불철저, 안전교육의 부족, 지도감독의 부족 등)을 적는다.

5. 사업장의 산업재해 발생건수 등 공표대상 사업장★★

① 산업재해로 인한 사망자가 연간 2명 이상 발생한 사업장
② 사망만인율(연간 상시근로자 1만 명당 발생하는 사망재해자 수의 비율)이 규모별 같은 업종의 평균
  사망만인율 이상인 사업장
③ 중대산업사고가 발생한 사업장
④ 산업재해 발생 사실을 은폐한 사업장
⑤ 산업재해의 발생에 관한 보고를 최근 3년 이내 2회 이상 하지 않은 사업장

3 재해발생 메커니즘

1. 재해발생의 메커니즘★★

구분	하인리히의 도미노 이론	버드의 최신 도미노 이론	아담스의 사고연쇄 반응 이론	웨버의 신도미노 이론
제1단계	사회적 환경 및 유전적 요인	제어의 부족(관리)	관리구조	유전과 환경
제2단계	개인적 결함	기본원인(기원)	작전적 에러	인간의 결함
제3단계	불안전한 행동 및 불안전한 상태	직접원인(징후)	전술적 에러	불안전한 행동 및 불안전한 상태
제4단계	사고	사고(접촉)	사고	재해(사고)
제5단계	재해	상해(손실)	상해, 손해	상해

2. 재해구성비율

1) 하인리히의 법칙(1 : 29 : 300)

① 안전사고 330건 중 중상이 1건, 경상이 29건, 무상해 사고가 300건 발생한다는 법칙(ILO 통계 분
  석은 1 : 20 : 200)
② 하인리히 법칙의 핵심은 사고 발생 자체, 즉 300건의 무상해 사고를 근원적으로 예방하고 원인을
  제거해야 한다는 것을 강조

재해 발생＝물적 불안전 상태＋인적 불안전 행위＋α

$\qquad$＝설비적 결함＋관리적 결함＋α

여기서, α : 잠재된 위험의 상태(potential)＝재해

| 재해구성비율 |

2) 버드의 법칙(1 : 10 : 30 : 600)

① 중상 또는 폐질 1, 경상(물적 또는 인적 상해) 10, 무상해사고(물적 손실) 30, 무상해·무사고 고장(위험순간) 600의 비율로 사고가 발생한다는 이론

② 재해의 배후에는 인적 손실이 없는 방대한 사고(630건, 98.2%)가 발생한다.

③ 630건의 사고, 즉 아차사고의 원인과 결과가 사업장의 안전대책의 중요한 실마리가 된다.

```
 1   ---------- 중상 또는 폐질
 10  ---------- 경상(물적·인적 상해)
 30  ---------- 무상해사고(물적 손실)
 600 ---------- 무상해·무사고(위험순간)
```

| 재해구성비율 |

4 산업재해 발생형태(등치성 이론)

구분	내용	발생형태
단순자극형 (집중형)	상호 자극에 의하여 순간적으로 재해가 발생하는 유형으로 재해가 일어난 장소와 그 시기에 일시적으로 요인이 한곳에 집중	
연쇄형	어느 하나의 사고 요인이 또 다른 사고 요인을 발생시키면서 재해를 발생시키는 유형	(단순연쇄형)　(복합연쇄형)
복합형	단순자극형(집중형)과 연쇄형의 복합적인 재해 발생 유형	

5 재해발생 원인

1. 산업재해의 원인

1) 직접원인(불안전한 행동과 상태)

불안전한 행동(인적 요인)	불안전한 상태
① 설비ㆍ기계 및 물질의 부적절한 사용ㆍ관리	① 물체 및 설비 자체의 결함
② 구조물 등 그 밖의 위험방치 및 미확인	② 방호조치의 부적절
③ 작업수행 소홀 및 절차 미준수	③ 작업통로 등 장소불량 및 위험
④ 불안전한 작업자세	④ 물체, 기계기구 등의 취급상 위험
⑤ 작업수행 중 과실	⑤ 작업공정ㆍ절차의 부적절
⑥ 무모한 또는 불필요한 행위 및 동작	⑥ 작업환경 등의 부적절
⑦ 복장, 보호구의 미착용 및 부적절한 사용	⑦ 보호구의 성능불량
⑧ 불안전한 속도 조작	⑧ 불안전한 설계로 인한 결함 발생
⑨ 안전장치의 기능 제거	
⑩ 불안전한 인양 및 운반	

2) 간접원인(관리적 원인)

기술적 원인	① 건물, 기계장치의 설계불량 ② 구조, 재료의 부적합	③ 생산방법의 부적당 ④ 점검, 정비보존의 불량
교육적 원인	① 안전의식의 부족 ② 안전수칙의 오해 ③ 경험훈련의 미숙	④ 작업방법의 교육 불충분 ⑤ 유해위험 작업의 교육 불충분
신체적 원인	① 신체적 결함(두통, 현기증, 간질병, 난청) ② 피로(수면부족)	
정신적 원인	① 태도불량(태만, 불만, 반항)	② 정신적 동요(공포, 긴장, 초조, 불화)
작업관리상의 원인	① 안전관리조직의 결함 ② 안전수칙의 미제정 ③ 작업준비 불충분	④ 인원배치 부적당 ⑤ 작업지시 부적당

2. 기인물과 가해물

1) 정의

① 기인물 : 직접적으로 재해를 유발하거나 영향을 끼친 에너지원(운동, 위치, 열, 전기 등)을 지닌 기계ㆍ장치, 구조물, 물체ㆍ물질, 사람 또는 환경 등을 말한다.

② 2차 기인물 : 복합적 요인으로 발생된 재해에 있어서 기인물을 유발(가속화)시켰거나 재해 또는 특정물질에 노출을 유도한 것, 즉 간접적 영향을 끼친 물체, 사람, 에너지원, 환경요인을 말한다.

③ 가해물 : 사람에게 직접적으로 상해를 입힌 기계, 장치, 구조물, 물체ㆍ물질, 사람 또는 환경요인을 말한다.

2) 분류기준

① 재해발생 주 요인이 사물이면 그 사물을 기인물로 한다.

② 재해발생 주 요인이 사람이나 기인물이 있으면 그 기인물로 분류

  예 운전 중 한눈을 팔다가 전주에 충돌 : 기인물은 차량

    ※ 조작 및 취급하던 물체를 우선

③ 재해발생 주 요인이 사람이고 기인물이 존재하지 않고 가해물이 있으면 그 가해물을 기인물로 분류

  예 손에 들고 있던 운반물을 놓침 : 기인물은 운반물

④ 재해발생 주 요인이 사람이고 기인물, 가해물이 되는 사물이 없으면 사람으로 분류

  예 외부요인이 없는 상태에서 사람이 걷다가 발목을 겹질림 : 기인물은 사람

⑤ 재해발생 주 요인이 사람이 아니고 불안전한 상태도 없으나 기인물이 있는 경우 그 기인물로 분류

  예 자연재해, 천재지변

01 PART
02 PART
03 PART
04 PART
05 PART
06 PART
07 PART

6 상해의 종류

1. 재해발생 형태별 분류★★

분류항목	세부항목
떨어짐 (높이가 있는 곳에서 사람이 떨어짐)	사람이 인력(중력)에 의하여 건축물, 구조물, 가설물, 수목, 사다리 등의 높은 장소에서 떨어지는 것
넘어짐 (사람이 미끄러지거나 넘어짐)	사람이 거의 평면 또는 경사면, 층계 등에서 구르거나 넘어지는 경우
깔림 · 뒤집힘 (물체의 쓰러짐이나 뒤집힘)	기대어져 있거나 세워져 있는 물체 등이 쓰러져 깔린 경우 및 지게차 등의 건설기계 등이 운행 또는 작업 중 뒤집어진 경우
부딪힘 (물체에 부딪힘) · 접촉	재해자 자신의 움직임 · 동작으로 인하여 기인물에 접촉 또는 부딪히거나, 물체가 고정부에서 이탈하지 않은 상태로 움직임(규칙, 불규칙) 등에 의하여 부딪히거나, 접촉한 경우
맞음 (날아오거나 떨어진 물체에 맞음)	구조물, 기계 등에 고정되어 있던 물체가 중력, 원심력, 관성력 등에 의하여 고정부에서 이탈하거나 또는 설비 등으로부터 물질이 분출되어 사람을 가해하는 경우
끼임 (기계설비에 끼이거나 감김)	두 물체 사이의 움직임에 의하여 일어난 것으로 직선 운동하는 물체 사이의 끼임, 회전부와 고정체 사이의 끼임, 롤러 등 회전체 사이에 물리거나 또는 회전체 · 돌기부 등에 감긴 경우
무너짐 (건축물이나 쌓여진 물체가 무너짐)	토사, 적재물, 구조물, 건축물, 가설물 등이 전체적으로 허물어져 내리거나 또는 주요 부분이 꺾어져 무너지는 경우
압박 · 진동	재해자가 물체의 취급과정에서 신체 특정부위에 과도한 힘이 편중 · 집중 · 눌려진 경우나 마찰접촉 또는 진동 등으로 신체에 부담을 주는 경우
신체반작용	물체의 취급과 관련 없이 일시적이고 급격한 행위 · 동작, 균형상실에 따른 반사적 행위 또는 놀람, 정신적 충격, 스트레스 등
부자연스런 자세	물체의 취급과 관련 없이 작업환경 또는 설비의 부적절한 설계 또는 배치로 작업자가 특정한 자세 · 동작을 장시간 취하여 신체의 일부에 부담을 주는 경우
과도한 힘 · 동작	물체의 취급과 관련하여 근육의 힘을 많이 사용하는 경우로서 밀기, 당기기, 지탱하기, 들어올리기, 돌리기, 잡기, 운반하기 등과 같은 행위 · 동작

분류항목	세부항목
반복적 동작	물체의 취급과 관련하여 근육의 힘을 많이 사용하지 않는 경우로서 지속적 또는 반복적인 업무수행으로 신체의 일부에 부담을 주는 행위·동작
이상온도 노출·접촉	고·저온 환경 또는 물체에 노출·접촉된 경우
이상기압 노출	고·저기압 등의 환경에 노출된 경우
유해·위험물질 노출·접촉	유해·위험물질에 노출·접촉 또는 흡입하였거나 독성동물에 쏘이거나 물린 경우
소음노출	폭발음을 제외한 일시적·장기적인 소음에 노출된 경우
유해광선 노출	전리 또는 비전리 방사선에 노출된 경우
산소결핍·질식	유해물질과 관련 없이 산소가 부족한 상태·환경에 노출되었거나 이물질 등에 의하여 기도가 막혀 호흡기능이 불충분한 경우
화재	가연물에 점화원이 가해져 비의도적으로 불이 일어난 경우를 말하며, 방화는 의도적이기는 하나 관리할 수 없으므로 화재에 포함시킴
폭발	건축물, 용기 내 또는 대기 중에서 물질의 화학적, 물리적 변화가 급격히 진행되어 열, 폭음, 폭발압이 동반하여 발생하는 경우
감전	전기설비의 충전부 등에 신체의 일부가 직접 접촉하거나 유도전류의 통전으로 근육의 수축, 호흡곤란, 심실세동 등이 발생한 경우 또는 특별고압 등에 접근함에 따라 발생한 섬락 접촉, 합선·혼촉 등으로 인하여 발생한 아크에 접촉된 경우
폭력행위	의도적인 또는 의도가 불분명한 위험행위(마약, 정신질환 등)로 자신 또는 타인에게 상해를 입힌 폭력·폭행을 말하며, 협박·언어·성폭력 및 동물에 의한 상해 등도 포함

2. 분류기준

1) 두 가지 이상의 발생형태가 연쇄적으로 발생된 사고의 경우는 상해결과 또는 피해를 크게 유발한 형태로 분류★

① 재해자가 「넘어짐」으로 인하여 기계의 동력전달부위 등에 끼이는 사고가 발생하여 신체부위가 「절단」된 경우에는 「끼임」으로 분류

② 재해자가 구조물 상부에서 「넘어짐」으로 인하여 사람이 떨어져 두개골 골절이 발생한 경우에는 「떨어짐」으로 분류

③ 재해자가 「넘어짐」 또는 「떨어짐」으로 물에 빠져 익사한 경우에는 「유해·위험물질 노출·접촉」으로 분류

④ 재해자가 전주에서 작업 중 「전류접촉」으로 떨어진 경우 상해결과가 골절인 경우에는 「떨어짐」으로 분류하고 상해결과가 전기쇼크인 경우에는 「전류접촉」으로 분류

2) 기계의 구동축, 회전체 등 주요 부위의 파단, 파열 등으로 사고가 발생한 경우에는 상해를 입힌 물체의 운동형태에 따라 「맞음」 재해로 분류

3) 「떨어짐」과 「넘어짐」 재해의 분류

① 사고 당시 바닥면과 신체가 떨어진 상태로 더 낮은 위치로 떨어진 경우에는 「떨어짐」으로, 바닥면과 신체가 접해 있는 상태에서 더 낮은 위치로 떨어진 경우에는 「넘어짐」으로 분류

② 신체가 바닥면과 접해있었는지 여부를 알 수 없는 경우에는 작업발판 등 구조물의 높이가 보폭(약 60cm) 이상인 경우에는 신체가 구조물과 바닥면에서 떨어진 것으로 판단하여 「떨어짐」으로 분류하고, 그 보폭 미만인 경우는 「넘어짐」으로 분류

4)「맞음」,「이상온도 노출·접촉」또는「유해·위험물질 노출·접촉」의 분류

① 물체 또는 물질이 떨어지거나 날아와 타박상 등의 상해를 입었을 경우에는 「맞음」으로 분류

② 고·저온 물체 또는 물질이 떨어지거나 날아와 화상을 입었을 경우에는 「이상온도 노출·접촉」으로 분류

③ 떨어지거나 날아온 물체 또는 물질의 특성에 의하여 상해를 입은 경우에는 「유해·위험물질 노출·접촉」으로 분류

5)「폭력행위」와「유해·위험물질 노출·접촉」의 분류

개, 뱀 등 동물에게 물려 광견병, 독성물질 중독이 발생한 경우에는 발생형태를 「유해·위험물질 접촉」으로 분류하고, 감염은 없이 찔림 정도의 교상만 발생한 경우에는 「폭력행위」로 분류

6)「폭발」과「화재」의 분류

폭발과 화재, 두 현상이 복합적으로 발생된 경우에는 발생형태를 「폭발」로 분류

7 통계적 원인분석방법★

파레토도	사고의 유형, 기인물 등 분류항목을 큰 값에서 작은 값의 순서로 도표화하며, 문제나 목표의 이해에 편리하다.
특성 요인도	특성과 요인관계를 어골상으로 도표화하여 분석하는 기법(원인과 결과를 연계하여 상호 관계를 파악하기 위한 분석방법)
클로즈(Close) 분석	두 개 이상의 문제관계를 분석하는 데 사용하는 것으로, 데이터를 집계하고 표로 표시하여 요인별 결과내역을 교차한 클로즈 그림을 작성하여 분석하는 기법
관리도	재해 발생 건수 등의 추이에 대해 한계선을 설정하여 목표 관리를 수행하는 데 사용되는 방법으로 관리선은 관리상한선, 중심선, 관리하한선으로 구성된다.

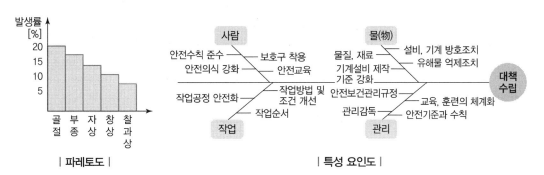

| 파레토도 | | 특성 요인도 |

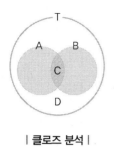

| 클로즈 분석 |

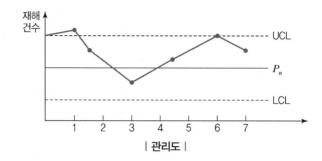

| 관리도 |

8　재해예방의 4원칙★★

예방 가능의 원칙	천재지변을 제외한 모든 재해는 원칙적으로 예방이 가능하다.
손실 우연의 원칙	사고로 생기는 상해의 종류 및 정도는 우연적이다.
원인 계기의 원칙	사고와 손실의 관계는 우연적이지만 사고와 원인관계는 필연적이다.(사고에는 반드시 원인이 있다.)
대책 선정의 원칙	원인을 정확히 규명해서 대책을 선정하고 실시되어야 한다.(3E, 즉 기술, 교육, 관리를 중심으로)

9　사고예방대책의 기본원리 5단계

1. 하인리히의 재해예방 5단계(사고예방 대책의 기본원리)★★

제1단계	조직 (안전관리조직)	① 경영자의 안전목표 설정 ② 안전관리조직의 편성 ③ 안전관리조직과 책임 부여	④ 조직을 통한 안전활동 ⑤ 안전관리 규정의 제정
제2단계	사실의 발견 (현상파악)	① 안전사고 및 활동기록의 검토 ② 작업분석 및 불안전 요소 발견 ③ 안전점검 및 안전진단 ④ 사고조사	⑤ 관찰 및 보고서의 연구 ⑥ 안전토의 및 회의 ⑦ 근로자의 건의 및 여론조사
제3단계	분석평가	① 불안전 요소의 분석 ② 현장조사 결과의 분석 ③ 사고보고서 분석 ④ 인적·물적 환경 조건의 분석	⑤ 작업공정의 분석 ⑥ 교육과 훈련의 분석 ⑦ 안전수칙 및 안전기준의 분석
제4단계	시정책의 선정 (대책의 선정)	① 인사 및 배치조정 ② 기술적 개선 ③ 기술교육 및 훈련의 개선	④ 안전관리 행정업무의 개선 ⑤ 규정 및 수칙의 개선 ⑥ 확인 및 통제체제 개선
제5단계	시정책의 적용 (목표달성)	① 3E의 적용단계(기술적 대책 실시, 교육적 대책 실시, 관리적 대책 실시) ② 목표설정 실시 ③ 결과의 재평가 및 개선	

2. 3E와 3S

3E	① 기술(Engineering)	② 교육(Education)	③ 관리(Enforcement)
	※ 3E + 환경(Environment) = 4E		
3S	① 표준화(Standardization)	② 전문화(Specialization)	③ 단순화(Simplification)
	※ 3S + 종합화(Synthesization) = 4S		

10 재해 관련 통계의 정의 및 계산

1. 상해 정도별 분류(국제노동기구(ILO)에 따른 분류)★★

사망	안전사고 혹은 부상의 결과로 사망한 경우 : 노동손실일수 7,500일
영구 전 노동 불능상해	부상결과 근로기능을 완전히 잃은 경우(신체장해등급 제1급~제3급) : 노동손실일수 7,500일
영구 일부노동 불능상해	부상결과 신체의 일부가 근로기능을 상실한 경우(신체장해등급 제4급~제14급)
일시 전 노동 불능상해	의사의 진단에 따라 일정기간 근로를 할 수 없는 경우(신체장해가 남지 않는 일반적인 휴업재해)
일시 일부노동 불능상해	의사의 진단에 따라 부상 다음날 혹은 그 이후에 정규근로에 종사할 수 없는 휴업재해 이외의 경우(일시적으로 작업시간 중에 업무를 떠나 치료를 받는 것 또는 가벼운 작업에 종사하는 정도의 휴업재해)
응급(구급)조치 상해	응급처치 혹은 의료조치를 받아 부상당한 다음 날 정규근로에 종사할 수 있는 경우

2. 재해율

1) 재해율

① 임금근로자수 100명당 발생하는 재해자수의 비율

② 공식

$$재해율 = \frac{재해자수}{임금근로자수} \times 100$$

2) 사망만인율

① 임금근로자수 10,000명당 발생하는 사망자수의 비율

② 공식

$$사망만인율(‰) = \frac{사망자수}{근로자수} \times 10,000$$

3) 연천인율★★

① 근로자 1,000명당 1년간 발생하는 재해자수

② 공식

$$연천인율 = \frac{연간\ 재해자수}{연평균\ 근로자수} \times 1,000$$

> **••• 예상문제**
>
> 연평균 근로자수가 200명인 A사업장에 지난 1년간 9명의 사상자가 발생하였다. 이 사업장의 연천
> 인율은 얼마인가?
>
> **풀이** $연천인율 = \dfrac{연간\ 재해자수}{연평균\ 근로자수} \times 1,000 = \dfrac{9}{200} \times 1,000 = 45$

③ 연천인율이 45란 뜻은 그 작업장의 수준으로 연간 1,000명의 근로자가 근로할 경우 45명의 재해
자가 발생한다는 뜻이다.

4) 도수율(빈도율)★★

① 산업재해의 발생 빈도를 나타내는 단위
② 연간 근로시간 합계 100만 시간당 재해발생건수

③ 공식

$$도수율 = \frac{재해발생건수}{연간\ 총근로시간수} \times 1,000,000$$

> **••• 예상문제**
>
> K사업장의 근로자가 90명이고, 3건의 재해가 발생하여 5명의 사상자가 발생하였다면 이 사업장의
> 도수율은 약 얼마인가?(단, 1인 1일 9시간씩 연간 300일을 근무하였다.)
>
> **풀이** $도수율 = \dfrac{재해발생건수}{연간\ 총근로시간수} \times 1,000,000 = \dfrac{3}{90 \times 9 \times 300} \times 1,000,000 = 12.35$

④ 도수율이 12.35란 뜻은 1,000,000시간 근로하는 동안 12.35건의 재해가 발생한다는 뜻이다.

⑤ 도수율과 연천인율의 관계

㉠ $도수율 = \dfrac{연천인율}{2.4}$

㉡ 연천인율 = 도수율 × 2.4

PART 01
PART 02
PART 03
PART 04
PART 05
PART 06
PART 07

··· 예상문제

도수율이 11.65인 사업장의 연천인율은 약 얼마인가?

풀이 연천인율＝도수율×2.4＝11.65×2.4＝27.96

참고 ⊙ 연간 총근로시간수 산출

• 1일 : 8시간 기준
• 1개월 : 25일 기준
• 1년 : 300일 기준
따라서, 근로자 1인당 연간 총근로시간수＝300 × 8＝2,400시간

5) 강도율★★

① 재해의 경중, 즉 강도의 정도를 손실일수로 나타내는 재해통계

② 근로시간 1,000시간당 재해에 의해 잃어버린(상실되는) 근로손실일수

③ 공식

$$강도율 = \frac{근로손실일수}{연간\ 총근로시간수} \times 1,000$$

··· 예상문제

연간 500명의 근로자를 두고 있는 사업장에서 2건의 휴업재해로 160일의 손실이 발생하고, 3건의 재해로 사망 1명과 장해등급 3급이 2명 발생하였다면 강도율은 얼마인가?

풀이

$$강도율 = \frac{근로손실일수}{연간\ 총근로시간수} \times 1,000 = \frac{7,500 + (7,500 \times 2) + \left(160 \times \frac{300}{365}\right)}{500 \times 2,400} \times 1,000 = 18.86$$

④ 강도율이 18.86이란 뜻은 1,000시간 근로하는 동안 재해로 인하여 18.86일간의 근로손실이 발생하였다는 뜻이다.

⑤ 근로손실일수의 산정 기준

㉠ 사망 및 영구 전 노동불능(신체장해등급 1～3급) : 7,500일

㉡ 영구 일부 노동불능(근로손실일수)

신체장해등급	4	5	6	7	8	9	10	11	12	13	14
근로손실일수	5,500	4,000	3,000	2,200	1,500	1,000	600	400	200	100	50

㉢ 일시 전 노동불능 : 근로손실일수＝휴업일수 × $\dfrac{연간근무일수}{365}$

ⓔ 연간 근무일수가 주어지지 않으면 다음의 공식 적용

일시 전 노동불능 : 근로손실일수 $=$ 휴업일수 $\times \dfrac{300}{365}$

⑥ 평균강도율

㉠ 재해 1건당 평균손실일수를 나타낸다.

㉡ 평균강도율 $= \dfrac{\text{강도율}}{\text{도수율}} \times 1,000$

> **참고** 사망 및 영구 전 노동불능 상해의 근로손실일수 7,500일 산출 근거
> • 재해로 인한 사망자의 평균연령 : 30세 기준
> • 근로 가능한 연령 : 55세 기준
> • 연간 근로일수 : 300일 기준
>
> 따라서, ① 근로손실년수 = 근로 가능한 연령 − 재해로 인한 사망자의 평균연령 = 55 − 30 = 25년
> ② 사망으로 인한 근로손실일수 = 25년 × 300일 = 7,500일

3. 환산재해율 ★★

1) 환산강도율(S)과 환산도수율(F)

① 환산강도율 : 10만 시간(평생근로)당의 근로손실일수

② 환산도수율 : 10만 시간(평생근로)당의 재해건수

③ 공식

$$\text{환산강도율}(S) = \text{강도율} \times \frac{100,000}{1,000} = \text{강도율} \times 100[\text{일}]$$

$$\text{환산도수율}(F) = \text{도수율} \times \frac{100,000}{1,000,000} = \text{도수율} \times \frac{1}{10}[\text{건}]$$

$$\frac{S}{F} = \text{재해 1건당의 근로손실일수}$$

> **··· 예상문제**
>
> 어느 공장의 연간 재해율을 조사한 결과 도수율이 12이고, 강도율이 1.2일 때 ① 환산강도율, ② 환산도수율, ③ 재해 1건당 근로손실일수는 얼마인가?
>
> **풀이** ① 환산강도율 $= 1.2 \times 100 = 120[\text{일}]$
> ② 환산도수율 $= 12 \times \dfrac{1}{10} = 1.2[\text{건}]$
> ③ 재해 1건당 근로손실일수 $= \dfrac{S}{F} = \dfrac{120}{1.2} = 100[\text{일}]$

④ 환산강도율이 120[일], 환산도수율이 1.2[건], 재해1건당 근로손실일수가 100[일]이라는 뜻은 입사하여 퇴직하기까지 평생 근로하는 동안 평균 1.2건의 부상과 1인 평균 120일의 근로손실을 가져오며, 재해 1건당 100일의 근로손실이 발생한다는 뜻이다.

> **참고 ⊘ 평생 근로시간수 산출**
> - 1인 평생 근로연수 : 40년
> - 연간 총 근로시간수 : 2,400시간
> - 연간 시간 외 근로시간 : 100시간
>
> 따라서, 근로자 1인당 평생 근로시간수 = (300일 × 8시간 × 40년) + (100시간 × 40년) = 100,000시간
> ※ 재해율은 단위가 없으며, 환산도수율(건)과 환산강도율(일)은 단위를 사용한다.

2) 건설업체의 산업재해발생률

건설업체의 산업재해발생률은 업무상 사고사망만인율로 산출하되, 소수점 셋째 자리에서 반올림한다.

① 사고사망만인율

$$\text{사고사망만인율}(\%_{00}) = \frac{\text{사고사망자수}}{\text{상시근로자수}} \times 10,000$$

② 상시근로자수

$$\text{상시근로자수} = \frac{\text{연간 국내공사실적액} \times \text{노무비율}}{\text{건설업 월평균임금} \times 12}$$

4. 기타 재해 공식

1) 종합재해지수(FSI ; Frequency Severity Indicator)★★

① 재해 빈도의 다수와 상해 정도의 강약을 나타내는 성적지표로 어떤 집단의 안전성적을 비교하는 수단으로 사용된다.

② 강도율과 도수율의 기하평균이다.

$$\text{종합재해지수}(FSI) = \sqrt{\text{도수율}(FR) \times \text{강도율}(SR)} \left(\text{단, 미국의 경우} FSI = \sqrt{\frac{FR \times SR}{1,000}} \right)$$

B사업장의 도수율이 10이고, 강도율이 1.7이라고 하면 이 사업장의 종합재해지수(FSI)는 약 얼마인가?

풀이 종합재해지수$(FSI) = \sqrt{도수율(FR) \times 강도율(SR)} = \sqrt{10 \times 1.7} = 4.12$

2) 세이프 – T – 스코어(Safe – T – Score) ★★

① 안전에 관한 중대성의 차이를 비교하고자 사용하는 통계방식

② 과거의 안전성적과 현재의 안전성적을 비교 평가하는 방식

③ 공식

$$\text{Safe} - \text{T} - \text{Score} = \frac{\text{현재의 빈도율(FR)} - \text{과거의 빈도율(FR)}}{\sqrt{\dfrac{\text{과거의 빈도율(FR)}}{\text{근로 총시간수(현재)}} \times 1,000,000}}$$

④ 판정 : 단위가 없고 계산 결과가 +이면 나쁜 기록이고, −이면 과거에 비해 좋은 기록이다.

- +2.00 이상 : 과거보다 심각하게 나빠졌다.
- +2.00에서 −2.00 사이 : 과거에 비해 심각한 차이가 없다.
- −2.00 이하 : 과거보다 좋아졌다.

다음과 같은 자료의 내용을 기준으로 2006년도와 2007년도의 Safe-T-Score를 구하고 안전도에 대한 심각성 여부를 판정하시오.

구분	2006년	2007년
인원	80	100
재해 건수	100	125
총 근로시간수	1,000,000	1,100,000

풀이

① 2006년 빈도율 $= \dfrac{100}{1,000,000} \times 10^6 = 100$

② 2007년 빈도율 $= \dfrac{125}{1,100,000} \times 10^6 = 113.64$

③ $\text{Safe} - \text{T} - \text{Score} = \dfrac{113.64 - 100}{\sqrt{\dfrac{100}{1,100,000} \times 10^6}} = 1.43$

④ Safe−T−Score가 1.43일 경우 : 과거에 비해 심각한 차이가 없다.

3) 안전 활동률

① 안전활동의 결과를 정량적으로 표시하는 기준

② 공식

$$안전활동률 = \frac{안전활동건수}{근로시간수 \times 평균근로자수} \times 10^6$$

③ 안전활동건수에 포함되어야 할 항목

    ㉠ 실시한 안전개선 권고수

    ㉡ 안전 조치한 불안전 작업수

    ㉢ 불안전 행동 적발수

    ㉣ 불안전한 물리적 지적 건수

    ㉤ 안전회의 건수

    ㉥ 안전홍보 건수

••• 예상문제

1,000명이 근무하는 A사업장에서 전년도에 3건의 산업재해가 발생하였다. 이에 따라 이 사업장의 안전관리부서 주관으로 6개월 동안 다음과 같은 안전활동을 전개하였다. 1일 8시간, 월 26일 근무하였을 때 안전활동률을 구하시오.

(1) 불안전행동의 발견 및 조치 건수 : 21건	(2) 안전제안 건수 : 8건
(3) 안전홍보 건수 : 12건	(4) 안전회의 건수 : 8건

풀이

$$안전활동률 = \frac{안전활동건수}{근로시간수 \times 평균근로자수} \times 10^6$$

$$= \frac{21 + 8 + 12 + 8}{1,000 \times 8 \times 26 \times 6} \times 10^6 = 39.262 = 39.26$$

---

11 재해코스트

1. 하인리히(H. W. Heinrich) 방식

1) 1 : 4 원칙★★

- 총 재해 코스트(재해손실비용) = 직접비 + 간접비 = 직접비 × 5
- 직접손실비 : 간접손실비 = 1 : 4

01 PART
02 PART
03 PART
04 PART
05 PART
06 PART
07 PART

2) 직접비와 간접비

① 직접비(법적으로 정한 산재보상비) : 산재자에게 지급되는 보상비 일체

요양급여	요양비 전액(진찰비, 약제치료재료대, 회진료, 병원수용비, 간호비용)
휴업급여	평균임금의 100분의 70에 상당하는 금액
장해급여	장해등급에 따라 지급되는 금액(장해등급 1~14급)
간병급여	요양급여를 받은 자가 치유 후 간병이 필요하여 실제로 간병을 받은 자에게 지급
유족급여	평균임금의 1,300일분에 상당하는 금액
장의비	평균임금의 120일분에 상당하는 금액
상병보상 연금	요양개시 후 2년 경과된 날 이후에 다음의 상태가 계속되는 경우에 지급 ① 부상 또는 질병이 치유되지 아니한 상태 ② 부상 또는 질병에 의한 폐질의 정도가 폐질등급기준에 해당
기타	장해특별급여, 유족특별급여, 직업재활급여

② 간접비(직접비를 제외한 모든 비용) : 산재로 인해 기업이 입은 재산상의 손실

인적 손실	① 시간손실에도 불구하고 지급되는 임금손실 ② 부상자의 노동력 상실에도 지급되는 임금손실 ③ 사기 저하에 의해 다른 사고 발생으로 인한 손실 ④ 부상자 본인의 사고로 인한 시간손실 ⑤ 작업중단으로 인한 제3자의 시간손실 ⑥ 재해의 원인조사를 위한 시간 손실
물적 손실	① 기계, 설비, 재료 등 재산손실 ② 원·부재료, 반제품, 제품의 손실
생산손실	① 기계 가동정지로 인한 생산손실 ② 부상자의 생산능력 감퇴로 인한 생산손실 ③ 타 근로자의 사기의욕 저하로 인한 생산손실
특수손실 (기타 손실)	① 납기지연에 따른 벌금 ② 복리후생제도에 따른 손실

2. 시몬즈(R. H. Simonds) 방식★★

1) 총 재해 코스트(cost) = 보험 코스트(cost) + 비보험 코스트(cost)

① 보험 코스트(cost) : 산재보험료

② 비보험 코스트(cost) = (A × 휴업상해건수) + (B × 통원상해건수) + (C × 응급조치건수)
　　　　　　　　　　　＋ (D × 무상해사고건수)

③ A, B, C, D는 상해 정도별 재해에 대한 비보험 코스트의 평균치이다.

④ 사망과 영구 전 노동불능 상해는 재해범주에서 제외된다.

2) 재해조사의 분류

분류	내용
휴업상해건수	① 영구일부 노동불능 ② 일시 전 노동불능
통원상해건수	① 일시일부 노동불능 ② 의사의 조치를 필요로 하는 통원 상해
응급조치건수	① 응급조치 ② 20달러 미만의 손실 또는 8시간 미만의 의료조치 상해
무상해 사고건수	① 의료조치를 필요로 하지 않는 정도의 경미한 상해 사고, 무상해 사고 ② 20달러 이상의 재산 손실이나 8시간 이상의 손실사고

3. 콤페스(Compes) 방식

$$총\ 재해손실비 = 공동비용(불변) + 개별비용(유동)$$

구분	공동비용	개별비용
항목	① 보험료 ② 안전보건팀의 유지비 ③ 기타(추상적 사항인 기업의 명예, 안전감 등)	① 작업중단으로 인한 손실 ② 수리 대책에 필요한 경비 ③ 사고조사에 따르는 경비 등

12 재해사례 연구순서 ★★

전제조건	재해상황의 파악	① 재해상황의 주된 항목에 관해서 파악한다. ② 재해 발생 일시, 장소, 업종, 규모, 상해의 상황, 물적 피해, 가해물, 기인물, 사고의 형태, 피해자의 인적사항 등
제1단계	사실의 확인	① 사람에 관한 사항(인적 요인) ② 물(物)에 관한 사항(물적 요인) ③ 관리에 관한 사항(관리적 요인) ④ 재해 발생까지의 경과
제2단계	문제점의 발견	파악된 사실을 판단하여 각종 기준에서 차이의 문제점 등을 발견한다.
제3단계	근본적 문제점의 결정	근본적인 문제점과 재해원인을 결정한다.
제4단계	대책의 수립	① 동종재해 방지대책 ② 유사재해 방지대책 ③ 대책의 실시 계획수립(육하원칙)

01 PART
02 PART
03 PART
04 PART
05 PART
06 PART
07 PART

04 안전점검 · 검사 · 인증 및 진단

1 안전점검의 정의 및 목적

1. 안전점검의 정의

안전을 확보하기 위하여 작업장 내 실태를 명확히 파악하는 것으로서 설비의 불안전한 상태와 불안전 행동을 발생시키는 결함을 사전에 발견하거나 안전상태를 확인하는 행동이다.

2. 안전점검의 목적

① 기기 및 설비의 결함이나 불안전한 상태의 제거로 사전에 안전성을 확보하기 위함
② 기기 및 설비의 안전상태 유지 및 본래의 성능을 유지하기 위함
③ 재해 방지를 위하여 그 재해 요인의 대책과 실시를 계획적으로 하기 위함
④ 합리적인 생산관리를 하기 위함

2 안전점검의 종류 및 기준

1. 안전점검의 종류

1) 점검주기에 의한 구분★

정기점검 (계획점검)	일정기간마다 정기적으로 실시하는 점검으로 주간점검, 월간점검, 연간점검 등이 있다.(마모상태, 부식, 손상, 균열 등 설비의 상태 변화나 이상 유무 등을 점검한다.)
수시점검 (일상점검, 일일점검)	① 매일 현장에서 작업 시작 전, 작업 중, 작업 후에 일상적으로 실시하는 점검(작업자, 작업담당자가 실시한다.) ② 작업 시작 전 점검사항 : 주변의 정리정돈, 주변의 청소 상태, 설비의 방호장치 점검, 설비의 주유상태, 구동부분 등 ③ 작업 중 점검사항 : 이상소음, 진동, 냄새, 가스 및 기름 누출, 생산품질의 이상 여부 등 ④ 작업 종료 시 점검사항 : 기계의 청소와 정비, 안전장치의 작동 여부, 스위치 조작, 환기, 통로정리 등
임시점검	정기점검 실시 후 다음 점검기일 이전에 임시로 실시하는 점검(기계, 기구 또는 설비의 이상 발견 시에 임시로 점검)
특별점검	① 기계, 기구 또는 설비를 신설하거나 변경 내지는 고장 수리 등을 할 경우 ② 강풍 또는 지진 등의 천재지변 발생 후의 점검 ③ 산업안전 보건 강조기간에도 실시

2) 점검방법에 의한 구분

외관점검(육안점검)	기기의 적정한 배치, 설치상태, 변형, 균열, 손상, 부식, 볼트의 풀림 등의 유무를 외관에서 시각 및 촉각 등으로 조사하고 점검기준에 의해 양부를 확인하는 것
작동점검(작동상태검사)	안전장치나 누전차단기 등을 정해진 순서에 의해 작동시켜 작동상황의 양부를 확인하는 것
기능점검(조작검사)	간단한 조작을 행하여 대상기기의 기능의 양부를 확인하는 것
종합점검	정해진 점검기준에 의해 측정ㆍ검사하고 또 정해진 조건하에서 운전시험을 행하여 그 기계설비의 종합적인 기능을 확인하는 것

2. 안전점검 기준

1) 점검표(체크리스트)에 포함되어야 할 사항

① 점검대상
② 점검부분
③ 점검항목
④ 점검주기
⑤ 점검방법
⑥ 판정기준
⑦ 조치사항

2) 점검표(체크리스트) 작성 시 유의사항★★

① 사업장에 적합한 독자적인 내용일 것
② 위험성이 높고 긴급을 요하는 순으로 작성할 것
③ 정기적으로 검토하여 재해방지에 실효성 있게 개조된 내용일 것(관계자 의견청취)
④ 점검표는 되도록 일정한 양식으로 할 것
⑤ 점검표의 내용은 이해하기 쉽도록 표현하고 구체적일 것

3 안전검사

1. 안전검사

안전검사란 안전검사대상기계 등의 안전성이 안전검사기준에 적합한지 여부를 현장검사를 통하여 확인하는 것을 말한다.

1) 안전검사 대상 기계 등

① 프레스
② 전단기
③ 크레인(정격하중이 2톤 미만인 것은 제외)
④ 리프트
⑤ 압력용기

⑥ 곤돌라

⑦ 국소배기장치(이동식은 제외)

⑧ 원심기(산업용만 해당)

⑨ 롤러기(밀폐형 구조는 제외)

⑩ 사출성형기(형 체결력 294킬로뉴턴(kN) 미만은 제외)

⑪ 고소작업대(화물자동차 또는 특수자동차에 탑재한 고소작업대로 한정)

⑫ 컨베이어

⑬ 산업용 로봇

2) 안전검사의 주기

크레인(이동식 크레인 제외), 리프트(이삿짐운반용 리프트 제외) 및 곤돌라	사업장에 설치가 끝난 날부터 3년 이내에 최초 안전검사를 실시하되, 그 이후부터 2년마다(건설현장에서 사용하는 것은 최초로 설치한 날부터 6개월마다)
이동식 크레인, 이삿짐운반용 리프트 및 고소작업대	자동차관리법에 따른 신규등록 이후 3년 이내에 최초 안전검사를 실시하되, 그 이후부터 2년마다
프레스, 전단기, 압력용기, 국소배기장치, 원심기, 롤러기, 사출성형기, 컨베이어 및 산업용 로봇	사업장에 설치가 끝난 날부터 3년 이내에 최초 안전검사를 실시하되, 그 이후부터 2년마다(공정안전보고서를 제출하여 확인을 받은 압력용기는 4년마다)

2. 자율검사프로그램에 따른 안전검사(유효기간 : 2년)

1) 절차

사업주가 근로자대표와 협의 → 검사기준, 검사주기 등을 충족하는 검사프로그램을 정함 → 고용노동부 장관의 인정 → 안전검사대상기계 등에 대하여 안전에 관한 성능검사 → 안전검사를 받은 것으로 인정

2) 자율안전프로그램의 인정요건

① 검사원을 고용하고 있을 것

② 검사를 할 수 있는 장비를 갖추고 이를 유지·관리할 수 있을 것

③ 안전검사의 주기에 따른 검사 주기의 2분의 1에 해당하는 주기(크레인 중 건설현장 외에서 사용하는 크레인의 경우에는 6개월)마다 검사를 할 것

④ 자율검사프로그램의 검사기준이 안전검사기준을 충족할 것

3) 자율안전프로그램 인정신청서 제출서류(서류 2부를 공단에 제출)

① 안전검사대상기계 등의 보유 현황

② 검사원 보유 현황과 검사를 할 수 있는 장비 및 장비 관리방법(자율안전검사기관에 위탁한 경우에는 위탁을 증명할 수 있는 서류를 제출)

③ 안전검사대상기계 등의 검사 주기 및 검사기준

④ 향후 2년간 안전검사대상기계 등의 검사수행계획

⑤ 과거 2년간 자율검사프로그램 수행 실적(재신청의 경우만 해당)

4) 자율검사프로그램의 취소 및 시정대상★

고용노동부장관은 자율검사프로그램의 인정을 받은 자가 다음의 어느 하나에 해당하는 경우에는 자율검사프로그램의 인정을 취소하거나 인정받은 자율검사프로그램의 내용에 따라 검사를 하도록 하는 등 시정을 명할 수 있다.

① 거짓이나 그 밖의 부정한 방법으로 자율검사프로그램을 인정받은 경우(자율검사프로그램 인정 취소)

② 자율검사프로그램을 인정받고도 검사를 하지 아니한 경우

③ 인정받은 자율검사프로그램의 내용에 따라 검사를 하지 아니한 경우

④ 고용노동부령으로 정하는 자격을 가진 사람 또는 자율안전검사기관이 검사를 하지 아니한 경우

4 안전인증

1. 안전인증대상 기계 등★★

기계 또는 설비	① 프레스 ② 전단기 및 절곡기 ③ 크레인 ④ 리프트 ⑤ 압력용기	⑥ 롤러기 ⑦ 사출성형기 ⑧ 고소 작업대 ⑨ 곤돌라
방호장치	① 프레스 및 전단기 방호장치 ② 양중기용 과부하방지장치 ③ 보일러 압력방출용 안전밸브 ④ 압력용기 압력방출용 안전밸브 ⑤ 압력용기 압력방출용 파열판 ⑥ 절연용 방호구 및 활선작업용 기구 ⑦ 방폭구조 전기기계 · 기구 및 부품 ⑧ 추락 · 낙하 및 붕괴 등의 위험 방지 및 보호에 필요한 가설기자재로서 고용노동부장관이 정하여 고시하는 것 ⑨ 충돌 · 협착 등의 위험 방지에 필요한 산업용 로봇 방호장치로서 고용노동부장관이 정하여 고시하는 것	
보호구	① 추락 및 감전 위험방지용 안전모 ② 안전화 ③ 안전장갑 ④ 방진마스크 ⑤ 방독마스크 ⑥ 송기마스크	⑦ 전동식 호흡보호구 ⑧ 보호복 ⑨ 안전대 ⑩ 차광 및 비산물 위험방지용 보안경 ⑪ 용접용 보안면 ⑫ 방음용 귀마개 또는 귀덮개

2. 안전인증 심사의 종류 및 심사기간★★

종류		심사기간
예비심사		7일
서면심사		15일(외국에서 제조한 경우는 30일)
기술능력 및 생산체계 심사		30일(외국에서 제조한 경우는 45일)
제품심사	개별제품심사	15일
	형식별제품 심사	30일(방폭구조 전기기계 · 기구 및 부품의 방호장치와 추락 및 감전 위험 방지용 안전모, 안전화, 안전장갑, 방진마스크, 방독마스크, 송기마스크, 전동식 호흡보호구, 보호복의 보호구는 60일)

3. 안전인증의 전부 또는 일부 면제 대상★

① 연구 · 개발을 목적으로 제조 · 수입하거나 수출을 목적으로 제조하는 경우
② 고용노동부장관이 정하여 고시하는 외국의 안전인증기관에서 인증을 받은 경우
③ 다른 법령에 따라 안전성에 관한 검사나 인증을 받은 경우로서 고용노동부령으로 정하는 경우

4. 자율안전 확인 대상 기계 등★★

기계 또는 설비	① 연삭기 또는 연마기(휴대형은 제외) ② 산업용 로봇 ③ 혼합기 ④ 파쇄기 또는 분쇄기 ⑤ 식품가공용 기계(파쇄 · 절단 · 혼합 · 제면기만 해당) ⑥ 컨베이어 ⑦ 자동차정비용 리프트 ⑧ 공작기계(선반, 드릴기, 평삭 · 형삭기, 밀링만 해당) ⑨ 고정형 목재가공용 기계(둥근톱, 대패, 루타기, 띠톱, 모떼기 기계만 해당) ⑩ 인쇄기
방호장치	① 아세틸렌 용접장치용 또는 가스집합 용접장치용 안전기 ② 교류 아크용접기용 자동전격방지기 ③ 롤러기 급정지장치 ④ 연삭기 덮개 ⑤ 목재가공용 둥근톱 반발 예방장치와 날접촉 예방장치 ⑥ 동력식 수동대패용 칼날접촉 방지장치 ⑦ 추락 · 낙하 및 붕괴 등의 위험 방지 및 보호에 필요한 가설기자재(안전인증대상 가설기자재는 　제외)로서 고용노동부장관이 정하여 고시하는 것
보호구	① 안전모(안전인증대상 기계 등에 해당하는 추락 및 감전 위험방지용 안전모는 제외) ② 보안경(안전인증대상 기계 등에 해당하는 차광 및 비산물 위험방지용 보안경은 제외) ③ 보안면(안전인증대상 기계 등에 해당하는 용접용 보안면은 제외)

5. 안전인증 및 자율안전 확인 제품의 표시

안전인증제품	① 형식 또는 모델명 ② 규격 또는 등급 등 ③ 제조자명	④ 제조번호 및 제조연월 ⑤ 안전인증 번호
자율안전 확인 제품	① 형식 또는 모델명 ② 규격 또는 등급 등 ③ 제조자명	④ 제조번호 및 제조연월 ⑤ 자율안전확인 번호

6. 표시 외에 추가 표시사항

1) 안전인증제품

안전인증제품	표시 외에 추가 표시사항	
안전밸브	① 호칭지름 ② 용도(증기 : 포화/가열, 가스명) ③ 설정압력(MPa)(냉각차설정압력 포함)	④ 분출차(%) ⑤ 공칭분출량(kg/h) ⑥ 정격양정
파열판★	① 호칭지름 ② 용도(요구성능) ③ 설정파열압력(MPa) 및 설정온도(℃)	④ 분출용량(kg/h) 또는 공칭분출계수 ⑤ 파열판의 재질 ⑥ 유체의 흐름방향 지시
절연용 방호구 및 활선작업용 기구	① 사용전압등급(절연봉은 제외) ② 등급별 색상 ③ 보호성능 표시(이중삼각형) ④ 부가성능 분류기호 ⑤ "충전부와 직접 접촉되지 않는 덮개 전용"의 문구	
내전압용 절연장갑	① 등급별 사용전압 ② 등급별 색상(00등급 : 갈색, 0등급 : 빨강색, 1등급 : 흰색, 2등급 : 노랑색, 3등급 : 녹색, 4등급 : 등색)	
화학물질용 안전장갑	① 안전장갑의 치수 ② 보관 · 사용 및 세척상의 주의사항 ③ 화학물질 구분문자와 안전장갑을 표시하는 화학물질 보호성능표시 및 제품 사용에 대한 설명	
방독마스크★	① 파과곡선도 ② 사용시간 기록카드	③ 정화통의 외부측면의 표시색 ④ 사용상의 주의사항
전동식 호흡보호구	① 전동기 등이 본질안전 방폭구조로 설계된 경우 해당 내용 표시 ② 사용범위, 사용상 주의사항, 파과곡선도(정화통에 부착) ③ 정화통의 외부측면의 표시색	
보호복	① 보호복 치수 ② 성능수준(class) ③ 보관 · 사용 및 세척상의 주의사항(세탁방법 포함) ④ 보호복을 표시하는 화학물질보호성능표시 및 제품 사용에 대한 설명	
차광보안경	① 차광도 번호	② 굴절력성능수준
용접용 보안면	① 차광도 번호 ② 굴절력성능수준	③ 시감투과율 차이
귀마개 또는 귀덮개	① 일회용 또는 재사용 여부 ② 세척 및 소독방법 등 사용상의 주의사항(다만, 재사용 귀마개에 한함)	

2) 자율안전 확인제품

자율안전 확인제품	표시 외에 추가 표시사항
안전기(역화방지기)	① 가스의 흐름 방향 ② 가스의 종류
전격방지기	① 정격전원전압(V) ② 정격주파수(Hz) ③ 출력 측 무부하 전압(실효값)(V) ④ 정격사용률(%) ⑤ 적용 용접기의 출력 측 무부하전압의 범위 및 정격용량(V, kVA) ⑥ 정격 출력전류(A) ⑦ 적용 용접기의 콘덴서 용량의 범위 및 콘덴서 회로의 전압(kVA, V) ⑧ 표준시동감도(전원을 용접기의 출력측에서 취하는 경우에는, 무부하 전압의 상한값 및 하한값 모두를 표시할 것)(Ω) ⑨ 전자접촉기 및 주제어용 반도체소자의 모델명 및 정격전류값(실효값)
연삭기 덮개★★	① 숫돌사용 주속도 ② 숫돌회전방향
목재가공용 덮개 및 분할날	① 덮개의 종류 ② 둥근톱의 사용 가능 치수
안전매트	① 작동하중 ② 감응시간 ③ 복귀신호의 자동 또는 수동 여부 ④ 대소인공용 여부

산업재해 대응

1 안전교육 지도

1. 교육의 3요소 ★

① 교육의 주체 : 강사
② 교육의 객체 : 수강자(교육대상)
③ 교육의 매개체 : 교재(교육내용)

2. 학습지도 이론

1) 학습지도의 정의

교사가 학습과제를 가지고 학습현장에서 관련된 자극을 주어 학습자의 바람직한 행동 변화를 유도해가는 과정, 즉 학습자가 교육목적을 달성할 수 있도록 자극하고 도와주는 활동이다.

2) 학습지도의 원리

자발성의 원리	학습자의 내적동기가 유발된 학습, 즉 학습자 자신이 자발적으로 학습에 참여하는 데 중점을 둔 원리
개별화의 원리	학습자가 지니고 있는 각자의 요구와 능력 등 개인차에 맞도록 지도해야 한다는 원리
사회화의 원리	학교에서 경험한 것과 사회에서 경험한 것을 교류시키고 함께하는 학습을 통하여 협력적이고 우호적인 학습을 진행하는 원리
통합의 원리	학습을 통합적인 전체로서 학습자의 모든 능력을 조화적으로 발달시키는 원리
직관의 원리	구체적인 사물을 직접 제시하거나 경험시킴으로써 큰 효과를 볼 수 있다는 원리

3. 안전보건교육의 기본적인 지도 원리(8원칙)

① 피교육자 중심 교육(상대방의 입장이 되어 가르칠 것)
② 동기부여를 중요하게
③ 쉬운 부분에서 어려운 부분으로 진행(쉬운 것에서 어려운 것으로 가르칠 것)
④ 반복에 의한 습관화 진행(중요한 것은 반복해서 가르칠 것)
⑤ 인상의 강화(강조하고 싶은 것)
　　㉠ 보조자료의 활용
　　㉡ 견학, 현장사진 제시
　　㉢ 중요사항의 재강조

ⓔ 사고사례의 제시

ⓜ 속담, 격언과의 연결 및 암시

ⓗ 토의과제 제시 및 의견 청취 등의 방법 채택

⑥ 5관(감각기관)의 활용

5관의 효과치		이해도	
시각효과	60%	귀	20%
청각효과	20%	눈	40%
촉각효과	15%	귀+눈	60%
미각효과	3%	입	80%
후각효과	2%	머리+손, 발	90%

⑦ 기능적인 이해

ⓐ 작업표준의 교육

ⓑ 교육 시 작업순서와 중요한 것을 강조하고 이해시킴

⑧ 한 번에 한 가지씩 교육(피교육자의 흡수능력을 고려)

01 PART
02 PART
03 PART
04 PART
05 PART
06 PART
07 PART

2 학습이론

1. S-R 이론(행동주의 학습이론)

① 학습을 자극(Stimulus)에 의한 반응(Response)으로 보는 이론

② 유기체에 자극을 주면 반응함으로써 새로운 행동이 발달된다는 행동발달 원리

종류	내용	실험	학습의 원리
조건반사설 (Pavlov)	일정한 훈련을 받으면 동일한 반응이나 새로운 행동의 변용을 가져올 수 있다.	개의 소화작용에 대한 생리학적 문제연구(타액 반응 실험) ① 음식 → 타액 : 조건형성 전 ② 종 → 반응 없음 : 조건형성 전 ③ 음식+종 → 타액 : 조건형성 중 ④ 종 → 타액 : 조건형성 후	★★ ① 강도의 원리 ② 일관성의 원리 ③ 시간의 원리 ④ 계속성의 원리
시행착오설 (Thorndike)	맹목적 시행을 반복하는 가운데 자극과 반응이 결합하여 행동하는 것(성공한 행동은 각인되고 실패한 행동은 배제)	문제상자 속에 고양이를 가두고 밖에 생선을 두어 탈출하게 함(반복될수록 무작위 동작이나 소요시간 감소)	① 효과의 법칙 ② 준비성의 법칙 ③ 연습의 법칙
조작적 조건 형성이론 (Skinner)	어떤 반응에 대해 체계적이고 선택적으로 강화를 주어 그 반응이 반복해서 일어날 확률을 증가시키는 것	스키너 상자 속에 쥐를 넣어 쥐의 행동에 따라 음식물이 떨어지게 한다.	① 강화의 원리 ② 소거의 원리 ③ 조형의 원리 ④ 자발적 회복의 원리 ⑤ 변별의 원리

2. 인지이론(형태이론)

학습은 S−R의 연합으로 이루어지는 것이 아니라, 통찰에 의해 전체적인 관계를 파악함으로써 이루어지며, 학습은 행동의 변화가 아니라 인지구조의 변화이다.

종류	내용	실험	학습의 원리
통찰설 (Köhler)	학습은 반복을 필요로 하지 않는 통찰에 의해 전체적인 관계를 파악함으로써 이루어진다.	우리 안의 침팬지 앞에 여러 개의 막대기가 있고 우리 밖에는 과일바구니가 있음 → 막대기를 이용하여 과일바구니를 잡아당김	① 문제해결은 갑자기 일어나며 완전하다. ② 통찰에 의한 수단은 원활하고 오류가 없다. ③ 통찰에 의한 문제해결은 상당기간 유지된다. ④ 통찰에 의한 원리는 쉽게 다른 문제에 적용된다.
장이론 (Lewin)	개인의 심리학적 장이나 생활공간에서 동시에 작용하는 힘이 심리학적 행동에 영향을 미친다.		학습은 개체와 환경과의 함수관계로서 장에서의 인지의 구조화와 재구조화 과정이다.
기호형태설 (Tolman)	학습자의 머릿속에 인지적 지도 같은 인지구조를 바탕으로 학습하려는 것		① 동기형성의 법칙 ② 강조의 법칙 ③ 분열의 법칙 ④ 능력의 법칙 ⑤ 학습자료의 성질에 관한 법칙 ⑥ 제시방법에 관한 법칙

3 학습조건

1. 기억

1) 기억의 개념

학습으로 경험한 사실 및 내용을 저장, 보존했다가 다음의 경험에 영향을 미치게 하는 활동작용

2) 기억의 과정

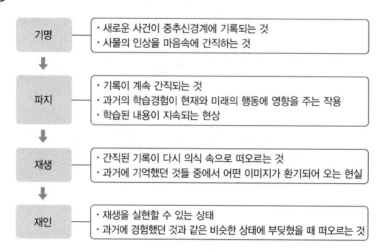

기명
- 새로운 사건이 중추신경계에 기록되는 것
- 사물의 인상을 마음속에 간직하는 것

파지
- 기록이 계속 간직되는 것
- 과거의 학습경험이 현재와 미래의 행동에 영향을 주는 작용
- 학습된 내용이 지속되는 현상

재생
- 간직된 기록이 다시 의식 속으로 떠오르는 것
- 과거에 기억했던 것들 중에서 어떤 이미지가 환기되어 오는 현실

재인
- 재생을 실현할 수 있는 상태
- 과거에 경험했던 것과 같은 비슷한 상태에 부딪혔을 때 떠오르는 것

2. 망각

1) 망각의 개념

경험한 내용이나 학습된 내용을 다시 생각하여 작업에 적용하지 아니하고 방치함으로써 경험의 내용이나 인상이 약해지거나 소멸되는 현상

2) 에빙하우스(H. Ebbinghaus)의 망각곡선이론

① 파지와 시간경과에 따른 망각률을 나타내는 결과를 도표로 표시한 것을 망각곡선이라 한다.

② 기억률의 공식

$$기억률 = \frac{최초\ 기억에\ 소요된\ 시간 - 그\ 후에\ 기억에\ 소요된\ 시간}{최초\ 기억에\ 소요된\ 시간} \times 100$$

③ 기억한 내용은 급속하게 잊어버리게 되지만 시간의 경과와 함께 잊어버리는 비율은 완만해진다.
　(오래되지 않은 기억은 잊어버리기 쉽고 오래된 기억은 잊어버리기 어렵다.)
④ 망각을 방지하기 위해서는 반복적인 교육훈련의 실시가 매우 중요하다.
⑤ 일정한 간격을 두고 복습하면 장기 기억 지속에 도움이 된다.

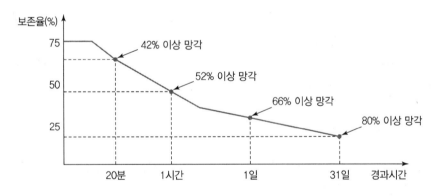

3) 망각의 방지법(파지를 유지하기 위한 방법)

① 적절한 지도계획을 수립하여 연습을 한다.
② 연습은 학습한 직후에 시키는 것이 효과가 있으며, 일정한 간격을 두고 때때로 연습을 시킨다.
③ 학습자료는 학습자에게 의미를 알도록 질서 있게 학습을 시킨다.
④ 학습 직후부터 반복적인 교육훈련을 실시한다.

3. 학습의 전이

1) 전이(Transfer)의 의의

어떤 내용의 학습결과가 다른 학습이나 반응에 영향을 주는 현상으로 학습효과의 전이라고도 한다.
(선행학습이 다른 학습에 도움이 될 수도 있고 방해가 될 수도 있는 현상)

2) 학습전이의 조건(영향요소)

① 학습의 정도
② 학습의 방법
③ 학습자의 태도
④ 과거의 경험
⑤ 학습자료의 유사성
⑥ 학습자료의 제시방법
⑦ 학습자의 지능요인
⑧ 시간적 간격의 요인 등

3) 먼저 실시한 학습이 뒤의 학습을 방해하는 조건

① 앞의 학습이 불완전한 경우
② 뒤의 학습을 앞의 학습 직후에 실시하는 경우
③ 앞의 학습내용을 재생(再生)하기 직전에 실시하는 경우
④ 앞뒤의 학습내용이 비슷한 경우

4 적응기제(Adjustment Mechanism)

1. 적응과 적응기제의 의의

① **적응** : 개인과 환경의 관계에서 상호 교섭적이며, 역학적인 성격을 띤 것으로 사회의 요구나 문제에 당면해서 그것을 적극적으로 해결하려는 고도의 조화된 발전을 창조하는 과정, 즉 개인이 자기 자신이나 환경에 대해서 만족한 관계를 갖는 것을 말한다.

② **적응기제(適應機制)** : 욕구불만이나 갈등을 합리적으로 해결해 나갈 수 없을 때 욕구충족을 위하여 비합리적인 방법을 취하는 것을 적응기제라고 한다.

2. 대표적인 적응기제(자아방어기제)

① **억압** : 현실적으로 받아들이기 곤란한 충동이나 욕망(사회적으로 승인되지 않는 성적 욕구, 공격적 욕구, 감정) 등을 무의식적으로 억누르는 것
　예 사업에 실패한 후 모든 것을 술로 잊으려는 것

② **공격** : 욕구를 저지하거나 방해하는 장애물에 대하여 공격(욕설, 비난, 야유 등)하는 것

③ **반동 형성** : 억압된 욕구나 충동에 대처하기 위해 정반대의 행동을 하는 것
　예 미운 놈 떡 하나 더 주기

④ **도피** : 도피하려는 심리작용
　예 두통이나 복통 등을 구실 삼아 작업현장에서 도피

⑤ **고립** : 현실도피의 행위이며 실패를 자기의 내부로 돌리는 유형이다.
　예 키가 작은 사람이 키가 큰 친구들과 사진을 같이 찍으려 하지 않는 것

⑥ **퇴행** : 현실의 어려움을 이겨내지 못하고 어린시절로 되돌아가고자 하는 행위
　예 여동생이나 남동생을 얻게 되면서 손가락을 빠는 것과 같이 어린시절의 버릇을 나타내는 것

⑦ **승화** : 억압당한 욕구가 사회적·문화적으로 가치 있는 목적으로 향하여 노력함으로써 욕구를 충족하는 행위 ★★

　　예 성적 욕구 및 공격적 행동 등이 예술, 스포츠 등으로 전환되는 것

⑧ **투사** : 자기 마음속의 억압된 것을 다른 사람의 것으로 생각하는 것 ★★

　　예 자신이 미워하는 대상에 대해서, 그 사람이 자신을 미워한다고 생각하는 것

⑨ **합리화**

　　㉠ 자기의 난처한 입장이나 실패의 결점을 이유나 변명으로 일관하는 것 ★★

　　㉡ 실제의 행위나 상태보다 훌륭하게 평가되기 위하여 구실을 내세우는 행위

　　예 시합에 진 운동선수가 컨디션이 좋지 않았다고 하는 것

⑩ **보상** : 자신의 결함과 무능에 의해 생긴 열등감을 다른 것으로 대치하여 욕구를 충족하려는 행위

　　예 공부 못하는 학생이 운동을 열심히 하는 것, 결혼에 실패한 사람이 고아들에게 정열을 쏟는 것

⑪ **동일화** : 다른 사람의 행동양식이나 태도를 투입하거나 다른 사람 가운데서 자기와 비슷한 것을 발견하게 되는 것

　　예 동창생을 자랑하거나 우쭐대는 것, 아버지의 성공을 자랑하며 자신의 목에 힘이 들어 가는 것

⑫ **백일몽** : 현실적으로 충족시킬 수 없는 욕구를 공상의 세계에서 충족시키려는 도피의 한 행위

　　예 백만장자가 되려는 헛된 꿈, 공부를 못하는 학생이 유명대학에 수석 합격하여 소감을 발표하는 상황을 생각하는 것 등

⑬ **망상형** : 원하는 일이 마음대로 되지 않을 때 허구적인 방법으로 자신을 합리화시키는 행위

　　예 축구선수가 꿈인 학생이 감독선생님이 실력을 인정해 주지 않는 것을 자신이 훌륭한 감독이 되는 것을 지금의 감독선생님이 두려워하여 자신을 인정하지 않는다고 생각하는 행위

3. 적응기제의 기본 유형

구분	공격적 기제(행동)	도피적 기제(행동)	방어적(절충적) 기제(행동)
개념	욕구 불만에 대한 반항이나 자기를 괴롭히는 대상에 대하여 적극적·능동적으로 적대시하는 감정이나 태도를 취하는 행위	욕구 불만에 의한 긴장이나 압박으로부터 벗어나 비합리적인 행동으로 공상에 도피하고 현실세계에서 벗어나 안정을 얻으려는 기제	자신의 약점이나 무능력, 열등감을 위장하여 유리하게 보호함으로써 안정감을 찾으려는 기제
유형	① 직접적 공격 기제 : 폭행, 싸움, 기물 파손 등 ② 간접적 공격 기제 : 비난, 폭언, 욕설 등	① 백일몽 ② 퇴행 ③ 억압 ④ 반동 형성 ⑤ 고립 등	① 승화 ② 보상 ③ 합리화 ④ 투사 ⑤ 동일화 등

01 PART
02 PART
03 PART
04 PART
05 PART
06 PART
07 PART

5 교육방법의 4단계

1. 교육방법의 4단계

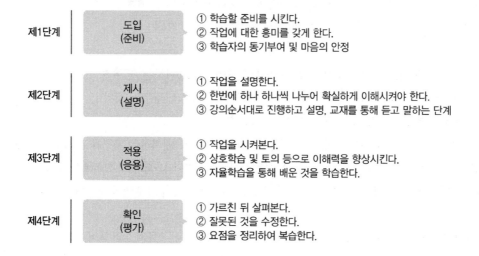

제1단계	도입 (준비)	① 학습할 준비를 시킨다. ② 작업에 대한 흥미를 갖게 한다. ③ 학습자의 동기부여 및 마음의 안정
제2단계	제시 (설명)	① 작업을 설명한다. ② 한번에 하나 하나씩 나누어 확실하게 이해시켜야 한다. ③ 강의순서대로 진행하고 설명, 교재를 통해 듣고 말하는 단계
제3단계	적용 (응용)	① 작업을 시켜본다. ② 상호학습 및 토의 등으로 이해력을 향상시킨다. ③ 자율학습을 통해 배운 것을 학습한다.
제4단계	확인 (평가)	① 가르친 뒤 살펴본다. ② 잘못된 것을 수정한다. ③ 요점을 정리하여 복습한다.

6 교육실시 방법

1. 강의법(Lecture Method)

교사가 일방적으로 학습자에게 정보를 제공하는 교사 중심적 형태의 교육방법으로 한 단원의 도입단계나 초보적인 단계에 대해서는 극히 효과가 큰 교육방법(일방적 의사전달 방법)

장점 ★	① 한번에 많은 사람이 지식을 부여받는다.(최적인원 40~50명) ② 시간의 계획과 통제가 용이하다. ③ 체계적으로 교육할 수 있다. ④ 준비가 간단하고 어디에서도 가능하다. ⑤ 수업의 도입이나 초기 단계에 적용하는 것이 효과적이다.
단점	① 가르치는 방법이 일방적, 기계적, 획일적이다. ② 참가자는 대개 수동적 입장이며 참여가 제약된다. ③ 암기에 빠지기 쉽고, 현실에서 필요한 개념이 형성되기 어렵다.

2. 토의법(Group Discussion Method)

다양한 과제와 문제에 대해 학습자 상호 간에 솔직하게 의견을 내어 공통의 이해를 꾀하면서 그룹의 결론을 도출해가는 것으로 안전지식과 관리에 대한 유경험자에게 적합한 교육방법(쌍방적 의사전달 방법)

장점	① 사고표현력을 길러준다. ② 결정된 사항에 따르도록 한다. ③ 자기 스스로 사고하는 능력을 길러준다. ④ 민주적 태도의 가치관을 육성할 수 있다. ⑤ 타인의 의견을 존중하는 태도를 기를 수 있다.
단점	① 토의 내용에 대한 충분한 사전 준비가 필요하다. ② 교육에 시간이 너무 많이 소요된다. ③ 예측하지 못한 상황이 발생할 수 있다. ④ 소수에 의해 토론이 주도될 경우 나머지 학습자는 소외되거나 무관심한 상태에 빠지기 쉽다.

▼ 토의법의 종류

자유토의법	참가자가 주어진 주제에 대하여 자유로운 발표와 토의를 통하여 서로의 의견을 교환하고 상호이해력을 높이며 의견을 절충해 나가는 방법
패널 디스커션 (Panel Discussion)	전문가 4~5명이 피교육자 앞에서 자유로이 토의를 하고, 그 후에 피교육자 전원이 사회자의 사회에 따라 토의하는 방법
심포지엄 (Symposium)	발제자 없이 몇 사람의 전문가에 의하여 과제에 관한 견해를 발표한 뒤에 참가자로 하여금 의견이나 질문을 하게 하여 토의하는 방법
포럼 (Forum)	① 사회자의 진행으로 몇 사람이 주제에 대하여 발표한 후 피교육자가 질문을 하고 토론해 나가는 방법 ② 새로운 자료나 주제를 내보이거나 발표한 후 피교육자로 하여금 문제나 의견을 제시하게 하고 다시 깊이 있게 토론해 나가는 방법
버즈 세션 (Buzz Session)	6–6 회의라고도 하며, 참가자가 다수인 경우에 전원을 토의에 참가시키기 위한 방법으로 소집단을 구성하여 회의를 진행시키는 방법

3. 실연법(Performance Method)

학습자가 이미 설명을 듣거나 시범을 보고 알게 된 지식이나 기능을 강사의 감독 아래 직접적으로 연습해 적용해 보게 하는 교육방법

장점	① 수업의 중간이나 마지막 단계에 적용이 가능하다. ② 학교수업이나 직업훈련의 특수분야에 적용이 가능하다. ③ 직업이나 특수기능 훈련 시 실제와 유사한 상태에서 연습이 필요할 경우에도 가능하다.
단점	① 특수시설이나 설비가 요구되며, 유지비가 많이 든다. ② 시간의 소비량이 지극히 많다. ③ 다른 방법보다 교사 대 수강자 수의 비율이 높아진다.

4. 프로그램학습법(Programmed Self-instruction Method)

학생이 자기 학습속도에 따른 학습이 허용되어 있는 상태에서 학습자가 프로그램 자료를 가지고 단독으로 학습하도록 하는 교육방법

장점	① 수업의 모든 단계에서 적용이 가능하다. ② 수강자들이 학습이 가능한 시간대의 폭이 넓다. ③ 개인차가 최대한 조절되어야 할 경우에도 가능하다.(지능, 학습속도 등 개인차를 충분히 고려할 수 있다) ④ 학습자의 학습과정을 쉽게 알 수 있다. ⑤ 매 반응마다 피드백이 주어지기 때문에 학습자가 흥미를 가질 수 있다.
단점	① 교육내용이 고정화되어 있다. ② 학습에 많은 시간이 걸린다. ③ 집단사고의 기회가 없어 학생들의 사회성이 결여되기 쉽다. ④ 한 번 개발된 프로그램 자료는 개조하기 어렵다. ⑤ 항상 새로운 프로그램의 개발에 노력해야 하므로 개발비가 높다. ⑥ 학습자가 단독으로 학습하는 방법으로 리더의 지도기술을 요하지 않는다.

5. 모의법(Simulation Method)

실제의 장면이나 상태와 극히 유사한 상황을 인위적으로 만들어 그 속에서 학습하도록 하는 교육방법

장점	① 수업의 모든 단계에서 적용이 가능하다. ② 실제 상황에서 위험성이 따를 경우에도 적용이 가능하다. ③ 학교수업, 직업훈련 및 어떤 분야에도 가능하다.
단점	① 단위교육비가 비싸고 시간의 소비가 많다. ② 시설의 유지비가 높다. ③ 다른 방법에 비하여 학생 대 교사의 비가 높다.

6. 시청각교육법

교육의 효과를 올리기 위해 학습과정을 충분히 이해하고 거기에 시청각교재(TV, 비디오, 슬라이드, 사진, 그림, 도표 등)를 최대한 활용한 교육방법

7. 시범(Demonstration Method)

① 기능이나 작업과정을 학습시키기 위해 필요로 하는 분명한 동작을 제시하는 방법
② 고압가스 취급책임자들에게 이와 관련된 기능이나 작업과정을 학습시키기 위해 필요로 하는 안전교육의 실시방법 중 가장 적당한 교육방법이다.

8. 반복법

이미 학습한 내용이나 기능을 반복해서 말하거나 실연토록 하는 방법

9. 구안법(Project Method)

학습자 마음속에 생각하고 있는 것을 외부에 구체적으로 실현하고 형상화하기 위해 학습자 스스로가 계획을 세워서 수행하는 학습활동으로 이루어지는 교육방법

장점 ★	① 작업에 대하여 창의력이 생긴다. ② 동기부여가 충분하다. ③ 실제문제를 연구하므로 현실적인 학습이 된다. ④ 작업에 대한 책임감이나 인내력을 기를 수가 있다. ⑤ 중소기업에서도 용이하게 행해진다. ⑥ 스스로 계획하고 실시하므로 주체적으로 책임을 가지고 학습을 할 수 있다.
단점	① 시간이 많이 걸리고 많은 노력이 필요하다. ② 교육목표나 교과목이 불명확하면 이론의 일관성이 없을 수 있다. ③ 실무나 이론에도 충분한 능력이 있는 지도자가 필요하다.

| 구안법의 4단계 |

10. 기업 내 정형교육

1) TWI(Training Within Industry)

① **교육대상자** : 제일선 관리감독자

② **관리감독자의 구비조건**
　　㉠ 직무에 관한 지식
　　㉡ 직책의 지식
　　㉢ 작업을 가르치는 능력
　　㉣ 작업의 방법을 개선하는 기능
　　㉤ 사람을 다스리는 기능

③ **진행방법** : 토의식과 실연법 중심으로

④ **교육과정★★**
　　㉠ Job Method Training(JMT) : 작업방법훈련, 작업개선훈련
　　㉡ Job Instruction Training(JIT) : 작업지도훈련
　　㉢ Job Relations Training(JRT) : 인간관계 훈련, 부하통솔법
　　㉣ Job Safety Training(JST) : 작업안전훈련

⑤ **교육시간** : 10시간(1일 2시간씩 5일), 한 그룹에 10명 내외

2) MTP(Mnagement Training Program)

① **교육대상자** : TWI보다 약간 높은 관리자(관리 문제에 치중하는 관리자)

② 교육내용

 ㉠ 관리의 기능

 ㉡ 조직의 원칙

 ㉢ 조직의 운영

 ㉣ 시간 관리

 ㉤ 학습의 원칙과 부하지도법

 ㉥ 훈련의 관리

 ㉦ 신입사원을 맞이하는 방법

 ㉧ 회의의 주관

 ㉨ 작업의 개선

 ㉩ 안전한 작업

 ㉪ 과업관리

 ㉫ 사기 앙양 등

③ 교육시간 : 40시간(2시간씩 20회), 한 그룹에 10~15명

3) ATT(American Telephone & Telegram Co.)

① **교육대상자** : 교육대상이 한정되어 있지 않고, 한 번 훈련을 받은 관리자는 그 부하인 감독자에 대해 지도원이 될 수 있다.

② **진행방법** : 토의식

③ **교육내용**

 ㉠ 계획적인 감독

 ㉡ 인원배치 및 작업의 계획

 ㉢ 작업의 감독

 ㉣ 공구와 자료의 보고 및 기록

 ㉤ 개인작업의 개선

 ㉥ 인사관계

 ㉦ 종업원의 기술향상

 ㉧ 훈련

 ㉨ 안전 등

④ **교육시간**

 ㉠ 1차 과정 : 1일 8시간씩 2주간

 ㉡ 2차 과정 : 문제 발생 시

4) CCS(Civil Communication Section)

① **교육대상자** : 당초에는 일부 회사의 최고 관리자에 대해서만 행하였던 것이 널리 보급된 것

② **진행방법** : 강의법에 토의법이 가미된 학습법

③ **교육내용**
  ㉠ 정책의 수립
  ㉡ 조직(조직형태, 구조, 경영부분 등)
  ㉢ 통제(품질관리, 조직통제적용, 원가통제의 적용 등)
  ㉣ 운영(협조에 의한 회사운영, 운영조직 등)

④ **교육시간** : 매주 4일 4시간씩 8주간(총 128시간)

7 안전교육의 기본방향

① 사고사례 중심의 안전교육 : 이미 발생한 사고사례를 중심으로 동일하거나 유사한 사고를 방지하기 위하여 직접적인 원인에 대한 치료방법으로서의 교육
② 안전표준작업을 위한 안전교육 : 표준동작이나 표준작업을 위한 가장 기본이 되는 안전교육으로 체계적 · 조직적인 교육 실시가 요구된다.
③ 안전의식 향상을 위한 안전교육 : 모든 기계 · 기구 설비제품에 대한 설계에서부터 사용에 이르기까지 교육으로만 끝나지 않고 추후지도로 교육의 지속성 유지 및 안전의식의 개발이 필요하다.

8 안전교육의 단계

1. 안전교육의 3단계

제1단계	제2단계	제3단계
지식교육 ➡	기능교육 ➡	태도교육

2. 단계별 교육과정

1) 지식교육

① 의의
  ㉠ 강의, 시청각교육을 통한 지식의 전달과 이해
  ㉡ 근로자가 지켜야 할 규정의 숙지를 위한 교육

② 지식교육의 단계(지도기법)

제1단계		제2단계		제3단계		제4단계
도입	➡	제시	➡	적용	➡	확인
준비		설명		응용		종합, 총괄

③ 교육내용

    ㉠ 안전의식의 향상

    ㉡ 안전의 책임감을 주입

    ㉢ 기능, 태도, 교육에 필요한 기초지식의 주입

    ㉣ 근로자가 지켜야 할 안전규정의 숙지

    ㉤ 공정 속에 잠재된 위험요소를 이해시킴

④ 특징

    ㉠ 다수 인원에 대한 교육 가능

    ㉡ 광범위한 지식의 전달 가능

    ㉢ 안전의식의 제고 용이

    ㉣ 피교육자의 이해도 측정 곤란

    ㉤ 교사의 학습방법에 따라 차이 발생

2) 기능교육

① 의의

    ㉠ 시범, 견학, 실습, 현장실습을 통한 경험체득과 이해

    ㉡ 교육 대상자가 스스로 행함으로써 습득하는 교육

    ㉢ 같은 내용을 반복해서 개인의 시행착오에 의해서만 얻어지는 교육

② 기능교육의 단계(지도기법)

제1단계		제2단계		제3단계		제4단계
학습준비	➡	작업설명	➡	실습	➡	결과 시찰

③ 교육내용

    ㉠ 전문적 기술 기능   ㉢ 방호장치 관리 기능

    ㉡ 안전기술 기능   ㉣ 점검검사 정비 기능

④ 특징

    ㉠ 작업능력 및 기술능력 부여

    ㉡ 작업동작 표준화

    ㉢ 교육기간의 장기화

    ㉣ 다수인원 교육 곤란

⑤ 기능교육의 3원칙★

    ㉠ 준비

    ㉡ 위험작업의 규제(수칙)

    ㉢ 안전작업의 표준화(방법)

3) 태도교육

① 의의

    ㉠ 작업동작지도, 생활지도 등을 통한 안전의 습관화 및 일체감

    ㉡ 동기를 부여하는 데 가장 적절한 교육

    ㉢ 안전한 작업방법을 알고는 있으나 시행하지 않는 것에 대한 교육

② 태도교육의 기본과정(순서)★

    청취 ➡ 이해하고 납득 ➡ 모범 ➡ 평가, 권장

    들어본다.   이해시킨다.   시범을 보인다.   평가한다.

③ 교육내용

    ㉠ 표준작업방법의 습관화

    ㉡ 공구, 보호구의 관리 및 취급태도의 확립

    ㉢ 작업 전후의 점검 및 검사 요령의 정확한 습관화

    ㉣ 안전작업의 지시, 전달, 확인 등 언어태도의 습관화 및 정확화

④ 특징

    ㉠ 자기실현욕구, 자기향상욕구의 충족기회 제공

    ㉡ 상사와 부하의 목표설정을 위한 대화

    ㉢ 작업자의 능력을 약간 초월하는 구체적이고 정량적인 목표설정

    ㉣ 안전행동을 실행해 낼 수 있는 동기를 부여하는 데 가장 적절한 교육

    ㉤ 회사에 대한 일체감이나 대인관계를 교육

4) 추후지도

① 특징

    ㉠ 지식 – 기능 – 태도 교육을 반복하면서 특히 태도교육에 역점을 둔다.

    ㉡ 정기적인 OJT를 실시한다.

    ㉢ 수시로 정기적 실시가 효과적이다.

9 안전교육계획

1. 안전보건교육계획의 수립 및 추진순서

교육의 필요점 및 요구사항 파악 → 교육의 대상, 방법, 내용 결정 → 교육 준비 → 교육 실시 → 교육의 성과 평가

2. 안전보건교육계획 수립 시 고려사항

① 필요한 정보를 수집한다.
② 현장의 의견을 반영한다.
③ 안전교육 시행체계와의 관련을 고려한다.
④ 법 규정에 의한 교육에만 그치지 않는다.
⑤ 교육담당자를 지정한다.

3. 준비계획과 실시계획

교육계획은 준비계획과 실시계획으로 나누어 수립하는 것이 효율적이나 통합계획으로 하는 경우도 있다.

준비계획(포함사항)	실시계획(세부사항)
① 교육 목표 설정	① 그룹편성 및 강사, 지도원 등 소요인원 파악
② 교육 대상자의 범위 결정	② 보조재료 등 교육기자재
③ 교육과정, 과목 및 내용의 결정	③ 교육 환경 및 장소 선정
④ 교육시기, 시간 및 장소 결정	④ 시범 및 실습 계획
⑤ 교육 방법 결정	⑤ 현장 답사 및 견학 계획
⑥ 강사 선정 및 담당자 결정	⑥ 협조해야 할 기관 및 부서
⑦ 소요 예산 산정	⑦ 그룹 및 부서별 토의 진행계획
	⑧ 교육 평가 계획
	⑨ 필요한 소요 예산 책정
	⑩ 일정표 작성

4. 안전보건교육계획 수립 시 포함하여야 할 사항(통합계획)

① 교육목표(교육계획 수립 시 첫째 과제)
② 교육의 종류 및 교육대상
③ 교육방법
④ 교육의 과목 및 교육내용
⑤ 교육 기간 및 시간
⑥ 교육장소
⑦ 교육 담당자 및 강사

※ 교육계획을 수립하는 데 있어 가장 최우선적으로 고려해야 할 사항은 교육대상이 누구인지를 정하는 것이다.

10 O.J.T 및 Off.J.T

1. O.J.T(On the Job Training)

1) O.J.T의 정의

현장에서 직속상사가 부하직원에 대해서 일상 업무를 통하여 지식, 기능, 태도 및 문제해결 능력 등을 교육하는 방법으로 개별 교육 및 추가지도에 적합한 교육형태

2) O.J.T의 특징

① 직장의 실정에 맞는 구체적이고 실제적인 지도 교육이 가능하다.
② 개개인에게 적절한 지도 훈련이 가능하다.(개인의 능력과 적성에 알맞은 맞춤교육이 가능하다)
③ 훈련 효과에 의해 상호 신뢰 이해도가 높아진다.(상사와의 의사 소통 및 신뢰도 향상에 도움이 된다)
④ 교육의 효과가 업무에 신속하게 반영된다.
⑤ 교육의 이해도가 빠르고 동기부여가 쉽다.
⑥ 교육으로 인해 업무가 중단되는 업무손실이 적다.
⑦ 교육경비의 절감효과가 있다.

2. OFF.J.T(Off the Job Training)

1) OFF.J.T의 정의

공통된 교육목적을 가진 근로자를 현장 외의 장소에 모아 실시하는 집체교육으로 집단교육에 적합한 교육형태

2) OFF.J.T의 특징

① 외부의 전문가를 활용할 수 있다.(전문가를 초빙하여 강사로 활용이 가능하다)
② 다수의 대상자에게 조직적 훈련이 가능하다.
③ 특별교재, 교구, 시설을 유효하게 사용할 수 있다.
④ 타 직종 사람과 많은 지식, 경험을 교류할 수 있다.
⑤ 업무와 분리되어 교육에 전념하는 것이 가능하다.
⑥ 교육목표를 위하여 집단적으로 협조와 협력이 가능하다.
⑦ 법규, 원리, 원칙, 개념, 이론 등의 교육에 적합하다.

01 PART
02 PART
03 PART
04 PART
05 PART
06 PART
07 PART

11 학습목적의 3요소와 학습정도의 4단계

1. 학습목적의 3요소

학습목적은 반드시 명확하고 간결하여야 하며, 수강자들의 지식 · 경험 · 능력 · 배경 · 요구 · 태도 등에 유의하여야 하고, 한정된 시간 내에 강의를 끝낼 수 있도록 작성하여야 한다.

학습목적의 3요소	목표(Goal)	학습목적의 핵심, 학습을 통하여 달성하려는 지표
	주제(Subject)	목표달성을 위한 테마
	학습정도(Level of Learning)	주제를 학습시킬 범위와 내용의 정도

2. 학습정도(Level of Learning)의 4단계★

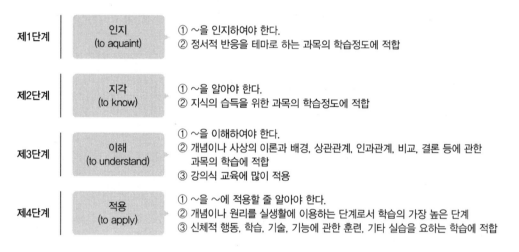

제1단계 | 인지 (to aquaint)
① ~을 인지하여야 한다.
② 정서적 반응을 테마로 하는 과목의 학습정도에 적합

제2단계 | 지각 (to know)
① ~을 알아야 한다.
② 지식의 습득을 위한 과목의 학습정도에 적합

제3단계 | 이해 (to understand)
① ~을 이해하여야 한다.
② 개념이나 사상의 이론과 배경, 상관관계, 인과관계, 비교, 결론 등에 관한 과목의 학습에 적합
③ 강의식 교육에 많이 적용

제4단계 | 적용 (to apply)
① ~을 ~에 적용할 줄 알아야 한다.
② 개념이나 원리를 실생활에 이용하는 단계로서 학습의 가장 높은 단계
③ 신체적 행동, 학습, 기술, 기능에 관한 훈련, 기타 실습을 요하는 학습에 적합

> **••• 예상문제**
>
> "안전의식을 높이기 위하여 베르크호프의 재해정의를 이해한다"라는 학습목적에서 목표, 주제, 학습정도를 구분하여 쓰시오.
>
> **풀이** ① 목표 : 안전의식의 고양
> ② 주제 : 베르크호프의 재해정의
> ③ 학습정도 : 이해한다.

12 교육훈련 평가의 4단계

1. 교육훈련의 평가 목적

교육훈련이나 학습과정에 최대한의 도움을 줌으로써 학습을 극대화시켜 성적에서의 개인차를 줄이고 개인의 능력개발을 극대화시키는 것이다.

2. 교육훈련 평가의 4단계

제1단계		제2단계		제3단계		제4단계
반응단계	➡	학습단계	➡	행동단계	➡	결과단계

13 산업안전보건법상 교육의 종류와 교육시간 및 교육내용

1. 안전보건교육 교육과정별 교육시간

1) 근로자 안전보건교육

교육과정	교육대상		교육시간
가. 정기교육	사무직 종사 근로자		매반기 6시간 이상
	그 밖의 근로자	판매업무에 직접 종사하는 근로자	매반기 6시간 이상
		판매업무에 직접 종사하는 근로자 외의 근로자	매반기 12시간 이상
나. 채용 시 교육	일용근로자 및 근로계약기간이 1주일 이하인 기간제근로자		1시간 이상
	근로계약기간이 1주일 초과 1개월 이하인 기간제근로자		4시간 이상
	그 밖의 근로자		8시간 이상
다. 작업내용 변경 시 교육	일용근로자 및 근로계약기간이 1주일 이하인 기간제근로자		1시간 이상
	그 밖의 근로자		2시간 이상
라. 특별교육	일용근로자 및 근로계약기간이 1주일 이하인 기간제근로자 : 특별교육 대상 작업에 해당하는 작업에 종사하는 근로자에 한정(타워크레인을 사용하는 작업 시 신호업무를 하는 작업은 제외)		2시간 이상
	일용근로자 및 근로계약기간이 1주일 이하인 기간제근로자 : 타워크레인을 사용하는 작업 시 신호업무를 하는 작업에 종사하는 근로자에 한정		8시간 이상
	일용근로자 및 근로계약기간이 1주일 이하인 기간제근로자를 제외한 근로자 : 특별교육 대상 작업에 종사하는 근로자에 한정		• 16시간 이상(최초 작업에 종사하기 전 4시간 이상 실시하고 12시간은 3개월 이내에서 분할하여 실시 가능) • 단기간 작업 또는 간헐적 작업인 경우에는 2시간 이상
마. 건설업 기초안전 · 보건교육	건설 일용근로자		4시간 이상

비고
1. 위 표의 적용을 받는 "일용근로자"란 근로계약을 1일 단위로 체결하고 그 날의 근로가 끝나면 근로관계가 종료되어 계속 고용이 보장되지 않는 근로자를 말한다.
2. 일용근로자가 위 표의 나목 또는 라목에 따른 교육을 받은 날 이후 1주일 동안 같은 사업장에서 같은 업무의 일용근로자로 다시 종사하는 경우에는 이미 받은 위 표의 나목 또는 라목에 따른 교육을 면제한다.
3. 다음 각 목의 어느 하나에 해당하는 경우는 위 표의 가목부터 라목까지의 규정에도 불구하고 해당 교육과정별 교육시간의 2분의 1 이상을 그 교육시간으로 한다.
　가. 영 별표 1 제1호에 따른 사업
　나. 상시근로자 50명 미만의 도매업, 숙박 및 음식점업

4. 근로자가 다음 각 목의 어느 하나에 해당하는 안전교육을 받은 경우에는 그 시간만큼 위 표의 가목에 따른 해당 반기의 정기 교육을 받은 것으로 본다.
　가. 「원자력안전법 시행령」 제148조제1항에 따른 방사선작업종사자 정기교육
　나. 「항만안전특별법 시행령」 제5조제1항제2호에 따른 정기안전교육
　다. 「화학물질관리법 시행규칙」 제37조제4항에 따른 유해화학물질 안전교육
5. 근로자가 「항만안전특별법 시행령」 제5조제1항제1호에 따른 신규안전교육을 받은 때에는 그 시간만큼 위 표의 나목에 따른 채용 시 교육을 받은 것으로 본다.
6. 방사선 업무에 관계되는 작업에 종사하는 근로자가 「원자력안전법 시행규칙」 제138조제1항제2호에 따른 방사선작업종사자 신규교육 중 직장교육을 받은 때에는 그 시간만큼 위 표의 라목에 따른 특별교육 중 별표 5 제1호라목의 33.란에 따른 특별교육을 받은 것으로 본다.

2) 관리감독자 안전보건교육

교육과정	교육시간
가. 정기교육	연간 16시간 이상
나. 채용 시 교육	8시간 이상
다. 작업내용 변경 시 교육	2시간 이상
라. 특별교육	16시간 이상(최초 작업에 종사하기 전 4시간 이상 실시하고, 12시간은 3개월 이내에서 분할하여 실시 가능)
	단기간 작업 또는 간헐적 작업인 경우에는 2시간 이상

① 단기간 작업 : 2개월 이내에 종료되는 1회성 작업
② 간헐적 작업 : 연간 총 작업일수가 60일을 초과하지 않는 작업

3) 안전보건관리책임자 등에 대한 교육

교육대상	교육시간	
	신규교육	보수교육
가. 안전보건관리책임자	6시간 이상	6시간 이상
나. 안전관리자, 안전관리전문기관의 종사자	34시간 이상	24시간 이상
다. 보건관리자, 보건관리전문기관의 종사자	34시간 이상	24시간 이상
라. 건설재해예방전문지도기관의 종사자	34시간 이상	24시간 이상
마. 석면조사기관의 종사자	34시간 이상	24시간 이상
바. 안전보건관리담당자	-	8시간 이상
사. 안전검사기관, 자율안전검사기관의 종사자	34시간 이상	24시간 이상

① 신규교육 : 해당 직위에 선임(위촉의 경우를 포함)되거나 채용된 후 3개월(보건관리자가 의사인 경우는 1년) 이내에 직무를 수행하는 데 필요한 교육
② 보수교육 : 신규교육을 이수한 후 매 2년이 되는 날을 기준으로 전후 6개월 사이에 안전보건에 관한 보수교육을 받아야 한다.

4) 특수형태근로종사자에 대한 안전보건교육

교육과정	교육시간
가. 최초 노무제공 시 교육	2시간 이상(단기간 작업 또는 간헐적 작업에 노무를 제공하는 경우에는 1시간 이상 실시하고, 특별교육을 실시한 경우는 면제)
나. 특별교육	16시간 이상(최초 작업에 종사하기 전 4시간 이상 실시하고 12시간은 3개월 이내에서 분할하여 실시 가능)
	단기간 작업 또는 간헐적 작업인 경우에는 2시간 이상

2. 안전보건교육 교육대상별 교육내용

1) 근로자 안전보건교육

① 정기교육

교육내용
• 산업안전 및 사고 예방에 관한 사항 • 산업보건 및 직업병 예방에 관한 사항 • 위험성 평가에 관한 사항 • 건강증진 및 질병 예방에 관한 사항 • 유해 · 위험 작업환경 관리에 관한 사항 • 산업안전보건법령 및 산업재해보상보험 제도에 관한 사항 • 직무스트레스 예방 및 관리에 관한 사항 • 직장 내 괴롭힘, 고객의 폭언 등으로 인한 건강장해 예방 및 관리에 관한 사항

② 채용 시 교육 및 작업내용 변경 시 교육

교육내용
• 산업안전 및 사고 예방에 관한 사항 • 산업보건 및 직업병 예방에 관한 사항 • 위험성 평가에 관한 사항 • 산업안전보건법령 및 산업재해보상보험 제도에 관한 사항 • 직무스트레스 예방 및 관리에 관한 사항 • 직장 내 괴롭힘, 고객의 폭언 등으로 인한 건강장해 예방 및 관리에 관한 사항 • 기계 · 기구의 위험성과 작업의 순서 및 동선에 관한 사항 • 작업 개시 전 점검에 관한 사항 • 정리정돈 및 청소에 관한 사항 • 사고 발생 시 긴급조치에 관한 사항 • 물질안전보건자료에 관한 사항

③ 특별교육 대상 작업별 교육

작업명	교육내용
〈공통내용〉 제1호부터 제39호까지의 작업	채용 시 교육 및 작업내용 변경 시 교육과 같은 내용
〈개별내용〉 1. 고압실 내 작업(잠함공법이나 그 밖의 압기공법으로 대기압을 넘는 기압인 작업실 또는 수갱 내부에서 하는 작업만 해당한다)	• 고기압 장해의 인체에 미치는 영향에 관한 사항 • 작업의 시간 · 작업 방법 및 절차에 관한 사항 • 압기공법에 관한 기초지식 및 보호구 착용에 관한 사항 • 이상 발생 시 응급조치에 관한 사항 • 그 밖에 안전 · 보건관리에 필요한 사항
2. 아세틸렌 용접장치 또는 가스집합 용접장치를 사용하는 금속의 용접 · 용단 또는 가열작업(발생기 · 도관 등에 의하여 구성되는 용접장치만 해당한다)	• 용접 흄, 분진 및 유해광선 등의 유해성에 관한 사항 • 가스용접기, 압력조정기, 호스 및 취관두(불꽃이 나오는 용접기의 앞부분) 등의 기기점검에 관한 사항 • 작업방법 · 순서 및 응급처치에 관한 사항 • 안전기 및 보호구 취급에 관한 사항 • 화재예방 및 초기대응에 관한사항 • 그 밖에 안전 · 보건관리에 필요한 사항

작업명	교육내용
3. 밀폐된 장소(탱크 내 또는 환기가 극히 불량한 좁은 장소를 말한다)에서 하는 용접작업 또는 습한 장소에서 하는 전기용접 작업	• 작업순서, 안전작업방법 및 수칙에 관한 사항 • 환기설비에 관한 사항 • 전격 방지 및 보호구 착용에 관한 사항 • 질식 시 응급조치에 관한 사항 • 작업환경 점검에 관한 사항 • 그 밖에 안전 · 보건관리에 필요한 사항
4. 폭발성 · 물반응성 · 자기반응성 · 자기발열성 물질, 자연발화성 액체 · 고체 및 인화성 액체의 제조 또는 취급작업(시험연구를 위한 취급작업은 제외한다)	• 폭발성 · 물반응성 · 자기반응성 · 자기발열성 물질, 자연발화성 액체 · 고체 및 인화성 액체의 성질이나 상태에 관한 사항 • 폭발 한계점, 발화점 및 인화점 등에 관한 사항 • 취급방법 및 안전수칙에 관한 사항 • 이상 발견 시의 응급처치 및 대피 요령에 관한 사항 • 화기 · 정전기 · 충격 및 자연발화 등의 위험 방지에 관한 사항 • 작업순서, 취급주의사항 및 방호거리 등에 관한 사항 • 그 밖에 안전 · 보건관리에 필요한 사항
5. 액화석유가스 · 수소가스 등 인화성 가스 또는 폭발성 물질 중 가스의 발생장치 취급 작업	• 취급가스의 상태 및 성질에 관한 사항 • 발생장치 등의 위험 방지에 관한 사항 • 고압가스 저장설비 및 안전취급방법에 관한 사항 • 설비 및 기구의 점검 요령 • 그 밖에 안전 · 보건관리에 필요한 사항
6. 화학설비 중 반응기, 교반기 · 추출기의 사용 및 세척작업	• 각 계측장치의 취급 및 주의에 관한 사항 • 투시창 · 수위 및 유량계 등의 점검 및 밸브의 조작주의에 관한 사항 • 세척액의 유해성 및 인체에 미치는 영향에 관한 사항 • 작업 절차에 관한 사항 • 그 밖에 안전 · 보건관리에 필요한 사항
7. 화학설비의 탱크 내 작업	• 차단장치 · 정지장치 및 밸브 개폐장치의 점검에 관한 사항 • 탱크 내의 산소농도 측정 및 작업환경에 관한 사항 • 안전보호구 및 이상 발생 시 응급조치에 관한 사항 • 작업절차 · 방법 및 유해 · 위험에 관한 사항 • 그 밖에 안전 · 보건관리에 필요한 사항
8. 분말 · 원재료 등을 담은 호퍼(하부가 깔대기 모양으로 된 저장통) · 저장창고 등 저장탱크의 내부작업	• 분말 · 원재료의 인체에 미치는 영향에 관한 사항 • 저장탱크 내부작업 및 복장보호구 착용에 관한 사항 • 작업의 지정 · 방법 · 순서 및 작업환경 점검에 관한 사항 • 팬 · 풍기(風旗) 조작 및 취급에 관한 사항 • 분진 폭발에 관한 사항 • 그 밖에 안전 · 보건관리에 필요한 사항
9. 다음 각 목에 정하는 설비에 의한 물건의 가열 · 건조작업 가. 건조설비 중 위험물 등에 관계되는 설비로 속부피가 1세제곱미터 이상인 것 나. 건조설비 중 가목의 위험물 등 외의 물질에 관계되는 설비로서, 연료를 열원으로 사용하는 것(그 최대연소소비량이 매 시간당 10킬로그램 이상인 것만 해당한다) 또는 전력을 열원으로 사용하는 것(정격소비전력이 10킬로와트 이상인 경우만 해당한다)	• 건조설비 내외면 및 기기 기능의 점검에 관한 사항 • 복장보호구 착용에 관한 사항 • 건조 시 유해가스 및 고열 등이 인체에 미치는 영향에 관한 사항 • 건조설비에 의한 화재 · 폭발 예방에 관한 사항

작업명	교육내용
10. 다음 각 목에 해당하는 집재장치(집재기 · 가선 · 운반기구 · 지주 및 이들에 부속하는 물건으로 구성되고, 동력을 사용하여 원목 또는 장작과 숯을 담아 올리거나 공중에서 운반하는 설비를 말한다)의 조립, 해체, 변경 또는 수리작업 및 이들 설비에 의한 집재 또는 운반 작업 　가. 원동기의 정격출력이 7.5킬로와트를 넘는 것 　나. 지간의 경사거리 합계가 350미터 이상인 것 　다. 최대사용하중이 200킬로그램 이상인 것	• 기계의 브레이크 비상정지장치 및 운반경로, 각종 기능 점검에 관한 사항 • 작업 시작 전 준비사항 및 작업방법에 관한 사항 • 취급물의 유해 · 위험에 관한 사항 • 구조상의 이상 시 응급처치에 관한 사항 • 그 밖에 안전 · 보건관리에 필요한 사항
11. 동력에 의하여 작동되는 프레스기계를 5대 이상 보유한 사업장에서 해당 기계로 하는 작업	• 프레스의 특성과 위험성에 관한 사항 • 방호장치 종류와 취급에 관한 사항 • 안전작업방법에 관한 사항 • 프레스 안전기준에 관한 사항 • 그 밖에 안전 · 보건관리에 필요한 사항
12. 목재가공용 기계[둥근톱기계, 띠톱기계, 대패기계, 모떼기기계 및 라우터기(목재를 자르거나 홈을 파는 기계)만 해당하며, 휴대용은 제외한다]를 5대 이상 보유한 사업장에서 해당 기계로 하는 작업	• 목재가공용 기계의 특성과 위험성에 관한 사항 • 방호장치의 종류와 구조 및 취급에 관한 사항 • 안전기준에 관한 사항 • 안전작업방법 및 목재 취급에 관한 사항 • 그 밖에 안전 · 보건관리에 필요한 사항
13. 운반용 등 하역기계를 5대 이상 보유한 사업장에서의 해당 기계로 하는 작업	• 운반하역기계 및 부속설비의 점검에 관한 사항 • 작업순서와 방법에 관한 사항 • 안전운전방법에 관한 사항 • 화물의 취급 및 작업신호에 관한 사항 • 그 밖에 안전 · 보건관리에 필요한 사항
14. 1톤 이상의 크레인을 사용하는 작업 또는 1톤 미만의 크레인 또는 호이스트를 5대 이상 보유한 사업장에서 해당 기계로 하는 작업(제40호의 작업은 제외한다)	• 방호장치의 종류, 기능 및 취급에 관한 사항 • 걸고리 · 와이어로프 및 비상정지장치 등의 기계 · 기구 점검에 관한 사항 • 화물의 취급 및 안전작업방법에 관한 사항 • 신호방법 및 공동작업에 관한 사항 • 인양 물건의 위험성 및 낙하 · 비래(飛來) · 충돌재해 예방에 관한 사항 • 인양물이 적재될 지반의 조건, 인양하중, 풍압 등이 인양물과 타워크레인에 미치는 영향 • 그 밖에 안전 · 보건관리에 필요한 사항
15. 건설용 리프트 · 곤돌라를 이용한 작업	• 방호장치의 기능 및 사용에 관한 사항 • 기계, 기구, 달기체인 및 와이어 등의 점검에 관한 사항 • 화물의 권상 · 권하 작업방법 및 안전작업 지도에 관한 사항 • 기계 · 기구의 특성 및 동작원리에 관한 사항 • 신호방법 및 공동작업에 관한 사항 • 그 밖에 안전 · 보건관리에 필요한 사항
16. 주물 및 단조(금속을 두들기거나 눌러서 형체를 만드는 일) 작업	• 고열물의 재료 및 작업환경에 관한 사항 • 출탕 · 주조 및 고열물의 취급과 안전작업방법에 관한 사항 • 고열작업의 유해 · 위험 및 보호구 착용에 관한 사항 • 안전기준 및 중량물 취급에 관한 사항 • 그 밖에 안전 · 보건관리에 필요한 사항

작업명	교육내용
17. 전압이 75볼트 이상인 정전 및 활선작업	• 전기의 위험성 및 전격 방지에 관한 사항 • 해당 설비의 보수 및 점검에 관한 사항 • 정전작업·활선작업 시의 안전작업방법 및 순서에 관한 사항 • 절연용 보호구, 절연용 보호구 및 활선작업용 기구 등의 사용에 관한 사항 • 그 밖에 안전·보건관리에 필요한 사항
18. 콘크리트 파쇄기를 사용하여 하는 파쇄작업 (2미터 이상인 구축물의 파쇄작업만 해당한다)	• 콘크리트 해체 요령과 방호거리에 관한 사항 • 작업안전조치 및 안전기준에 관한 사항 • 파쇄기의 조작 및 공통작업 신호에 관한 사항 • 보호구 및 방호장비 등에 관한 사항 • 그 밖에 안전·보건관리에 필요한 사항
19. 굴착면의 높이가 2미터 이상이 되는 지반 굴착(터널 및 수직갱 외의 갱 굴착은 제외한다) 작업	• 지반의 형태·구조 및 굴착 요령에 관한 사항 • 지반의 붕괴재해 예방에 관한 사항 • 붕괴 방지용 구조물 설치 및 작업방법에 관한 사항 • 보호구의 종류 및 사용에 관한 사항 • 그 밖에 안전·보건관리에 필요한 사항
20. 흙막이 지보공의 보강 또는 동바리를 설치하거나 해체하는 작업	• 작업안전 점검 요령과 방법에 관한 사항 • 동바리의 운반·취급 및 설치 시 안전작업에 관한 사항 • 해체작업 순서와 안전기준에 관한 사항 • 보호구 취급 및 사용에 관한 사항 • 그 밖에 안전·보건관리에 필요한 사항
21. 터널 안에서의 굴착작업(굴착용 기계를 사용하여 하는 굴착작업 중 근로자가 칼날 밑에 접근하지 않고 하는 작업은 제외한다) 또는 같은 작업에서의 터널 거푸집 지보공의 조립 또는 콘크리트 작업	• 작업환경의 점검 요령과 방법에 관한 사항 • 붕괴 방지용 구조물 설치 및 안전작업방법에 관한 사항 • 재료의 운반 및 취급·설치의 안전기준에 관한 사항 • 보호구의 종류 및 사용에 관한 사항 • 소화설비의 설치장소 및 사용방법에 관한 사항 • 그 밖에 안전·보건관리에 필요한 사항
22. 굴착면의 높이가 2미터 이상이 되는 암석의 굴착작업	• 폭발물 취급 요령과 대피 요령에 관한 사항 • 안전거리 및 안전기준에 관한 사항 • 방호물의 설치 및 기준에 관한 사항 • 보호구 및 신호방법 등에 관한 사항 • 그 밖에 안전·보건관리에 필요한 사항
23. 높이가 2미터 이상인 물건을 쌓거나 무너뜨리는 작업(하역기계로만 하는 작업은 제외한다)	• 원부재료의 취급 방법 및 요령에 관한 사항 • 물건의 위험성·낙하 및 붕괴재해 예방에 관한 사항 • 적재방법 및 전도 방지에 관한 사항 • 보호구 착용에 관한 사항 • 그 밖에 안전·보건관리에 필요한 사항
24. 선박에 짐을 쌓거나 부리거나 이동시키는 작업	• 하역 기계·기구의 운전방법에 관한 사항 • 운반·이송경로의 안전작업방법 및 기준에 관한 사항 • 중량물 취급 요령과 신호 요령에 관한 사항 • 작업안전 점검과 보호구 취급에 관한 사항 • 그 밖에 안전·보건관리에 필요한 사항
25. 거푸집 동바리의 조립 또는 해체작업	• 동바리의 조립방법 및 작업 절차에 관한 사항 • 조립재료의 취급방법 및 설치기준에 관한 사항 • 조립 해체 시의 사고 예방에 관한 사항 • 보호구 착용 및 점검에 관한 사항 • 그 밖에 안전·보건관리에 필요한 사항

작업명	교육내용
26. 비계의 조립 · 해체 또는 변경작업	• 비계의 조립순서 및 방법에 관한 사항 • 비계작업의 재료 취급 및 설치에 관한 사항 • 추락재해 방지에 관한 사항 • 보호구 착용에 관한 사항 • 비계상부 작업 시 최대 적재하중에 관한 사항 • 그 밖에 안전 · 보건관리에 필요한 사항
27. 건축물의 골조, 다리의 상부구조 또는 탑의 금속제의 부재로 구성되는 것(5미터 이상인 것만 해당한다)의 조립 · 해체 또는 변경작업	• 건립 및 버팀대의 설치순서에 관한 사항 • 조립 해체 시의 추락재해 및 위험요인에 관한 사항 • 건립용 기계의 조작 및 작업신호 방법에 관한 사항 • 안전장비 착용 및 해체순서에 관한 사항 • 그 밖에 안전 · 보건관리에 필요한 사항
28. 처마 높이가 5미터 이상인 목조건축물의 구조 부재의 조립이나 건축물의 지붕 또는 외벽 밑에서의 설치작업	• 붕괴 · 추락 및 재해 방지에 관한 사항 • 부재의 강도 · 재질 및 특성에 관한 사항 • 조립 · 설치 순서 및 안전작업방법에 관한 사항 • 보호구 착용 및 작업 점검에 관한 사항 • 그 밖에 안전 · 보건관리에 필요한 사항
29. 콘크리트 인공구조물(그 높이가 2미터 이상인 것만 해당한다)의 해체 또는 파괴작업	• 콘크리트 해체기계의 점검에 관한 사항 • 파괴 시의 안전거리 및 대피 요령에 관한 사항 • 작업방법 · 순서 및 신호 방법 등에 관한 사항 • 해체 · 파괴 시의 작업안전기준 및 보호구에 관한 사항 • 그 밖에 안전 · 보건관리에 필요한 사항
30. 타워크레인을 설치(상승작업을 포함한다) · 해체하는 작업	• 붕괴 · 추락 및 재해 방지에 관한 사항 • 설치 · 해체 순서 및 안전작업방법에 관한 사항 • 부재의 구조 · 재질 및 특성에 관한 사항 • 신호방법 및 요령에 관한 사항 • 이상 발생 시 응급조치에 관한 사항 • 그 밖에 안전 · 보건관리에 필요한 사항
31. 보일러(소형 보일러 및 다음 각 목에서 정하는 보일러는 제외한다)의 설치 및 취급 작업 가. 몸통 반지름이 750밀리미터 이하이고 그 길이가 1,300밀리미터 이하인 증기보일러 나. 전열면적이 3제곱미터 이하인 증기보일러 다. 전열면적이 14제곱미터 이하인 온수보일러 라. 전열면적이 30제곱미터 이하인 관류보일러(물관을 사용하여 가열시키는 방식의 보일러)	• 기계 및 기기 점화장치 계측기의 점검에 관한 사항 • 열관리 및 방호장치에 관한 사항 • 작업순서 및 방법에 관한 사항 • 그 밖에 안전 · 보건관리에 필요한 사항
32. 게이지 압력을 제곱센티미터당 1킬로그램 이상으로 사용하는 압력용기의 설치 및 취급 작업	• 안전시설 및 안전기준에 관한 사항 • 압력용기의 위험성에 관한 사항 • 용기 취급 및 설치기준에 관한 사항 • 작업안전점검 방법 및 요령에 관한 사항 • 그 밖에 안전 · 보건관리에 필요한 사항
33. 방사선 업무에 관계되는 작업(의료 및 실험용은 제외한다)	• 방사선의 유해 · 위험 및 인체에 미치는 영향 • 방사선의 측정기기 기능의 점검에 관한 사항 • 방호거리 · 방호벽 및 방사선물질의 취급 요령에 관한 사항 • 응급처치 및 보호구 착용에 관한 사항 • 그 밖에 안전 · 보건관리에 필요한 사항

01 PART
02 PART
03 PART
04 PART
05 PART
06 PART
07 PART

작업명	교육내용
34. 밀폐공간에서의 작업	• 산소농도 측정 및 작업환경에 관한 사항 • 사고 시의 응급처치 및 비상시 구출에 관한 사항 • 보호구 착용 및 보호장비 사용에 관한 사항 • 작업내용 · 안전작업방법 및 절차에 관한 사항 • 장비 · 설비 및 시설 등의 안전점검에 관한 사항 • 그 밖에 안전 · 보건관리에 필요한 사항
35. 허가 또는 관리 대상 유해물질의 제조 또는 취급작업	• 취급물질의 성질 및 상태에 관한 사항 • 유해물질이 인체에 미치는 영향 • 국소배기장치 및 안전설비에 관한 사항 • 안전작업방법 및 보호구 사용에 관한 사항 • 그 밖에 안전 · 보건관리에 필요한 사항
36. 로봇작업	• 로봇의 기본원리 · 구조 및 작업방법에 관한 사항 • 이상 발생 시 응급조치에 관한 사항 • 안전시설 및 안전기준에 관한 사항 • 조작방법 및 작업순서에 관한 사항
37. 석면해체 · 제거작업	• 석면의 특성과 위험성 • 석면해체 · 제거의 작업방법에 관한 사항 • 장비 및 보호구 사용에 관한 사항 • 그 밖에 안전 · 보건관리에 필요한 사항
38. 가연물이 있는 장소에서 하는 화재위험작업	• 작업준비 및 작업절차에 관한 사항 • 작업장 내 위험물, 가연물의 사용 · 보관 · 설치 현황에 관한 사항 • 화재위험작업에 따른 인근 인화성 액체에 대한 방호조치에 관한 사항 • 화재위험작업으로 인한 불꽃, 불티 등의 흩날림 방지 조치에 관한 사항 • 인화성 액체의 증기가 남아 있지 않도록 환기 등의 조치에 관한 사항 • 화재감시자의 직무 및 피난교육 등 비상조치에 관한 사항 • 그 밖에 안전 · 보건관리에 필요한 사항
39. 타워크레인을 사용하는 작업 시 신호업무를 하는 작업	• 타워크레인의 기계적 특성 및 방호장치 등에 관한 사항 • 화물의 취급 및 안전작업방법에 관한 사항 • 신호방법 및 요령에 관한 사항 • 인양 물건의 위험성 및 낙하 · 비래 · 충돌재해 예방에 관한 사항 • 인양물이 적재될 지반의 조건, 인양하중, 풍압 등이 인양물과 타워크레인에 미치는 영향 • 그 밖에 안전 · 보건관리에 필요한 사항

2) 관리감독자 안전보건교육

① 정기교육

교육내용
• 산업안전 및 사고 예방에 관한 사항
• 산업보건 및 직업병 예방에 관한 사항
• 위험성 평가에 관한 사항
• 유해 · 위험 작업환경 관리에 관한 사항
• 산업안전보건법령 및 산업재해보상보험 제도에 관한 사항
• 직무스트레스 예방 및 관리에 관한 사항
• 직장 내 괴롭힘, 고객의 폭언 등으로 인한 건강장해 예방 및 관리에 관한 사항
• 작업공정의 유해 · 위험과 재해 예방대책에 관한 사항
• 사업장 내 안전보건관리체제 및 안전 · 보건조치 현황에 관한 사항
• 표준안전 작업방법 결정 및 지도 · 감독 요령에 관한 사항
• 현장근로자와의 의사소통능력 및 강의능력 등 안전보건교육 능력 배양에 관한 사항
• 비상시 또는 재해 발생 시 긴급조치에 관한 사항
• 그 밖의 관리감독자의 직무에 관한 사항

② 채용 시 교육 및 작업내용 변경 시 교육

교육내용
• 산업안전 및 사고 예방에 관한 사항
• 산업보건 및 직업병 예방에 관한 사항
• 위험성 평가에 관한 사항
• 산업안전보건법령 및 산업재해보상보험 제도에 관한 사항
• 직무스트레스 예방 및 관리에 관한 사항
• 직장 내 괴롭힘, 고객의 폭언 등으로 인한 건강장해 예방 및 관리에 관한 사항
• 기계 · 기구의 위험성과 작업의 순서 및 동선에 관한 사항
• 작업 개시 전 점검에 관한 사항
• 물질안전보건자료에 관한 사항
• 사업장 내 안전보건관리체제 및 안전 · 보건조치 현황에 관한 사항
• 표준안전 작업방법 결정 및 지도 · 감독 요령에 관한 사항
• 비상시 또는 재해 발생 시 긴급조치에 관한 사항
• 그 밖의 관리감독자의 직무에 관한 사항

3) 건설업 기초안전보건교육에 대한 내용 및 시간

교육내용	시간
가. 건설공사의 종류(건축 · 토목 등) 및 시공 절차	1시간
나. 산업재해 유형별 위험요인 및 안전보건조치	2시간
다. 안전보건관리체제 현황 및 산업안전보건 관련 근로자 권리 · 의무	1시간

4) 특수형태근로종사자에 대한 안전보건교육

구분	교육내용
최초 노무제공 시 교육	아래의 내용 중 특수형태근로종사자의 직무에 적합한 내용을 교육해야 한다. • 산업안전 및 사고 예방에 관한 사항 • 산업보건 및 직업병 예방에 관한 사항 • 건강증진 및 질병 예방에 관한 사항 • 유해 · 위험 작업환경 관리에 관한 사항 • 산업안전보건법령 및 산업재해보상보험 제도에 관한 사항 • 직무스트레스 예방 및 관리에 관한 사항 • 직장 내 괴롭힘, 고객의 폭언 등으로 인한 건강장해 예방 및 관리에 관한 사항 • 기계 · 기구의 위험성과 작업의 순서 및 동선에 관한 사항 • 작업 개시 전 점검에 관한 사항 • 정리정돈 및 청소에 관한 사항 • 사고 발생 시 긴급조치에 관한 사항 • 물질안전보건자료에 관한 사항 • 교통안전 및 운전안전에 관한 사항 • 보호구 착용에 관한 사항
특별교육 대상 작업별 교육	특별교육 대상 작업별 교육내용과 같음

5) 물질안전보건자료에 관한 교육

교육내용
• 대상화학물질의 명칭(또는 제품명) • 물리적 위험성 및 건강 유해성 • 취급상의 주의사항 • 적절한 보호구 • 응급조치 요령 및 사고 시 대처방법 • 물질안전보건자료 및 경고표지를 이해하는 방법

01 PART
02 PART
03 PART
04 PART
05 PART
06 PART
07 PART

1 착각현상

1. 인간의 착각현상

가현운동	① 정지하고 있는 대상물을 나타냈다가 지웠다가 자주 반복하면 그 물체가 마치 운동하는 것처럼 인식되는 현상 ② 영화영상기법, β운동
자동운동	① 암실 내에서 정지된 소광점을 응시하면 그 광점이 움직이는 것처럼 보이는 현상 ② 자동운동이 생기기 쉬운 조건★ 　• 광점이 작을 것 　• 시야의 다른 부분이 어두울 것 　• 광(光)의 강도가 작을 것 　• 대상이 단순할 것
유도운동	① 실제로는 움직이지 않는 것이 어느 기준의 이동에 유도되어 움직이는 것처럼 느껴지는 현상 ② 하행선 기차역에 정지하고 있는 열차 안의 승객이 반대편 상행선 열차의 출발로 인하여 하행선 열차가 움직이는 것처럼 느끼는 경우

2. 간결성의 원리

① 심리활동에서 최소에너지로 최대효과를 얻고자 하는 행동을 간결성의 원리라고 한다.

② 이 원리에 기인하여 착각, 착오, 생략, 오해 등으로 불리는 사고의 심리적 요인이 만들어진다.

③ 생략 행위를 유발하는 심리적 요인이다.

2 주의력과 부주의

1. 주의

① **정의** : 행동하고자 하는 목적에 의식 수준이 집중하는 심리상태를 말한다.

② **주의의 특징**★★

선택성	① 주의는 동시에 두 개의 방향에 집중하지 못한다. ② 여러 종류의 자극을 지각하거나 수용할 때 특정한 것에 한하여 선택하는 기능
변동성	① 고도의 주의는 장시간 지속할 수 없다.(주의에는 리듬이 존재) ② 주의에는 리듬이 있어 언제나 일정수준을 유지할 수 없다.
방향성	① 한 지점에 주의를 집중하면 다른 곳의 주의는 약해진다. ② 주시점만 인지하는 기능

2. 부주의

① **정의** : 목적수행을 위한 행동전개 과정 중 목적에서 벗어나는 심리적, 신체적 변화의 현상으로 바람직하지 못한 정신상태를 말한다.

② 부주의 발생현상★

의식의 단절(중단)	① 의식의 흐름에 단절이 생기고 공백상태가 나타나는 경우 ② 의식수준 제0단계의 상태(특수한 질병의 경우)
의식의 우회	① 의식의 흐름이 옆으로 빗나가 발생한 경우 ② 의식수준 제0단계의 상태(걱정, 고민, 욕구불만 등)
의식수준의 저하	① 뚜렷하지 않은 의식의 상태로 심신이 피로하거나 단조로운 작업 등의 경우 ② 의식수준 제 I 단계 이하의 상태
의식의 과잉	① 돌발사태 및 긴급이상사태에 직면하면 순간적으로 긴장되고 의식이 한 방향으로 쏠리는 주의의 일점집중현상의 경우 ② 의식수준 제Ⅳ단계의 상태
의식의 혼란	① 외적조건에 문제가 있을 때 의식이 혼란되고 분산되어 작업에 잠재되어 있는 위험요인에 대응할 수 없는 경우 ② 외부의 자극이 애매모호하거나, 너무 강하거나 약할 때

3 안전사고와 사고심리

1. 안전사고 요인(정신적 요소)

① 안전의식의 부족
② 주의력의 부족
③ 방심과 공상
④ 개성적 결함요소
    ㉠ 도전적인 마음　　　　　　　　㉢ 약한 마음
    ㉡ 다혈질 및 인내심 부족　　　　㉣ 경솔성
    ㉢ 과도한 집착력　　　　　　　　㉤ 배타성 등
    ㉣ 자존심
⑤ 판단력의 부족 또는 그릇된 판단
⑥ 정신력과 관련 있는 생리적 현상
    ㉠ 극도의 피로
    ㉡ 시력 및 청각의 이상
    ㉢ 근육운동의 부적합
    ㉣ 육체적 능력의 초과
    ㉤ 생리 및 신경 계통의 이상

2. 불안전한 행동의 직접원인★★

① 지식의 부족
② 기능의 미숙

③ 태도의 불량
④ 인간에러

3. 불안전한 행동의 배후요인

1) 인적 요인

01 PART
02 PART
03 PART
04 PART
05 PART
06 PART
07 PART

심리적 요인	망각	경험한 내용이나 학습된 행동을 다시 생각하여 작업에 적용하지 아니하고 방치함으로써 경험의 내용이나 인상이 약해지거나 소멸되는 현상
	소질적 결함	$B=f(P \cdot E)$ 적성배치를 통한 안전관리대책 필요
	주변적 동작	의식 외의 동작을 인식하고 위험한 곳은 방호하는 것이 필요
	의식의 우회	① 공상 ② 회상 등
	걱정거리	① 가족의 질병 ② 인간관계의 나빠짐 ③ 빚 등
	무의식 행동	익숙해진 환경에서 주로 발생한다.
	위험감각	위험감각을 높이기 위한 안전활동을 전개하는 것이 필요
	지름길 반응	지름길을 통하여 빨리 목적지에 도달하려는 행위
	생략행위	① 소정의 작업용구를 사용하지 않고 근처의 용구를 사용해서 임시변통하는 결함행위 ② 보호구 미착용 ③ 정해진 작업순서를 빠뜨리는 경우 등
	억측판단 ★	자기 멋대로 하는 주관적인 판단 ※ 억측판단의 발생 배경 ① 정보가 불확실할 때 ③ 과거의 성공한 경험이 있을 때 ② 희망적인 관측이 있을 때 ④ 초조한 심정
	착오(착각)	색채, 크기, 위치 등 설비와 환경의 개선이 선결조건
	성격	각 개인의 그 감정적 및 의지적인 소질에 떠받쳐서 행하는 특유의 행동방식
생리적 요인	피로	① 능률의 저하 ② 생체의 타각적인 기능의 변화 ③ 피로의 자각 등의 변화

2) 외적(환경적) 요인 – 재해 발생의 기본원인(4M)★★

외적(환경적) 요인	인간관계요인 (Man)	동료나 상사, 본인 이외의 사람 등의 인간관계를 의미
	작업적 요인 (Media)	① 작업의 내용, 작업정보, 작업방법, 작업환경의 요인 ② 인간과 기계를 연결하는 매개체 ③ 작업방법의 부적절
	관리적 요인 (Management)	안전법규의 준수, 안전기준, 지휘감독 등의 단속 및 점검 ① 교육훈련 부족 ② 감독지도 불충분 ③ 적성배치 불충분
	설비적(물적) 요인 (Machine)	① 기계설비 등의 물적 조건 ② 기계설비의 고장, 결함

4. 산업심리의 5대 요소★★

기질	인간의 성격, 능력 등 개인적인 특성(생활환경, 주위환경에 따라 변화한다.)
동기	능동적인 감각에 의한 자극에서 일어나는 사고의 결과로 마음을 움직이는 원동력
습관	개인의 특성이 자신도 모르게 습관화된 현상으로 습관에 직접 영향을 주는 요인으로는 동기, 기질, 감정, 습성이 있다.
감정	대상이나 상태에 따라 발생하는 슬픔, 기쁨 등에 해당하는 마음의 현상
습성	오랜 습관으로 인하여 굳어버린 성질로 동기, 기질, 감정 등이 밀접한 연관관계이다.

5. 사고의 본질적 특성

사고의 시간성	사고의 본질은 공간적인 것이 아니라 시간적이다.
우연성 중의 법칙성	우연히 발생하는 것처럼 보이지만 사실은 분명한 법칙에 따라 발생되기도 하고 미연에 방지되기도 한다.
필연성 중의 우연성	인간의 시스템은 복잡하여 필연적인 규칙과 법칙이 있다 하더라도 불안전한 행동 및 상태, 또는 착오, 부주의 등의 우연성이 사고 발생의 원인을 제공하기도 한다.
사고의 재현 불가능성	사고는 인간의 안전의지와 무관하게 돌발적으로 발생하며, 시간의 경과와 함께 상황을 재현할 수는 없다.

6. 착오

1) 정의

착오는 실수라고도 하며, 어떤 목적으로 행동하려고 했는데 그 행동과 일치하지 않는 경우를 말한다.

2) 착오의 요인

단계	종류	내용
제1단계	인지과정 착오	① 심리 또는 생리적 요인 ② 정보량 저장의 한계 : 한계정보량보다 더 많은 정보가 들어오는 경우 정보를 처리하지 못하는 현상 ③ 감각차단 현상 : 단조로운 업무가 장시간 지속될 때 작업자의 감각기능 및 판단능력이 둔화 또는 마비되는 현상(예 : 고도비행, 단독비행, 계기비행, 직선 고속도로 운행 등) ★★ ④ 정서적 불안정(불안, 공포) ⑤ 정보수용 능력의 한계 : 인간의 감지범위 밖의 정보
제2단계	판단과정 착오	① 정보부족(옹고집, 지나친 자기중심적 인간) ② 능력부족(지식부족, 경험부족) ③ 자기합리화(자기에게 유리하게 판단) ④ 환경조건불비(작업조건불량)
제3단계	조치과정 착오	① 기술능력 미숙　　②경험 부족　　③ 피로

3) 착오의 유형(착오의 메커니즘, Human Mistake Mechanism)

① 위치착오
② 순서착오
③ 패턴착오
④ 형상착오
⑤ 기억착오

7. 인간의 일반적인 행동특성

1) 레윈(K. Lewin)의 행동법칙

$$B = f(P \cdot E)$$

여기서, B : Behavior(인간의 행동)
f : function(함수관계) $P \cdot E$에 영향을 줄 수 있는 조건
P : Person(개체, 개인의 자질, 연령, 경험, 심신상태, 성격, 지능 등)
E : Environment(심리적 환경 – 작업환경, 인간관계, 설비적 결함 등)

• 레윈의 이론 : 인간의 행동(B)은 개인의 자질과 심리학적 환경과의 상호 함수관계이다.

2) 동작 실패의 원인을 초래하는 조건

① **기상조건** : 온도, 습도, 날씨, 기상 등
② **피로** : 신체조건, 스트레스, 질병 등
③ **작업강도** : 작업량, 작업속도, 작업시간 등
④ **자세의 불균형** : 행동의 습관, 환경적 요인 등
⑤ **환경 조건** : 심리적 환경, 작업환경

3) 동작의 실패를 막기 위한 일반적 조건★

① 착각을 일으킬 수 있는 외부 조건이 없을 것
② 감각기의 기능이 정상일 것
③ 시간적 · 수량적으로 능력을 발휘할 수 있는 체력이 있을 것
④ 올바른 판단을 내리기 위한 필요한 지식을 갖고 있을 것
⑤ 의식 동작을 필요로 할 때 무의식 동작을 행하지 않을 것

4) 인간의 심리적인 행동 특성

① **리스크 테이킹(Risk Taking)**
  ㉠ 객관적인 위험을 자기 나름대로 판정해서 의지결정을 하고 행동에 옮기는 인간의 심리 특성을 말한다.
  ㉡ 안전태도가 양호한 자는 리스크 테이킹의 정도가 적다.
  ㉢ 안전태도 수준이 같은 경우 작업의 달성 동기, 성격, 능률 등 각종 요인의 영향에 의해 리스크 테이킹의 정도는 변한다.
  ㉣ 리스크 테이킹의 발생 요인은 부적절한 태도이다.

② **주의의 일점집중 현상**
  ㉠ 돌발사태 발생 시 공포를 느끼며 주의가 한곳에 집중하여 멍한 상태에 빠지게 되는 현상이다.
  ㉡ 사전에 대안을 강구하여 심리적 훈련이 필요하다.
  ㉢ 주의의 일점집중 현상은 의식의 과잉과 가장 관련이 깊다.

③ 기타 행동 특성

    ㉠ 순간적인 경우의 대피방향은 좌측(우측에 비해 2배 이상)

    ㉡ 동조 행동 : 소속집단의 행동기준이나 원칙을 지키고 따르려고 하는 행동

    ㉢ 근도 반응 : 정상적인 루트가 있음에도 지름길을 택하는 현상

    ㉣ 생략 행위 : 소정의 작업용구를 사용하지 않고 근처의 용구를 사용해서 임시변통하는 결함 행위

4 재해 빈발자의 유형

1. 재해 빈발설

기회설	재해가 빈발하는 것은 개인의 영향이 아니라 종사하는 작업에 위험성이 많기 때문(안전교육, 작업환경개선의 대책)
암시설	한 번 재해를 당하면 겁쟁이가 되거나 신경과민이 되어 그 사람이 갖는 대응 능력이 열화하기 때문에 재해를 빈발하게 된다는 설
재해 빈발 경향자설	근로자 가운데 재해를 빈발하는 소질적 결함자가 있다는 설

2. 재해 누발자의 유형★★

상황성 누발자	① 작업이 어렵기 때문에 ② 기계설비에 결함이 있기 때문에 ③ 심신에 근심이 있기 때문에 ④ 환경상 주의력의 집중이 혼란되기 때문에
습관성 누발자	① 재해의 경험으로 겁을 먹거나 신경과민 ② 일종의 슬럼프 상태
미숙성 누발자	① 기능이 미숙하기 때문에 ② 환경에 익숙하지 못하기 때문에(환경에 적응 미숙)
소질성 누발자	① 개인의 소질 가운데 재해원인의 요소를 가진 자(주의력 산만, 저지능, 흥분성, 비협조성, 소심한 성격, 도덕성의 결여, 감각운동 부적합 등) ② 개인의 특수성격 소유자

5 노동과 피로

1. 피로의 개요

1) 정의

    ① 어느 정도 일정한 시간 작업활동을 계속하여 행하여진 신체 혹은 정신적 활동의 결과 작업능력의 감퇴 및 저하, 착오의 증가, 흥미상실, 권태 등이 일어나는 상태

② 정신적 또는 육체적 활동의 부산물로 체내에 누적되어 활동 능력을 둔화시킴으로써 사고의 원인이 되는 것

2) 피로의 분류★

① 정신피로와 육체피로

㉠ 정신피로 : 정신적 긴장에 의한 중추 신경계의 피로

㉡ 육체피로 : 육체적으로 근육에서 일어나는 피로(신체피로)

② 급성피로와 만성피로

㉠ 급성피로 : 보통의 휴식에 의해 회복되는 것으로 정상피로 또는 건강피로라고도 한다.

㉡ 만성피로 : 오랜 기간에 의해 축적되어 일어나는 피로로서 휴식에 의해서 회복되지 않으며, 축적피로라고도 한다.

3) 피로의 3현상

구분	현상	대책
주관적 피로	① 피곤하다고 느끼는 자각증상 ② 지루함과 단조로움이 뒤따름	① 적성에 맞는 인사배치 ② 작업조건의 변화 ③ 물리적 작업환경의 변화
객관적 피로	① 생산의 양과 질의 저하를 지표로 한다. ② 생산 실적의 저하	충분한 휴식으로 실제적 효율을 높여야 한다.
생리적(기능적) 피로	① 작업능력 또는 생리적 기능의 저하 ② 생체의 기능 또는 물질의 변화를 검사 결과를 통해 추정한다.	즉시 충분한 휴식을 취하는 것이 좋다.

4) 피로의 3대 특징★

① 능률의 저하

② 생체의 타각적(他覺的)인 기능의 변화

③ 피로의 자각 등의 변화 발생

5) 피로의 원인

① 피로의 요인

개인적인 조건	경험조건, 신체적 조건, 체력, 성별, 연령, 질병 유무 등
작업적 조건	① 질적 조건 : 단조로움, 위험성, 반복성, 정신적 부담 작업, 작업의욕 등 ② 양적 조건 : 작업속도, 작업부담, 작업시간, 야간작업 등
환경적 조건	온도, 습도, 소음, 진동, 조명, 대기오염, 유독가스 등
생활적 조건	수면, 식사, 자유시간, 취미활동 등
사회적 조건	대인관계, 임금과 생활수준, 통근시간 및 방법, 주택환경 등

② 기계 측 요인과 인간 측 요인의 원인

기계 측 요인	① 기계의 종류 ② 조작부분에 대한 감촉 ③ 조작부분의 배치	④ 기계의 쉬운 이해 ⑤ 기계의 색채
인간 측 요인	① 정신상태 ② 신체적 상태 ③ 생리적 리듬 ④ 작업내용 ⑤ 작업시간	⑥ 사회환경 ⑦ 작업환경 ⑧ 작업태도(자세) ⑨ 작업속도

2. 피로의 검사항목 및 측정방법

검사방법	검사항목	측정방법 및 기기
생리적 방법	① 근력, 근활동 ② 반사역치 ③ 대뇌피질 활동 ④ 호흡 순환 기능 ⑤ 인지역치 ⑥ 혈색소 농도	① 근전계(EMG) ② 슬역 측정기(PSR) ③ 뇌파계(EEG) ④ 플리커 검사 ⑤ Schneider Test, 심전계(ECG) ⑥ 청력검사 ⑦ 근점 거리계
심리학적 방법	① 동작분석 ② 연속반응시간 ③ 변별역치 ④ 정신작업 ⑤ 피부(전위)저항 ⑥ 행동기록 ⑦ 집중유지기능 ⑧ 전신 자각 증상	① 연속 촬영법 ② 전자계산 ③ CMI, THI 등 ④ Holygraph(안구운동측정 등) ⑤ 피부전기반사(GSR) ⑥ 표준, 조준, 기록장치
생화학적 방법	① 혈색소 농도 ② 혈액수분, 혈단백 ③ 응혈시간 ④ 혈액, 요전해질 ⑤ 요단백, 요교질 배설량 ⑥ 부신피질 기능	① 광도계 ② 요단백 침전, Donaggio 검사 ③ 혈청 굴절계 ④ Storanbelt Garph ⑤ Na, K, Cl의 상태변동측정 ⑥ 17 − OHCS

참고 ✓

피부전기반사 (GSR ; Galvanic Skin Reflex)	작업부하의 정신적 부담이 피로와 함께 증대하는 현상을 전기저항의 변화로 측정, 정신 전류 현상이라고도 함
점멸 융합 주파수 (Flicker Fusion Frequency) ★	① 시각 또는 청각적 자극이 단속적 점멸이 아니고 연속적으로 느껴지게 되는 주파수 ② 중추 신경계의 피로, 즉 정신피로의 척도로 사용 ③ 정신적으로 피곤한 경우 주파수 값이 내려감 ④ 잘 때나 멍하게 있을 때는 낮아지고 마음이 긴장되었을 때나 머리가 맑을 때 높아짐

3. 작업강도와 피로

1) 에너지 대사율(RMR ; Relative Metabolic Rate)

① 작업의 강도는 인체의 에너지 대사율로서 측정될 수 있다.

② 에너지 대사율은 작업의 강도를 측정하는 방법으로 휴식시간과 밀접한 관련이 있다.

③ 에너지 대사율이 높을수록 힘든 작업이므로 작업강도에 따른 적정한 휴식시간의 증가가 필요하다.

④ 공식★

$$RMR = \frac{\text{작업 시 소비에너지} - \text{안정 시 소비에너지}}{\text{기초대사량}} = \frac{\text{작업대사량}}{\text{기초대사량}}$$

··· 예상문제

기초대사량이 7,000[kcal/day]이고 작업 시 소비에너지가 20,000[kcal/day], 안정 시 소비에너지가 6,000[kcal/day]일 때 RMR을 구하시오.

풀이 $RMR = \dfrac{20,000 - 6,000}{7,000} = 2$

2) RMR에 의한 작업강도단계

0~2RMR	경(輕)작업	사무작업, 감시작업, 정밀작업 등
2~4RMR	중(中)작업(보통)	손이나 발작업 동작, 속도가 적은 것
4~7RMR	중(重)작업(무거운)	일반적인 전신작업
7RMR 이상	초중(超重)작업(무거운)	과격한 작업(중노동)에 해당하는 전신작업

3) 휴식시간의 산출

① 작업의 성질과 강도에 따라서 휴식시간이나 횟수가 결정되어야 한다.

② 작업에 대한 평균에너지값을 4kcal/분이라 할 경우 이 단계를 넘으면 휴식시간이 필요하다.

③ 공식 ★★

$$R = \frac{60(E-4)}{E-1.5}$$

여기서, R : 휴식시간[분]
E : 작업 시 평균 에너지 소비량[kcal/분]
60 : 총 작업시간[분]
1.5kcal/분 : 휴식시간 중의 에너지 소비량

④ 작업에 대한 평균 에너지값의 산출

㉠ 보통 사람의 1일 소비에너지 : 약 4,300kcal/day

㉡ 기초 대사와 여가에 필요한 에너지 : 2,300kcal/day

01 PART
02 PART
03 PART
04 PART
05 PART
06 PART
07 PART

ⓒ 작업 시 소비에너지 : $(4,300 - 2,300) = 2,000\text{kcal/day}$

ⓡ 1일 작업시간 : 8시간(480분)

ⓜ 작업에 대한 평균 에너지값 : $2,000\text{kcal/day} \div 480\text{분} = 약\ 4\text{kcal/분}$

(기초 대사를 포함한 상한값은 약 5kcal/분이다.)

··· 예상문제

신체 내에서 1L의 산소를 소비하면 5kcal의 에너지가 소모되며, 작업 시 산소소비량 측정 결과 분당 1.5L를 소비한다면 작업시간 60분 동안 포함되어야 하는 휴식시간은?(단, 평균에너지 상한 5kcal, 휴식시간 에너지 소비량 1.5kcal)

풀이 ① 작업 시 평균 에너지 소비량 $= 5\text{kcal/L} \times 1.5\text{L/min} = 7.5\text{kcal/min}$

② $R = \dfrac{60(E-5)}{E-1.5} = \dfrac{60(7.5-5)}{7.5-1.5} = 25(분)$

---

4. 산소소비량의 측정★

흡기부피를 V_1, 배기부피(분당배기량)를 V_2라 하면

$79\% \times V_1 = N_2\% \times V_2$

$V_1 = \dfrac{(100 - O_2\% - CO_2\%)}{79} \times V_2$

산소소비량 $= (21\% \times V_1) - (O_2\% \times V_2)$

에너지가(價)(kcal/min) = 분당 산소소비량(l) × 5kcal

※ 1 liter의 산소소비 = 5kcal

··· 예상문제

산소소비량을 측정하기 위하여 5분간 배기하여 성분을 분석한 결과 $O_2 = 16(\%)$, $CO_2 = 4(\%)$이고, 총배기량은 90(l)일 경우 분당 산소소비량과 에너지를 구하시오.(단, 산소 1(l)의 에너지가는 5(kcal)이다.)

풀이 ① 분당 배기량(V_2) $= \dfrac{90}{5} = 18(l/분)$

② 분당 흡기량(V_1) $= \dfrac{(100 - O_2\% - CO_2\%)}{79} \times V_2$

$= \dfrac{(100 - 16 - 4)}{79} \times 18 = 18.227 = 18.23(l/분)$

③ 분당 산소 소비량 $= (21\% \times V_1) - (O_2\% \times V_2)$

$= (0.21 \times 18.23) - (0.16 \times 18) = 0.948 = 0.95(l/분)$

④ 분당 에너지 소비량 = 분당 산소 소비량 × 5kcal $= 0.95 \times 5 = 4.75(\text{kcal/분})$

---

5. 생체리듬(Biorhythm)

사람의 혈압, 체온, 수분, 맥박, 혈액, 염분량 등은 24시간 일정하지 않으며, 시간 또는 주간과 야간에 따라 조금씩 변화한다.

1) 생체리듬의 종류 및 특징★

종류	특징
육체적 리듬(P) (Physical Cycle)	① 건전한 활동기(11.5일)와 그렇지 못한 휴식기(11.5일)가 23일을 주기로 반복된다. ② 활동력, 소화력, 지구력, 식욕 등과 가장 관계가 깊다.
감성적 리듬(S) (Sensitivity Cycle)	① 예민한 기간(14일)과 그렇지 못한 둔한 기간(14일)이 28일을 주기로 반복된다. ② 주의력, 창조력, 예감 및 통찰력 등과 가장 관계가 깊다.
지성적 리듬(I) (Intellectual Cycle)	① 사고능력이 발휘되는 날(16.5일)과 그렇지 못한 날(16.5일)이 33일 주기로 반복된다. ② 판단력, 추리력, 상상력, 사고력, 기억력 등과 가장 관계가 깊다.

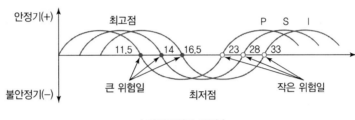

| 바이오리듬 곡선 |

2) 위험일

① 3개(PSI)의 리듬을 안정기(+)와 불안정기(−)를 교대로 반복하면서 사인(Sine)곡선을 그리며 반복되는 (+)에서 (−)로 또는 (−)에서 (+)로 변하는 지점을 영(Zero) 또는 위험일이라 하며, 한 달에 6일 정도 일어난다.

② 즉, 안정기(+)와 불안정기(−)의 교차점을 위험일이라 한다.

③ 위험일에는 평소보다 뇌졸중이 5.4배, 심장질환의 발작이 5.1배, 자살은 6.8배나 높게 나타난다고 한다.

6 직업적성과 인사관리

1. 직업적성의 분류

종류	요인		
기계적 적성	① 손과 팔의 솜씨	② 공간 시각화	③ 기계적 적성
사무적 적성	사무적 적성에는 지능도 중요하지만 손과 팔의 솜씨나 지각의 속도 및 정확도 등이 특히 중요하다.		

01 PART
02 PART
03 PART
04 PART
05 PART
06 PART
07 PART

2. 적성 발견의 방법

① 자기이해(Self – understanding)
② 개발적 경험(Exploratory Experiences)
③ 적성검사 : 적성을 발견하는 가장 효과적인 방법
　　㉠ 특수직업 : 어느 특정 직무에서의 요구되는 능력 파악
　　㉡ 일반직업 : 어느 직업분야에서의 발전 가능성 파악

3. 인사관리

종업원의 잠재능력을 최대한으로 발휘하게 하여 그들 스스로가 최대한의 성과를 달성하도록 하며, 그들이 인간으로서의 만족을 얻게 하려는 일련의 체계적인 관리활동을 말한다.

4. 인사관리의 주요 기능

① 조직과 리더십
② 선발
③ 배치
④ 직무분석
⑤ 직무(업무)평가
⑥ 상담 및 노사 간의 이해

7 동기부여에 관한 이론

1. 매슬로우(Maslow)의 욕구단계 이론

1) 개요

① 안전욕구는 인간이 본능적으로 가지는 기본욕구가 전제하고 있으며, 인간의 욕구는 5단계로 발전한다고 지적하고 있다.
② 하위단계가 충족되지 않으면 상위단계가 충족되지 않는다.(낮은 욕구가 충족되어야만 높은 수준의 욕구가 생겨난다.)
③ 배가 고프거나 작업장에서 안전에 대해 불안해하는 사람은 인정받으려는 욕구나 자아실현 같은 높은 수준의 욕구를 생각할 겨를이 없다.

2) 매슬로우(Maslow)의 욕구단계 이론★★

제1단계	생리적 욕구	기아, 갈증, 호흡, 배설, 성욕 등 생명유지의 기본적 욕구
제2단계	안전의 욕구	① 자기보존 욕구 – 안전을 구하려는 욕구 ② 전쟁, 재해, 질병의 위험으로부터 자유로워지려는 욕구
제3단계	사회적 욕구	① 소속감과 애정에 대한 욕구 ② 사회적으로 관계를 향상시키는 욕구
제4단계	인정받으려는 욕구(자기 존중의 욕구)	자존심, 명예, 성취, 지위 등 인정받으려는 욕구
제5단계	자아실현의 욕구	① 잠재능력을 실현하고자 하는 성취욕구 ② 특유의 창의력을 발휘

2. 맥그리거(D. McGreger)의 X, Y이론

1) X, Y이론

X이론	Y이론
인간불신감	상호신뢰감
성악설	성선설
인간은 본래 게으르고 태만, 수동적, 남의 지배받기를 즐긴다.	인간은 본래 부지런하고 근면, 적극적, 스스로 일을 자기책임하에 자주적으로 행한다.
저차적 욕구(물질적 욕구)	고차적 욕구(정신적 욕구)
명령, 통제에 의한 관리	자기통제와 자율확보
저개발국형의 관리형태	선진국형의 관리형태
권위주의적 리더십	민주적 리더십

2) X, Y이론의 관리처방

X이론의 관리처방	Y이론의 관리처방
① 권위주의적 리더십의 확립 ② 경제적 보상 체제의 강화 ③ 면밀한 감독과 엄격한 통제 ④ 상부 책임제도의 강화 ⑤ 설득, 보상, 벌, 통제에 의한 관리 ⑥ 조직구조의 고층성	① 분권화와 권한의 위임 ② 목표에 의한 관리 ③ 비공식적 조직의 활용 ④ 민주적 리더십의 확립 ⑤ 직무 확장 ⑥ 자체 평가제도의 활성화 ⑦ 조직 목표 달성을 위한 자율적인 통제 ⑧ 조직구조의 평면화

3. 허즈버그(Herzberg)의 2요인(동기 – 위생) 이론 ★★

허즈버그는 연구를 통해 사람들이 직무에 만족을 느낄 때에는 직무의 내용에 관계되고, 불만족을 느낄 때에는 직무환경과 관련된다는 것을 입증하였다.

동기요인(직무내용)		위생요인(직무환경)	
① 성취감	④ 안정감	① 보수	④ 임금
② 책임감	⑤ 도전감	② 작업조건	⑤ 지위
③ 성장과 발전	⑥ 일 그 자체	③ 관리감독	⑥ 회사 정책과 관리

4. 알더퍼의 ERG 이론★★

생존(Existence)욕구 (존재욕구)	유기체의 생존과 유지에 관련된 욕구	① 의식주와 같은 기본적인 욕구 ② 임금, 안전한 작업조건 ③ 직무안전
관계(Relatedness)욕구	다른 사람과의 상호작용을 통하여 만족을 추구하는 대인욕구	① 의미 있는 타인과의 상호작용 ② 대인욕구
성장(Growth)욕구	개인적인 발전과 증진에 관한 욕구(잠재력의 발전으로 충족)	① 개인의 발전능력 ② 잠재력 충족 ③ 창의력 발휘

5. 데이비스(K. Davis)의 동기부여이론★★

$$인간의\ 성과 \times 물질적\ 성과 = 경영의\ 성과$$

① 지식(Knowledge) × 기능(Skill) = 능력(Ability)

② 상황(Situation) × 태도(Attitude) = 동기유발(Motivation)

③ 능력(Ability) × 동기유발(Motivation) = 인간의 성과(Human Performance)

6. 동기이론의 상호관련성★

매슬로우의 욕구 5단계	허즈버그의 2요인 이론	맥그리거의 X, Y이론	알더퍼의 ERG 이론	맥클랜드의 성취동기 이론
1단계 : 생리적 욕구	위생요인	X이론	생존욕구	
2단계 : 안전의 욕구				
3단계 : 사회적 욕구			관계욕구	친화욕구
4단계 : 인정받으려는 욕구	동기요인	Y이론	성장욕구	권력욕구
5단계 : 자아실현의 욕구				성취욕구

8 재해예방활동기법

1. 무재해운동 추진의 3기둥(요소)★

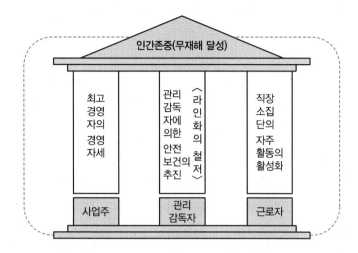

최고경영자의 경영자세	안전보건은 최고경영자의 무재해 및 무질병에 대한 확고한 경영자세로부터 시작된다.
관리감독자에 의한 안전보건의 추진 (라인화의 철저)	관리감독자(라인)들이 생산활동 속에서 안전보건을 함께 실천하는 것이 성공의 지름길이며 기본이다.
직장 소집단의 자주 활동의 활성화	안전보건은 각자 자신의 문제이며, 동시에 같은 동료의 문제로서 진지하게 받아들여 직장의 팀 구성원과의 협동노력으로 자주적인 안전활동을 추진해 가는 것이 필요하다.

2. 무재해운동의 3원칙★★

무(無)의 원칙	단순히 사망재해나 휴업재해만 없으면 된다는 소극적인 사고가 아닌, 사업장 내의 모든 잠재위험요인을 적극적으로 사전에 발견하고 파악·해결함으로써 산업재해의 근원적인 요소를 없앤다는 것을 의미
참여의 원칙 (전원참가의 원칙)	작업에 따르는 잠재위험요인을 발견하고 파악·해결하기 위해 전원이 일치 협력하여 각자의 위치에서 적극적으로 문제를 해결하겠다는 것을 의미
안전제일의 원칙 (선취의 원칙)	안전한 사업장을 조성하기 위한 궁극의 목표로서 사업장 내에서 행동하기 전에 잠재위험요인을 발견하고 파악·해결하여 재해를 예방하는 것을 의미

3. 무재해 소집단 활동

1) 터치 앤 콜(Touch and Call)

현장에서 동료들과 손과 어깨 등을 맞대고 행동목표나 구호를 외치는 것으로서 스킨십(Skinship)을 통한 일체감이나 연대감을 조성하는 기법을 말한다.

2) 지적 확인

작업공정이나 상황 가운데 위험요인이나 작업의 중요 포인트에 대해 자신의 행동은 "○ ○ 좋아!"라고 큰 소리로 제창하여 확인하는 것으로 인간의 실수를 없애기 위하여 눈, 손, 입, 그리고 귀를 이용하여 작업시작 전에 뇌를 자극시켜 안전을 확보하기 위한 방법이다.

3) TBM(Tool Box Meeting)

① **정의★** : 직장에서 행하는 미팅으로 사고의 직접원인 중에서 주로 불안전한 행동을 근절시키기 위하여 5~7명 정도의 소집단으로 나누어 작업장 내의 적당한 장소에서 실시하는 단시간 미팅으로 현장에서 그때 그때 주어진 상황에 적응하여 실시하여 즉시 즉응법이라고도 한다.

② TBM의 5단계

제1단계	제2단계	제3단계	제4단계	제5단계
도입	점검정비	작업지시	위험예지	확인
정렬, 상호인사, 건강 확인, 직장체조, 목표제창, 안전 연설	복장, 보호구, 공구, 사용기기, 재료 등의 점검정비	당일 작업에 대한 설명 및 지시, 지적 확인	당일 작업에 대한 위험예지훈련 실시, 원 포인트 위험예지훈련	위험에 대한 대책과 팀 목표의 확인, 원 포인트 지적 확인, 터치 앤 콜

4) STOP 기법(Safety Training Observation Program)

① **정의** : 현장의 관리자 및 감독자에게 효율적인 안전관찰을 실시할 수 있도록 훈련을 실시하여 사고의 발생을 미연에 방지하는 기법으로 미국의 듀퐁 회사에서 처음 실시하였다.(안전관찰 훈련 과정)

② 안전관찰 순서 : 결심(Decide) – 정지(Stop) – 관찰(Observe) – 조치(Act) – 보고(Report)

5) 기타 실천기법

원 포인트 위험예지	위험예지훈련 4라운드 중에서 1R를 제외한 2R, 3R, 4R를 원 포인트로 요약하여 2~3분 내에 실시하는 기법
5C 운동	작업현장에서 지켜야 할 다섯 가지 항목 ① 복장단정(Correctness) ④ 점검확인(Checking) ② 정리정돈(Clearance) ⑤ 전심전력(Concentration) ③ 청소청결(Cleaning)
5S 운동	기본적인 안전의식을 높이고 실천 행동을 습관화·생활화하는 데 효과적인 운동 ① 정리 ④ 청결 ② 정돈 ⑤ 수칙준수 ③ 청소
과오원인제거(ECR)제도	작업자는 실수나 오류의 원인을 파악하고, 원인제거를 아이디어 룰 양식에 따라 기입 후 제안하면, 감독자는 제안을 접수·검토하여 실수원인을 파악하고 원인제거를 위한 아이디어에 대하여 제안자와 함께 검토하는 방법
시나리오 역할연기훈련	작업 전 5분간 미팅의 시나리오를 작성하여 그 시나리오에 의해 역할연기를 함으로써 체험학습하는 기법

자문자답 위험예지훈련	자문자답 카드의 체크항목을 큰 소리로 자문자답하면서 위험요인을 발견·파악하여 단시간에 행동목표를 정하여 지적확인하는 것
삼각위험예지훈련	쓰는 것이나 말하는 것이 미숙한 작업자를 대상으로 실시하는 기법으로 현상파악과 위험의 포인트를 △형으로 표시하여 팀의 합의를 이끌어내는 기법
1인 위험예지훈련	한 사람 한 사람의 위험에 대한 감수성 향상을 도모하기 위해 삼각 및 원 포인트 위험예지훈련을 통합한 활용기법

PART 01
PART 02
PART 03
PART 04
PART 05
PART 06
PART 07

4. 위험예지훈련 및 진행방법

1) 정의

직장이나 작업의 상황 속에서 숨은 위험 요인과 그것이 초래하는 현상을 직장이나 작업의 상황을 묘사한 그림을 사용하여 또는 직장에서 현물로 작업을 시키거나 해보이면서 직장 소집단에서 다 함께 대화하고 생각하며 합의한 뒤 위험의 포인트와 중점실시사항을 직접 확인하여 행동하기 전에 문제해결을 습관화하는 훈련이며, 무재해운동에서 실시하는 위험예지훈련은 직장의 팀워크로 안전을 전원이 빨리 올바르게 선취하는 훈련이다.

2) 위험예지훈련의 3가지 훈련★

감수성 훈련	위험예지훈련은 직장이나 작업의 상황 속에서 위험요인을 발견하는 감수성을 개인의 수준에서 팀 수준으로 높이는 감수성 훈련이다.
단시간 미팅 훈련	위험예지훈련은 직장에서 전원의 집중력 향상, 특히 단시간의 미팅과 예리한 지적확인을 실천하기 위한 훈련이다.
문제해결훈련	위험예지훈련은 위험요인을 행동하기 전에 팀이 하겠다는 의욕으로 해결하는 문제해결훈련이다.

3) 위험예지훈련의 4라운드(Round)★★

라운드	문제해결의 4라운드	진행방법
1라운드(1R)	현상파악(사실을 파악한다) 〈어떤 위험이 잠재하고 있는가?〉	① 잠재위험 요인과 현상을 발견 ② "~때문에 ~된다"라고 5~7가지 항목정리 ③ BS 실시
2라운드(2R)	본질추구(요인을 찾아낸다) 〈이것이 위험의 포인트다〉	① 가장 중요한 위험을 파악하여 합의결정 ② 위험포인트 1~2항목에 ◎표를 한다. ③ 지적확인 제창 "~해서 ~ㄴ다, 좋아!"
3라운드(3R)	대책수립(대책을 선정한다) 〈당신이라면 어떻게 하겠는가?〉	① 본질추구에서 선정된 위험포인트 항목의 구체적인 대책수립 ② 2~3항목 정도 ③ BS 실시
4라운드(4R)	목표설정(행동계획을 정한다) 〈우리들은 이렇게 하자〉	① 대책수립의 항목 중 중점실시항목으로 합의 결정 ② 지적확인 제창 "~을 하여~하자 좋아!"

5. 브레인스토밍(Brainstorming)

1) 정의

브레인스토밍(Brainstorming)이란 수 명의 멤버가 마음을 터놓고 편안한 분위기 속에서 공상, 연상의 연쇄반응을 일으키면서 자유분방하게 아이디어를 대량으로 발언해 나가는 것이다.

2) BS의 원칙★★

① 비판금지 : 「좋다」, 「나쁘다」라고 비판은 하지 않는다.
② 대량발언 : 내용의 질적 수준보다 양적으로 무엇이든 많이 발언한다.
③ 자유분방 : 자유로운 분위기에서 마음대로 편안한 마음으로 발언한다.
④ 수정발언 : 타인의 아이디어를 수정하거나 보충 발언해도 좋다.

기계안전시설 관리

01 기계안전일반

1 기계설비의 위험점

1. 기계운동 형태에 따른 위험점 분류★★

협착점 (Squeeze – point)	왕복운동을 하는 운동부와 움직임이 없는 고정부 사이에서 형성되는 위험점 (고정점 + 운동점)	① 프레스 ④ 조형기 ② 전단기 ⑤ 밴딩기 ③ 성형기 ⑥ 인쇄기
끼임점 (Shear – point)	회전운동하는 부분과 고정부 사이에 위험이 형성 되는 위험점 (고정점 + 회전운동)	① 연삭숫돌과 작업대 ② 반복동작되는 링크기구 ③ 교반기의 날개와 몸체 사이 ④ 회전풀리와 벨트
절단점 (Cutting – point)	회전하는 운동부 자체의 위험이나 운동하는 기계 부분 자체의 위험에서 형성되는 위험점 (회전운동 + 기계)	① 밀링커터 ② 둥근톱의 톱날 ③ 목공용 띠톱날
물림점 (Nip – point)	회전하는 두 개의 회전체에 형성되는 위험점(서로 반대방향의 회전체) (중심점 + 반대방향의 회전운동)	① 기어와 기어의 물림 ② 롤러와 롤러의 물림 ③ 롤러분쇄기
접선 물림점 (Tangential Nip – point)	회전하는 부분의 접선방향으로 물려 들어갈 위험 이 있는 위험점	① V벨트와 풀리 ③ 체인벨트 ② 랙과 피니언 ④ 평벨트
회전 말림점 (Trapping – point)	회전하는 물체의 길이, 굵기, 속도 등의 불규칙 부 위와 돌기 회전부위에 의해 장갑 또는 작업복 등 이 말려들 위험이 있는 위험점	① 회전하는 축 ② 커플링 ③ 회전하는 드릴

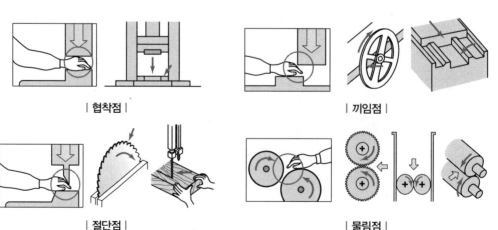

| 협착점 | | 끼임점 |

| 절단점 | | 물림점 |

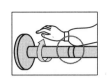
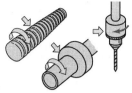

| 접선 물림점 | | 회전 말림점 |

2. 위험의 5요소(위험분류 체크 요인, 사고 체인의 요소)

재해 발생원인을 나타내는 위험의 5요소는 다음과 같다.

1요소	함정(Trap)	기계의 운동에 의해서 트랩점이 발생할 가능성이 있는가?
2요소	충격(Impact)	운동하는 기계요소와 사람이 부딪쳐 사고가 날 가능성이 없는가?
3요소	접촉(Contact)	날카롭거나, 차갑거나, 전류가 흐름으로써 접촉 시 상해가 일어날 요소들이 있는가?
4요소	얽힘, 말림(Entanglement)	머리카락, 옷소매나 바지, 장갑, 넥타이, 작업복 등 기계설비에 말려들 염려는 없는가?
5요소	튀어나옴(Ejection)	기계부품이나 피가공재가 기계로부터 튀어나올 염려가 없는가?

| 함정 | | 충격 | | 접촉 | | 얽힘 또는 말림 | | 튀어나옴 |

2 기계설비의 본질적 안전화

1. 기계설비의 본질적 안전화의 개요

① 작업자가 동작상 과오나 실수를 하여도 사고나 재해가 일어나지 않도록 하는 것
② 기계설비에 이상이 생겨도 안전성이 확보되어 사고나 재해가 발생하지 않도록 설계되는 것

2. 기계설비의 본질적 안전화 조건

① 안전기능이 기계설비에 내장되어 있을 것
② 조작상 위험이 가능한 한 없도록 설계할 것
③ 풀 프루프(Fool Proof) 기능을 가질 것
④ 페일 세이프(Fail Safe) 기능을 가질 것

 PART 01
 PART 02
PART 03
 PART 04
PART 05
 PART 06
PART 07

3 기계설비의 안전조건

1. 외관상의 안전화

기계를 설계할 때 기계 외부에 나타나는 위험부분을 제거하거나 기계 내부에 내장시키는 것

① 가드 설치 : 기계 외형 부분 및 회전체 돌출 부분(묻힘형이나 덮개의 설치)

② 구획된 장소에 격리 : 원동기 및 동력전도장치(벨트, 기어, 샤프트, 체인 등)

③ 안전 색채 조절(기계 장비 및 부수되는 배관)

시동 스위치	녹색	고열을 내는 기계	청녹색, 회청색	기름배관	암황적색
급정지 스위치	적색	증기배관	암적색	물배관	청색
대형 기계	밝은 연녹색	가스배관	황색	공기배관	백색

2. 기능적 안전화

기계나 기구를 사용할 때 기계의 기능이 저하하지 않고 안전하게 작업하는 것으로 능률적이고 재해 방지를 위한 설계를 한다.

1) 적절한 조치가 필요한 이상상태(자동화된 기계설비가 재해 측면에서의 불리한 조건)

① 전압강하, 정전 시의 기계 오동작

② 단락, 스위치 릴레이 고장 시 오동작

③ 사용압력 변동 시의 오동작

④ 밸브계통의 고장에 의한 오동작

2) 안전화 대책

소극적 대책	① 이상 시 기계를 급정지 ② 방호장치 작동
적극적 대책	① 회로를 개선하여 오동작 방지 ② 별도의 완전한 회로에 의해 정상기능을 찾을 수 있도록 함 ③ Fail Safe화

3. 작업점의 안전화

1) 작업점의 안전

작업점은 기계설비에서 특히 위험을 발생할 우려가 있는 부분으로 다음과 같은 장치를 설치하여야 한다.

① 자동제어

② 원격제어 장치

③ 방호장치

2) 기계설비의 작업점

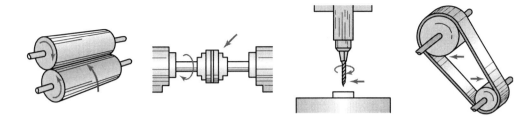

| 작업점 |

4. 작업의 안전화

작업의 안전화에 대한 기본 이념은 인간공학적 측면에 바탕을 두고 있다.

안전작업을 위한 설계요건	① 안전한 기동장치와 배치 ② 정지장치와 정지 시의 시건장치 ③ 급정지 버튼, 급정지장치 등의 구조와 배치 ④ 작업자가 위험부분에 근접 시 작동하는 검출형 안전장치의 사용 ⑤ 연동장치(interlock)된 방호장치의 사용 ⑥ 안전한 작업을 위한 치공구류 사용
인간공학적 견지의 배려사항	① 기계에 부착된 조명, 소음 등의 검토 및 개선 ② 기계류 표시와 배치를 적정히 하여 혼돈이 생기지 않도록 할 것 ③ 작업대나 의자의 높이 또는 형을 개선할 것 ④ 충분한 작업공간의 확보 ⑤ 안전한 통로나 계단의 확보

5. 구조상의 안전화

1) 설계상의 결함

① 가장 큰 원인은 강도 산정(부하 예측, 강도 계산)상의 오류
② 사용상 강도의 열화를 고려하여 안전율을 산정

2) 재료의 결함

기계 재료 자체에 균열, 부식, 강도 저하, 불순물 내제, 내부 구멍 등의 결함이 있으므로 설계 시 재료의 선택에 유의하여야 한다.

3) 가공의 결함

재료 가공 도중 결함이 생길 수 있으므로 기계적 특성을 갖는 적절한 열처리 등이 필요하다.

01 PART
02 PART
03 PART
04 PART
05 PART
06 PART
07 PART

6. 보전작업의 안전화

기계를 설계하고 주유, 점검, 청소, 부품교환, 수리 등이 손쉽게 이루어질 수 있도록 하는 것

1) 보전작업의 안전화를 위한 고려사항

① 보전용 통로나 작업장 확보
② 분해 시 차트화
③ 고장이 없도록 정기점검
④ 분해·교환의 철저화
⑤ 주유방법의 개선
⑥ 구성부품의 신뢰도 향상

2) 기계 고장률의 기본모형

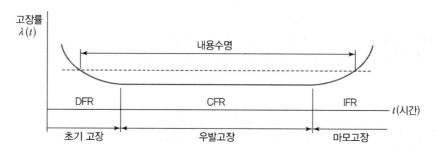

| 고장률 곡선(욕조곡선, Bath-tub Curve) |

초기 고장	감소형(DFR ; Decreasing Failure Rate)	① 고장률이 시간에 따라 감소 ② 디버깅 기간 ③ 번인(burn-in) 기간
우발고장	일정형(CFR ; Constant Failure Rate)	① 고장률이 시간에 관계없이 거의 일정 ② 고장률이 가장 낮음 ③ 사후보전(BM) 실시
마모고장	증가형(IFR ; Increasing Failure Rate)	① 고장률이 시간에 따라 증가 ② 예방보전(PM) 실시

4 Fool Proof 및 Fail Safe

1. 풀 프루프(Fool Proof)

1) 정의★★

작업자가 기계를 잘못 취급하여 불안전 행동이나 실수를 하여도 기계설비의 안전 기능이 작용되어 재해를 방지할 수 있는 기능을 가진 구조

2) 풀 프루프의 예

① 기계의 회전부분에 울이나 커버를 붙인다.

② 선풍기의 가드에 손이 닿으면 날개의 회전이 멈춘다.

③ 승강기에서 중량제한이 초과되면 움직이지 않는다.

④ 동력전달장치의 덮개를 벗기면 운전이 자동으로 정지한다.

⑤ 작업자의 손이 프레스의 금형 사이로 들어가면 슬라이드의 하강이 정지한다.

⑥ 크레인의 권과방지장치는 와이어로프가 과도하게 감기는 것을 방지한다.

3) 풀 프루프의 대표적 기구★★

종류	형식	기능
가드 (Guard)	고정가드 (Fixed Guard)	개구부로부터 가공물과 공구 등을 넣어도 손은 위험영역에 머무르지 않음
	조절가드 (Adjustable Guard)	가공물과 공구에 맞도록 형상과 크기를 조절함
	경고가드 (Warning Guard)	손이 위험영역에 들어가기 전에 경고함
	인터록가드 (Interlock Guard)	기계가 작동 중에 개폐되는 경우 기계가 정지함
록 기구 (Lock 기구)	인터록(Interlock)	기계식, 전기식, 유공압식 또는 이들의 조합으로 2개 이상의 부분이 상호 구속됨
	키방식인터록 (Key Type Interlock)	열쇠를 사용하여 한쪽을 잠그지 않으면 다른 쪽이 열리지 않음
	키록 (Key Lock)	1개 또는 상호 다른 여러 개의 열쇠를 사용, 전체의 열쇠가 열리지 않으면 기계가 조작되지 않음
오버런 기구 (Overun 기구)	검출식 (Detecting)	스위치를 끈 후 관성운동과 잔류전하를 감지하여 위험이 있는 동안은 가드가 열리지 않음
	타이밍식 (Timing Type)	기계식 또는 타이머 등을 이용하여 스위치를 끈 후 일정시간이 지나지 않으면 가드가 열리지 않음
트립 기구 (Trip 기구)	접촉식 (Contact Type)	접촉판, 접촉봉 등에 신체의 일부가 접촉하면 기계가 정지 또는 역전 복귀함
	비접촉식 (No-Contact Type)	광선식, 정전용량식 등으로 신체의 일부가 위험영역에 접근하면 기계가 정지 또는 역전복귀함, 신체의 일부가 위험영역에 들어가면 기계는 작동하지 않음
밀어내기 기구 (Push & Pull 기구)	자동가드	가드의 자동문이 열렸을 때 자동적으로 위험영역으로부터 신체를 밀어냄
	손을 밀어냄, 손을 끌어당김	위험한 상태가 되기 전에 손을 위험지역으로부터 끌어당겨 제자리로 옴
기동 방지기구	안전블록	기계의 가동을 기계적으로 방해하는 스토퍼 등으로서 통상 안전블록과 같이 씀
	안전플러그	제어회로 등으로 설계한 접점을 차단하는 것으로 불의의 작동을 방지함
	레버록	조작레버를 중심위치에 놓으면 자동적으로 감김

01 PART
02 PART
03 PART
04 PART
05 PART
06 PART
07 PART

2. 페일 세이프(Fail Safe)

1) 정의★★

기계나 그 부품에 파손·고장이나 기능 불량이 발생하여도 항상 안전하게 작동할 수 있는 기능을 가진 구조

2) 페일 세이프의 예

① 석유난로가 일정한 각도 이상으로 기울어지면 불이 자동적으로 꺼지도록 소화기능이 내장된 것
② 승강기의 경우 정격속도 이상의 주행 시 속도조절기가 작동하여 전원을 차단시키고 비상정지장치를 작동시키는 것
③ 퓨즈(fuse), 엘리베이터의 정전 시 제동 장치 등

3) 페일 세이프의 기능 면에서의 분류(3단계)★★

Fail–passive	부품이 고장나면 기계가 정지하는 방향으로 이동하는 것(일반적인 산업기계)
Fail–active	부품이 고장나면 경보를 울리며 잠시 동안 계속 운전이 가능한 것
Fail–operational	부품이 고장나도 추후에 보수가 될 때까지 안전한 기능을 유지하는 것

5 안전율

1. 정의

① 응력설정의 부정확, 재료의 불균일에 대한 신뢰성 결여를 충분히 보충하고 각 부분이 필요로 하는 충분한 안전도를 갖게 하기 위한 값이고, 항상 1보다 크며 기초강도와 허용응력의 비로 표현한다.
② 안전계수라고도 한다.

2. 허용응력을 결정하기 위한 기초강도

재료의 조건	기초강도
상온에서 연성재료가 정하중을 받을 경우	극한강도 또는 항복점
상온에서 취성재료가 정하중을 받을 경우	극한강도
고온에서 정하중을 받을 경우	크리프 강도
반복응력을 받을 경우	피로한도

3. 안전율의 계산

1) 안전율(안전계수)★

$$\text{안전율(안전계수)} = \frac{\text{기초강도}}{\text{허용응력}} = \frac{\text{극한강도}}{\text{허용응력}} = \frac{\text{최대응력}}{\text{허용응력}} = \frac{\text{절단하중(파괴하중)}}{\text{최대사용하중}}$$

$$= \frac{\text{극한강도}}{\text{최대설계응력}} = \frac{\text{파단하중}}{\text{안전하중}} = \frac{\text{인장강도}}{\text{허용응력}}$$

2) 안전여유

$$\text{안전여유} = \text{극한강도} - \text{허용응력} = \text{극한하중} - \text{정격하중}$$

> **참고** Cardullo의 안전율
> 안전율$(F) = a \times b \times c \times d$
> 여기서, a : 사용재료의 극한강도/사용재료의 탄성강도＝극한강도/허용하중
> b : 하중의 종류(정하중에서 $b=1$, 교번하중에서 b＝극한강도/피로한도)
> c : 하중속도(정하중에서 $c=1$, 충격하중에서 $c=2$)
> d : 재료의 조건(응력추정의 한도 기타<2)

6 기계설비의 방호장치

1. 방호조치 및 방호장치

1) 방호조치

위험기계ㆍ기구의 위험장소 또는 부위에 근로자가 통상적인 방법으로는 접근하지 못하도록 하는 제한조치를 말하며 방호망, 방책, 덮개 또는 각종 방호장치 등을 설치하는 것을 포함한다.

2) 방호장치

방호조치를 하기 위한 여러 가지 방법 중 위험기계ㆍ기구의 위험 한계 내에서의 안전성을 확보하기 위한 장치를 말한다. 즉, 작업자를 보호하기 위해 일시적 또는 영구적으로 설치하는 기계적ㆍ물리적으로 안전을 확보하기 위한 장치를 말한다.

PART 01
PART 02
PART 03
PART 04
PART 05
PART 06
PART 07

2. 작업점의 방호

1) 방호장치의 분류

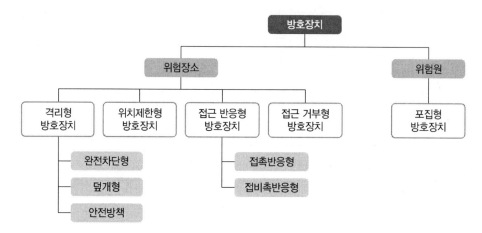

2) 방호방법

① 격리형 방호장치

    ㉠ 작업점과 작업자 사이에 접촉되어 일어날 수 있는 재해를 방지하기 위해 차단벽이나 망을 설치하는 방호장치

    ㉡ 종류★

완전차단형	① 어떤 방향에서도 작업점까지 신체가 접근할 수 없도록 완전히 차단하는 장치 ② 체인 및 벨트 등의 동력장치
덮개형	① 작업점 이외에 작업자가 말려들거나 끼일 위험이 있는 곳을 덮어씌우는 방법 ② 기어, V벨트, 평벨트 등
안전방책	① 위험한 기계ㆍ기구 근처에 접근치 못하도록 방호울을 설치하는 방법 ② 위험기계ㆍ기구, 고전압의 전기설비 등

② 위치 제한형 방호장치

    ㉠ 작업자의 신체부위가 위험한계 밖에 있도록 기계의 조작장치를 위험한 작업점에서 안전거리 이상 떨어지게 하거나 조작장치를 양손으로 동시에 조작하게 함으로써 위험한계에 접근하는 것을 제한하는 방호장치

    ㉡ 프레스의 양수 조작식 방호장치

③ 접근 반응형 방호장치

    ㉠ 작업자의 신체부위가 위험한계 또는 그 인접한 거리 내로 들어오면 이를 감지하여 그 즉시 기계의 동작을 정지시키고 경보등을 발하는 방호장치

    ㉡ 프레스 및 전단기의 광전자식 방호장치

④ 접근 거부형 방호장치
  ㉠ 작업자의 신체부위가 위험한계 내로 접근하였을 때 기계적인 작용에 의하여 접근을 못하도록 저지하는 방호장치
  ㉡ 프레스의 수인식, 손쳐내기식 방호장치

⑤ 포집형 방호장치
  ㉠ 작업자로부터 위험원을 차단하는 방호장치
  ㉡ 연삭기 덮개나 반발 예방방치 등과 같이 위험장소에 설치하여 위험원이 비산하거나 튀는 것을 포집하여 작업자로부터 위험원을 차단하는 방호장치

⑥ 감지형 방호장치 : 이상온도, 이상기압, 과부하 등 기계의 부하가 안전한계치를 초과하는 경우 이를 감지하고 자동으로 안전한 상태가 되도록 조정하거나 기계의 작동을 중지시키는 방호장치

3) 작업점에 대한 방호 방침

① 작업점에 작업자가 접근할 수 없게 할 것
② 조작을 할 때 작업점에 접근할 수 없게 할 것
③ 작업자가 위험 지대를 벗어나야만 기계가 움직이게 할 것
④ 손을 작업점에 넣지 않도록 할 것

3. 작업점 가드(Guard)

① 가드의 의의 : 물리적 위험성이 있는 장비 또는 기계의 작업점, 회전부분 등을 움직이는 부분과 접촉하지 않도록 하기 위한, 그리고 기계에서 비산되는 파편 또는 스파크 등의 위험으로부터 사람을 방호하기 위한 것을 말한다.

② 설치기준 ★
  ㉠ 충분한 강도를 유지할 것
  ㉡ 구조가 단순하고 조정이 용이할 것
  ㉢ 작업, 점검, 주유 시 장애가 없을 것
  ㉣ 위험점 방호가 확실할 것
  ㉤ 개구부 등 간격(틈새)이 적정할 것

③ 가드의 분류(구조상 분류)

01 PART
02 PART
03 PART
04 PART
05 PART
06 PART
07 PART

④ 가드(Guard)의 종류와 특징

　㉠ 고정형 가드(Fixed Guard)

　　• 개구부로부터 가공물과 공구 등을 넣어도 손은 위험영역에 머무르지 않는 형태

　　• **완전 밀폐형** : 덮개나 울 등을 동력 전달부 또는 돌출 회전물에 고정 설치하여 작업자를 위험장소로부터 완전히 격리 차단하는 방법

　　• **작업점용 가드** : 재료의 송급 및 가공재를 배출할 때 작업에 방해를 주지 않으면서 작업자가 위험점에 근접하지 못하게 하는 구조(1차 가공작업에 널리 적용)

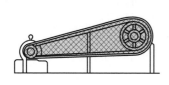 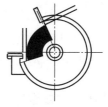

| 완전 밀폐형 |　　　　　　　　　| 작업점용 가드 |

　㉡ 자동형 가드(Auto Guard)

　　기계적 · 전기적 · 유공압적 방법에 의한 인터록(Interlock) 기구를 부착한 가드로, 가드 해제 시 자동적으로 기계가 정지하는 방식

　㉢ 조절형 가드(Adjustable Guard)

　　• 위험구역에 맞추어 적당한 모양으로 조절하는 것으로 기계에 사용하는 공구를 바꿀 때 이에 맞추어 조정하는 가드

　　• 날접촉 예방장치, 톱날접촉 예방장치, 프레스의 안전울 등

7 동력차단장치

1) 동력으로 작동되는 기계에 설치하여야 하는 동력차단장치

　① 스위치

　② 클러치(Clutch)

　③ 벨트이동장치 등

2) 동력차단장치를 근로자가 작업위치를 이탈하지 아니하고 조작할 수 있는 위치에 설치하여야 하는 가공작업

　① 절단　　　　　　　　④ 꼬임

　② 인발　　　　　　　　⑤ 타발

　③ 압축　　　　　　　　⑥ 굽힙 등

8 동력전달장치의 방호장치

1. 원동기 · 회전축 등의 위험 방지★★

원동기 · 회전축 · 기어 · 풀리 · 플라이휠 · 벨트 및 체인 등 근로자가 위험에 처할 우려가 있는 부위	① 덮개 ② 울	③ 슬리브 ④ 건널다리 등
회전축 · 기어 · 풀리 및 플라이휠 등에 부속되는 키 · 핀 등의 기계요소	① 묻힘형 ② 덮개	
벨트의 이음 부분	돌출된 고정구 사용금지	
건널다리	① 안전난간 ② 미끄러지지 아니하는 구조의 발판	
선반 등으로부터 돌출하여 회전하고 있는 가공물	덮개 또는 울 등을 설치	

2. 기타 안전사항

① 연삭기 또는 평삭기의 테이블, 형삭기 램 등의 행정 끝 : 덮개 또는 울 등을 설치

② 원심기(원심력을 이용하여 물질을 분리하거나 추출하는 일련의 작업을 하는 기기) : 덮개를 설치

③ 분쇄기 · 파쇄기 · 마쇄기 · 미분기 · 혼합기 및 혼화기 등을 가동하거나 원료가 흩날릴 우려가 있는 경우 : 덮개를 설치

④ 분쇄기 등의 개구부로부터 가동 부분에 접촉 부분 : 덮개 또는 울 등을 설치

⑤ 종이 · 천 · 비닐 및 와이어 로프 등의 감김통 등 : 덮개 또는 울 등을 설치

⑥ 압력용기 및 공기압축기 등에 부속하는 원동기 · 축이음 · 벨트 · 풀리의 회전 부위 : 덮개 또는 울 등을 설치

⑦ 방호장치의 수리 · 조정 및 교체 등의 작업을 하는 경우를 제외하고는 기계 · 기구 또는 설비에 설치한 방호장치를 해체하거나 사용을 정지하여서는 아니 된다.

⑧ 동력으로 작동되는 기계에 근로자의 머리카락 또는 의복이 말려들어갈 우려가 있는 경우에는 근로자에게 작업에 알맞은 작업모 또는 작업복을 착용

⑨ 날 · 공작물 또는 축이 회전하는 기계를 취급하는 경우 : 근로자의 손에 밀착이 잘 되는 가죽장갑 등과 같이 손이 말려들어갈 위험이 없는 장갑을 사용

⑩ 벨트를 기계에 걸 때 재해를 방지하는 천대장치를 설치한다.

9 유해 · 위험 방지를 위하여 방호조치가 필요한 기계 · 기구 등

1. 유해하거나 위험한 기계 · 기구에 대한 방호조치★★

동력으로 작동하는 기계 · 기구로서 유해 · 위험 방지를 위한 방호조치를 하지 아니하고는 양도, 대여, 설치 또는 사용에 제공하거나, 양도 · 대여를 목적으로 진열해서는 아니 되는 기계 · 기구는 다음과 같다.

대상 기계 · 기구	방호조치
예초기	날접촉 예방장치
원심기	회전체 접촉 예방장치
공기압축기	압력방출장치
금속절단기	날접촉 예방장치
지게차	헤드가드, 백레스트, 전조등, 후미등, 안전벨트
포장기계(진공포장기, 랩핑기로 한정)	구동부 방호 연동장치

2. 대상 기계기구 중 동력에 의해 작동되는 기계기구에 추가로 해야 하는 방호조치

① 작동 부분의 돌기부분은 묻힘형으로 하거나 덮개를 부착할 것

② 동력전달부분 및 속도조절부분에는 덮개를 부착하거나 방호망을 설치할 것

③ 회전기계의 물림점(롤러 · 기어 등)에는 덮개 또는 울을 설치할 것

3. 근로자의 준수사항 및 사업주의 조치

① 방호조치를 해체하려는 경우 : 사업주의 허가를 받아 해체할 것

② 방호조치를 해체한 후 그 사유가 소멸된 경우 : 지체 없이 원상으로 회복시킬 것

③ 방호조치의 기능이 상실된 것을 발견한 경우 : 지체 없이 사업주에게 신고할 것

④ 사업주는 ③에 따른 신고가 있으면 즉시 수리, 보수 및 작업 중지 등 적절한 조치를 하여야 한다.

10 프레스의 방호장치 및 설치방법

1. 프레스 또는 전단기의 방호장치 종류★★

종류	분류	기능
광전자식	A-1	프레스 또는 전단기에서 일반적으로 많이 활용하고 있는 형태로서 투광부, 수광부, 컨트롤
	A-2	부분으로 구성된 것으로서 신체의 일부가 광선을 차단하면 기계를 급정지시키는 방호장치
양수 조작식	B-1 (유 · 공압 밸브식)	1행정 1정지식 프레스에 사용되는 것으로서 양손으로 동시에 조작하지 않으면 기계가 동
	B-2 (전기버튼식)	작하지 않으며, 한손이라도 떼어내면 기계를 정지시키는 방호장치
가드식	C	가드가 열려 있는 상태에서는 기계의 위험부분이 동작되지 않고 기계가 위험한 상태일 때에는 가드를 열 수 없도록 한 방호장치
손쳐 내기식	D	슬라이드의 작동에 연동시켜 위험상태로 되기 전에 손을 위험 영역에서 밀어내거나 쳐내는 방호장치로서 프레스용으로 확동식 클러치형 프레스에 한해서 사용됨(다만, 광전자식 또는 양수조작식과 이중으로 설치 시에는 급정지 가능프레스에 사용 가능)
수인식	E	슬라이드와 작업자 손을 끈으로 연결하여 슬라이드 하강 시 작업자 손을 당겨 위험영역에서 빼낼 수 있도록 한 방호장치로서 프레스용으로 확동식 클러치형 프레스에 한해서 사용됨(다만, 광전자식 또는 양수조작식과 이중으로 설치 시에는 급정지가능 프레스에 사용 가능)

2. 프레스의 안전대책

1) no-hand in die 방식

의의	작업 시 금형 사이에 손이 들어갈 필요가 없는 구조로, 위험을 방지하기 위한 본질적 안전화 방식이다.
종류	① 안전울을 부착한 프레스 ② 안전금형을 부착한 프레스 ③ 전용 프레스 ④ 자동 프레스(자동 송급장치 및 배출장치를 부착한 프레스)

2) hand in die 방식

의의	작업 시 금형 사이에 손이 들어가야만 하는 방식으로 반드시 방호장치를 부착시켜야 한다.

종류	① 프레스기의 종류, 압력능력, 매분 행정수, 작업방법에 상응하는 방호장치
	  • 가드식
	  • 수인식
	  • 손쳐내기식
	② 정지 성능에 상응하는 방호장치
	  • 양수조작식
	  • 광전자식(감응식)

01 PART
02 PART
03 PART
04 PART
05 PART
06 PART
07 PART

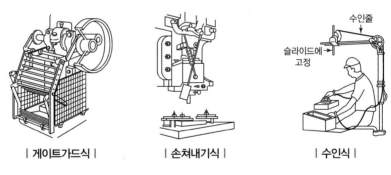

| 게이트가드식 |　| 손쳐내기식 |　| 수인식 |

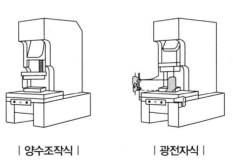

| 양수조작식 |　| 광전자식 |

3. 방호장치의 설치방법

1) 가드식

① 가드는 금형의 착탈이 용이하도록 설치해야 한다.

② 가드의 용접부위는 완전 용착되고 면이 깨끗해야 한다.

③ 가드에 인체가 접촉하여 손상될 우려가 있는 곳은 부드러운 고무 등을 부착해야 한다.

④ 게이트 가드 방호장치는 가드가 열린 상태에서 슬라이드를 동작시킬 수 없고 또한 슬라이드 작동 중에는 게이트 가드를 열 수 없어야 한다.

⑤ 게이트 가드 방호장치에 설치된 슬라이드 동작용 리미트스위치는 신체의 일부나 재료 등의 접촉을 방지할 수 있는 구조이어야 한다.

⑥ 가드의 닫힘으로 슬라이드의 기동신호를 알리는 구조의 것은 닫힘을 표시하는 표시램프를 설치해야 한다.

⑦ 수동으로 가드를 닫는 구조의 것은 가드의 닫힘 상태를 유지하는 기계적 잠금장치를 작동한 후가 아니면 슬라이드 기동이 불가능한 구조이어야 한다.

2) 손쳐내기식★★

① 슬라이드 하행정거리의 3/4 위치에서 손을 완전히 밀어내야 한다.

② 손쳐내기 봉의 행정(Stroke) 길이를 금형의 높이에 따라 조정할 수 있고 진동폭은 금형폭 이상이어야 한다.

③ 방호판과 손쳐내기 봉은 경량이면서 충분한 강도를 가져야 한다.

④ 방호판의 폭은 금형폭의 1/2 이상이어야 하고, 행정길이가 300mm 이상의 프레스 기계에는 방호판 폭을 300mm로 해야 한다.

⑤ 손쳐내기 봉은 손 접촉 시 충격을 완화할 수 있는 완충재를 부착해야 한다.

⑥ 부착볼트 등의 고정금속부분은 예리하게 돌출되지 않아야 한다.

3) 수인식★★

① 손목밴드(Wrist Band)의 재료는 유연한 내유성 피혁 또는 이와 동등한 재료를 사용해야 한다.

② 손목밴드는 착용감이 좋으며 쉽게 착용할 수 있는 구조이어야 한다.

③ 수인끈의 재료는 합성섬유로 직경이 4mm 이상이어야 한다.

④ 수인끈은 작업자와 작업공정에 따라 그 길이를 조정할 수 있어야 한다.

⑤ 수인끈의 안내통은 끈의 마모와 손상을 방지할 수 있는 조치를 해야 한다.

⑥ 각종 레버는 경량이면서 충분한 강도를 가져야 한다.

⑦ 수인량의 시험은 수인량이 링크에 의해서 조정될 수 있도록 되어야 하며, 금형으로부터 위험한 계 밖으로 당길 수 있는 구조이어야 한다.

4) 양수조작식

① 방호장치 설치방법★★

⊙ 정상동작표시등은 녹색, 위험표시등은 붉은색으로 하며, 쉽게 근로자가 볼 수 있는 곳에 설치해야 한다.

ⓒ 슬라이드 하강 중 정전 또는 방호장치의 이상 시에 정지할 수 있는 구조이어야 한다.

ⓒ 방호장치는 릴레이, 리미트스위치 등의 전기부품의 고장, 전원전압의 변동 및 정전에 의해 슬라이드가 불시에 동작하지 않아야 하며, 사용전원전압의 ±(100분의 20)의 변동에 대하여 정상으로 작동되어야 한다.

ⓔ 1행정 1정지기구에 사용할 수 있어야 한다.

ⓜ 누름버튼을 양손으로 동시에 조작하지 않으면 작동시킬 수 없는 구조이어야 하며, 양쪽 버튼의 작동시간 차이는 최대 0.5초 이내일 때 프레스가 동작되도록 해야 한다.

ⓑ 1행정마다 누름버튼에서 양손을 떼지 않으면 다음 작업의 동작을 할 수 없는 구조이어야 한다.

ⓢ 램의 하행정 중 버튼(레버)에서 손을 뗄 시 정지하는 구조이어야 한다.

ⓞ 누름버튼의 상호 간 내측거리는 300mm 이상이어야 한다.

ⓩ 누름버튼(레버 포함)은 매립형의 구조로서 다음 각 세목에 적합해야 한다.(다만, 그림 같이 시험 콘으로 개구부에서 조작되지 않는 구조의 개방형 누름버튼(레버 포함)은 매립형으로 본다)
  • 누름버튼(레버 포함)의 전 구간(360°)에서 매립된 구조
  • 누름버튼(레버 포함)은 방호장치 상부 표면 또는 버튼을 둘러싼 개방된 외함의 수평면으로부터 하단(2mm 이상)에 위치

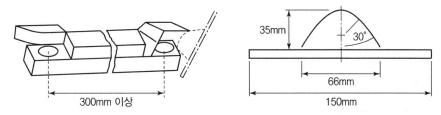

| 비매립형 구조 |

ⓩ 버튼 및 레버는 작업점에서 위험한계를 벗어나게 설치해야 한다.

ⓚ 양수조작식 방호장치는 풋스위치(Foot Switch)를 병행하여 사용할 수 없는 구조이어야 한다.

② 설치 안전거리

⊙ 양수조작식
  • 양수조작식 방호장치를 설치한 프레스 등의 누름버튼과 위험한계 사이의 거리는 슬라이드 등의 하강속도가 최대로 되는 위치에서 다음 식에 따라 계산한 값 이상이어야 한다.

- 공식★★

$$D = 1,600 \times (T_c + T_s)$$

여기서, D : 안전거리[mm]

T_c : 방호장치의 작동시간[즉, 누름버튼으로부터 한 손이 떨어졌을 때부터 급정지기구가 작동을 개시할 때까지의 시간(초)]

T_s : 프레스 등의 급정지시간[즉, 급정지기구가 작동을 개시했을 때부터 슬라이드 등이 정지할 때까지의 시간(초)]

- 안전거리에 설치된 양수조작장치는 설치 안전거리 이내로 이동할 수 없도록 해야 한다.

ⓒ 양수기동식★★

$$D_m = 1.6 T_m$$

여기서, D_m : 안전거리[mm]

T_m : 양손으로 누름단추를 누르기 시작할 때부터 슬라이드가 하사점에 도달하기까지 소요시간[ms]

$T_m = \left(\dfrac{1}{\text{클러치 맞물림 개소수}} + \dfrac{1}{2} \right) \times \dfrac{60,000}{\text{매분 행정수}} [\text{ms}]$

••• 예상문제

클러치 맞물림 개소수 4개, spm 200인 프레스의 양수 기동식 방호 장치의 안전거리를 구하시오.

풀이

① $T_m = \left(\dfrac{1}{\text{클러치 맞물림 개소수}} + \dfrac{1}{2} \right) \times \left(\dfrac{60,000}{\text{매분 행정수}} \right)$

$\quad\quad = \left(\dfrac{1}{4} + \dfrac{1}{2} \right) \times \dfrac{60,000}{200} = 225 (\text{ms})$

② $D_m = 1.6 \times T_m = 1.6 \times 225 = 360 (\text{mm})$

5) 광전자식

① 방호장치 설치방법★★

㉠ 정상동작표시램프는 녹색, 위험표시램프는 붉은색으로 하며, 쉽게 근로자가 볼 수 있는 곳에 설치해야 한다.

㉡ 슬라이드 하강 중 정전 또는 방호장치의 이상 시에 정지할 수 있는 구조이어야 한다.

㉢ 방호장치는 릴레이, 리미트 스위치 등의 전기부품의 고장, 전원전압의 변동 및 정전에 의해 슬라이드가 불시에 동작하지 않아야 하며, 사용전원전압의 ±(100분의 20)의 변동에 대하여 정상으로 작동되어야 한다.

㉣ 방호장치의 정상작동 중에 감지가 이루어지거나 공급전원이 중단되는 경우 적어도 두 개 이상의 출력신호개폐장치가 꺼진 상태로 돼야 한다.

㉤ 방호장치의 감지기능은 규정한 검출영역 전체에 걸쳐 유효하여야 한다. (다만, 블랭킹 기능이 있는 경우 그렇지 않다)

ⓑ 방호장치에 제어기(Controller)가 포함되는 경우에는 이를 연결한 상태에서 모든 시험을 한다.

ⓢ 방호장치를 무효화하는 기능이 있어서는 안 된다.

② 설치 안전거리

㉠ 광전자식 방호장치를 설치한 프레스 등의 광전자식 방호장치와 위험한계 사이의 거리(안전거리)는 슬라이드 등의 하강속도가 최대로 되는 위치에서 다음 식에 따라 계산한 값 이상이어야 한다.

㉡ 공식★★

$$D = 1,600 \times (T_c + T_s)$$

여기서, D : 안전거리[mm]

T_c : 방호장치의 작동시간[즉, 손이 광선을 차단했을 때부터 급정지기구가 작동을 개시할 때까지의 시간(초)]

T_s : 프레스 등의 최대정지시간[즉, 급정지기구가 작동을 개시했을 때부터 슬라이드 등이 정지할 때까지의 시간(초)]

㉢ 안전거리에 설치된 광전자식 방호장치는 프레스 등의 본체나 구조물 등에 견고하게 고정되어야 하며, 임의로 옮길 수 없도록 해야 한다.

㉣ 안전거리에 설치된 광전자식 방호장치와 위험한계 사이에는 운전자나 다른 사람이 들어갈 수 없는 구조이거나 들어가 있는 상태에서는 슬라이드 등이 작동할 수 없도록 한다.

··· 예상문제

광전자식 방호장치가 설치된 마찰클러치식 기계프레스에서 급정지시간이 200ms로 측정되었을 경우 안전거리(mm)를 구하시오.

풀이 안전거리$(mm) = 1,600 \times (T_c + T_s) = 1,600 \times$ 급정지시간(초)

$= 1,600 \times \left(200 \times \dfrac{1}{1,000}\right) = 320(mm)$

참고◎

$ms = \dfrac{1}{1,000}$초

4. 기타 프레스기와 관련된 중요 사항

1) 급정지 기구에 따른 방호장치★

급정지 기구가 부착되어 있어야만 유효한 방호장치	① 양수 조작식 방호장치 ② 감응식 방호장치	
급정지 기구가 부착되어 있지 않아도 유효한 방호장치	① 양수 기동식 방호장치 ② 게이트 가드식 방호장치	③ 수인식 방호장치 ④ 손쳐내기식 방호장치

2) 기타 주요 사항

프레스기 페달에 U자형 덮개(커버)를 씌우는 이유	페달의 불시작동으로 인한 사고예방	
슬라이드 불시 하강 방지조치	안전블록 설치	
금형에서 제품을 꺼낼 때 칩(chip) 제거에 이용되는 것	① 공기분사장치(압축공기)	② pick out 사용
프레스에서 동력전달에 가장 중요한 부분	클러치	

11 아세틸렌용접장치 및 가스 집합 용접장치의 방호장치 및 설치방법

1. 아세틸렌 용접작업의 안전

1) 압력의 제한

아세틸렌 용접장치를 사용하여 금속의 용접·용단 또는 가열작업을 하는 경우에는 게이지 압력이 127킬로파스칼을 초과하는 압력의 아세틸렌을 발생시켜 사용해서는 아니 된다.

2) 발생기실의 설치 장소

① 아세틸렌 용접장치의 아세틸렌 발생기를 설치하는 경우에는 전용의 발생기실에 설치하여야 한다.

② 건물의 최상층에 위치하여야 하며, 화기를 사용하는 설비로부터 3미터를 초과하는 장소에 설치하여야 한다.

③ 옥외에 설치한 경우에는 그 개구부를 다른 건축물로부터 1.5미터 이상 떨어지도록 하여야 한다.

3) 발생기실의 구조

① 벽은 불연성 재료로 하고 철근 콘크리트 또는 그 밖에 이와 같은 수준이거나 그 이상의 강도를 가진 구조로 할 것

② 지붕과 천장에는 얇은 철판이나 가벼운 불연성 재료를 사용할 것

③ 바닥면적의 16분의 1 이상의 단면적을 가진 배기통을 옥상으로 돌출시키고 그 개구부를 창이나 출입구로부터 1.5미터 이상 떨어지도록 할 것

④ 출입구의 문은 불연성 재료로 하고 두께 1.5밀리미터 이상의 철판이나 그 밖에 그 이상의 강도를 가진 구조로 할 것

⑤ 벽과 발생기 사이에는 발생기의 조정 또는 카바이드 공급 등의 작업을 방해하지 않도록 간격을 확보할 것

4) 안전기의 설치★★

① 아세틸렌 용접장치의 취관마다 안전기를 설치하여야 한다.(다만, 주관 및 취관에 가장 가까운 분기관마다 안전기를 부착한 경우에는 그러하지 아니하다)

② 가스용기가 발생기와 분리되어 있는 아세틸렌 용접장치에 대하여 발생기와 가스용기 사이에 안전기를 설치하여야 한다.

5) 아세틸렌 용접장치의 관리★

① 발생기(이동식 아세틸렌 용접장치의 발생기는 제외)의 종류, 형식, 제작업체명, 매시 평균 가스발 생량 및 1회 카바이드 공급량을 발생기실 내의 보기 쉬운 장소에 게시할 것

② 발생기실에는 관계 근로자가 아닌 사람이 출입하는 것을 금지할 것

③ 발생기에서 5미터 이내 또는 발생기실에서 3미터 이내의 장소에서는 흡연, 화기의 사용 또는 불 꽃이 발생할 위험한 행위를 금지시킬 것

④ 도관에는 산소용과 아세틸렌용의 혼동을 방지하기 위한 조치를 할 것

⑤ 아세틸렌 용접장치의 설치장소에는 적당한 소화설비를 갖출 것

⑥ 이동식 아세틸렌 용접장치의 발생기는 고온의 장소, 통풍이나 환기가 불충분한 장소 또는 진동이 많은 장소 등에 설치하지 않도록 할 것

2. 가스집합 용접작업의 안전

1) 가스집합장치의 위험 방지★

① 가스집합장치에 대해서는 화기를 사용하는 설비로부터 5미터 이상 떨어진 장소에 설치하여야 한다.

② 가스집합장치를 설치하는 경우에는 전용의 방에 설치하여야 한다.(다만, 이동하면서 사용하는 가스집합장치의 경우에는 제외)

③ 가스장치실에서 가스집합장치의 가스용기를 교환하는 작업을 할 때 가스장치실의 부속설비 또 는 다른 가스용기에 충격을 줄 우려가 있는 경우에는 고무판 등을 설치하는 등 충격 방지조치를 하여야 한다.

2) 가스장치실의 구조

① 가스가 누출된 경우에는 그 가스가 정체되지 않도록 할 것

② 지붕과 천장에는 가벼운 불연성 재료를 사용할 것

③ 벽에는 불연성 재료를 사용할 것

3) 가스집합 용접장치의 배관(이동식을 포함)★

① 플랜지 · 밸브 · 콕 등의 접합부에는 개스킷을 사용하고 접합면을 상호 밀착시키는 등의 조치를 할 것

② 주관 및 분기관에는 안전기를 설치할 것. 이 경우 하나의 취관에 2개 이상의 안전기를 설치하여야 한다.

4) 구리 사용의 제한★

용해아세틸렌의 가스집합 용접장치의 배관 및 부속기구는 구리나 구리 함유량이 70퍼센트 이상인 합금을 사용해서는 아니 된다.

01 PART
02 PART
03 PART
04 PART
05 PART
06 PART
07 PART

5) 가스집합 용접장치의 관리

① 사용하는 가스의 명칭 및 최대가스저장량을 가스장치실의 보기 쉬운 장소에 게시할 것

② 가스용기를 교환하는 경우에는 관리감독자가 참여한 가운데 할 것

③ 밸브 · 콕 등의 조작 및 점검요령을 가스장치실의 보기 쉬운 장소에 게시할 것

④ 가스장치실에는 관계근로자가 아닌 사람의 출입을 금지할 것

⑤ 가스집합장치로부터 5미터 이내의 장소에서는 흡연, 화기의 사용 또는 불꽃을 발생할 우려가 있는 행위를 금지할 것

⑥ 도관에는 산소용과의 혼동을 방지하기 위한 조치를 할 것

⑦ 가스집합장치의 설치장소에는 적당한 소화설비를 설치할 것

⑧ 이동식 가스집합 용접장치의 가스집합장치는 고온의 장소, 통풍이나 환기가 불충분한 장소 또는 진동이 많은 장소에 설치하지 않도록 할 것

⑨ 해당 작업을 행하는 근로자에게 보안경과 안전장갑을 착용시킬 것

3. 금속의 용접 · 용단 또는 가열에 사용되는 가스 등의 용기를 취급하는 경우의 준수사항 ★★

① 다음 장소에서 사용하거나 해당 장소에 설치 · 저장 또는 방치하지 않도록 할 것

 ㉠ 통풍이나 환기가 불충분한 장소

 ㉡ 화기를 사용하는 장소 및 그 부근

 ㉢ 위험물 또는 인화성 액체를 취급하는 장소 및 그 부근

② 용기의 온도를 섭씨 40도 이하로 유지할 것

③ 전도의 위험이 없도록 할 것

④ 충격을 가하지 않도록 할 것

⑤ 운반하는 경우에는 캡을 씌울 것

⑥ 사용하는 경우에는 용기의 마개에 부착되어 있는 유류 및 먼지를 제거할 것

⑦ 밸브의 개폐는 서서히 할 것

⑧ 사용 전 또는 사용 중인 용기와 그 밖의 용기를 명확히 구별하여 보관할 것

⑨ 용해아세틸렌의 용기는 세워 둘 것

⑩ 용기의 부식 · 마모 또는 변형 상태를 점검한 후 사용할 것

4. 토치의 취급상 주의사항

① 팁을 모래나 먼지 위에 놓지 말 것

② 토치를 함부로 분해하지 말 것

③ 팁이 과열된 때는 아세틸렌 가스를 멈추고 산소만 다소 분출시키면서 물속에 넣어 냉각시킬 것

④ 점화 시 아세틸렌 밸브를 열고 점화 후 산소밸브를 열어 조절

⑤ 작업 종료 후 또는 고무호스에 역화 · 역류 발생 시에는 산소밸브를 가장 먼저 잠근다.

⑥ 용접토치팁의 청소는 팁클리너로 하는 것이 가장 좋다.

5. 역류, 역화 및 인화

1) 역류(Contra Flow)

정의	고압의 산소가 밖으로 나가지 못하게 되어 산소보다 압력이 낮은 아세틸렌을 밀어내면서 산소가 아세틸렌 호스 쪽으로 거꾸로 흐르게 되는 현상
원인	① 산소 압력의 과다 ② 아세틸렌 공급량 부족
방지법	① 팁을 깨끗이 청소함 ② 산소를 차단 ③ 아세틸렌을 공급 ④ 안전기와 발생기를 차단

01 PART
02 PART
03 PART
04 PART
05 PART
06 PART
07 PART

2) 역화(Back Fire)

정의	용접 도중에 모재에 팁 끝이 닿아 불꽃이 팁 끝에서 순간적으로 폭음을 내며 불꽃이 들어갔다가 꺼지는 현상
원인 ★	① 압력 조정기의 고장 ② 과열되었을 때 ③ 산소 공급이 과다할 때 ④ 토치의 성능이 좋지 않을 때 ⑤ 토치 팁에 이물질이 묻었을 때
방지법	① 용접 팁을 물에 담가서 식힘 ② 아세틸렌을 차단 ③ 토치의 기능을 점검

3) 인화(Flash Back)

정의	팁 끝이 순간적으로 막히게 되면 가스의 분출이 나빠지고 혼합실까지 불꽃이 들어가는 현상
원인	① 가스 압력의 부적당 ② 팁 끝이 막힘
방지법	① 팁을 깨끗이 청소함 ② 가스 유량을 적당히 조정 ③ 호스의 비틀림이 없게 조치 ④ 우선 아세틸렌을 차단한 후 산소를 차단

6. 아세틸렌 또는 가스집합용접장치 역화방지기(안전기)의 시험방법 ★

구분	내용
내압시험	내압시험은 수압시험기에 역화방지기를 부착하여 밀폐시키고, 4.9메가파스칼 이상의 수압을 가한다.
기밀시험	기밀시험은 최고사용압력의 1.5배의 공기를 밀폐 역화방지기에 연결한 후 물속에서 공기누설상태를 확인한다.
역류방지시험	역류방지시험은 가스의 흐름반대방향으로 시료를 부착한 후 9.8킬로파스칼 이하의 공기를 흘려 시험한다.
역화방지시험	역화방지시험은 산소아세틸렌 불꽃이 정상상태를 유지할 수 있도록 조성된 혼합가스를 시료에 보낸 다음 강제로 점화시켜 역화방지상태를 확인하고, 연속 3회 이상 시험한다.
가스압력손실시험	역화방지기 안의 소염소자 등에 가스를 통과시킨다.
방출장치 동작시험	방출장치에 압력을 가하여 방출장치를 작동시킨다.

12 양중기의 방호장치 및 재해유형

1. 양중기의 종류 ★★

① 크레인(호이스트 포함)
② 이동식 크레인
③ 리프트(이삿짐운반용 리프트의 경우 적재하중 0.1톤 이상인 것)
④ 곤돌라
⑤ 승강기

2. 양중기의 정의

크레인		동력을 사용하여 중량물을 매달아 상하 및 좌우(수평 또는 선회)로 운반하는 것을 목적으로 하는 기계 또는 기계장치를 말하며, "호이스트"란 훅이나 그 밖의 달기구 등을 사용하여 화물을 권상 및 횡행 또는 권상동작만을 하여 양중하는 것을 말한다.
이동식 크레인		원동기를 내장하고 있는 것으로서 불특정 장소에 스스로 이동할 수 있는 크레인으로 동력을 사용하여 중량물을 매달아 상하 및 좌우(수평 또는 선회를)로 운반하는 설비로서 「건설기계관리법」을 적용받는 기중기 또는 「자동차관리법」 제3조에 따른 화물·특수자동차의 작업부에 탑재하여 화물운반 등에 사용하는 기계 또는 기계장치를 말한다.
리프트		동력을 사용하여 사람이나 화물을 운반하는 것을 목적으로 하는 기계설비
	건설용 리프트	동력을 사용하여 가이드레일(운반구를 지지하여 상승 및 하강 동작을 안내하는 레일)을 따라 상하로 움직이는 운반구를 매달아 사람이나 화물을 운반할 수 있는 설비 또는 이와 유사한 구조 및 성능을 가진 것으로 건설현장에서 사용하는 것
	산업용 리프트	동력을 사용하여 가이드레일을 따라 상하로 움직이는 운반구를 매달아 화물을 운반할 수 있는 설비 또는 이와 유사한 구조 및 성능을 가진 것으로 건설현장 외의 장소에서 사용하는 것
	자동차정비용 리프트	동력을 사용하여 가이드레일을 따라 움직이는 지지대로 자동차 등을 일정한 높이로 올리거나 내리는 구조의 리프트로서 자동차 정비에 사용하는 것

리프트	이삿짐운반용 리프트	연장 및 축소가 가능하고 끝단을 건축물 등에 지지하는 구조의 사다리형 붐에 따라 동력을 사용하여 움직이는 운반구를 매달아 화물을 운반하는 설비로서 화물자동차 등 차량 위에 탑재하여 이삿짐 운반 등에 사용하는 것
곤돌라		달기발판 또는 운반구, 승강장치, 그 밖의 장치 및 이들에 부속된 기계부품에 의하여 구성되고, 와이어로프 또는 달기강선에 의하여 달기발판 또는 운반구가 전용 승강장치에 의하여 오르내리는 설비를 말한다.
승강기 ★		건축물이나 고정된 시설물에 설치되어 일정한 경로에 따라 사람이나 화물을 승강장으로 옮기는 데 사용되는 설비를 말한다.
	승객용 엘리베이터	사람의 운송에 적합하게 제조 · 설치된 엘리베이터
	승객화물용 엘리베이터	사람의 운송과 화물 운반을 겸용하는 데 적합하게 제조 · 설치된 엘리베이터
	화물용 엘리베이터	화물 운반에 적합하게 제조 · 설치된 엘리베이터로서 조작자 또는 화물취급자 1명은 탑승할 수 있는 것(적재용량이 300킬로그램 미만인 것은 제외)
	소형화물용 엘리베이터	음식물이나 서적 등 소형 화물의 운반에 적합하게 제조 · 설치된 엘리베이터로서 사람의 탑승이 금지된 것
	에스컬레이터	일정한 경사로 또는 수평로를 따라 위 · 아래 또는 옆으로 움직이는 디딤판을 통해 사람이나 화물을 승강장으로 운송시키는 설비

3. 양중기의 방호장치★★

① 방호장치의 조정(정상적으로 작동될 수 있도록 미리 조정해 두어야 한다.)

방호장치의 조정 대상	① 크레인 ② 이동식 크레인 ③ 리프트 ④ 곤돌라 ⑤ 승강기
방호장치의 종류	① 과부하방지장치 ② 권과방지장치 ③ 비상정지장치 및 제동장치 ④ 그 밖의 방호장치(승강기의 파이널 리미트 스위치, 속도조절기, 출입문 인터록 등)

② 크레인 및 이동식 크레인의 양중기에 대한 권과방지장치는 훅 · 버킷 등 달기구의 윗면(그 달기구에 권상용 도르래가 설치된 경우에는 권상용 도르래의 윗면)이 드럼, 상부 도르래, 트롤리프레임 등 권상장치의 아랫면과 접촉할 우려가 있는 경우에 그 간격이 0.25미터 이상(직동식 권과방지장치는 0.05미터 이상으로 한다)이 되도록 조정하여야 한다.

③ ②의 권과방지장치를 설치하지 않은 크레인에 대해서는 권상용 와이어로프에 위험표시를 하고 경보장치를 설치하는 등 권상용 와이어로프가 지나치게 감겨서 근로자가 위험해질 상황을 방지하기 위한 조치를 하여야 한다.

④ **리프트의 방호장치**: 리프트(자동차정비용 리프트 제외)의 운반구 이탈 등의 위험을 방지하기 위하여 권과방지장치, 과부하방지장치, 비상정지장치 등을 설치하는 등 필요한 조치를 하여야 한다.

01 PART
02 PART
03 PART
04 PART
05 PART
06 PART
07 PART

4. 방호장치 용어의 정의

방호장치	정의
과부하방지장치★	정격하중 이상의 하중이 부하되었을 때 자동적으로 상승이 정지되면서 경보음을 발생하는 장치
권과방지장치★	권과를 방지하기 위하여 인양용 와이어로프가 일정한계 이상 감기게 되면 자동적으로 동력을 차단하고 작동을 정지시키는 장치
비상정지장치	돌발사태 발생 시 안전유지을 위한 전원 차단 및 크레인을 급정지시키는 장치
제동장치	운동하고 있는 기계의 속도를 감속하거나 정지시키는 장치
파이널 리미트 스위치	카가 승강로의 최상단보 또는 승강로 바닥에 충돌하기 전 동력을 차단하는 장치
속도조절기 (조속기)	전동기 고장 또는 적재하중의 초과로 인한 과속 제어계의 이상 등으로 과속 발생 시 정격속도의 1.3배가 되면 조속기 스위치가 동작하여 1차 전동기 입력을 차단하고 2차로 브레이크를 작동시켜 카를 비상 정지시키는 이상속도 감지장치
출입문 인터록	카가 정지하고 있지 않은 곳에서의 승강 도어가 열리는 것을 방지하기 위해 인터록 기능
기타 방호장치	① 훅 해지장치 : 줄걸이 용구인 와이어로프 슬링 또는 체인, 섬유벨트 등을 훅에 걸고 작업 시 이탈을 방지하기 위한 안전장치 ② 완충기 : 카가 어떠한 원인으로 최하층을 통과하여 피트에 급속 강하할 때 충격을 완화시키기 위함

5. 정격하중 등의 표시

사업주는 양중기(승강기는 제외) 및 달기기구를 사용하여 작업하는 운전자 또는 작업자가 보기 쉬운 곳에 해당 기계의 정격하중, 운전속도, 경고표시 등을 부착하여야 한다.(다만, 달기기구는 정격하중만 표시)

6. 기타 용어의 정의★

정격하중(Rated Load)	크레인의 권상하중에서 훅, 크래브 또는 버킷 등 달기기구의 중량에 상당하는 하중을 뺀 하중을 말한다. 다만, 지브가 있는 크레인 등으로서 경사각의 위치, 지브의 길이에 따라 권상능력이 달라지는 것은 그 위치에서의 권상하중에서 달기기구의 중량을 뺀 나머지 하중을 말한다.
권상하중(Hoisting Load)	들어 올릴 수 있는 최대의 하중을 말한다.
정격속도(Rated Speed)	정격하중에 상당하는 하중을 크레인에 매달고 권상, 주행, 선회 또는 횡행할 수 있는 최고속도를 말한다.

7. 재해유형

① 와이어로프 파단에 의한 재해
② 자재를 묶은 달기로프가 풀려서 자재낙하
③ 자재인양, 스윙 중 주변 구조물과 충돌
④ 리프트 운행 중 추락
⑤ 리프트 탑승구에서 추락
⑥ 리프트 운행 중 충돌
⑦ 리프트 착지점에서 협착 등

13 보일러 및 압력용기의 방호장치

1. 보일러의 사고 형태

보일러의 사고는 제작상의 원인보다는 취급상의 원인이 주사고 원인이이며 이에 대한 발생 형태와 원인은 다음과 같다.

사고형태		원인
보일러의 압력 상승		① 안전장치의 작동 불량 ② 압력계의 기능 이상 ③ 압력계의 판독 미스 및 감시 소홀
보일러의 과열		① 수관과 본체의 청소 불량 ② 관수 부족 시 보일러의 가동 ③ 수면계의 고장으로 드럼 내의 물 감소
보일러의 부식		① 불순물을 사용하여 수관이 부식되었을 때 ② 급수에 불순물이 혼입되었을 때 ③ 급수처리를 하지 않은 물을 사용할 때
보일러의 파열	규정압력 이상으로 상승하여 파열	① 방호장치 미부착 ② 방호장치 작동 불량
	최고압력 이하에서 파열	① 구조상의 결함 : 설계불량, 가공불량, 재료불량 ② 취급불량 : 이상 감수(저수위), 과열, 압력초과, 부식 등

01 PART
02 PART
03 PART
04 PART
05 PART
06 PART
07 PART

2. 보일러 취급시 이상현상★

프라이밍(Priming)	보일러수가 극심하게 끓어서 수면에서 계속하여 물방울이 비산하고 증기부가 물방울로 충만하여 수위가 불안정하게 되는 현상
포밍(Foaming)	보일러수에 유지류, 고형물 등의 부유물로 인해 거품이 발생하여 수위를 판단하지 못하는 현상
캐리오버 (Carry Over, 기수공발)	① 보일러에서 증기관 쪽으로 보내는 증기에 대량의 물방울이 포함되는 경우로 플라이밍이나 포밍이 생기면 필연적으로 발생 ② 보일러에서 증기의 순도를 저하시킴으로써 관내 응축수가 생겨 워터해머의 원인이 되는 것
워터해머 (Water Hammer, 수격작용)	① 관내의 유동, 밸브의 급격한 개폐 등에 의해 압력파(압력변화)가 생겨 불규칙한 유체의 흐름이 생성되어 관벽을 해머로 치는 듯한 소리를 내며 관이 진동하는 현상 ② 과열과는 상관이 없으며, 워터해머는 캐리오버에 기인한다.

| 프라이밍 | | 포밍 | | 캐리오버 |

3. 발생원인

프라이밍★	① 보일러 관수의 농축 ② 주증기 밸브의 급개	③ 보일러 부하의 급변화 운전 ④ 보일러수 또는 관수의 수위를 높게 운전
포밍	① 관수의 농축 ② 유지분 및 부유물 포함	③ 보일러가 과부하일 때 ④ 보일러수가 고수위일 때
캐리오버★	① 보일러의 구조상 공기실이 적고 증기 수면이 좁을 때 ② 기수분리장치가 불완전한 경우 ③ 주 증기를 멈추는 밸브를 급히 열었을 경우 ④ 보일러 수면이 너무 높을 때 ⑤ 보일러 부하가 과대한 경우	
워터해머	① 증기관 내에 응결수가 고여 있는 경우 ② 캐리오버에 의해	③ 급수내관의 설치위치가 높을 경우

4. 보일러 방호장치의 종류

압력방출장치★★	① 보일러의 안전한 가동을 위하여 보일러 규격에 맞는 압력방출장치를 1개 또는 2개 이상 설치하고 최고사용압력(설계압력 또는 최고허용압력) 이하에서 작동되도록 하여야 한다. ② 압력방출장치가 2개 이상 설치된 경우에는 최고사용압력 이하에서 1개가 작동되고, 다른 압력방출장치는 최고사용압력 1.05배 이하에서 작동되도록 부착하여야 한다. ③ 압력방출장치는 매년 1회 이상 교정을 받은 압력계를 이용하여 설정압력에서 압력방출장치가 적정하게 작동하는지를 검사한 후 납으로 봉인하여 사용하여야 한다.(공정안전보고서 이행상태 평가결과가 우수한 사업장은 압력방출장치에 대하여 4년마다 1회 이상 설정압력에서 압력방출장치가 적정하게 작동하는지를 검사할 수 있다.) ④ 스프링식, 중추식, 지렛대식(일반적으로 스프링식 안전밸브가 많이 사용)
압력제한스위치	보일러의 과열을 방지하기 위하여 최고사용압력과 상용압력 사이에서 보일러의 버너 연소를 차단할 수 있도록 압력제한스위치를 부착하여 사용하여야 한다.
고저수위조절장치	고저수위 조절장치의 동작 상태를 작업자가 쉽게 감시하도록 하기 위하여 고저수위지점을 알리는 경보등·경보음장치 등을 설치하여야 하며, 자동으로 급수되거나 단수되도록 설치하여야 한다.
화염검출기	연소상태를 항상 감시하고 그 신호를 프레임 릴레이가 받아서 연소차단밸브 개폐

5. 압력용기의 방호장치

1) 덮개 또는 울 등 설치

압력용기 및 공기압축기 등에 부속하는 원동기·축이음·벨트·풀리의 회전 부위 등 근로자가 위험에 처할 우려가 있는 부위에 덮개 또는 울 등을 설치하여야 한다.

2) 안전밸브 등의 설치

① 다음 각 호의 어느 하나에 해당하는 설비에 대해서는 과압에 따른 폭발을 방지하기 위하여 폭발방지 성능과 규격을 갖춘 안전밸브 또는 파열판을 설치하여야 한다.

   ⊙ 압력용기(안지름이 150밀리미터 이하인 압력용기는 제외하며, 압력 용기 중 관형 열교환기의 경우에는 관의 파열로 인하여 상승한 압력이 압력용기의 최고사용압력을 초과할 우려가 있는

경우만 해당)

     ⓛ 정변위 압축기

     ⓒ 정변위 펌프(토출축에 차단밸브가 설치된 것만 해당)

     ⓔ 배관(2개 이상의 밸브에 의하여 차단되어 대기온도에서 액체의 열팽창에 의하여 파열될 우려
       가 있는 것으로 한정)

     ⓜ 그 밖의 화학설비 및 그 부속설비로서 해당 설비의 최고사용압력을 초과할 우려가 있는 것

② 안전밸브 등을 설치하는 경우에는 다단형 압축기 또는 직렬로 접속된 공기압축기에 대해서는 각
단 또는 각 공기압축기별로 안전밸브 등을 설치하여야 한다.

③ 안전밸브의 검사 주기(압력계를 이용하여 설정압력에서 안전밸브가 적정하게 작동하는지를 검
사한 후 납으로 봉인하여 사용)

화학공정 유체와 안전밸브의 디스크 또는 시트가 직접 접촉될 수 있도록 설치된 경우	매년 1회 이상
안전밸브 전단에 파열판이 설치된 경우	2년마다 1회 이상
공정안전보고서 제출 대상으로서 고용노동부장관이 실시하는 공정안전보고서 이행상태 평가 결과가 우수한 사업장의 안전밸브의 경우	4년마다 1회 이상

6. 최고사용압력의 표시★

압력용기 등을 식별할 수 있도록 하기 위하여 그 압력용기 등의 최고사용압력, 제조연월일, 제조회사명
등이 지워지지 않도록 각인 표시된 것을 사용하여야 한다.

7. 안전밸브의 작동요건

안전밸브 등이 안전밸브 등을 통하여 보호하려는 설비의 최고사용압력 이하에서 작동되도록 하여야 한
다. 다만, 안전밸브 등이 2개 이상 설치된 경우에 1개는 최고사용압력의 1.05배(외부화재를 대비한 경
우에는 1.1배) 이하에서 작동되도록 설치할 수 있다.

14 롤러기의 방호장치 및 설치방법

1. 롤러기 가드의 개구부 간격

1) ILO 기준(위험점이 전동체가 아닌 경우)

    ① 프레스 및 전단기의 작업점이나 롤러기의 맞물림점에 설치

    ② 공식★★

$$Y = 6 + 0.15X\,(X < 160\text{mm})\ (\text{단}, X \geq 160\text{mm} \text{일 때}, Y = 30\text{mm})$$

       여기서, X : 가드와 위험점 간의 거리(안전거리)[mm]
             Y : 가드 개구부 간격(안전간극)[mm]

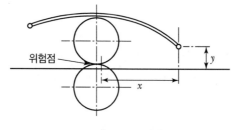

| 롤러기의 Guard(울) |

··· 예상문제

롤러의 맞물림점의 전방 60mm의 거리에 가드를 설치하고자 할 때 가드 개구부의 간격은 얼마인 가?(단, 위험점이 전동체가 아닌 경우임)

풀이 $Y = 6 + 0.15X = 6 + 0.15 \times 60 = 15(\text{mm})$

2) 위험점이 대형 기계의 전동체(회전체)인 경우

$$Y = \frac{X}{10} + 6\text{mm} \, (\text{단}, \ X < 760\text{mm 에서 유효})$$

여기서, X : 가드와 위험점 간의 거리(안전거리)[mm]
Y : 가드 개구부 간격(안전간극)[mm]

··· 예상문제

동력전달부분의 전방 50cm 위치에 설치한 일방 평행 보호망에서 가드용 재료의 최대 구멍크기는 얼 마인가?

풀이 $Y = \frac{X}{10} + 6\text{mm} = \frac{500}{10} + 6 = 56(\text{mm})$

2. 방호장치 및 설치방법

1) 방호장치

① 롤러기에는 방호장치로 급정지장치를 설치해야 한다.
② 합판·종이·천 및 금속박 등을 통과시키는 롤러기로서 근로자가 위험해질 우려가 있는 부위에 는 울 또는 가이드 롤러(Guide Roller) 등을 설치하여야 한다.

2) 급정지장치의 설치방법

① 급정지장치 중 손으로 조작하는 급정지장치의 조작부는 롤러기의 전면 및 후면에 각각 1개씩 수 평으로 설치하여야 하며, 그 길이는 롤러의 길이 이상이어야 한다.

② 급정지장치의 조작부에 사용하는 줄은 사용 중에 늘어져서는 안 되며 충분한 인장강도를 가져야 한다.

③ 급정지장치의 조작부는 그 종류에 따라 다음에 정하는 위치에 작업자가 긴급 시에 쉽게 조작할 수 있도록 설치하여야 한다. ★★

급정지장치 조작부의 종류	위치	비고
손으로 조작하는 것	밑면으로부터 1.8m 이내	위치는 급정지장치 조작부의 중심점을 기준으로 함
복부로 조작하는 것	밑면으로부터 0.8m 이상 1.1m 이내	
무릎으로 조작하는 것	밑면으로부터 0.4m 이상 0.6m 이내	

④ 급정지장치가 동작한 경우 롤러기의 기동장치를 재조작하지 않으면 가동되지 않는 구조의 것이 어야 한다.

3. 급정지장치의 성능조건★★

롤러기의 급정지장치는 롤러기를 무부하에서 최대속도로 회전시킨 상태에서도 다음과 같이 앞면 롤러의 표면속도에 따라 규정된 정지거리 내에서 당해 롤러를 정지시킬 수 있는 성능을 보유해야 한다.

앞면 롤러의 표면속도(m/min)	급정지 거리
30 미만	앞면 롤러 원주의 1/3
30 이상	앞면 롤러 원주의 1/2.5

$$V = \pi DN[\text{mm/min}] = \frac{\pi DN}{1,000}[\text{m/min}]$$

여기서, V : 표면속도[m/min], D : 롤러 원통의 직경[mm]
N : 1분간에 롤러기가 회전되는 수[rpm]

··· 예상문제

1,000[rpm]으로 회전하는 롤러의 앞면 롤러의 지름이 50[cm]인 경우 앞면 롤러의 표면속도와 관련 규정에 따른 급정지거리[cm]를 구하시오

풀이
① V(표면속도) $= \frac{\pi DN}{1,000} = \frac{\pi \times 500 \times 1,000}{1,000} = 1570.80\,(\text{m/min})$

② 급정지거리 기준 : 표면속도가 30(m/min) 이상 시 원주의 $\frac{1}{2.5}$ 이내

③ 급정지 거리 $= \pi D \times \frac{1}{2.5} = \pi \times 50 \times \frac{1}{2.5} = 62.83\,(\text{cm})$

참고 ⊘
원둘레 길이 $= \pi D = 2\pi r$
여기서, D : 지름, r : 반지름

15 연삭기의 재해유형

1. 연삭기로 인한 재해유형★

① 회전중인 숫돌에 접촉되어 일어나는 것
② 연삭 분진이 눈에 튀어 들어가는 것
③ 숫돌 파괴로 인한 파편의 비래
④ 가공 중 공작물의 반발

2. 연삭기 구조면에 있어서의 안전기준★

① 재료, 치수, 두께 등의 구조규격에 알맞은 덮개를 설치한다.
② 플랜지의 지름은 숫돌지름의 1/3 이상인 것을 사용하며 양쪽 모두 같은 크기로 한다.

$$\text{플랜지의 지름} = \text{숫돌지름} \times \frac{1}{3}$$

> ••• 예상문제
>
> 연삭숫돌의 바깥지름이 300mm라면, 평형 플랜지의 바깥지름은 몇 mm 이상이어야 하는가?
>
> **풀이** $\text{플랜지의 지름} = \text{숫돌지름} \times \dfrac{1}{3} = 300 \times \dfrac{1}{3} = 100(\text{mm})$

③ 숫돌의 결합 시에는 축과 0.05~0.15mm 정도의 틈새를 두어야 한다.
④ 새 숫돌차를 교환할 때는 고정하기 전에 음향검사를 하고 고정 후 편심을 수정하며 숫돌차에 붙은 종이를 제거하지 않고 그대로 고정한다.
⑤ 칩 비산 방지 투명판(shield), 국소배기장치를 설치한다.
⑥ 탁상용 연삭기는 작업대(워크레스트)와 조절판을 설치한다.
⑦ 연삭숫돌과 작업대(워크레스트)의 간격은 3mm 이내로 한다.
⑧ 덮개의 조절판과 숫돌의 간격은 10mm 이내로 한다.
⑨ 작업대의 높이는 숫돌의 중심과 거의 같은 높이로 고정한다.
⑩ **숫돌의 검사방법** : ㉠ 외관검사, ㉡ 타음검사, ㉢ 시운전검사
⑪ 최고회전속도 이내에서 작업을 한다. ★★

$$V = \pi DN[\text{mm/min}] = \frac{\pi DN}{1,000}[\text{m/min}]$$

여기서. V : 원주속도(회전속도)[m/min]
D : 숫돌의 지름[mm]
N : 숫돌의 매분 회전수[rpm]

··· 예상문제

회전수가 300rpm, 연삭숫돌의 지름이 200mm일 때 원주속도는 몇 m/min인가?

풀이 $V = \dfrac{\pi DN}{1,000} = \dfrac{\pi \times 200 \times 300}{1,000} = 188.4 \,(\text{m/min})$

··· 예상문제

연삭숫돌의 지름이 100mm이고, 회전수가 1,000rpm이라면 숫돌의 원주속도(mm/min)는?

풀이 $V = \pi DN = \pi \times 100 \times 1,000 = 314,000 \,(\text{mm/min})$

| 탁상용 연삭기 |

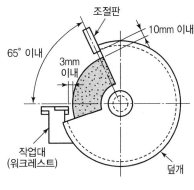

| 탁상용 연삭기의 덮개 |

3. 연삭기 작업면에 있어서의 안전기준★★

① 회전 중인 연삭숫돌(지름이 5센티미터 이상인 것으로 한정)이 근로자에게 위험을 미칠 우려가 있는 경우에 그 부위에 덮개를 설치하여야 한다.

② 연삭숫돌을 사용하는 작업의 경우 작업을 시작하기 전에는 1분 이상, 연삭숫돌을 교체한 후에는 3분 이상 시험운전을 하고 해당 기계에 이상이 있는지를 확인하여야 한다.

③ 시험운전에 사용하는 연삭숫돌은 작업 시작 전에 결함이 있는지를 확인한 후 사용하여야 한다.

④ 연삭숫돌의 최고 사용회전속도를 초과하여 사용하도록 해서는 아니 된다.

⑤ 측면을 사용하는 것을 목적으로 하지 않는 연삭숫돌을 사용하는 경우 측면을 사용하도록 해서는 아니 된다.

16 연삭숫돌의 파괴원인★

① 숫돌의 회전속도가 너무 빠를 때

② 숫돌 자체에 균열이 있을 때

③ 숫돌에 과대한 충격을 가할 때

④ 숫돌의 측면을 사용하여 작업할 때

⑤ 숫돌의 불균형이나 베어링 마모에 의한 진동이 있을 때(숫돌이 경우에 따라 파손될 수 있다)

⑥ 숫돌 반경방향의 온도변화가 심할 때

⑦ 작업에 부적당한 숫돌을 사용할 때

⑧ 숫돌의 치수가 부적당할 때

⑨ 플랜지가 현저히 작을 때

17 연삭기의 방호장치 및 설치방법

1. 덮개의 구조★★

① 덮개에 인체의 접촉으로 인한 손상위험이 없어야 한다.

② 덮개에는 그 강도를 저하시키는 균열 및 기포 등이 없어야 한다.

③ 탁상용 연삭기의 덮개에는 워크레스트 및 조정편을 구비하여야 하며, 워크레스트는 연삭숫돌과의 간격을 3밀리미터 이하로 조정할 수 있는 구조이어야 한다.

④ 각종 고정부분은 부착하기 쉽고 견고하게 고정될 수 있어야 한다.

2. 연삭기 덮개의 각도★★

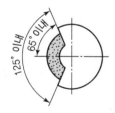

① 일반연삭작업 등에 사용하는 것을 목적으로 하는 탁상용 연삭기의 덮개 각도

② 연삭숫돌의 상부를 사용하는 것을 목적으로 하는 탁상용 연삭기의 덮개 각도

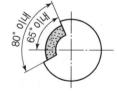

③ ① 및 ② 이외의 탁상용 연삭기, 그 밖에 이와 유사한 연삭기의 덮개 각도

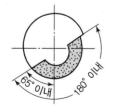

④ 원통연삭기, 센터리스연삭기, 공구연삭기, 만능연삭기, 그 밖에 이와 비슷한 연삭기의 덮개 각도

⑤ 휴대용 연삭기, 스윙 연삭기, 스라브연삭기, 그 밖에 이와 비슷한 연삭기의 덮개 각도

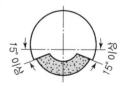

⑥ 평면연삭기, 절단연삭기, 그 밖에 이와 비슷한 연삭기의 덮개 각도

3. 연삭숫돌의 수정

구분	글레이징(Glazing) 현상	로딩(Loading) 현상
현상	연삭숫돌에 결합도가 높아 무디어진 입자가 탈락하지 않으므로 숫돌 표면이 매끈해져서 연삭능력이 떨어지며 절삭이 어렵게 되는 현상(무딤)	연삭숫돌이 공작물에 비해 지나치게 경도가 높거나 회전속도가 느리면 숫돌 표면에 기공이 생겨 이곳에 절삭가루가 끼여 막히는 현상(눈메움)
원인	① 연삭숫돌의 결합도가 높다. ② 연삭숫돌의 원주속도가 너무 크다. ③ 숫돌의 재료가 공작물의 재료에 부적합하다.	① 숫돌입자가 너무 잘다. ② 조직이 너무 치밀하다. ③ 연삭깊이가 깊다. ④ 숫돌차의 원주속도가 너무 느리다.
결과	① 연삭성이 불량하다. ② 공작물이 발열한다. ③ 연삭 소실이 생긴다.	① 연삭성이 불량하고 연삭면이 거칠다. ② 연삭면에 상처가 생긴다. ③ 숫돌입자가 마멸되기 쉽다.

18 목재가공용 기계

1. 목재가공용 기계의 방호장치★★

목재가공용 기계에는 둥근톱, 띠톱기계, 동력식 수동 대패기, 모떼기 기계 등이 있으며 이 중에서 가장 위험성이 높은 것은 둥근톱이다.

목재가공용 둥근톱기계(가로 절단용 둥근톱기계 및 반발에 의하여 근로자에게 위험을 미칠 우려가 없는 것은 제외)	분할날 등 반발 예방장치
목재가공용 둥근톱기계(휴대용 둥근톱을 포함하되, 원목제재용 둥근톱기계 및 자동이송장치를 부착한 둥근톱기계를 제외)	톱날접촉 예방장치
목재가공용 띠톱기계의 절단에 필요한 톱날 부위 외의 위험한 톱날 부위	덮개 또는 울
목재가공용 띠톱기계에서 스파이크가 붙어 있는 이송롤러 또는 요철형 이송롤러	날접촉 예방장치 또는 덮개
작업대상물이 수동으로 공급되는 동력식 수동대패기계	날접촉 예방장치
모떼기 기계(자동이송장치를 부착한 것은 제외)	날접촉 예방장치

2. 목재가공용 둥근톱

1) 방호장치의 종류 및 구조★★

① 날접촉 예방장치 : 톱날과 인체의 접촉을 방기하기 위한 덮개를 말한다.

② 반발 예방장치 : 가공재의 반발을 방지하기 위하여 설치하는 것으로 분할날(Spreader), 반발방지기구(Finger), 반발방지롤(Roll), 보조안내판이 있다.

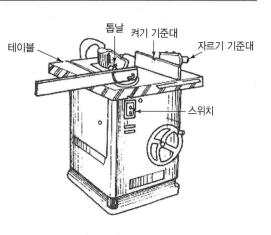

| 목재가공용 둥근톱 |

01 PART
02 PART
03 PART
04 PART
05 PART
06 PART
07 PART

분할날(Spreader)	톱 뒷날(후면톱날) 가까이에 설치되고 절삭된 가공재의 홈 사이로 들어가면서 가공재의 모든 두께에 걸쳐서 쐐기작용을 하여 가공재가 톱날에 밀착되는 것을 방지하는 것
반발방지기구(Finger, 반발방지발톱)	목재의 송급 쪽에 설치하는 것으로 가공재가 뒷날 측에 대해서 조금 들뜨고 역행하려고 할 때 기구가 가공재에 파고들어 반발을 방지하는 것
반발방지롤(Roll)	항상 가공재가 톱 후면에 있어서 들뜨는 것을 누르고 반발을 방지하는 것으로 가공재 윗면을 항상 일정한 힘으로 누르고 있다.
보조안내판	주 안내판과 톱날 사이의 공간에서 나무가 퍼질 수 있게 하여 죄임으로 인한 반발을 방지하는 것이다.

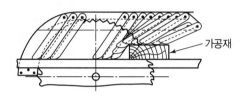

| 반발방지기구(Finger) |

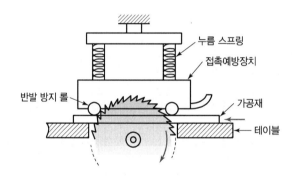

| 반발방지롤(Roll) |

③ 덮개 및 분할날의 종류 및 구조

구분	종류	구조
덮개	가동식 덮개	덮개, 보조덮개가 가공물의 크기에 따라 상하로 움직이며 가공할 수 있는 것으로 그 덮개의 하단이 송급되는 가공재의 윗면에 항상 접하는 구조이며, 가공재를 절단하고 있지 않을 때는 덮개가 테이블면까지 내려가 어떠한 경우에도 근로자의 손 등이 톱날에 접촉되는 것을 방지하도록 된 구조
	고정식 덮개	작업 중에는 덮개가 움직일 수 없도록 고정된 덮개로 비교적 얇은 판재를 가공할 때 이용하는 구조
분할날	겸형식 분할날	분할날은 가공재에 쐐기작용을 하여 공작물의 반발을 방지할 목적으로 설치된 것으로 둥근톱의 크기에 따라 2가지로 구분
	현수식 분할날	

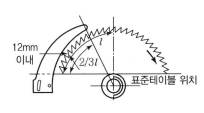

| 가동식 덮개 |

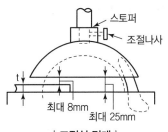

| 고정식 덮개 |

| 겸형식 분할날 |

| 현수식 분할날 |

PART 01
PART 02
PART 03
PART 04
PART 05
PART 06
PART 07

2) 덮개의 일반구조

① 톱날은 어떤 경우에도 외부에 노출되지 않고 덮개가 덮여 있어야 한다.

② 작업 중 근로자의 부주의에도 신체의 일부가 날에 접촉할 염려가 없도록 설계되어야 한다.

③ 덮개 및 지지부는 경량이면서 충분한 강도를 가져야 하며, 외부에서 힘을 가했을 때 지지부는 회전되지 않는 구조로 설계되어야 한다.

④ 덮개의 가동부는 원활하게 상하로 움직일 수 있고 좌우로 움직일 수 없는 구조로 설계되어야 한다.

⑤ 둥근톱에는 분할날을 설치하여야 한다.

3) 분할날의 설치구조 ★★

① 분할날의 두께는 둥근톱 두께의 1.1배 이상일 것

$$1.1t_1 \leq t_2 < b$$

여기서, t_1 : 톱두께, t_2 : 분할날두께, b : 치진폭

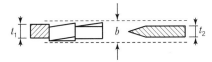

② 견고히 고정할 수 있으며 분할날과 톱날 원주면과의 거리는 12mm 이내로 조정, 유지할 수 있어야 하고 표준 테이블면(승강반에 있어서도 테이블을 최하로 내린 때의 면)상의 톱 뒷날의 2/3 이상을 덮도록 할 것

③ 재료는 KS D 3751(탄소공구강재)에서 정한 STC 5(탄소공구강) 또는 이와 동등 이상의 재료를 사용할 것

④ 분할날 조임볼트는 2개 이상이어야 하며 볼트는 이완방지조치가 되어 있을 것

| 분할날의 구조 |

4) 휴대용 둥근톱의 설치구조 ★

휴대용 둥근톱 가공덮개와 톱날 노출각이 45° 이내이어야
하며, 다음의 사항에 적합하여야 한다.

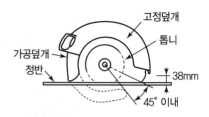

| 휴대용 둥근톱 가공덮개와 톱날구조 |

① 절단작업이 완료되었을 때 자동적으로 원위치에 되돌
아오는 구조일 것
② 이동범위를 임의의 위치로 고정할 수 없을 것
③ 휴대용 둥근톱 덮개의 지지부는 덮개를 지지하기 위한
충분한 강도를 가질 것
④ 휴대용 둥근톱 덮개의 지지부의 볼트 및 이동덮개가 자동적으로 되돌아오는 기계의 스프링 고정
볼트는 이완방지장치가 설치되어 있는 것일 것

5) 둥근톱의 덮개와 분할날 추가표시 및 시험방법

추가표시 사항	① 덮개의 종류 ② 둥근톱의 사용 가능 치수
부착시험	둥근톱에 방호장치를 부착하여 작업에 안전성 및 확실성 등을 무부하 상태에서 반복시험한 후 이상 유무를 확인한다.

6) 둥근톱 기계작업에 대한 안전수칙

① 톱날이 재료보다 너무 높게 솟아나지 않게 한다.
② 두께가 얇은 재료의 절단에는 압목 등의 적당한 도구를 사용한다.
③ 작업 전에 공회전시켜서 이상 유무를 점검한다.
④ 작업대는 작업에 적당한 높이로 조정한다.
⑤ 톱날회전방향의 정면에 서지 않는다.

3. 동력식 수동 대패기(Hand-fed Planning Machine)

1) 동력식 수동 대패기의 정의

가공할 판재를 손의 힘으로 송급하여 표면을 미끈
하게 하는 동력기계를 말한다.

2) 방호장치의 종류 및 구조

① 칼날접촉 방지장치 : 인체가 대팻날에 접촉하
지 않도록 덮어주는 것으로 덮개를 의미한다.

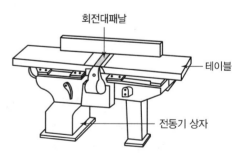

| 동력식 수동 대패기 |

② 대패기계 덮개의 종류

종류	용도
가동식 덮개	대팻날 부위를 가공재료의 크기에 따라 움직이며 인체가 날에 접촉하는 것을 방지해 주는 형식
고정식 덮개	대팻날 부위를 필요에 따라 수동 조정하도록 하는 형식

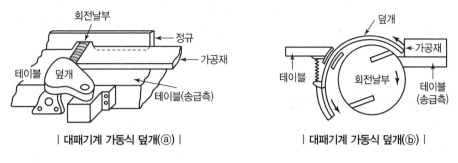

| 대패기계 가동식 덮개(ⓐ) |　　| 대패기계 가동식 덮개(ⓑ) |

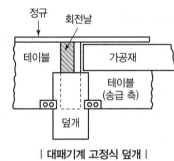

| 대패기계 고정식 덮개 |

3) 대패기계용 덮개의 시험방법(작동상태를 3회 이상 반복시험)

① 가동식 방호장치는 스프링의 복원력 상태 및 날과 덮개와의 접촉 유무를 확인한다.

② 가동부의 고정상태 및 작업자의 접촉으로 인한 위험성 유무를 확인한다.

③ 날접촉 예방장치인 덮개와 송급테이블면과의 간격이 8mm 이하이어야 한다.

④ 작업에 방해의 유무, 안전성의 여부를 확인한다.

4) 동력식 수동 대패기 작업에 대한 안전수칙

① 얇거나 짧은 일감을 가공할 때는 밀기 막대를 이용한다.

② 목재에 이물질이나 못 등 불균일면이 없는지를 확인한다.

③ 반대방향으로 대패질을 하지 않는다.

④ 날이 지나치게 돌출되지 않도록 한다.

⑤ 기계수리는 운전을 정지시킨 후 한다.

4. 기타 공작기계의 안전기준

띠톱기계의 덮개	띠톱기계(목재가공용 띠톱기계는 제외)의 절단에 필요한 톱날 부위 외의 위험한 톱날 부위에 덮개 또는 울 등을 설치하여야 한다.
원형 톱기계	원형 톱기계(목재가공용 둥근톱기계는 제외)에는 톱날접촉 예방장치를 설치하여야 한다.
탑승의 금지	운전 중인 평삭기의 테이블 또는 수직선반 등의 테이블에 근로자를 탑승시켜서는 아니 된다.(다만, 테이블에 탑승한 근로자 또는 배치된 근로자가 즉시 기계를 정지할 수 있도록 하는 등 우려되는 위험을 방지하기 위하여 필요한 조치를 한 경우에는 그러하지 아니하다.)

19 산업용 로봇의 방호장치

1. 산업용 로봇의 안전기준

1) 교시 등의 작업 시 안전조치사항★

① 다음 각 목의 사항에 관한 지침을 정하고 그 지침에 따라 작업을 시킬 것
   ㉠ 로봇의 조작방법 및 순서
   ㉡ 작업 중의 매니퓰레이터의 속도
   ㉢ 2명 이상의 근로자에게 작업을 시킬 경우의 신호방법
   ㉣ 이상을 발견한 경우의 조치
   ㉤ 이상을 발견하여 로봇의 운전을 정지시킨 후 이를 재가동시킬 경우의 조치
   ㉥ 그 밖에 로봇의 예기치 못한 작동 또는 오조작에 의한 위험을 방지하기 위하여 필요한 조치
② 작업에 종사하고 있는 근로자 또는 그 근로자를 감시하는 사람은 이상을 발견하면 즉시 로봇의 운전을 정지시키기 위한 조치를 할 것
③ 작업을 하고 있는 동안 로봇의 기동스위치 등에 작업 중이라는 표시를 하는 등 작업에 종사하고 있는 근로자가 아닌 사람이 그 스위치 등을 조작할 수 없도록 필요한 조치를 할 것

2) 운전 중 위험 방지조치★★

① 높이 1.8미터 이상의 울타리
② 컨베이어 시스템의 설치 등으로 울타리를 설치할 수 없는 일부 구간 : 안전매트 또는 광전자식 방호장치 등 감응형 방호장치 설치

3) 수리 등 작업 시의 조치

로봇의 작동범위에서 해당 로봇의 수리 · 검사 · 조정 · 청소 · 급유 또는 결과에 대한 확인작업을 하는 경우
① 해당 로봇의 운전을 정지함과 동시에 그 작업을 하고 있는 동안 로봇의 기동스위치를 열쇠로 잠근 후 열쇠를 별도 관리

② 해당 로봇의 기동스위치에 작업 중이란 내용의 표지판을 부착하는 등 해당 작업에 종사하고 있는 근로자가 아닌 사람이 해당 기동스위치를 조작할 수 없도록 필요한 조치를 하여야 한다.

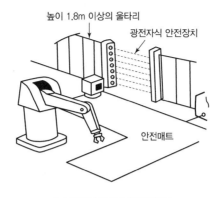

| 산업용 로봇의 안전장치 |

2. 주요 방호장치★★

① 동력차단장치
② 비상정지기능
③ 방호울타리(방책)
④ 안전매트

20 기타 공작기계의 안전

1. 선반작업 시 안전수칙

1) 선반의 의의

① 주축으로 가공물을 회전시키고 공구대에 설치된 바이트에 절삭깊이와 이송운동을 시켜 일감을 절삭하는 공작기계
② 선반작업에서는 기어(Gear) 절삭을 하지 못한다.

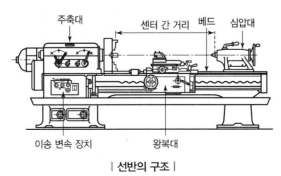

| 선반의 구조 |

2) 선반의 방호장치(안전장치)★

칩 브레이커(Chip Breaker)	절삭 중 칩을 자동적으로 끊어 주는 바이트에 설치된 안전장치
급정지 브레이크	가공작업 중 선반을 급정지시킬 수 있는 방호장치
실드(Shield)	가공물의 칩이 비산되어 발생하는 위험을 방지하기 위해 사용하는 덮개(칩 비산 방지 투명판)
척 커버(Chuck Cover)	척과 척으로 잡은 가공물의 돌출부에 작업자가 접촉하지 않도록 설치하는 덮개

3) 선반 작업 시 주의사항

① 칩(Chip)이 비산할 때는 보안경을 쓰고 방호판을 설치한다.

② 베드 위에 공구를 올려 놓지 않아야 한다.

③ 작업 중에 가공품을 만지지 않는다.

④ 면장갑 착용을 금한다.

⑤ 작업 시 공구는 항상 정리해 둔다.

⑥ 가능한 한 절삭 방향은 주축대 쪽으로 한다.

⑦ 기계 점검을 한 후 작업을 시작한다.

⑧ 칩(Chip)이나 부스러기를 제거할 때는 기계를 정지시키고 압축공기를 사용하지 말고 반드시 브러시(솔)를 사용한다.

⑨ 치수 측정, 주유 및 청소를 할 때는 반드시 기계를 정지시키고 한다.

⑩ 기계를 운전 중에 백 기어(Back Gear)를 사용하지 말고 시동 전에 심압대가 잘 죄어 있는가를 확인한다.

⑪ 바이트는 가급적 짧게 장치하며 가공물의 길이가 직경의 12배 이상일 때는 반드시 방진구를 사용하여 진동을 막는다.

⑫ 리드 스크루에는 작업자의 하부가 걸리기 쉬우므로 조심해야 한다.

2. 밀링작업 시 안전수칙

1) 밀링의 의의

① 공작물을 고정하고 많은 날을 가진 밀링커터를 회전시켜 테이블 위에 고정한 공작물을 이송하여 절삭하는 공작기계이다.

② 주로 평면공작물을 절삭가공하나, 더브테일 가공이나 나사 가공 등의 복잡한 가공도 가능하다.

③ 공작기계 중 칩(Chip)이 가장 가늘고 예리하여 손을 잘 다친다.

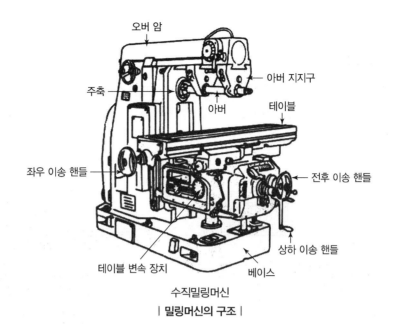

| 밀링머신의 구조 |

수직밀링머신

2) 밀링의 방호장치(안전장치)

밀링커터가 회전하고 있을 때 작업자의 소매가 커터에 감겨 들거나 칩이 작업자의 눈에 들어가서 일어나는 재해가 많이 발생하므로 상부의 암에 공작물에 적합한 덮개를 설치해 두면 좋다.

3) 밀링작업에 대한 안전수칙

① 제품을 따내는 데에는 손끝을 대지 말아야 한다.

② 운전 중 가공면에 손을 대지 말아야 하며 장갑 착용을 금지한다.

③ 칩을 제거할 때에는 커터의 운전을 중지하고 브러시(솔)를 사용하며 걸레를 사용하지 않는다.

④ 칩의 비산이 많으므로 보안경을 착용한다.

⑤ 커터 설치 및 측정 시에는 반드시 기계를 정지시킨 후에 한다.

⑥ 일감(공작물)은 테이블 또는 바이스에 안전하게 고정한다.

⑦ 상하 이송장치의 핸들은 사용 후 반드시 빼 두어야 한다.

⑧ 가공 중에 밀링머신에 얼굴을 대지 않는다.

⑨ 절삭속도는 재료에 따라 정한다.

⑩ 커터를 끼울 때는 아버를 깨끗이 닦는다.

⑪ 일감(공작물)을 고정하거나 풀어낼 때는 기계를 정지시킨다.

⑫ 테이블 위에 공구 등을 올려놓지 않는다.

⑬ 강력 절삭을 할 때는 일감을 바이스에 깊게 물린다.

⑭ 급속이송은 백래시 제거장치가 동작하지 않고 있음을 확인한 후 실시하고, 급속이송은 한 방향으로만 한다.

3. 플레이너 작업 시 안전수칙

1) 플레이너의 의의

① 공작물을 테이블에 설치하여 왕복운동시키고 바이트를 이송시켜 공작물을 수평면, 수직면, 경사면, 홈곡면 등을 절삭하는 평면절삭용 공작기계이다.

② 세이퍼 등으로는 절삭할 수 없는 크고 긴 공작물의 절삭에 사용되는 공작기계이다.

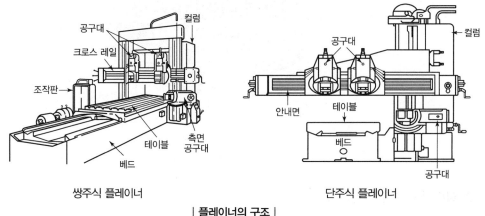

| 플레이너의 구조 |

2) 플레이너의 방호장치(안전장치)

① 칸막이
② 방책(방호울)
③ 칩받이
④ 가드

3) 플레이너 작업에 대한 안전수칙

① 프레임 내의 피트(Pit)에는 뚜껑을 설치한다.

② 바이트는 되도록 짧게 나오도록 설치한다.

③ 배드 위에 다른 물건을 올려놓지 않는다.

④ 비산하는 공구 파편으로부터 작업자를 지키기 위해 가드를 마련한다.

⑤ 테이블과 고정벽이나 다른 기계와의 최소 거리가 40cm 이하가 될 때는 기계의 양쪽 끝부분에 방책을 설치하여 작업자의 통행을 차단하여야 한다.

⑥ 일감(공작물)은 견고하게 장치한다.

⑦ 일감(공작물) 고정 작업 중에는 반드시 동력 스위치를 꺼놓는다.

⑧ 절삭 행정 중 일감(공작물)에 손을 대지 말아야 한다.

⑨ 기계 작동 중 테이블 위에는 절대로 올라가지 않아야 한다.

⑩ 플레이너의 안전작업을 위한 절삭행정속도는 30m/min 정도이다.

4. 세이퍼 작업 시 안전수칙

1) 세이퍼의 의의

① 램에 설치된 바이트가 왕복운동을 하여 테이블에 고정된 공작물을 이송시켜 평면, 홈, 곡면 등을 절삭하는 공작기계로, 형삭기라고도 한다.

② 주로 소형 공작물을 절삭하는 공작기계이며 플레이너보다 작은 공작물을 가공한다.

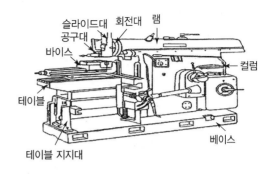

| 세이퍼의 구조 |

2) 세이퍼의 방호장치(안전장치)

① 칩받이
② 칸막이
③ 방책(방호울)
④ 가드

3) 세이퍼 작업에 대한 안전수칙

① 운전 중에는 절대 급유를 하지 말아야 한다.

② 램(Ram) 조정 핸들은 조정 후 빼 놓도록 해야 한다.

③ 절삭 중에 바이트 홀더에 손을 대지 말아야 한다.

④ 바이트는 잘 갈아서 사용하며 가능한 한 짧게 물린다.

⑤ 시동 전에 행정 조정 손잡이(핸들)는 빼둔다.

⑥ 가공물을 측정하고자 할 때는 기계를 정지시킨 후에 실시한다.

⑦ 보안경을 착용한다.

⑧ 반드시 재질에 따라 절삭속도를 결정한다.

⑨ 램은 필요 이상 긴 행정으로 하지 말고, 일감에 알맞은 행정으로 조정하도록 한다.(램 행정을 공작물의 길이보다 20~30mm 정도 길게)

⑩ 반드시 재질에 따라 절삭속도를 정한다.

⑪ 공작물을 견고하게 고정한다.

⑫ 작업 중에는 바이트의 운동 방향에 서지 않도록 한다.

5. 드릴링 머신 작업 시 안전수칙

1) 드릴링 머신의 의의

드릴링 머신은 절삭공구인 드릴을 주축에 끼워 절삭회전운동과 축방향으로 이송을 주어 구멍을 뚫는 절삭기계이다.

2) 드릴링 머신의 방호장치(안전장치)

① 가드(방호울)
② 브러시
③ 재료의 회전 방지장치(회전 정지 지그)
④ 다축드릴에 대해서는 플라스틱 평판을 사용
⑤ 자동급유장치 등

3) 드릴링 작업에 대한 안전수칙

① 일감은 견고하게 고정시키며 관통된 것을 확인하기 위해 손으로 만져서는 안 된다.
② 드릴을 끼운 후 척 렌치(Chuck Wrench)는 반드시 뺀다.
③ 작업모를 착용하고 옷소매가 긴 작업복은 입지 않는다.
④ 드릴 작업에서는 보안경을 착용하고 안전덮개(Shield)를 설치한다.
⑤ 칩은 브러시(와이어 브러시)로 제거하고 장갑 착용은 금지한다.
⑥ 구멍 끝 작업에서는 절삭압력을 주어서는 안 된다.
⑦ 고정구를 사용하여 작업 중 공작물의 유동을 방지한다.
⑧ 가공 중 구멍이 관통되면 기계를 멈추고 손으로 돌려서 드릴을 뺀다.
⑨ 일감의 설치, 테이블의 고정이나 조정은 기계를 정지시킨 후에 실시한다.
⑩ 큰 구멍을 뚫을 때는 반드시 작은 구멍을 먼저 뚫은 후 큰 구멍을 뚫는다.
⑪ 얇은 판에 구멍을 뚫을 때에는 나무판을 밑에 받치고 뚫는다.
⑫ 구멍이 거의 다 뚫리는 끝부분에서 일감이 드릴과 함께 맞물려 회전하기 쉬우므로 주의하여야 한다.

4) 드릴링 작업에서 일감(공작물)의 고정방법

① 일감이 작을 때 : 바이스로 고정
② 일감이 크고 복잡할 때 : 볼트와 고정구(클램프)로 고정
③ 대량 생산과 정밀도를 요할 때 : 지그(Jig)로 고정
④ 얇은 판의 재료일 때 : 나무판을 받치고 기구로 고정

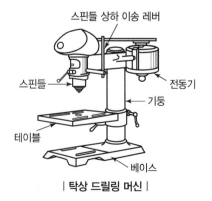

| 탁상 드릴링 머신 |

| 드릴 척과 척 렌치 |

21 비파괴검사의 종류

1. 비파괴검사의 종류 ★

① **육안검사(VT ; Visual Test)** : 시각에 의한 시험방법으로 시험체 표면에 나타나는 결함이나 손상 등을 육안 또는 확대경, 전용게이지, 내시경 등을 사용하여 검사할 수 있다.

② **누설검사(LT ; Leak Test)** : 암모니아, 할로겐, 헬륨 등을 시험체 용기 내에 혼입하고 시험체 표면에서 검출기에 의한 누설개소 또는 누설량을 검출하는 검사이다.

③ **침투검사(Penetrant Test, 침투탐상검사)** : 검사물 표면의 균열이나 피트 등의 결함을 비교적 간단하고 신속하게 검출할 수 있고, 특히 비자성 금속재료의 검사에 자주 이용되는 검사

④ **초음파검사(UT ; Ultrasonic Test, 초음파탐상검사)** : 용접 부위에 침투액을 도포하고 표면을 닦은 후 검사액을 도포하여 표면의 결함을 검출

⑤ **자기탐상검사(MT ; Magnetic Particle Test, 자분탐상검사)** : 강자성체의 결함을 찾을 때 사용하는 비파괴시험으로 표면 또는 표층에 결함이 있을 경우 누설자속을 이용하여 육안으로 결함을 검출하는 방법이며, 비자성체는 사용이 곤란하다.

⑥ **음향검사** : 피검사재를 손 또는 기계적으로 망치 등으로 타격 진동시켜 발생하는 음에 의해서 재질, 결함을 선별

⑦ **방사선투과 검사(RT ; Radiographic Test)** : X선, γ선을 투과하고 투과방지선을 필름에 촬영하여 내부결함을 검출

⑧ **와류탐상검사(Eddy Current Test)** : 금속 등의 도체에 교류를 통한 코일을 접근시켰을 때 결함이 존재하면 코일에 유기되는 전압이나 전류가 변하는 것을 이용한 검사

2. 결함의 위치에 따른 분류

표면 결함 검출을 위한 비파괴 검사	내부 결함 검출을 위한 비파괴 검사
① 육안검사	① 방사선 투과 검사
② 자기탐상검사	② 음향검사
③ 침투검사	③ 초음파검사
④ 와전류 탐상 검사	

01 PART
02 PART
03 PART
04 PART
05 PART
06 PART
07 PART

02 운반안전일반

1 지게차의 재해유형

재해유형	위험유발요인
화물의 낙하	① 불안전한 화물의 적재 ② 부적당한 작업장치 선정 ③ 미숙한 운전 조작 ④ 급출발, 급정지 및 급선회
협착 및 충돌	① 구조상 피할 수 없는 시야의 악조건 ② 후륜주행에 따른 후부의 선회반경
차량의 전도	① 요철 바닥면의 미정비 ② 취급되는 화물에 비해서 소형의 차량 ③ 화물의 과적재 ④ 급선회

2 지게차의 안정도

1. 지게차의 안정조건★

지게차는 화물 적재 시에 지게차 균형추(Counter Balance) 무게에 의하여 안정된 상태를 유지할 수 있도록 최대하중 이하로 적재하여야 한다.

$$Wa < Gb$$

여기서, W : 화물중심에서의 화물의 중량[kgf]
G : 지게차 중심에서의 지게차의 중량[kgf]
a : 앞바퀴에서 화물 중심까지의 최단거리[cm]
b : 앞바퀴에서 지게차 중심까지의 최단거리[cm]
$M_1 = Wa$(화물의 모멘트)
$M_2 = Gb$(지게차의 모멘트)

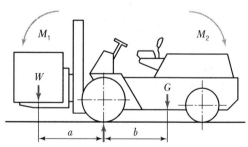

01 PART
02 PART
03 PART
04 PART
05 PART
06 PART
07 PART

··· 예상문제

지게차의 중량(G)이 1,000kg이고, 앞바퀴에서 화물의 중심까지의 거리(a)가 1.2m, 앞바퀴로부터 차의 중심까지의 거리(b)가 1.5m일 경우 지게차의 안정을 유지하기 위한 최대 화물중량(W)은 얼마 미만으로 해야 하는가?

풀이

① $M_1 = Wa = W \times 1.2 = 1.2\,W$

② $M_2 = Gb = 1,000 \times 1.5 = 1,500\text{kg}$

③ $M_1 < M_2$

④ $1.2\,W < 1,500$

⑤ $W < 1,250(\text{kg})$

⑥ ∴ $W = 1,250(\text{kg})$ 미만

2. 지게차의 안정도 기준

지게차의 전후 및 좌우 안정도를 유지하기 위하여 지게차의 주행·하역작업 시 안정도 기준을 준수하여야 한다.

안정도	지게차의 상태	
하역작업 시의 전후 안정도 4% 이내 (5톤 이상 3.5% 이내) (최대하중상태에서 포크를 가장 높이 올린 경우)		
주행 시의 전후 안정도 18% 이내 (기준부하상태)		(위에서 본 경우)
하역작업 시의 좌우 안정도 6% 이내 (최대하중상태에서 포크를 가장 높이 올리고 마스트를 가장 뒤로 기울인 경우)		
주행 시의 좌우 안정도 ($15 + 1.1\,V$)% 이내 (V : 최고속도(km/h)) (기준무부하상태)		(밑에서 본 경우)

① **기준부하상태** : 지면으로부터의 높이가 30cm인 수평상태(주행 시 마스트를 가장 안쪽으로 기울인 상태)의 지게차의 포크 윗면에 최대하중이 고르게 가해지는 상태
② **기준무부하상태** : 지면으로부터의 높이가 30cm인 수평상태(주행 시 마스트를 가장 안쪽으로 기울인 상태)의 지게차의 포크 윗면에 하중이 가해지지 아니한 상태

$$안정도 = \frac{h}{l} \times 100\%$$

전도구배

3 헤드가드★★

① 강도는 지게차의 최대하중의 2배 값(4톤을 넘는 값에 대해서는 4톤으로 한다)의 등분포정하중에 견딜 수 있을 것
② 상부 틀의 각 개구의 폭 또는 길이가 16cm 미만일 것
③ 운전자가 앉아서 조작하거나 서서 조작하는 지게차의 헤드가드는 한국산업표준에서 정하는 높이 기준 이상일 것(좌식 : 0.903m 이상, 입식 : 1.88m 이상)

4 와이어로프

1. 와이어로프의 구성

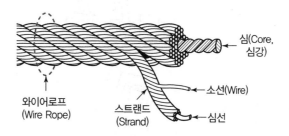

와이어로프는 강선(소선)을 여러 개 꼬아 작은 줄(스트랜드)을 만들고, 이 줄을 꼬아 로프를 만드는데 그 중심에 심(심강)[대마를 꼬아 윤활유를 침투시킨 것]을 넣는다.
① 로프의 구성은 "스트랜드 수 × 소선의 개수"로 표시한다.
② 로프의 크기는 단면 외접원의 지름으로 나타낸다.

2. 와이어로프의 꼬임★★

보통 꼬임	랭 꼬임
로프의 꼬임 방향과 스트랜드의 꼬임 방향이 서로 반대방향으로 꼬는 방법	로프의 꼬임 방향과 스트랜드의 꼬임 방향이 서로 동일한 방향으로 꼬는 방법
① 하중에 대한 저항성이 크고 취급이 용이 ② 소선의 외부 접촉 길이가 짧아서 비교적 마모되기 쉽다.	① 보통꼬임에 비하여 내마모성, 유연성, 내피로성이 우수 ② 꼬임이 풀리기 쉽고 킹크(꼬임)가 생기기 쉬워 자유롭게 회전하는 경우에는 적당하지 않다.

보통 Z꼬임　　　　보통 S꼬임　　　　랭 Z꼬임　　　　랭 S꼬임

3. 클립(Clip) 고정법의 클립 고정방법

와이어로프의 지름(mm)	클립 수(개)	클립고정법	적합 여부
16 이하	4		적합
16 초과~28 이하	5		부적합
28 초과	6		부적합

5　와이어로프에 걸리는 하중

1. 와이어로프의 안전율

$$안전율(S) = \frac{로프의\ 가닥\ 수(N) \times 로프의\ 파단하중(P) \times 단말고정이음효율(nR)}{안전하중(최대사용하중,\ Q) \times 하중계수(C)}$$

2. 와이어로프에 걸리는 하중 계산★★

① 와이어로프에 걸리는 하중은 매다는 각도에 따라서 로프에 걸리는 장력은 달라진다.

② 와이어로프로 중량물을 달아 올릴 때 로프에 걸리는 힘은 슬링와이어의 각도가 클수록 힘이 크게 걸린다.

01 PART　02 PART　03 PART　04 PART　05 PART　06 PART　07 PART

와이어로프에 걸리는 총 하중	총 하중(W)= 정하중(W_1)+ 동하중(W_2) 동하중(W_2) = $\dfrac{W_1}{g} \times a$ [g : 중력가속도(9.8m/s^2), a : 가속도(m/s^2)]
와이어로프에 작용하는 장력	장력$[N]$= 총하중$[\text{kg}]$ × 중력가속도$[\text{m/s}^2]$
슬링와이어로프의 한 가닥에 걸리는 하중	하중 = $\dfrac{\text{화물의 무게}(W_1)}{2} \div \cos\dfrac{\theta}{2}$

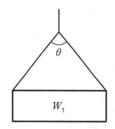
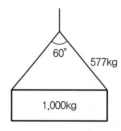
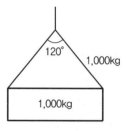

각도 θ가 작을수록 힘이 적게 걸린다.

••• 예상문제

980[kg]의 화물을 두 줄 걸이 로프로 상부각도 90°로 들어 올릴 때 한쪽 와이어로프에 걸리는 하중 [kg]을 계산하시오.

풀이

하중 = $\dfrac{\text{화물의 무게}(W_1)}{2} \div \cos\dfrac{\theta}{2} = \dfrac{980}{2} \div \cos\dfrac{90°}{2} = 692.964 = 692.96\,(\text{kg})$

6 달기 체인

1. 양중기 달기 체인의 사용금지 조건★★

① 달기 체인의 길이가 달기 체인이 제조된 때의 길이의 5%를 초과한 것
② 링의 단면 지름이 달기 체인이 제조된 때의 해당 링의 지름의 10%를 초과하여 감소한 것
③ 균열이 있거나 심하게 변형된 것

전기작업안전관리 및 화공안전점검

1 감전재해 유해요소

1. 1차적 감전요소(위험도 결정조건)★★

통전전류의 크기	크면 위험, 인체의 저항이 일정할 때 접촉전압에 비례
통전시간	장시간 흐르면 위험
통전경로	인체의 주요한 부분을 흐를수록 위험
전원의 종류	전원의 크기(전압)가 동일한 경우 교류가 직류보다 위험하다.

참고 ✓

직류	전류와 전압이 시간의 변화에 따라 방향과 크기가 변하지 않거나 일정하다.
교류	전류와 전압이 시간의 변화에 따라 방향과 크기가 변화한다.

※ 교류가 직류보다 위험한 이유는 교류의 경우 전압의 극성변화가 있기 때문이다.

2. 2차적 감전요소

인체의 조건(저항)	땀이나 물에 젖어 있는 경우 인체의 저항이 감소하므로 위험성이 높아진다.
전압	전압의 크기가 클수록 위험하다.
계절	계절에 따라 인체의 저항이 변화하므로 전격에 대한 위험도에 영향을 준다.(여름에는 땀을 많이 흘리므로 인체의 저항값이 감소하여 위험성이 높다)

2 통전전류가 인체에 미치는 영향

1. 통전전류에 따른 인체의 영향★

분류	인체에 미치는 전류의 영향	통전전류
최소감지전류	전류의 흐름을 느낄 수 있는 최소전류	상용주파수 60Hz에서 성인남자 1mA
고통한계전류	고통을 참을 수 있는 한계전류	상용주파수 60Hz에서 성인남자 7~8mA
가수전류(이탈전류, 마비한계전류)	인체가 자력으로 이탈할 수 있는 전류	상용주파수 60Hz에서 성인남자 10~15mA
불수전류	신경이 마비되고 신체를 움직일 수 없으며 말을 할 수 없는 상태(인체가 충전부에 접촉하여 감전되었을 때 자력으로 이탈할 수 없는 상태의 전류)	상용주파수 60Hz에서 성인남자 15~50mA

분류	인체에 미치는 전류의 영향	통전전류
심실세동전류 (치사전류)	심장의 맥동에 영향을 주어 심장마비 상태를 유발하여 수분 이내에 사망	$I = \dfrac{165}{\sqrt{T}}[\mathrm{mA}]$ 일반적으로 50~100mA

2. 심실세동전류(치사전류)★★

① 인체에 흐르는 전류가 더욱 증가하면 심장부를 흐르게 되어 정상적인 박동을 하지 못하고 불규칙적인 세동으로 혈액순환이 순조롭지 못하게 되는 현상을 말하며, 그대로 방치하면 수분 내로 사망하게 된다.

② 심근의 미세한 진동으로 혈액을 방출하는 기능이 장애를 받는 현상을 심실세동이라 하고, 이때의 전류를 심실세동전류라 한다.

③ 일반적으로 50~100mA 정도에서 일어나며 100mA 이상에서는 순간적 흐름에도 심실세동현상이 발생한다.

④ **심실세동전류와 통전시간의 관계(Dalziel)** : 심실세동전류의 크기는 통전시간의 제곱근에 비례한다.

$$I = \frac{165}{\sqrt{T}}[\mathrm{mA}]$$

여기서, I : 심실세동전류[mA], T : 통전시간[sec]
전류 I는 1,000명 중 5명 정도가 심실세동을 일으키는 값

⑤ **위험한계 에너지(심실세동을 일으키는 전기에너지 값)**

인체의 전기저항 R은 500Ω, 통전시간이 1초라면

$$W = I^2 R T[\mathrm{J/s}] = \left(\frac{165}{\sqrt{T}} \times 10^{-3}\right)^2 \times R \times T = \left(\frac{165}{\sqrt{T}} \times 10^{-3}\right)^2 \times 500 \times 1 = 13.61[\mathrm{J}]$$

···· 예상문제

C. F. Dalziel의 관계식을 이용하여 심실세동을 일으킬 수 있는 에너지[J]를 구하시오.(단, 통전시간은 1초, 인체의 전기저항은 500Ω이다.)

풀이 $W = I^2 R T = \left(\dfrac{165}{\sqrt{T}} \times 10^{-3}\right)^2 \times R \times T = \left(\dfrac{165}{\sqrt{1}} \times 10^{-3}\right)^2 \times 500 \times 1 = 13.61(\mathrm{J})$

01 PART
02 PART
03 PART
04 PART
05 PART
06 PART
07 PART

3. 통전 경로별 위험도★★

감전 시의 영향은 전류의 경로에 따라 그 위험성이 달라지며, 전류가 심장 또는 그 주위를 통하게 되면 심장에 영향을 주어 가장 위험하다.

통전경로	심장전류계수	통전경로	심장전류계수
왼손-가슴	1.5	왼손-등	0.7
오른손-가슴	1.3	한 손 또는 양손-앉아 있는 자리	0.7
왼손-한 발 또는 양발	1.0	왼손-오른손	0.4
양손-양발	1.0	오른손-등	0.3
오른손-한 발 또는 양발	0.8		

※ 숫자가 클수록 위험도가 높다.

4. 인체의 전기 저항

1) 옴의 법칙

① 전기회로 내의 전류, 전압, 저항 사이의 관계를 나타내는 법칙
② 임의의 도체에 흐르는 전류(I)의 크기는 전압(V)에 비례하고(R이 일정한 경우), 저항(R)에 반비례(V가 일정한 경우)한다.

③ 공식★★

$$V = IR[\text{V}], \ I = \frac{V}{R}[\text{A}], \ R = \frac{V}{I}[\Omega]$$

여기서, V : 전압[V], I : 전류[A], R : 저항[Ω]

2) 인체 각부의 전기저항

① 인체저항은 피부의 젖은 정도, 인가전압에 의해 크게 변하며, 인가전압이 커짐에 따라 약 500Ω 이하까지 감소한다.
② 전압이 높아지면 피부저항은 감소된다.
③ 전원전압이 200V일 때 인체에 흐르는 전류는 40mA로 위험, 이때 손, 신발이 젖은 경우 0.3초 이내에 사망 가능

인체의 전체 전기저항	피부저항	내부조직 저항	발과 신발 사이 저항	신발과 대지 사이 저항
5,000Ω	2,500Ω	300Ω	1,500Ω	700Ω

> **참고♥ 습기에 의한 변화**
> ① 피부가 젖어 있는 경우에는 건조한 경우에 비해 1/10 감소
> ② 땀이 난 경우 1/12~1/20로 감소
> ③ 물에 젖은 경우 1/25로 감소

용접작업을 하는 작업자가 전압이 300V인 충전부분에 물에 젖은 손으로 접촉하여 감전으로 인한 심실세동을 일으켰다. 이때 인체에 흐른 심실세동전류[mA]와 통전시간[ms]을 구하시오.(단, 인체의 저항은 1,000Ω으로 한다.)

풀이

① 전류$(I) = \dfrac{V}{R} = \dfrac{300}{1,000 \times \dfrac{1}{25}} = 7.5(\text{A}) = 7,500(\text{mA})$

② 통전시간

    ㉠ $I = \dfrac{165}{\sqrt{T}}(\text{mA})$

    ㉡ $7,500(\text{mA}) = \dfrac{165}{\sqrt{T}}$

    ㉢ $T = \dfrac{165^2}{7,500^2} = 0.000484(\text{s}) = 0.48(\text{ms})$

01 PART · 02 PART · 03 PART · 04 PART · 05 PART · 06 PART · 07 PART

5. 전압의 구분★★

전원의 종류	저압	고압	특고압
직류(DC)	1,500V 이하	1,500V 초과, 7,000V 이하	7,000V 초과
교류(AC)	1,000V 이하	1,000V 초과, 7,000V 이하	7,000V 초과

6. 허용접촉전압★

전기계통의 충전부분과 인체가 접촉하여 인체에 인가될 수 있는 전압이다.

종별	접촉상태	허용접촉전압
제1종	인체의 대부분이 수중에 있는 상태	2.5V 이하
제2종	① 인체가 현저하게 젖어 있는 상태 ② 금속성의 전기기계장치나 구조물에 인체의 일부가 상시 접촉되어 있는 상태	25V 이하
제3종	제1종, 제2종 이외의 경우로 통상의 인체상태에 있어서 접촉전압이 가해지면 위험성이 높은 상태	50V 이하
제4종	① 제1종, 제2종 이외의 경우로 통상의 인체상태에 있어서 접촉전압이 가해지더라도 위험성이 낮은 상태 ② 접촉전압이 가해질 우려가 없는 상태	제한 없음

3 감전사고 방지대책

1. 감전사고에 대한 일반적인 방지대책★

① 전기설비의 점검 철저
② 전기기기 및 설비의 정비
③ 전기기기 및 설비의 위험부에 위험표시
④ 설비의 필요부분에 보호접지의 실시
⑤ 충전부가 노출된 부분에는 절연방호구를 사용
⑥ 고전압 선로 및 충전부에 근접하여 작업하는 작업자는 보호구 착용
⑦ 유자격자 이외는 전기기계 및 기구에 전기적인 접촉 금지
⑧ 관리감독자는 작업에 대한 안전교육 시행
⑨ 사고 발생 시 처리순서를 미리 작성해 둘 것
⑩ 전기설비에 대한 누전차단기 설치

2. 직접 접촉에 의한 방지대책(충전 부분에 대한 감전방지)★★

① 충전부가 노출되지 않도록 폐쇄형 외함이 있는 구조로 할 것
② 충전부에 충분한 절연효과가 있는 방호망이나 절연덮개를 설치할 것
③ 충전부는 내구성이 있는 절연물로 완전히 덮어 감쌀 것
④ 발전소·변전소 및 개폐소 등 구획되어 있는 장소로서 관계 근로자가 아닌 사람의 출입이 금지되는 장소에 충전부를 설치하고, 위험표시 등의 방법으로 방호를 강화할 것
⑤ 전주 위 및 철탑 위 등 격리되어 있는 장소로서 관계 근로자가 아닌 사람이 접근할 우려가 없는 장소에 충전부를 설치할 것

3. 간접 접촉에 의한 방지대책★★

① **보호절연** : 누전 발생기기에 접촉되더라도 인체 전류의 통전 경로를 절연시킴으로써 전류를 안전한계 이하로 낮추는 방법
② 안전 전압 이하의 전기기기 사용
③ **접지** : 누전이 발생한 기계 설비에 인체가 접촉되더라도 인체에 흐르는 감전전류를 억제하여 안전한계 이하로 낮추고 대부분의 누설전류를 접지선을 통해 흐르게 하므로 감전사고를 예방하는 방법
④ **누전차단기의 설치** : 전기기계 기구 중 대지전압이 150[V]를 초과하는 이동형 또는 휴대형 등에 설치하며 누전을 자동으로 감지하여 0.1초 이내에 전원을 차단하는 장치를 말한다.
⑤ **비접지식 전로의 채용** : 전기기계·기구의 전원 측 전로에 설치한 절연변압기의 2차 전압이 300[V] 이하이고 정격용량이 3[kVA] 이하이며 절연 변압기의 부하 측 전로가 접지되어 있지 아니한 경우

⑥ 이중절연구조 : 충전부를 2중으로 절연한 구조로서 기능절연과는 별도로 감전 방지를 위한 보호 절연을 한 경우(누전차단기 없이 보통 콘센트 사용 가능)

4. 임시로 사용하는 전등 등의 위험방지

① 이동전선에 접속하여 임시로 사용하는 전등이나 가설의 배선 등을 접촉함으로 인한 감전 및 전구의 파손에 의한 위험방지 : 보호망 부착

② 보호망 설치 시 준수사항
　㉠ 전구의 노출된 금속 부분에 근로자가 쉽게 접촉되지 아니하는 구조로 할 것
　㉡ 재료는 쉽게 파손되거나 변형되지 아니하는 것으로 할 것

5. 배선 및 이동전선으로 인한 위험방지

1) 배선 등의 절연피복 등★

① 근로자가 작업 중에나 통행하면서 접촉하거나 접촉할 우려가 있는 배선 또는 이동전선에 대하여 절연피복이 손상되거나 노화됨으로 인한 감전의 위험을 방지하기 위하여 필요한 조치를 하여야 한다.

② 전선을 서로 접속하는 경우에는 해당 전선의 절연성능 이상으로 절연될 수 있는 것으로 충분히 피복하거나 적합한 접속기구를 사용하여야 한다.

2) 습윤한 장소의 이동전선 등★

물 등의 도전성이 높은 액체가 있는 습윤한 장소에서 근로자가 작업 중에나 통행하면서 이동전선 및 이에 부속하는 접속기구에 접촉할 우려가 있는 경우에는 충분한 절연효과가 있는 것을 사용하여야 한다.

3) 통로바닥에서의 전선 등 사용금지

통로바닥에 전선 또는 이동전선 등을 설치하여 사용해서는 아니 된다.(다만, 차량이나 그 밖의 물체의 통과 등으로 인하여 해당 전선의 절연피복이 손상될 우려가 없거나 손상되지 않도록 적절한 조치를 하여 사용하는 경우에는 그러하지 아니하다.)

4) 꽂음접속기의 설치 · 사용 시 준수사항

① 서로 다른 전압의 꽂음접속기는 서로 접속되지 아니한 구조의 것을 사용할 것
② 습윤한 장소에 사용되는 꽂음접속기는 방수형 등 그 장소에 적합한 것을 사용할 것
③ 근로자가 해당 꽂음접속기를 접속시킬 경우에는 땀 등으로 젖은 손으로 취급하지 않도록 할 것
④ 해당 꽂음접속기에 잠금장치가 있는 경우에는 접속 후 잠그고 사용할 것

01 PART
02 PART
03 PART
04 PART
05 PART
06 PART
07 PART

5) 이동 및 휴대장비 등의 사용 전기작업의 조치사항

① 근로자가 착용하거나 취급하고 있는 도전성 공구·장비 등이 노출 충전부에 닿지 않도록 할 것

② 근로자가 사다리를 노출 충전부가 있는 곳에서 사용하는 경우에는 도전성 재질의 사다리를 사용하지 않도록 할 것

③ 근로자가 젖은 손으로 전기기계·기구의 플러그를 꽂거나 제거하지 않도록 할 것

④ 근로자가 전기회로를 개방, 변환 또는 투입하는 경우에는 전기 차단용으로 특별히 설계된 스위치, 차단기 등을 사용하도록 할 것

⑤ 차단기 등의 과전류 차단장치에 의하여 자동 차단된 후에는 전기회로 또는 전기기계·기구가 안전하다는 것이 증명되기 전까지는 과전류 차단장치를 재투입하지 않도록 할 것

6. 발전소 등의 울타리·담 등의 시설

① 울타리·담 등의 높이는 2m 이상으로 하고 지표면과 울타리·담 등의 하단 사이 간격은 0.15m 이하로 할 것

② 울타리·담 등과 고압 및 특고압의 충전 부분이 접근하는 경우에는 울타리·담 등의 높이와 울타리·담 등으로부터 충전부분까지 거리의 합계는 다음 표에서 정한 값 이상으로 할 것

▼ 발전소 등의 울타리·담 등의 시설 시 이격거리

사용전압의 구분	울타리·담 등의 높이와 울타리·담 등으로부터 충전부분까지 거리의 합계
35kV 이하	5m
35kV 초과 160kV 이하	6m
160kV 초과	6m에 160kV를 초과하는 10kV 또는 그 단수마다 0.12m를 더한 값

7. 아크를 발생하는 기구의 시설

고압용 또는 특고압용의 개폐기·차단기·피뢰기 기타 이와 유사한 기구로서 동작 시에 아크가 생기는 것은 목재의 벽 또는 천장 기타의 가연성 물체로부터 다음 표에서 정한 값 이상 이격하여 시설하여야 한다.

기구 등의 구분	이격거리
고압용의 것	1m 이상
특고압용의 것	2m 이상(사용전압이 35kV 이하의 특고압용의 기구 등으로서 동작할 때에 생기는 아크의 방향과 길이를 화재가 발생할 우려가 없도록 제한하는 경우에는 1m 이상)

4 개폐기의 분류

1. 의의

회로나 장치의 상태(ON, OFF)를 바꾸어 접속하기 위한 물리적 또는 전기적 장치

2. 개폐기의 종류

1) 부하 개폐기

부하상태에서 개폐할 수 있는 것으로 리클로우저, 차단기 등이 있다.
① 리클로우저(recloser) : 자동 차단, 자동 재투입의 능력을 가진 개폐기
② 차단기(OLB) : 부하상태에서 개폐할 수 있는 개폐기

2) 주상 유입 개폐기(POS)

① 배전선로의 개폐, 타 계통으로 변환, 고장구간의 구분, 접지사고의 차단, 부하전류의 차단 및 콘덴서의 개폐 등에 사용
② 고압개폐기로서 반드시 [개폐]의 표시를 하여야 한다.

3) 단로기(DS ; Disconnecting Switch)

① 무부하 상태에서만 차단이 가능하며, 부하상태에서 개폐하면 위험하다.
② 차단기의 전후 또는 차단기의 측로회로 및 회로접속의 변환에 사용한다.
③ 단로기 전원 개방 시(끊을 경우) : 차단기를 개방한 후에 단로기를 개방
④ 단로기 전원 투입 시(넣을 경우) : 단로기를 투입한 후에 차단기를 투입

4) 자동개폐기

① 회로에서 필요한 때에 자동으로 열리고 닫히는 스위치
② 시한 개폐기, 전자 개폐기, 스냅 개폐기, 압력 개폐기가 있다.

5) 저압개폐기

① 저압회로에 사용하는 개폐기로 스위치 내부에 퓨즈를 삽입한 개폐기
② 안전 개폐기, 박스 개폐기, 칼날형 개폐기, 커버 개폐기 등이 있다.

PART 01
PART 02
PART 03
PART 04
PART 05
PART 06
PART 07

5 과전류 차단기

1. 차단기(Circuit Breaker)

1) 개요

차단기는 통상의 부하전류를 개폐하고 사고 시 신속히 회로를 차단하여 전기기기 및 전선류를 보호하고 안전성을 유지하는 기기를 말한다.

2) 차단기의 기능★

① 정상전류의 개폐 및 이상상태 발생 시 회로를 차단
② 전기기기 및 전선류 등을 보호하여 안전하게 유지
③ 과부하 및 지락사고를 보호

2. 과전류 차단기 정의

배선용 차단기, 퓨즈 등이 있으며 전로에 과전류 및 단락전류가 흘렀을 경우 자동으로 전로를 차단하는 장치를 말한다.

3. 차단기의 종류

배선용 차단기(NFB)	과전류에 대하여 자동차단하는 브레이크를 내장한 것으로 평상시에는 수동으로 개폐하고 과부하 및 단락 시에는 자동으로 전류를 차단하는 것
공기차단기(ABB)	압축공기를 이용하여 소호하는 방식
기중차단기(ACB)	대기의 공기 내에서 회로를 차단할 시 공기의 자연소호방식을 이용한 것
자기차단기(MBB)	대기 중에서 전자력을 사용하여 아크를 소호실 내로 유도하여 차단하는 방식
진공차단기(VCB)	진공 속에서 전극을 개폐하여 소호하는 방식
가스차단기(GCB)	공기 대신 절연내력과 소호능력이 뛰어난 압축가스를 사용한 것
유입차단기(OCB)	전로의 차단을 절연유를 매질로 하여 동작하는 것

4. 과전류 차단장치의 설치기준

① 과전류 차단장치는 반드시 접지선이 아닌 전로에 직렬로 연결하여 과전류 발생 시 전로를 자동으로 차단하도록 설치할 것
② 차단기·퓨즈는 계통에서 발생하는 최대 과전류에 대하여 충분하게 차단할 수 있는 성능을 가질 것
③ 과전류 차단장치가 전기계통상에서 상호 협조·보완되어 과전류를 효과적으로 차단하도록 할 것
※ 과전류 차단장치 : 차단기·퓨즈 또는 보호계전기 등과 이에 수반되는 변성기를 말한다.

5. 과전류 차단기용 퓨즈 등

1) 저압전로에 사용하는 퓨즈

과전류 차단기로 저압전로에 사용하는 퓨즈는 다음의 표에 적합한 것이어야 한다.

정격전류의 구분	시간	정격전류의 배수	
		불용단전류	용단전류
4A 이하	60분	1.5배	2.1배
4A 초과 16A 미만	60분	1.5배	1.9배
16A 이상 63A 이하	60분	1.25배	1.6배
63A 초과 160A 이하	120분	1.25배	1.6배
160A 초과 400A 이하	180분	1.25배	1.6배
400A 초과	240분	1.25배	1.6배

2) 고압전로에 사용하는 퓨즈

포장 퓨즈	비포장 퓨즈
① 정격전류의 1.3배의 전류에 견딜 것 ② 2배의 전류로 120분 안에 용단되는 것	① 정격전류의 1.25배의 전류에 견딜 것 ② 2배의 전류로 2분 안에 용단되는 것

6 누전차단기

1. 누전차단기의 정의

누전 검출부, 영상변류기, 차단기구 등으로 구성된 장치로서, 이동형 또는 휴대형의 전기기계 · 기구 이하의 금속제 외함, 금속제 외피 등에서 누전, 절연파괴 등으로 인하여 지락전류가 발생하면 주어진 시간 이내에 전기기기의 전로를 차단하는 것을 말한다.

2. 누전차단기의 종류

구분		정격감도전류(mA)	동작시간
고감도형	고속형	5, 10, 15, 30	정격감도전류에서 0.1초 이내, 인체감전보호형은 0.03초 이내
	시연형		정격감도전류에서 0.1초를 초과하고 2초 이내
	반한시형		정격감도전류에서 0.2초를 초과하고 1초 이내 정격감도전류 1.4배의 전류에서 0.1초를 초과하고 0.5초 이내 정격감도전류 4.4배의 전류에서 0.05초 이내
중감도형	고속형	50, 100, 200, 500, 1000	정격감도전류에서 0.1초 이내
	시연형		정격감도전류에서 0.1초를 초과하고 2초 이내
저감도형	고속형	3000, 5000, 10000, 20000	정격감도전류에서 0.1초 이내
	시연형		정격감도전류에서 0.1초를 초과하고 2초 이내

01 PART
02 PART
03 PART
04 PART
05 PART
06 PART
07 PART

3. 감전방지용 누전차단기

1) 정의★★

정격 감도전류가 30mA 이하이고, 동작시간이 0.03초 이내인 누전차단기를 말한다.

2) 감전방지용 누전차단기의 적용대상(누전차단기 설치장소)★

① 대지전압이 150볼트를 초과하는 이동형 또는 휴대형 전기기계 · 기구
② 물 등 도전성이 높은 액체가 있는 습윤장소에서 사용하는 저압(1.5천볼트 이하 직류전압이나 1천볼트 이하의 교류전압)용 전기기계 · 기구
③ 철판 · 철골 위 등 도전성이 높은 장소에서 사용하는 이동형 또는 휴대형 전기기계 · 기구
④ 임시배선의 전로가 설치되는 장소에서 사용하는 이동형 또는 휴대형 전기기계 · 기구

3) 감전방지용 누전차단기의 적용제외 대상

① 이중절연구조 또는 이와 같은 수준 이상으로 보호되는 구조로 된 전기기계 · 기구
② 절연대 위 등과 같이 감전위험이 없는 장소에서 사용하는 전기기계 · 기구
③ 비접지방식의 전로

4. 누전차단기 접속 시 준수사항★★

① 전기기계 · 기구에 설치되어 있는 누전차단기는 정격감도 전류가 30밀리암페어 이하이고 작동시간은 0.03초 이내일 것(다만, 정격전부하전류가 50암페어 이상인 전기기계 · 기구에 접속되는 누전차단기는 오작동을 방지하기 위하여 정격감도전류는 200밀리암페어 이하로, 작동시간은 0.1초 이내로 할 수 있다.)
② 분기회로 또는 전기기계 · 기구마다 누전차단기를 접속할 것(다만, 평상시 누설전류가 매우 적은 소용량부하의 전로에는 분기회로에 일괄하여 접속할 수 있다.)
③ 누전차단기는 배전반 또는 분전반 내에 접속하거나 꽂음접속기형 누전차단기를 콘센트에 접속하는 등 파손이나 감전사고를 방지할 수 있는 장소에 접속할 것
④ 지락보호전용 기능만 있는 누전차단기는 과전류를 차단하는 퓨즈나 차단기 등과 조합하여 접속할 것

> **참고 ♥ 누전차단기의 시설(한국전기설비규정)**
>
> (1) 설치대상
>   금속제 외함을 가지는 사용전압이 50V를 초과하는 저압의 기계기구로서 사람이 쉽게 접촉할 우려가 있는 곳에 시설하는 것에 전기를 공급하는 전로
>
> (2) 누전차단기 설치 제외 대상
>   ① 기계기구를 발전소 · 변전소 · 개폐소 또는 이에 준하는 곳에 시설하는 경우
>   ② 기계기구를 건조한 곳에 시설하는 경우
>   ③ 대지전압이 150V 이하인 기계기구를 물기가 있는 곳 이외의 곳에 시설하는 경우
>   ④ 「전기용품 및 생활용품 안전관리법」의 적용을 받는 이중 절연구조의 기계기구를 시설하는 경우

⑤ 그 전로의 전원 측에 절연변압기(2차 전압이 300V 이하인 경우에 한함)를 시설하고 또한 그 절연 변압기의 부하 측의 전로에 접지하지 아니하는 경우
⑥ 기계기구가 고무·합성수지 기타 절연물로 피복된 경우
⑦ 기계기구가 유도전동기의 2차 측 전로에 접속되는 것일 경우
⑧ 기계기구가 전기욕기·전기로·전기보일러·전해조 등 대지로부터 절연하는 것이 기술상 곤란한 것
⑨ 기계기구 내에 「전기용품 및 생활용품 안전관리법」의 적용을 받는 누전차단기를 설치하고 또한 기계기구의 전원 연결선이 손상을 받을 우려가 없도록 시설하는 경우

7 피뢰기 및 피뢰침

1. 피뢰기(Lightning Arrester)

1) 정의

전기시설에 침입하는 낙뢰에 의한 이상 전압에 대하여 그 파고값을 저감시켜 전기기기를 절연파괴에서 보호하는 장치(이상전압으로부터 전력설비의 기기를 보호)

2) 피뢰기의 설치장소(고압 및 특고압 전로)

고압 및 특고압의 전로 중 다음의 곳 또는 이에 근접한 곳에는 피뢰기를 시설하고 피뢰기 접지저항값은 10Ω 이하로 하여야 한다.

① 발전소·변전소 또는 이에 준하는 장소의 가공전선 인입구 및 인출구
② 특고압 가공전선로에 접속하는 배전용 변압기의 고압 측 및 특고압 측
③ 고압 또는 특고압의 가공전선로로부터 공급을 받는 수용 장소의 인입구
④ 가공전선로와 지중전선로가 접속되는 곳

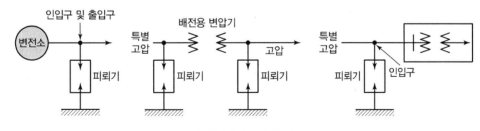

| 피뢰기의 설치장소 |

3) 피뢰기의 종류

저항형 피뢰기	직렬갭과 저항을 직렬로 한 것 ① 각형 피뢰기 ② 밴드만 피뢰기 ③ 다극 피뢰기
밸브형 피뢰기	특정요소가 일정한 임계 전압 이상의 근소한 전압 증가에서 전류가 현저히 증가하는 것 ① 알루미늄셀 피뢰기 ② 산화막 피뢰기 ③ 벨트형 산화막 피뢰기 ④ 오토밸브 피뢰기
밸브저항형 피뢰기	비직선 저항특성의 탄화규소를 주성분으로 하는 특성요소에 직렬갭을 접속한 구조 ① 사이라이트 피뢰기 ② 레지스트 밸브 피뢰기 ③ 드라이 밸브 피뢰기
방출형 피뢰기	간이형 피뢰기로 배전선용 주상 변압기의 보호에 사용
갭레스형 피뢰기	구조가 간단하고 소형, 경량이며, 제한전압이 낮다.

4) 피뢰기의 구비성능

① 충격 방전 개시 전압과 제한 전압이 낮을 것

② 반복 동작이 가능할 것

③ 구조가 견고하며 특성이 변화하지 않을 것

④ 점검 · 보수가 간단할 것

⑤ 뇌전류의 방전능력이 클 것

⑥ 속류의 차단이 확실하게 될 것

2. 피뢰침(Lightning Rod)

1) 정의

낙뢰에 의한 충격전류를 대지로 안전하게 유도함으로써 낙뢰로 인해 생기는 건물의 화재 · 파손 및 사람과 가축에 대한 상해를 방지할 목적으로 설치하는 장치를 말한다.(건물과 내부의 사람이나 물체를 뇌해로부터 보호)

2) 피뢰침의 종류

돌침 방식	① 뇌격은 선단이 뾰족한 금속도체 부분으로 방전이 용이하기 때문에 금속 돌침으로 뇌격을 방전 ② 설계 시 보호각법을 통해 비교적 용이하게 설계할 수 있음
수평도체 방식	① 건축물의 수뢰부에 수평으로 도체를 설치하는 방식 ② 상호 간 일정간격으로 그물망처럼 설치한다면 메시방식의 수뢰부가 됨
메시(Mesh) 방식	① 건축물의 수뢰부에 그물망 또는 케이지 형태로 피뢰설비를 설치하는 방식 ② 고층건축물로 넓은 옥상면이 있는 경우 가장 많이 사용 ③ 낙뢰의 우려가 큰 경우 대부분 메시와 돌침을 혼용하여 설치

케이지 방식	① 건축물의 외부(수뢰부, 측면 등) 전체를 메시도체로 설치하는 방식
	② 일반건축물에는 외관적 문제, 내부 서지의 보호 등의 문제로 적용하기 어려움
	③ 특수건축물로서 산꼭대기건축물, 방송용 철탑 등 낙뢰 우려가 특히 높은 건축물 등에 적용할 수 있음
광역피뢰침 (선행 스트리머 방식)	① 대형 건축물의 직상부 낙뢰 및 측벽뢰 보호를 위해 개발하였으며, 돌침에 수동적인 낙뢰방전을 능동적으로 반응하도록 하였음
	② 평상시 동작하지 않다가 낙뢰 시 공중으로 돌침부에서 전하를 발생시켜 뇌격을 흡수하고 대지로 방류시키는 방식

3) 피뢰침의 보호 여유도

$$여유도[\%] = \frac{충격절연강도 - 제한전압}{제한전압} \times 100$$

> **⋯ 예상문제**
>
> 피뢰침의 제한전압이 800kV, 충격절연강도가 1,260kV라 할 때, 보호 여유도는 몇 %인가?
>
> **풀이** $여유도[\%] = \dfrac{충격절연강도 - 제한전압}{제한전압} \times 100 = \dfrac{1,260 - 800}{800} \times 100 = 57.5(\%)$

8 정전작업

1. 정전전로에서의 전기작업

근로자가 노출된 충전부 또는 그 부근에서 작업함으로써 감전될 우려가 있는 경우에는 작업에 들어가기 전에 해당 전로를 차단하여야 한다.

1) 전로차단 절차★★

① 전기기기 등에 공급되는 모든 전원을 관련 도면, 배선도 등으로 확인할 것

② 전원을 차단한 후 각 단로기 등을 개방하고 확인할 것

③ 차단장치나 단로기 등에 잠금장치 및 꼬리표를 부착할 것

④ 개로된 전로에서 유도전압 또는 전기에너지가 축적되어 근로자에게 전기위험을 끼칠 수 있는 전기기기 등은 접촉하기 전에 잔류전하를 완전히 방전시킬 것

⑤ 검전기를 이용하여 작업 대상 기기가 충전되었는지를 확인할 것

⑥ 전기기기 등이 다른 노출 충전부와의 접촉, 유도 또는 예비동력원의 역송전 등으로 전압이 발생할 우려가 있는 경우에는 충분한 용량을 가진 단락 접지기구를 이용하여 접지할 것

2) 전로차단 예외

① 생명유지장치, 비상경보설비, 폭발위험장소의 환기설비, 비상조명설비 등의 장치 · 설비의 가동

이 중지되어 사고의 위험이 증가되는 경우

② 기기의 설계상 또는 작동상 제한으로 전로차단이 불가능한 경우

③ 감전, 아크 등으로 인한 화상, 화재·폭발의 위험이 없는 것으로 확인된 경우

3) 작업 중 또는 작업 후 전원 공급 시 준수사항

① 작업기구, 단락 접지기구 등을 제거하고 전기기기 등이 안전하게 통전될 수 있는지를 확인할 것

② 모든 작업자가 작업이 완료된 전기기기 등에서 떨어져 있는지를 확인할 것

③ 잠금장치와 꼬리표는 설치한 근로자가 직접 철거할 것

④ 모든 이상 유무를 확인한 후 전기기기 등의 전원을 투입할 것

2. 정전전로 인근에서의 전기작업

근로자가 전기위험에 노출될 수 있는 정전전로 또는 그 인근에서 작업하거나 정전된 전기기기 등(고정 설치된 것으로 한정)과 접촉할 우려가 있는 경우에 작업 전에 차단장치나 단로기 등에 잠금장치 및 꼬리 표를 부착했는지의 조치를 확인하여야 한다.

3. 정전작업 시 5대 안전수칙★

작업 전 전원 차단	작업을 수행하는 모든 부분에 대하여 전원의 모든 극을 차단한다.
전원 투입의 방지	전원이 차단되었으면 실수로 또는 관계자 외 다른 사람이 전원을 투입하지 못하도록 조치하여야 한다.
작업 장소의 무전압 여부 확인	작업장소 내에 전기가 살아 있는 모든 전압이 차단되었는지 차단점에서 2극 또는 1극 검전기, 측정장치, 신호 램프 등과 같은 장비를 사용하여 확인한다.
단락 및 단락접지	예기치 못한 상황에서 전원이 투입되는 것을 방지하고, 유도전압으로부터 보호될 수 있도록 하여야 한다.
작업장소의 보호	보호커버 부착으로 제거할 수 없도록 하여 보호하며, 위험지역을 분명하게 볼 수 있도록 표시하여야 한다.

9 활선작업

1. 충전전로에서의 전기작업

① 충전전로를 취급하거나 그 인근에서의 작업

ㄱ 충전전로를 정전시키는 경우에는 정전전로에서의 전기작업에 따른 조치를 할 것

ㄴ 충전전로를 방호, 차폐하거나 절연 등의 조치를 하는 경우에는 근로자의 신체가 전로와 직접 접촉 하거나 도전재료, 공구 또는 기기를 통하여 간접 접촉되지 않도록 할 것

ㄷ 충전전로를 취급하는 근로자에게 그 작업에 적합한 절연용 보호구를 착용시킬 것

ㄹ 충전전로에 근접한 장소에서 전기작업을 하는 경우에는 해당 전압에 적합한 절연용 방호구를 설

치할 것. 다만, 저압인 경우에는 해당 전기작업자가 절연용 보호구를 착용하되, 충전전로에 접촉할 우려가 없는 경우에는 절연용 방호구를 설치하지 아니할 수 있다.

ⓜ 고압 및 특별고압의 전로에서 전기작업을 하는 근로자에게 활선작업용 기구 및 장치를 사용하도록 할 것

ⓗ 근로자가 절연용 방호구의 설치·해체작업을 하는 경우에는 절연용 보호구를 착용하거나 활선작업용 기구 및 장치를 사용하도록 할 것

ⓢ 유자격자가 아닌 근로자가 충전전로 인근의 높은 곳에서 작업할 때에 근로자의 몸 또는 긴 도전성 물체가 방호되지 않은 충전전로에서 대지전압이 50킬로볼트 이하인 경우에는 300센티미터 이내로, 대지전압이 50킬로볼트를 넘는 경우에는 10킬로볼트당 10센티미터씩 더한 거리 이내로 각각 접근할 수 없도록 할 것

ⓞ 유자격자가 충전전로 인근에서 작업하는 경우에는 다음 각 목의 경우를 제외하고는 노출 충전부에 다음 표에 제시된 접근한계거리 이내로 접근하거나 절연 손잡이가 없는 도전체에 접근할 수 없도록 할 것

ⓐ 근로자가 노출 충전부로부터 절연된 경우 또는 해당 전압에 적합한 절연장갑을 착용한 경우
ⓑ 노출 충전부가 다른 전위를 갖는 도전체 또는 근로자와 절연된 경우
ⓒ 근로자가 다른 전위를 갖는 모든 도전체로부터 절연된 경우

★★

충전전로의 선간전압 (단위 : 킬로볼트)	충전전로에 대한 접근 한계거리 (단위 : 센티미터)
0.3 이하	접촉금지
0.3 초과 0.75 이하	30
0.75 초과 2 이하	45
2 초과 15 이하	60
15 초과 37 이하	90
37 초과 88 이하	110
88 초과 121 이하	130
121 초과 145 이하	150
145 초과 169 이하	170
169 초과 242 이하	230
242 초과 362 이하	380
362 초과 550 이하	550
550 초과 800 이하	790

② 절연이 되지 않은 충전부나 그 인근에 근로자가 접근하는 것을 막거나 제한할 필요가 있는 경우에는 울타리를 설치하고 근로자가 쉽게 알아볼 수 있도록 하여야 한다. 다만, 전기와 접촉할 위험이 있는 경우에는 도전성이 있는 금속제 울타리를 사용하거나, 충전전로를 취급하거나 그 인근에서의 작업에서의 표에 정한 접근 한계거리 이내에 설치해서는 아니 된다.

01 PART
02 PART
03 PART
04 PART
05 PART
06 PART
07 PART

③ ②의 조치가 곤란한 경우에는 근로자를 감전위험에서 보호하기 위하여 사전에 위험을 경고하는 감시인을 배치하여야 한다.

2. 충전전로 인근에서의 차량 · 기계장치 작업

① 충전전로 인근에서 차량 · 기계장치 등의 작업이 있는 경우 : 차량 등을 충전전로의 충전부로부터 300센티미터 이상 이격시켜 유지시키되, 대지전압이 50킬로볼트를 넘는 경우 이격시켜 유지하여야 하는 거리(이격거리)는 10킬로볼트 증가할 때마다 10센티미터씩 증가시켜야 한다. 다만, 차량 등의 높이를 낮춘 상태에서 이동하는 경우에는 이격거리를 120센티미터 이상(대지전압이 50킬로볼트를 넘는 경우에는 10킬로볼트 증가할 때마다 이격거리를 10센티미터씩 증가)으로 할 수 있다.

② 충전전로의 전압에 적합한 절연용 방호구 등을 설치한 경우 : 이격거리를 절연용 방호구 앞면까지로 할 수 있으며, 차량 등의 가공 붐대의 버킷이나 끝부분 등이 충전전로의 전압에 적합하게 절연되어 있고 유자격자가 작업을 수행하는 경우에는 붐대의 절연되지 않은 부분과 충전전로 간의 이격거리는 충전전로를 취급하거나 그 인근에서의 작업에서의 표에 따른 접근 한계거리까지로 할 수 있다.

③ 다음 각 호의 경우를 제외하고는 근로자가 차량 등의 그 어느 부분과도 접촉하지 않도록 울타리를 설치하거나 감시인 배치 등의 조치를 하여야 한다.

　㉠ 근로자가 해당 전압에 적합한 절연용 보호구 등을 착용하거나 사용하는 경우

　㉡ 차량 등의 절연되지 않은 부분이 충전전로를 취급하거나 접근 한계거리 이내로 접근하지 않도록 하는 경우

④ 충전전로 인근에서 접지된 차량 등이 충전전로와 접촉할 우려가 있을 경우에는 지상의 근로자가 접지점에 접촉하지 않도록 조치하여야 한다.

3. 절연용 보호구 등의 사용

① 다음 각 호의 작업에 사용하는 절연용 보호구, 절연용 방호구, 활선작업용 기구, 활선작업용 장치에 대하여 각각의 사용목적에 적합한 종별 · 재질 및 치수의 것을 사용하여야 한다.

　㉠ 노출 충전부가 있는 맨홀 또는 지하실 등의 밀폐공간에서의 전기작업

　㉡ 이동 및 휴대장비 등을 사용하는 전기작업

　㉢ 정전전로 또는 그 인근에서의 전기작업

　㉣ 충전전로에서의 전기작업

　㉤ 충전전로 인근에서의 차량 · 기계장치 등의 작업

② 절연용 보호구 등이 안전한 성능을 유지하고 있는지를 정기적으로 확인하여야 한다.

③ 근로자가 절연용 보호구 등을 사용하기 전에 흠 · 균열 · 파손, 그 밖의 손상 유무를 발견하여 정비 또는 교환을 요구하는 경우에는 즉시 조치하여야 한다.

10 접지설비의 종류 및 공사 시 안전

1. 접지의 종류 및 목적

접지의 종류	목적
계통접지	고압전로와 저압전로가 혼촉되었을 때의 감전이나 화재 방지를 위해 변압기의 중성점을 접지하는 방식
기기 접지	누전되고 있는 기기에 접촉되었을 때의 감전 방지
피뢰기 접지	낙뢰로부터 전기 기기의 손상을 방지
정전기 장해 방지용 접지	정전기 축적에 의한 폭발 재해 방지
지락 검출용 접지	누전 차단기의 동작을 확실하게 한다.
등전위 접지	병원에 있어서의 의료기기 사용 시 안전을 위함
잡음 대책용 접지	잡음에 의한 전자 장치의 파괴나 오동작을 방지
기능용 접지	전기방식 설비 등의 접지
노이즈 방지용 접지	노이즈에 의한 전기장치의 파괴나 오동작방지를 위한 접지

01 PART 02 PART 03 PART 04 PART 05 PART 06 PART 07 PART

2. 전기 기계 · 기구의 접지(접지 대상)

① 전기 기계 · 기구의 금속제 외함, 금속제 외피 및 철대
② 고정 설치되거나 고정배선에 접속된 전기 기계 · 기구의 노출된 비충전 금속체 중 충전될 우려가 있는 다음 각 목의 어느 하나에 해당하는 비충전 금속체
    ㉠ 지면이나 접지된 금속체로부터 수직거리 2.4미터, 수평거리 1.5미터 이내인 것
    ㉡ 물기 또는 습기가 있는 장소에 설치되어 있는 것
    ㉢ 금속으로 되어 있는 기기접지용 전선의 피복 · 외장 또는 배선관 등
    ㉣ 사용전압이 대지전압 150볼트를 넘는 것
③ 전기를 사용하지 아니하는 설비 중 다음 각 목의 어느 하나에 해당하는 금속체★
    ㉠ 전동식 양중기의 프레임과 궤도
    ㉡ 전선이 붙어 있는 비전동식 양중기의 프레임
    ㉢ 고압(1.5천볼트 초과 7천볼트 이하의 직류전압 또는 1천볼트 초과 7천볼트 이하의 교류전압) 이상의 전기를 사용하는 전기 기계 · 기구 주변의 금속제 칸막이 · 망 및 이와 유사한 장치
④ 코드와 플러그를 접속하여 사용하는 전기 기계 · 기구 중 다음 각 목의 어느 하나에 해당하는 노출된 비충전 금속체★
    ㉠ 사용전압이 대지전압 150볼트를 넘는 것
    ㉡ 냉장고 · 세탁기 · 컴퓨터 및 주변기기 등과 같은 고정형 전기기계 · 기구
    ㉢ 고정형 · 이동형 또는 휴대형 전동기계 · 기구
    ㉣ 물 또는 도전성이 높은 곳에서 사용하는 전기 기계 · 기구, 비접지형 콘센트
    ㉤ 휴대형 손전등

⑤ 수중펌프를 금속제 물탱크 등의 내부에 설치하여 사용하는 경우 그 탱크(이 경우 탱크를 수중펌프의 접지선과 접속하여야 한다)

3. 접지를 하지 않아도 되는 대상

① 이중절연구조 또는 이와 같은 수준 이상으로 보호되는 구조로 된 전기기계·기구
② 절연대 위 등과 같이 감전 위험이 없는 장소에서 사용하는 전기 기계·기구
③ 비접지방식의 전로(그 전기 기계·기구의 전원 측의 전로에 설치한 절연변압기의 2차 전압이 300볼트 이하, 정격용량이 3킬로볼트암페어 이하이고 그 절연전압기의 부하 측의 전로가 접지되어 있지 아니한 것으로 한정)에 접속하여 사용되는 전기 기계·기구

4. 접지시스템의 구분 및 종류

구분	① 계통접지(System Earthing) : 전력계통에서 돌발적으로 발생하는 이상현상에 대비하여 대지와 계통을 연결하는 것으로, 중성점을 대지에 접속하는 것을 말한다. ② 보호접지(Protective Earthing) : 고장 시 감전에 대한 보호를 목적으로 기기의 한 점 또는 여러 점을 접지하는 것을 말한다. ③ 피뢰시스템 접지 : 뇌격전류를 안전하게 대지로 보내기 위해 접지극을 대지에 접속하는 것을 말한다.
종류	① 단독접지 : (특)고압 계통의 접지극과 저압 접지계통의 접지극을 독립적으로 시설하는 접지방식 ② 공통접지 : (특)고압 접지계통과 저압 접지계통을 등전위 형성을 위해 공통으로 접지하는 방식 ③ 통합접지 : 계통접지, 통신접지, 피뢰접지극의 접지극을 통합하여 접지하는 방식

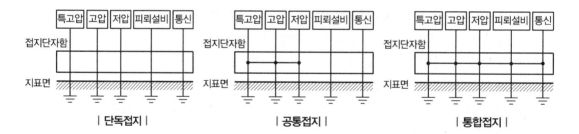

| 단독접지 | | 공통접지 | | 통합접지 |

5. 접지시스템의 구성요소

① 접지시스템은 접지극, 접지도체, 보호도체 및 기타 설비로 구성한다.
② 접지극은 접지도체를 사용하여 주 접지단자에 연결하여야 한다.

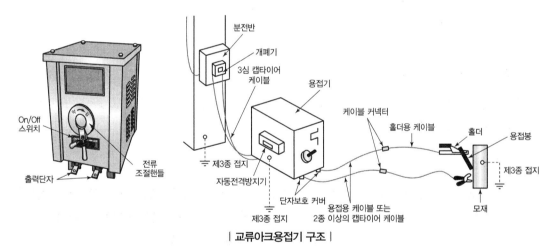

1 : 보호선(PE)
2 : 주 등전위 접속용 선
3 : 접지선
4 : 보조 등전위 접속용 선
10 : 기타 기기(예 : 통신설비)
B : 주 접지단자
M : 전기기구의 노출 도전성 부분
C : 철골, 금속덕트의 계통 외 도전성 부분
P : 수도관, 가스관 등 금속배관
T : 접지극

| 접지설비 개요 |

11 교류아크용접 장치의 방호장치 및 성능조건

1. 개요

① 교류아크용접기는 금속전극(피복 용접봉)과 모재의 사이에서 아크를 내어 모재의 일부를 녹임과 동시에 전극봉 자체도 선단부터 녹아 떨어져 모재와 융합하여 용접하는 장치를 말한다.

② 교류아크 용접작업 시 감전사고는 주로 2차 측 회로에서 발생하며 특히 무부하 시에 위험하다.

| 교류아크용접기 구조 |

2. 교류아크용접 장치의 방호장치

① 방호장치 : 자동전격방지기★★

② 교류아크용접기용 자동전격방지기의 정의 : 용접기의 주 회로(변압기의 경우는 1차회로 또는 2차회로)를 제어하는 장치를 가지고 있어, 용접봉의 조작에 따라 용접할 때에만 용접기의 주 회로를 폐로(ON), 그 외에는 용접기의 주 회로를 개로(OFF)시켜 2차(출력) 측의 무부하전압을 25볼트 이하로 저하시켜 감전의 위험 및 전력손실을 방지하는 장치를 말한다.

③ 구조 및 원리

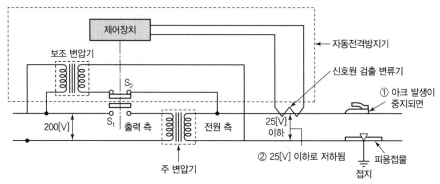

| 자동전격방지기 전기회로도 |

㉠ 교류아크용접기는 65~90(V)의 무부하 전압이 인가되어 감전의 위험성이 높으며, 자동전격방지기를 설치하여 아크 발생을 중단할 때 용접기의 2차(출력) 측 무부하 전압을 25~30(V) 이하로 유지시켜 감전의 위험을 줄이도록 되어 있다.

㉡ 즉, 용접 시에만 용접기의 주 회로가 접속되고 그 외는 용접기 2차 전압을 안전 전압 이하로 제한한다.

㉢ 용접 중지 시 : S_1은 개로(OFF), S_2는 폐로(ON)된다.

3. 동작시간 특성

1) 무부하전압

전격방지기가 동작하고 있는 경우에 출력 측(용접봉 홀더와 피용접물 사이)에 발생하는 정상 상태의 무부하전압을 말한다.

2) 시동시간

① 용접봉을 피용접물에 접촉시켜서 전격방지기의 주접점이 폐로될(닫힐) 때까지의 시간을 말한다. 즉, 용접봉이 피용접물에 접촉한 후 용접이 시작되기 전까지의 시간이다.(0.06초 이내)

② 시동시간이 빠를수록 아크가 빨리 발생하여 작업에 불편을 주지 않는다.

3) 지동시간★

① 용접봉 홀더에 용접기 출력 측의 무부하전압이 발생한 후 주 접점이 개방될 때까지의 시간을 말한다. 즉, 피용접물에서 용접봉이 떨어진 후부터 전격방지장치에 무부하 전압(25V)으로 떨어질 때까지의 시간이다.

② 접점 방식에서는 (1±0.3초), 무접점 방식에는 1초 이내이다.

4) 시동감도

① 용접봉을 모재에 접촉시켜 아크를 발생시킬 때 전격방지 장치가 작동할 수 있는 용접기의 2차 측

최대저항, 즉 용접봉과 모재 사이의 접촉저항을 말한다.

② 시동감도가 클수록 아크 발생이 쉽고 검정규격상 500Ω이 상한치이다.

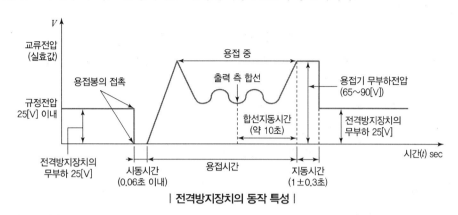

| 전격방지장치의 동작 특성 |

4. 자동전격방지기의 표시방법★★

[예시] SP-3A-H

① **외장형** : 외장형은 용접기 외함에 부착하여 사용하는 전격방지기로 그 기호는 SP로 표시
② **내장형** : 내장형은 용접기함 안에 설치하여 사용하는 전격방지기로 그 기호는 SPB로 표시
③ 기호 SP 또는 SPB 뒤의 숫자는 출력 측의 정격전류의 100단위의 수치로 표시
　예 2.5는 250A, 3은 300A를 표시
④ 숫자 다음의 표시
　㉠ A : 용접기에 내장되어 있는 콘덴서의 유무에 관계없이 사용할 수 있는 것
　㉡ B : 콘덴서를 내장하지 않은 용접기에 사용하는 것
　㉢ C : 콘덴서 내장형 용접기에 사용하는 것
　㉣ E : 엔진구동 용접기에 사용하는 것

⑤ L형과 H형
　㉠ 저저항시동형 : L형
　㉡ 고저항시동형 : H형

5. 자동전격방지기의 성능 조건★★

① 자동전격방지기는 아크 발생을 중지하였을 때 지동시간이 1.0초 이내에 2차 무부하전압을 25V 이하로 감압시켜 안전을 유지할 수 있어야 한다.
② 시동시간은 0.04초 이내이고, 전격방지기를 시동시키는 데 필요한 용접봉의 접촉 소요시간은 0.03초 이내일 것

6. 자동전격방지기의 설치

1) 설치방법★★

① 직각으로 부착할 것(단, 직각이 어려울 때는 직각에 대해 20°를 넘지 않을 것)

② 용접기의 이동·진동·충격으로 이완되지 않도록 이완방지조치를 취할 것

③ 전방장치의 작동상태를 알기 위한 표시 등은 보기 쉬운 곳에 설치할 것

④ 전방장치의 작동상태를 시험하기 위한 테스트 스위치는 조작하기 쉬운 곳에 설치할 것

⑤ 용접기의 전원 측에 접속하는 선과 출력 측에 접속하는 선을 혼동하지 말 것

⑥ 외함이 금속제인 경우는 이것에 적당한 접지단자를 설치할 것

2) 설치장소

다음의 어느 하나에 해당하는 장소에서 교류아크용접기(자동으로 작동되는 것은 제외)를 사용하는 경우에는 교류아크용접기에 자동전격방지기를 설치하여야 한다.

① 선박의 이중 선체 내부, 밸러스트 탱크(Ballast Tank, 평형수 탱크), 보일러 내부 등 도전체에 둘러 싸인 장소

② 추락할 위험이 있는 높이 2미터 이상의 장소로 철골 등 도전성이 높은 물체에 근로자가 접촉할 우려가 있는 장소

③ 근로자가 물·땀 등으로 인하여 도전성이 높은 습윤 상태에서 작업하는 장소

12 전기화재의 원인

1. 단락(합선)

1) 개요

단락이란 전선로에서 2개 이상의 전선이 서로 접촉되는 것으로, 대부분의 전압은 접촉부에서 강화되어 접촉전로에 많은 전류가 흐르게 됨으로써 배선에 높은 열이 발생하여 단락되는 순간에 폭발소리가 나면서 녹는 현상을 말한다.

2) 대책

① 퓨즈 및 누전차단기를 설치하여 단속 예방(전원차단)

② 고압 또는 특고압전로와 저압전로를 결합하는 변압기의 저압 측 중성점에 접지공사를 하여 혼촉 방지

③ 규격 전선을 사용

2. 누전

1) 개요

① 전선이나 전기기기의 절연이 파괴되어 전류의 대지 또는 대지와 전기적으로 접촉되어 있는 금속체 또는 도체 등과 접촉하게 되면 규정된 전로를 이탈하여 전기가 흐르는 것

② 이때 흐르는 전류를 누설전류라 하며, 누설전류가 장시간 흐르면 이로 인한 발열이 주위 인화물에 대한 착화원이 되어 발화

③ 발화단계에 이르는 누전전류의 최소치는 300~500mA이다.

④ 누설전류가 최대 공급전류의 1/2,000을 넘지 않도록 하여야 한다.

$$누설전류 = 최대공급전류 \times \frac{1}{2,000}$$

2) 대책

① 절연 열화 및 파괴의 원인이 되는 습기, 과열, 부식 등의 사전 예방

② 금속체인 구조재, 수도관, 가스관 등과 충전부 및 절연물을 이격

③ 확실한 접지 조치 및 누전차단기 설치

3) 전기누전으로 인한 화재조사 시 착안해야 할 입증 흔적

① **누전점** : 전류의 유입점

② **발화점** : 발화된 장소

③ **접지점** : 전류의 유출점

3. 과전류

1) 개요

① 전선에 전류가 흐르면서 줄(Joule)의 법칙에 의해 발생한 열이 전선에서의 방열보다 커져 발화의 원인이 된다.

② **줄(Joule)의 법칙**

　㉠ 저항체에 흐르는 전류의 크기와 이 저항체에서 단위시간당 발생하는 열량과의 관계를 나타내는 법칙

　㉡ 공식

$$Q = I^2 R T$$

여기서, Q : 열량[J], I : 전류[A], R : 저항[Ω], T : 전류가 흐른 시간[sec]

2) 과전류에 의한 전선의 발화단계(전선의 연소 과정)

단계	인화단계	착화단계	발화단계		순시용단단계
	허용전류의 3배 정도	큰 전류, 점화원 없이 착화연소	심선이 용단		심선용단 및 도선폭발
			발화 후 용단	용단과 동시 발화	
전류밀도 (A/mm²)	40~43	43~60	60~70	75~120	120 이상

3) 대책

① 부하전류에 적합한 배선기구를 사용
② 부하용량에 적합한 과전류 차단기의 설치
③ 부하용량에 적합한 굵기의 전선을 사용

4. 스파크

1) 개요

① 스위치를 개폐할 때 또는 전기회로가 단락할 경우 등에서 발생하는 스파크가 주위의 가연성 가스 등을 인화시킬 수 있다.
② 콘센트에 플러그를 꽂거나 뽑을 경우 스파크로 인하여 주위 가연물에 착하될 가능이 있다.
③ 스파크에 의한 최소발화 에너지 전류는 $0.02 \sim 0.3 mA$이다.

2) 대책

① 개폐기 · 차단기 · 피뢰기 기타 이와 유사한 기구로서 동작 시에 아크가 생기는 기구의 시설

고압용	목재의 벽 또는 천장 기타의 가연성 물체로부터 1m 이상 이격할 것
특고압용	목재의 벽 또는 천장 기타의 가연성 물체로부터 2m 이상 이격할 것

② 개폐기를 불연성의 외함 내에 내장시키거나 통형퓨즈를 사용할 것
③ 접촉부분의 산화, 변형, 퓨즈의 나사풀림 등으로 인한 접촉저항이 증가되는 것을 방지
④ 가연성, 증기, 분진 등 위험한 물질이 있는 곳에는 방폭형 개폐기를 사용할 것
⑤ 유입개폐기는 절연유의 열화 정도, 유량에 주의하고 주위에는 내화벽을 설치할 것

5. 접촉부 과열

1) 개요

① 전기적 접촉상태가 불완전할 때의 접촉저항에 의한 발열이 발화원인이 된다.
② 전선에 규정된 허용전류를 초과한 전류가 발생하여 생기는 과열로 인한 위험이 있다.

2) 대책

① 정격용량에 맞는 퓨즈 및 규격에 맞는 전선의 사용

② 가연성 물질의 전열기구 부근 방치 금지

③ 하나의 콘센트에 여러 가지 전기기구 사용금지

④ 과전류 차단기를 사용하고 차단기의 정격전류는 전선의 허용전류 이하의 것으로 선택

6. 절연열화에 의한 발열

1) 개요

① 옥내배선이나 배선기구의 절연피복이 노화되어 절연성이 저하되면 국부발열과 탄화현상 누적으로 발열 또는 누전현상을 일으킨다.

② 탄화현상은 트래킹 현상과 가네하라 현상으로 구분된다.

트래킹 현상	전자제품 등에 묻어 있는 습기, 수분, 먼지, 기타 오염물질이 부착된 표면을 따라서 전류가 흘러 주변의 절연물질을 탄화시키는 것
가네하라 현상	목재와 같은 부도체가 탄화로 인해 도전경로가 형성되어 결국 발화하게 되는 현상

2) 탄화 시 착화온도

① 보통목재의 착화온도 : $220 \sim 270℃$

② 탄화목재의 착화온도 : $180℃$

> **참고** 탄화현상(Graphite Phenomena)
> 전기적인 절연체인 유기물이나 무기물에는 전기가 통하지 않으나, 경년변화나 먼지 · 수분 등의 영향에 의한 미소불꽃방전 등으로 장기간 가열이 반복되면 절연성능이 열화되고 점차 탄화되어 도전성을 띠게 되는 현상을 말한다.

7. 지락

1) 개요

① 전선로 중 전선의 하나 또는 두 선이 대지에 접촉하여 전류가 대지로 흐르는 것을 지락이라고 하며, 이때 흐르는 전류를 지락전류라고 한다.

② 금속체 등에 지락될 때의 스파크 또는 목재 등에 전류가 흐를 때의 발화현상

2) 지락차단장치 등의 시설

① 특고압전로 또는 고압전로에 변압기에 의하여 결합되는 사용전압 400V 이상의 저압전로 또는 발전기에서 공급하는 사용전압 400V 이상의 저압전로(발전소 및 변전소와 이에 준하는 곳에 있는 부분의 전로를 제외)에는 전로에 지락이 생겼을 때에 자동적으로 전로를 차단하는 장치를 시설하여야 한다.

01 PART
02 PART
03 PART
04 PART
05 PART
06 PART
07 PART

② 고압 및 특고압 전로 중 다음의 곳 또는 이에 근접한 곳에는 전로에 지락(전기철도용 급전선에 있어서는 과전류)이 생겼을 때에 자동적으로 전로를 차단하는 장치를 시설하여야 한다. 다만, 전기사업자로부터 공급을 받는 수전점에서 수전하는 전기를 모두 그 수전점에 속하는 수전장소에서 변성하거나 또는 사용하는 경우는 그러하지 아니하다.

   ㉠ 발전소 · 변전소 또는 이에 준하는 곳의 인출구

   ㉡ 다른 전기사업자로부터 공급받는 수전점

   ㉢ 배전용 변압기(단권변압기를 제외)의 시설 장소

8. 낙뢰

1) 개요

① 구름과 대지 간의 방전현상으로, 낙뢰가 발생하면 전기회로에 이상전압이 발생하여 절연물파괴 및 화재 발생

② 낙뢰로부터 순간적으로 수만 암페어 이상의 전류가 흐르게 되므로 절연물파괴 또는 화재의 원인이 된다.

2) 대책

① 높이가 20m를 넘는 건축물 등 낙뢰의 가능성이 있는 시설은 규정된 피뢰설비를 설치

② 나무 아래로 대피하는 것은 위험하며, 실내에서도 기둥 근처는 피하는 것이 좋다.(피뢰설비로부터는 1.5m 떨어진 장소가 안전한 범위)

③ 몸에 있는 금속물을 제거하고 돌출된 곳에서 최소한 2m 이상 떨어진다.

④ 가급적 낮은 곳으로 이동하여 자세를 낮춘다.

9. 정전기 스파크

1) 개요

이물질의 마찰 혹은 정전유도에 의해 발생되어 방전할 때 에너지에 의해 인화성 물질 등에 착화

2) 대책

① 도체의 대전방지를 위해서는 도체와 대지 사이를 접지하여 축적을 방지

② 부도체에서의 정전기 대책은 정전기의 발생억제가 기본이며 인위적인 중화방법으로 제거

③ 대전 방지제, 제전기 사용, 가습, 정치시간의 확보, 액체의 유속제한 등의 적절한 방법을 작업공정에 맞도록 선택하여 제거

13 절연저항

1. 개요

① 절연이란 전기 또는 열을 통하지 않게 하는 것을 말하며, 절연물의 절연성능을 나타내는 척도가 절연 저항이다.

② 전기배선, 전기기기에서 전선 상호 간, 전선 대지 간, 권선 상호 간 등을 절연물로 절연하는 것이 전기 절연이다.

2. 저압전로의 절연저항

전로의 사용전압(V)	DC 시험전압(V)	절연저항(MΩ)
SELV 및 PELV	250	0.5
FELV, 500V 이하	500	1.0
500V 초과	1,000	1.0

[주] 특별저압(Extra Low Voltage : 2차 전압이 AC 50V, DC 120V 이하)으로 SELV(비접지회로 구성) 및 PELV(접지회로 구성) 은 1차와 2차가 전기적으로 절연된 회로, FELV는 1차와 2차가 전기적으로 절연되지 않은 회로

3. 전로의 절연저항 및 절연내력

사용전압이 저압인 전로에서 정전이 어려운 경우 등 절연저항 측정이 곤란한 경우에는 누설전류를 1mA 이하로 유지하여야 한다.

4. 전기절연물

1) 개요

① 전기를 절연하여 필요로 하는 회로 이외에는 전류가 흐르지 않도록 하기 위해 사용하는 재료를 말 한다.

② 예전에는 공기, 면사, 황, 파라핀, 유리 등의 천연물을 사용하였으나 최근에는 수많은 합성수지계 재료가 널리 사용되고 있다.

2) 절연방식에 따른 분류

전기기기는 사용되고 있는 절연재료의 제한온도가 그 허용최고온도가 된다. 정상적인 운전상태에 서는 그 허용한도 이하이어야 한다.

01 PART
02 PART
03 PART
04 PART
05 PART
06 PART
07 PART

절연종별	허용최고온도[℃]	용도
Y종	90	저전압의 기기
A종	105	보통의 회전기, 변압기
E종	120	대용량 및 보통의 기기
B종	130	고전압의 기기
F종	155	고전압의 기기
H종	180	건식 변압기
C종	180 초과	특수한 기기

3) 전기절연물의 절연파괴(불량) 주요 원인★

① 진동, 충격 등에 의한 기계적 요인

② 산화 등에 의한 화학적 요인

③ 온도상승에 의한 열적 요인

④ 높은 이상전압 등에 의한 전기적 요인

14 정전기 발생과 안전대책

1. 정전기 발생현상★★

마찰대전	두 물체가 서로 접촉 시 위치의 이동으로 전하의 분리 및 재배열이 일어나는 현상
박리대전	상호 밀착해 있던 물체가 떨어지면서 전하 분리가 생겨 정전기가 발생(필름 벗겨 낼 때)
유동대전	① 액체류를 파이프 등으로 수송할 때 액체류가 파이프 등과 접촉하여 두 물질의 경계에 전기 2중층이 형성되어 정전기 발생 ② 액체류의 유동속도가 정전기 발생에 큰 영향을 준다. ③ 파이프 속에 저항이 높은 액체가 흐를 때 발생
분출대전	분체류, 액체류, 기체류가 단면적이 작은 개구부를 통해 분출할 때 분출물과 개구부의 마찰로 인하여 정전기가 발생
충돌대전	분체류에 의한 입자끼리 또는 입자와 고정된 고체의 충돌, 접촉, 분리 등에 의해 정전기 발생
유도대전	접지되지 않은 도체가 대전물체 가까이 있을 경우 전하의 분리가 일어나 가까운 쪽은 반대극성의 전하가 먼 쪽은 같은 극성의 전하로 대전되는 현상
비말대전	공간에 분출한 액체류가 분출할 경우 미세하게 비산하여 분리되면서 새로운 표면을 형성하게 되어 정전기가 발생(액체의 분열)
파괴대전	고체나 분체류와 같은 물체가 파괴 시 전하분리 또는 정·부전하의 균형이 깨지면서 정전기가 발생
교반대전 (진동대전)	① 탱크로리 등에서 액체가 진동할 때 ② 기름을 탱크에 넣어 진동시키면 진동주파수에 따라 대전전압에 극소치가 생긴다. 이 극소부분을 제외하면 대전은 진폭이 커질수록 커지며, 진동주기가 빨라질수록 커진다.

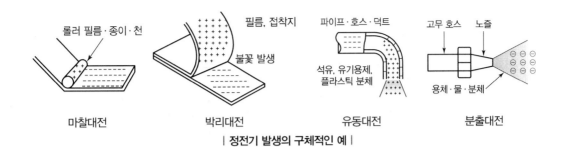

| 정전기 발생의 구체적인 예 |

마찰대전   박리대전   유동대전   분출대전

2. 정전기 발생의 영향 요인(정전기 발생요인)★★

① 물체의 특성

     ⊙ 접촉 분리하는 두 가지 물체의 상호 특성에 의해 결정되며 한 가지 물체만의 특성에는 전혀 영향을 받지 않는다.

     ⓛ 물체가 불순물을 포함하고 있으면 이 불순물로 정전기 발생량은 커지게 된다.

② 물체의 표면 상태

     ⊙ 일반적으로 물질의 표면이 깨끗하면 정전기의 발생이 적어지고 표면이 거칠수록 정전기 발생량이 커진다.

     ⓛ 표면이 기름, 수분, 불순물 등 오염이 심할수록, 산화 부식이 심할수록 완화시간이 길어지므로 정전기 발생량이 커진다.

③ 물체의 이력 : 정전기 발생량은 처음 접촉, 분리가 일어날 때 최대가 되며, 발생횟수가 반복될수록 발생량이 감소한다. 그러므로 접촉 분리가 처음 일어났을 때 재해 발생 확률도 최대가 된다.

④ 접촉면적 및 압력

     ⊙ 접촉면적 및 압력이 클수록 정전기 발생량은 커진다.

     ⓛ 따라서 분제나 유체의 경우 파이프 면이 매끄러워야 정전기 발생량을 줄일 수 있다.

⑤ 분리속도 : 분리속도가 빠를수록 정전기 발생량이 커진다.

⑥ 완화시간(Relaxation Time) : 완화시간이 길면 전하분리에 주는 에너지도 커져서 정전기 발생량이 커진다.

3. 방전의 형태 및 영향

코로나 (Corona) 방전	① 고체에 정전기가 축적되면 전위가 높아지게 되고 고체표면의 전위경도가 어느 일정치를 넘어서면 낮은 소리와 연한 빛을 수반하는 방전 ② 방전현상으로 공기 중에서 오존(O_3)이 발생 ③ 방전에너지가 적어 재해 원인이 될 확률은 비교적 적다.
스트리머 (Streamer) 방전	① 일반적으로 브러시(Brush) 코로나에서 다소 강해져서 파괴음과 발광을 수반하는 방전 ② 스크리머 방전은 코로나 방전에 비해서 점화원으로 될 확률과 장해 및 재해의 원인이 될 가능성이 크다.

불꽃 (Spark) 방전	① 도체가 대전되었을 때 접지된 도체 사이에서 발생하는 강한 발광과 파괴음을 수반하는 방전 ② 스파크 방전 시 공기 중에 오존(O_3)이 생성되어 인화성 물질에 인화하거나 분진폭발을 일으킬 수 있다.
연면 (Surface) 방전	① 공기 중에 놓여진 절연체 표면의 전계강도가 큰 경우 고체 표면을 따라 진행하는 방전 ② 부도체의 표면을 따라서 star-check 마크를 가지는 나뭇가지 형태의 발광을 수반한다. ③ 대전이 큰 얇은 층상의 부도체를 박리할 때 또는 얇은 층상의 대전된 부도체의 뒷면에 밀접한 접지체가 있을 때 표면에 연한 복수의 수지상 발광을 수반하여 발생하는 방전
브러시 (Brush) 방전	① 비교적 평활한 대전물체가 만드는 불평등전계 중에서 발생하는 나뭇가지 모양의 방전 ② 코로나 방전의 일종으로 국부적인 절연파괴이지만 방전 에너지는 통상의 코로나 방전보다 크고, 가연성 가스나 증기 등의 착화원이 될 확률이 높다.
뇌상방전	① 번개와 같은 수지상의 발광을 수반하고 강력하게 대전한 입자군이 대규모의 구름 모양(대전운)으로 확산되어 일어나는 특수한 방전 ② 스파크 방전이나, 연면 방전과 같이 재해나 장해의 원인이 된다.

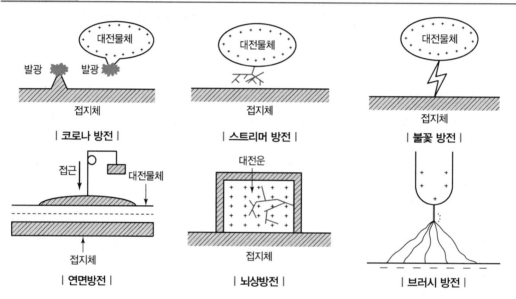

4. 정전기 에너지(방전에너지)★★

$$W = \frac{1}{2}CV^2 = \frac{1}{2}QV = \frac{1}{2}\frac{Q^2}{C}$$

$$대전 전하량(Q) = C \cdot V, \quad 대전전위(V) = \frac{Q}{C}$$

여기서, W : 정전기 에너지[J], C : 도체의 정전용량[F], V : 대전 전위[V], Q : 대전 전하량[C]

> **참고⊘ 실용화 단위**
> ① 1[F] : 1[C]의 전하를 주었을 때 전위가 1[V]가 되는 전기용량
> ② $1[\mu F] = 10^{-6}[F]$, $1[nF] = 10^{-9}[F]$, $1[pF] = 10^{-12}[F]$

⋯ 예상문제

착화에너지가 0.25mJ인 가스가 있는 사업장의 전기설비 정전용량이 12pF일 때 방전 시 착화 가능한 최소 대전 전위를 구하시오.

풀이

① $W = \dfrac{1}{2}CV^2$ 의 식에서 $V = \sqrt{\dfrac{2W}{C}}$ 이므로

② $V = \sqrt{\dfrac{2W}{C}} = \sqrt{\dfrac{2 \times 0.25 \times 10^{-3}}{12 \times 10^{-12}}} = 6454.972 = 6454.97(\text{V})$

5. 정전기 재해 방지대책★★

1) 접지

① 본딩 및 접지

본딩	① 둘 또는 그 이상의 도전성 물질이 같은 전위를 갖도록 도체로 접속하는 것을 말한다. ② 도전성 물체 사이의 전위차를 줄이기 위해 사용된다.
접지	① 도체를 대지와 접속함으로써 그 전위를 '0'으로 만드는 것을 말한다. ② 물체와 대지 사이의 전위차를 같게 하는 것이다.

② 접지의 목적

ⓐ 접지는 물체에 발생한 정전기를 대지로 누설, 완화시켜 물체에 정전기가 축적되거나 대전되는 것을 방지

ⓑ 대전물체의 주위 물체 또는 이와 접촉되어 있는 물체 사이의 정전유도 방지

ⓒ 대전물체의 전위 상승 및 정전기 방전 억제

2) 유속의 제한

불활성화할 수 없는 탱크, 탱커, 탱크로리, 탱크차 드럼통 등에 위험물을 주입하는 배관은 다음의 관 내 유속이 되도록 설비하고 그 유속의 값 이하로 한다.

① 저항률이 $10^{10}\Omega \cdot cm$ 미만의 도전성 위험물의 배관유속은 7m/s 이하로 할 것

② 에텔, 이황화탄소 등과 같이 유동대전이 심하고 폭발 위험성이 높은 것은 배관 내 유속을 1m/s 이하로 할 것

③ 물기가 기체를 혼합한 비수용성 위험물은 배관 내 유속을 1m/s 이하로 할 것

④ 저항률 $10^{10}\Omega \cdot cm$ 이상인 위험물의 배관 내 유속은 다음 표의 값 이하로 할 것(단, 주입구가 액면 밑에 충분히 침하할 때까지의 배관 내 유속은 1m/s 이하로 할 것)

▼ 관내경과 유속제한의 값

관내경 D		유속 V(m/초)	V^2	$V^2 D$
(inch)	(m)			
0.5	0.01	8	64	0.64
1	0.025	4.9	24	0.6
2	0.05	3.5	12.25	0.61
4	0.01	2.5	6.25	0.63
8	0.02	1.8	3.25	0.64
16	0.04	1.3	1.6	0.67
24	0.06	1.0	1.0	0.6

3) 보호구 착용

손목 접지대(Wrist Strap)	접지대에는 1MΩ 정도의 저항을 직렬로 삽입하여 동전기의 누설로 인한 감전사고가 일어나지 않도록 함
정전기 대전방지용 안전화	대전방지용 안전화는 안전화 바닥이 저항을 $10^8 \sim 10^5$Ω으로 유지하여 도전성 바닥과 전기적으로 연결시킴으로써, 정전기의 발생방지 및 대전방지
발 접지대(Heelstrap)	발 접지대는 양발 모두에 착용하되, 발목 위의 피부가 접지될 수 있도록 하여야 함
대전방지용 작업의 제전복	제전복은 폭발위험분위기(가연성 가스, 증기, 분진)의 발생 우려가 있는 작업장에서 작업복 대전에 의한 착화를 방지하기 위한 것

4) 대전방지제 사용

① 대전방지제는 섬유나 수지의 표면에 흡습성과 이온성을 부여하여 도전성을 증가시키고 이것에 의하여 대전방지를 도모하는 것

② 대전방지제의 물질은 계면활성제를 주로 많이 사용함

③ 부도체의 도전성 향상을 위한 대전방지제의 사용방법은 다음 항목과 같다.

  ㉠ 부도체의 도전율이 10^{-12}S/m 이상 또는 표면 고유 저항이 10^{12}Ω 이하로 되게 하고, 도전성이 향상된 부도체는 접지 또는 접지된 것과 본딩함

  ㉡ 대전방지제의 효과는 주위 습도에 따라 변화하므로 상대습도를 50% 이상으로 유지함은 물론, 정기적으로 대전방지 효과를 점검해야 함

5) 가습

① 플라스틱 제품 등은 습도가 증가되면 표면저항이 저하되므로 대전방지를 위해 물의 분무, 가습기 사용, 증발법 등을 사용

② 부도체 근방 또는 환경 전체의 상대습도를 60~70% 정도로 유지

6) 제전기 사용

① 제전은 물체에 대전된 정전기를 이온(ion)을 이용하여 중화시키는 것

② 대전체 가까이 설치된 제전기에서 발생되는 이온 중에서 대전물체의 전하와 반대극성의 이온이 대전물체로 이동하여 대전전하와 결합하여 중화시키는 것

7) 도전성 재료 사용

부도체는 전하의 이동이 쉽게 일어나지 않기 때문에 접지로는 대전방지의 효과를 기대하기 어려워 정전기 발생 억제가 기본이며 가능하면 부도체를 사용하지 말고 금속도전성 재료를 사용하는 것이 바람직하다.

8) 대전물체의 차폐

① 대전물체의 표면을 금속 또는 도전성 물질로 덮는 것을 차폐라고 한다.

② 정전차폐의 효과

　　㉠ 전기적 작용억제에 의한 대전방지 효과
　　㉡ 대전물체의 전위상승 억제효과
　　㉢ 대전된 정전기에 의한 역학현상 억제 및 방전 억제의 효과

9) 정치시간의 확보

접지상태에서 정전기 발생이 종료된 후 다시 발생이 개시될 때까지의 시간 또는 정전기 발생이 종료된 후 접지에 의해 대전된 정전기가 빠져나갈 때까지의 시간을 정치시간이라 하며 대전방지효과와 밀접한 관련이 있다.

6. 정전기로 인한 화재 폭발 등 방지

① 다음의 설비를 사용할 때에 정전기에 의한 화재 또는 폭발 등의 위험이 발생할 우려가 있는 경우에는 해당 설비에 대하여 확실한 방법으로 접지를 하거나, 도전성 재료를 사용하거나 가습 및 점화원이 될 우려가 없는 제전장치를 사용하는 등 정전기의 발생을 억제하거나 제거하기 위하여 필요한 조치를 하여야 한다.
　㉠ 위험물을 탱크로리 · 탱크차 및 드럼 등에 주입하는 설비
　㉡ 탱크로리 · 탱크차 및 드럼 등 위험물저장설비
　㉢ 인화성 액체를 함유하는 도료 및 접착제 등을 제조 · 저장 · 취급 또는 도포하는 설비
　㉣ 위험물 건조설비 또는 그 부속설비
　㉤ 인화성 고체를 저장하거나 취급하는 설비
　㉥ 드라이클리닝설비, 염색가공설비 또는 모피류 등을 씻는 설비 등 인화성 유기용제를 사용하는 설비

01 PART
02 PART
03 PART
04 PART
05 PART
06 PART
07 PART

ⓢ 유압, 압축공기 또는 고전위 정전기 등을 이용하여 인화성 액체나 인화성 고체를 분무하거나 이송하는 설비

ⓞ 고압가스를 이송하거나 저장 · 취급하는 설비

ⓩ 화약류 제조설비

ⓩ 발파공에 장전된 화약류를 점화시키는 경우에 사용하는 발파기(발파공을 막는 재료로 물을 사용하거나 갱도발파를 하는 경우는 제외)

② 인체에 대전된 정전기에 의한 화재 또는 폭발 위험이 있는 경우 : 정전기 대전 방지용 안전화 착용, 제전복 착용, 정전기 제전용구 사용 등의 조치를 하거나 작업장 바닥 등에 도전성을 갖추도록 하는 등 필요한 조치를 하여야 한다.

15 전기설비의 방폭화 방법

점화원의 실질적 (방폭적) 격리	내압 방폭구조	내부 폭발이 주위에 파급되지 않게 함
	압력 방폭구조	점화원을 주위 폭발성 가스로부터 격리
	유입 방폭구조	점화원을 Oil 등에 넣어 격리
전기설비의 안전도 증가	안전증 방폭구조	정상상태에서 불꽃이나 고온부가 존재하는 전기기기의 안전도를 증대시킴
점화능력의 본질적 억제	본질안전 방폭구조	본질적으로 폭발성 물질이 점화되지 않는다는 것이 시험 등에 의해 확인된 구조를 사용

16 폭발등급

1. 안전간격

1) 최대안전틈새(MESG ; Maximum Experimental Safety Gap, 안전간격, 화염일주한계)

① 8L 정도의 구형 용기 안에 폭발성 혼합가스를 채우고 착화시켜 가스가 발화될 때 화염이 용기 외부의 폭발성 혼합가스에 전달되는가의 여부를 보아 화염을 전달시킬 수 없는 한계의 틈을 말한다.

② 화염이 틈새를 통하여 바깥쪽의 폭발성 가스에 전달되지 않는 한계의 틈새

③ 폭발화염이 외부로 전파되지 않도록 하기 위해 안전간격을 작게 한다.

④ 안전간격이 작은 가스일수록 위험하다.

⑤ 폭발성 가스의 종류에 따라 다르며, 폭발성 가스의 분류 및 내압 방폭구조의 분류와 관련이 있다.

2) 최대안전틈새의 실험

① 내용적이 8L 정도의 구형 용기 안에 틈새길이가 25mm인 표준용기 내에서 폭발성 혼합가스를 채우고 점화시켜 폭발시킨다.

② 이때, 발생된 화염이 용기 밖으로 전파하여 점화되지 않는 최댓값을 측정한다.
③ 틈새는 상부의 정밀나사에 의해 세밀하게 조정한다.

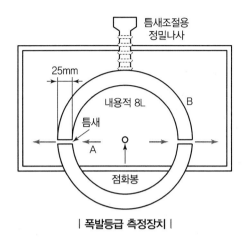

| 폭발등급 측정장치 |

2. 폭발등급★

① 가스의 폭발등급은 화염일주를 일으키는 틈새의 최소치에 따라 다음과 같이 3등급으로 나누고
있다.
② 안전간격이 작은 가스일수록 화염전파력이 강하여 위험하다.(폭발등급 3등급이 가장 위험)
★★

폭발등급	안전간격	대상가스의 종류
1등급	0.6mm 초과	일산화탄소, 에탄, 프로판, 암모니아, 아세톤, 에틸에테르, 가솔린, 벤젠, 메탄 등
2등급	0.4mm 초과~0.6mm 이하	석탄가스, 에틸렌, 이소프렌, 산화에틸렌 등
3등급	0.4mm 이하	아세틸렌, 이황화탄소, 수소, 수성가스 등

3. 화염일주

온도, 압력, 조성의 조건이 갖추어져도 용기가 작으면 발화하지 않고 또는 부분적으로 발화하여도 화염
이 전파되지 않고 도중에 꺼지는 현상으로 소염이라고도 한다.

소염거리	두 개의 평형평판 사이에서 연소가 일어나는 경우 평판 사이의 간격이 어느 크기 이하로 좁아지면 화염이 더 이상 전파되지 않는 거리 한계치를 소염거리라고 한다.
소염직경	평행평판이 아니고 원형의 관인 경우 소염직경이라고 한다.

01 PART
02 PART
03 PART
04 PART
05 PART
06 PART
07 PART

17 위험장소

1. 가스폭발 위험장소

분류	적요	예
0종 장소	인화성 액체의 증기 또는 가연성 가스에 의한 폭발위험이 지속적으로 또는 장기간 존재하는 장소	용기 · 장치 · 배관 등의 내부 등
1종 장소	정상작동상태에서 폭발위험분위기가 존재하기 쉬운 장소	맨홀 · 벤트 · 피트 등의 주위
2종 장소	정상작동상태에서 폭발위험분위기가 존재할 우려가 없으나, 존재할 경우 그 빈도가 아주 적고 단기간만 존재할 수 있는 장소	개스킷 · 패킹 등의 주위

2. 분진폭발위험장소

분류	적요	예
20종 장소	분진운 형태의 가연성 분진이 폭발농도를 형성할 정도로 충분한 양이 정상 작동 중에 연속적으로 또는 자주 존재하거나, 제어할 수 없을 정도의 양 및 두께의 분진층이 형성될 수 있는 장소를 말한다.	호퍼 · 분진저장소 · 집진장치 · 필터 등의 내부
21종 장소	20종 장소 밖으로서(장소 외의 장소로서) 분진운 형태의 가연성 분진이 폭발농도를 형성할 정도의 충분한 양이 정상 작동 중에 존재할 수 있는 장소를 말한다.	집진장치 · 백필터 · 배기구 등의 주위, 이송벨트 샘플링 지역 등
22종 장소	21종 장소 밖으로서(장소 외의 장소로서) 가연성 분진운 형태가 드물게 발생 또는 단기간 존재할 우려가 있거나, 이상 작동 상태하에서 가연성 분진운이 형성될 수 있는 장소를 말한다.	21종 장소에서 예방조치가 취하여진 지역, 환기설비 등과 같은 안전장치 배출구 주위 등

18 방폭구조의 기호

1. 방폭구조의 종류에 따른 기호★★

내압 방폭구조	d	안전증 방폭구조	e	비점화 방폭구조	n
압력 방폭구조	p	특수 방폭구조	s	몰드 방폭구조	m
유입 방폭구조	o	본질안전 방폭구조	i(ia, ib)	충전 방폭구조	q

2. 방폭구조의 표시방법★★

[예시]　　Ex d IIA T$_4$ IP54

① Ex : 방폭기기 인증 표시
② d : 방폭구조의 종류(내압 방폭구조)

③ ⅡA : 그룹을 나타낸 기호

㉠ 방폭기기의 분류

그룹 I	폭발성 메탄가스 위험분위기에서 사용되는 광산용 전기기기
그룹 II	그룹 I 이외의 잠재적 폭발성 위험분위기에서 사용되는 전기기기

㉡ 가스 · 증기 및 분진의 그룹

분류	기호	
산업용(II)	폭발성 가스 또는 증기	A
		B
		C
	분진	11
		12
		13

④ T₄ : 온도 등급, 최고 표면온도(135℃)

▼ 그룹 II 전기기기의 최고 표면온도★

온도 등급	최고 표면온도(℃)	온도 등급	최고 표면온도(℃)
T_1	450 이하	T_4	135 이하
T_2	300 이하	T_5	100 이하
T_3	200 이하	T_6	85 이하

⑤ IP54 : 보호등급

㉠ 첫 번째 숫자 : 제1특성(인체접근 또는 접촉에 대한 보호 및 고형 이물의 침입에 대한 보호등급 0~6)

㉡ 두 번째 숫자 : 제2특성(물의 침임에 대한 보호등급 0~8)

19 방폭구조의 종류

1. 방폭구조의 종류★★

종류	내용	기호
내압 방폭구조	점화원에 의해 용기 내부에서 폭발이 발생할 경우에 용기가 폭발압력에 견딜 수 있고, 화염이 용기 외부의 폭발성 분위기로 전파되지 않도록 한 방폭구조를 말한다.	d
압력 방폭구조	점화원이 될 우려가 있는 부분을 용기 안에 넣고 보호 기체(신선한 공기 또는 불활성 기체)를 용기 안에 압입함으로써 폭발성 가스가 침입하는 것을 방지하도록 되어 있는 방폭구조	p
안전증 방폭구조	전기기기의 과도한 온도 상승, 아크 또는 불꽃 발생의 위험을 방지하기 위하여 추가적인 안전조치를 통한 안전도를 증가시킨 방폭구조를 말한다. 다만, 정상운전 중에 아크나 불꽃을 발생시키는 전기기기는 안전증 방폭구조의 전기기기 범위에서 제외한다.	e
유입 방폭구조	유체 상부 또는 용기 외부에 존재할 수 있는 폭발성 분위기가 발화할 수 없도록 전기설비 또는 전기설비의 부품을 보호액에 함침시키는 방폭구조의 형식을 말한다.	o

01 PART
02 PART
03 PART
04 PART
05 PART
06 PART
07 PART

종류	내용	기호
본질안전 방폭구조	정상작동 및 고장상태에서 발생한 불꽃이나 고온부분이 해당 폭발성 가스분위기에 점화를 발생시킬 수 없는 회로를 말한다.	i
비점화 방폭구조	전기기기가 정상작동과 규정된 특정한 비정상상태에서 주위의 폭발성 가스 분위기를 점화시키지 못하도록 만든 방폭구조	n
몰드 방폭구조	전기기기의 불꽃 또는 열로 인해 폭발성 위험분위기에 점화되지 않도록 컴파운드를 충전해서 보호한 방폭구조를 말한다.	m
충전 방폭구조	폭발성 가스 분위기를 점화시킬 수 있는 부품을 고정하여 설치하고, 그 주위를 충전재로 완전히 둘러싸서 외부의 폭발성 가스 분위기를 점화시키지 않도록 하는 방폭구조를 말한다.	q
특수 방폭구조	폭발성 가스, 증기 등에 의하여 점화하지 않는 구조로서 모래 등을 채워 넣은 사입 방폭구조 등이 있다.	s

2. 방폭구조의 선정기준

1) 가스폭발 위험장소★★

폭발위험장소의 분류	방폭구조 전기기계기구의 선정기준
0종 장소	① 본질안전방폭구조(ia) ② 그 밖에 관련 공인 인증기관이 0종 장소에서 사용이 가능한 방폭구조로 인증한 방폭구조
1종 장소	① 내압방폭구조(d), 압력방폭구조(p), 충전방폭구조(q), 유입방폭구조(o), 안전증방폭구조(e), 본질안전방폭구조(ia, ib), 몰드방폭구조(m) ② 그 밖에 관련 공인 인증기관이 1종 장소에서 사용이 가능한 방폭구조로 인증한 방폭구조
2종 장소	① 0종 장소 및 1종 장소에 사용 가능한 방폭구조 ② 비점화방폭구조(n) ③ 그 밖에 2종 장소에서 사용하도록 특별히 고안된 비방폭형 구조

2) 분진폭발 위험장소

폭발위험장소의 분류	방폭구조 전기기계기구의 선정기준
20종 장소	① 밀폐방진방폭구조(DIP A20 또는 DIP B20) ② 그 밖에 관련 공인 인증기관이 20종 장소에서 사용이 가능한 방폭구조로 인증한 방폭구조
21종 장소	① 밀폐방진방폭구조(DIP A20 또는 A21, DIP B20 또는 B21) ② 특수방진방폭구조(SDP) ③ 그 밖에 관련 공인 인증기관이 21종 장소에서 사용이 가능한 방폭구조로 인증한 방폭구조
22종 장소	① 20종 장소 및 21종 장소에 사용 가능한 방폭구조 ② 일반방진방폭구조(DIP A22 또는 DIP B22) ③ 보통방진방폭구조(DP) ④ 그 밖에 22종 장소에서 사용하도록 특별히 고안된 비방폭형 구조

3. 분진방폭의 종류

방폭구조 종류	구조의 원리
특수방진 방폭구조 (SDP)	전폐구조로서 접합면 깊이를 일정치 이상으로 하거나 또는 접합면에 일정치 이상의 깊이가 있는 패킹을 사용하여 분진이 용기 내부로 침입하지 않도록 한 구조
보통방진 방폭구조 (DP)	전폐구조로서 접합면 깊이를 일정치 이상으로 하거나 또는 접합면에 패킹을 사용하여 분진이 용기 내부로 침입하기 어렵게 한 구조
방진특수 방폭구조 (XDP)	위의 두 가지 구조(SDP, DP) 이외의 방폭구조로서 방진방폭성능을 시험, 기타에 의하여 확인된 구조

> **참고 ⊘ 분진방폭구조의 기호 ★**
> ① 용기 분진방폭구조 : tD
> ② 본질안전 분진방폭구조 : iD
> ③ 몰드 분진방폭구조 : mD
> ④ 압력 분진방폭구조 : pD

PART 01
PART 02
PART 03
PART 04
PART 05
PART 06
PART 07

1 위험물의 정의 및 종류

1. 위험물의 정의

① 위험물이라 함은 인화성 또는 발화성 등의 성질을 가지는 물품을 말한다.
② 위험물질이란 그 자체가 위험하든가 또는 환경조건에 따라 쉽게 위험성을 나타내는 물질로서 보통 위험성 물질이라 부른다.

2. 위험물의 일반적 특징

① 자연계에 흔히 존재하는 물 또는 산소와의 반응이 용이하다.
② 반응속도가 급격히 진행된다.
③ 반응 시 발생되는 발열량이 크다.
④ 수소와 같은 가연성 가스를 발생한다.
⑤ 화학적 구조 및 결합력이 대단히 불안정하다.

3. 위험물의 종류

1) 화학물질의 정의

① **폭발성 물질** : 자체의 화학반응에 따라 주위환경에 손상을 줄 수 있는 정도의 온도 · 압력 및 속도를 가진 가스를 발생시키는 고체 · 액체 또는 혼합물을 말한다.
② **유기과산화물** : 1개 또는 2개의 수소 원자가 유기라디칼에 의하여 치환된 과산화수소의 유도체를 포함한 액체 또는 고체 유기물질을 말한다.
③ **물반응성 물질** : 물과 상호작용을 하여 자연발화되거나 인화성 가스를 발생시키는 고체 · 액체 또는 혼합물을 말한다.
④ **인화성 고체** : 쉽게 연소되거나 마찰에 의하여 화재를 일으키거나 촉진할 수 있는 물질을 말한다.
⑤ **산화성 액체** : 그 자체로는 연소하지 않더라도, 일반적으로 산소를 발생시켜 다른 물질을 연소시키거나 연소를 촉진하는 액체를 말한다.
⑥ **산화성 고체** : 그 자체로는 연소하지 않더라도 일반적으로 산소를 발생시켜 다른 물질을 연소시키거나 연소를 촉진하는 고체를 말한다.
⑦ **인화성 액체** : 표준압력(101.3kPa)하에서 인화점이 60℃ 이하이거나 고온 · 고압의 공정운전조건으로 인하여 화재 · 폭발위험이 있는 상태에서 취급되는 가연성 물질을 말한다. ★★

⑧ **인화성 가스** : 인화한계 농도의 최저한도가 13퍼센트 이하 또는 최고한도와 최저한도의 차가 12퍼센트 이상인 것으로서 표준압력(101.3kPa)하의 20℃에서 가스 상태인 물질을 말한다. ★★

⑨ **금속 부식성 물질** : 화학적인 작용으로 금속에 손상 또는 부식을 일으키는 물질을 말한다.

⑩ **급성 독성 물질** : 입 또는 피부를 통하여 1회 투여 또는 24시간 이내에 여러 차례로 나누어 투여하거나 호흡기를 통하여 4시간 동안 흡입하는 경우 유해한 영향을 일으키는 물질을 말한다.

2) 위험물질의 종류 ★★

구분	위험물질의 종류
폭발성 물질 및 유기 과산화물	가. 질산에스테르류　다. 니트로소화합물　마. 디아조화합물 나. 니트로화합물　라. 아조화합물　바. 하이드라진 유도체 사. 유기과산화물 아. 그 밖에 가목부터 사목까지의 물질과 같은 정도의 폭발 위험이 있는 물질 자. 가목부터 아목까지의 물질을 함유한 물질
물반응성 물질 및 인화성 고체	가. 리튬　라. 황린　사. 알킬알루미늄 · 알킬리튬 나. 칼륨 · 나트륨　마. 황화인 · 적린　아. 마그네슘 분말 다. 황　바. 셀룰로이드류　자. 금속 분말(마그네슘 분말은 제외) 차. 알칼리금속(리튬 · 칼륨 및 나트륨은 제외) 카. 유기 금속화합물(알킬알루미늄 및 알킬리튬은 제외) 타. 금속의 수소화물 파. 금속의 인화물 하. 칼슘 탄화물, 알루미늄 탄화물 거. 그 밖에 가목부터 하목까지의 물질과 같은 정도의 발화성 또는 인화성이 있는 물질 너. 가목부터 거목까지의 물질을 함유한 물질
산화성 액체 및 산화성 고체	가. 차아염소산 및 그 염류　라. 과염소산 및 그 염류　사. 과산화수소 및 무기 과산화물 나. 아염소산 및 그 염류　마. 브롬산 및 그 염류　아. 질산 및 그 염류 다. 염소산 및 그 염류　바. 요오드산 및 그 염류　자. 과망간산 및 그 염류 차. 중크롬산 및 그 염류 카. 그 밖에 가목부터 차목까지의 물질과 같은 정도의 산화성이 있는 물질 타. 가목부터 카목까지의 물질을 함유한 물질
인화성 액체	가. 에틸에테르, 가솔린, 아세트알데히드, 산화프로필렌, 그 밖에 인화점이 섭씨 23도 미만이고 초기 끓는점이 섭씨 35도 이하인 물질 나. 노르말헥산, 아세톤, 메틸에틸케톤, 메틸알코올, 에틸알코올, 이황화탄소, 그 밖에 인화점이 섭씨 23도 미만이고 초기 끓는점이 섭씨 35도를 초과하는 물질 다. 크실렌, 아세트산아밀, 등유, 경유, 테레핀유, 이소아밀알코올, 아세트산, 하이드라진, 그 밖에 인화점이 섭씨 23도 이상 섭씨 60도 이하인 물질
인화성 가스	가. 수소　라. 메탄　사. 부탄 나. 아세틸렌　마. 에탄　아. 유해 · 위험물질 규정량에 따른 가스 다. 에틸렌　바. 프로판
부식성 물질	가. 부식성 산류 　① 농도가 20퍼센트 이상인 염산, 황산, 질산, 그 밖에 이와 같은 정도 이상의 부식성을 가지는 물질 　② 농도가 60퍼센트 이상인 인산, 아세트산, 불산, 그 밖에 이와 같은 정도 이상의 부식성을 가지는 물질 나. 부식성 염기류 : 농도가 40퍼센트 이상인 수산화나트륨, 수산화칼륨, 그 밖에 이와 같은 정도 이상의 부식성을 가지는 염기류

구분	위험물질의 종류
급성 독성 물질	가. 쥐에 대한 경구투입실험에 의하여 실험동물의 50퍼센트를 사망시킬 수 있는 물질의 양, 즉 LD_{50}(경구, 쥐)이 킬로그램당 300밀리그램 −(체중) 이하인 화학물질 나. 쥐 또는 토끼에 대한 경피흡수실험에 의하여 실험동물의 50퍼센트를 사망시킬 수 있는 물질의 양, 즉 LD_{50}(경피, 토끼 또는 쥐)이 킬로그램당 1,000밀리그램 −(체중) 이하인 화학물질 다. 쥐에 대한 4시간 동안의 흡입실험에 의하여 실험동물의 50퍼센트를 사망시킬 수 있는 물질의 농도, 즉 가스 LC_{50}(쥐, 4시간 흡입)이 2,500ppm 이하인 화학물질, 증기 LC_{50}(쥐, 4시간 흡입)이 10mg/L 이하인 화학물질, 분진 또는 미스트 1mg/L 이하인 화학물질

4. 유별을 달리하는 위험물의 혼재기준

위험물의 구분	제1류	제2류	제3류	제4류	제5류	제6류
제1류		×	×	×	×	○
제2류	×		×	○	○	×
제3류	×	×		○	×	×
제4류	×	○	○		○	×
제5류	×	○	×	○		×
제6류	○	×	×	×	×	

비고 1. "×" 표시는 혼재할 수 없음을 의미한다.
　　2. "○" 표시는 혼재할 수 있음을 의미한다.
　　3. 이 표는 지정수량 $\frac{1}{10}$ 이하의 위험물에 대하여는 적용하지 아니한다.

참고 ◎ 위험물의 종류

제1류 위험물	산화성 고체	제4류 위험물	인화성 액체
제2류 위험물	가연성 고체	제5류 위험물	자기반응성 물질
제3류 위험물	자연 발화성 및 금수성 물질	제6류 위험물	산화성 액체

5. 위험물의 취급방법

1) 위험물질 등의 제조 등 작업 시의 조치★

위험물질을 제조하거나 취급하는 경우에 폭발·화재 및 누출을 방지하기 위한 적절한 방호조치를 하지 아니하고 다음 각 호의 행위를 해서는 아니 된다.

① 폭발성 물질, 유기과산화물을 화기나 그 밖에 점화원이 될 우려가 있는 것에 접근시키거나 가열하거나 마찰시키거나 충격을 가하는 행위

② 물반응성 물질, 인화성 고체를 각각 그 특성에 따라 화기나 그 밖에 점화원이 될 우려가 있는 것에 접근시키거나 발화를 촉진하는 물질 또는 물에 접촉시키거나 가열하거나 마찰시키거나 충격을 가하는 행위

③ 산화성 액체·산화성 고체를 분해가 촉진될 우려가 있는 물질에 접촉시키거나 가열하거나 마찰시키거나 충격을 가하는 행위

④ 인화성 액체를 화기나 그 밖에 점화원이 될 우려가 있는 것에 접근시키거나 주입 또는 가열하거나 증발시키는 행위

⑤ 인화성 가스를 화기나 그 밖에 점화원이 될 우려가 있는 것에 접근시키거나 압축·가열 또는 주입하는 행위

⑥ 부식성 물질 또는 급성 독성물질을 누출시키는 등으로 인체에 접촉시키는 행위

⑦ 위험물을 제조하거나 취급하는 설비가 있는 장소에 인화성 가스 또는 산화성 액체 및 산화성 고체를 방치하는 행위

2) 가솔린이 남아 있는 설비에 등유 등의 주입

가솔린이 남아 있는 화학설비, 탱크로리, 드럼 등에 등유나 경유를 주입하는 작업을 하는 경우에는 미리 그 내부를 깨끗하게 씻어내고 가솔린의 증기를 불활성 가스로 바꾸는 등 안전한 상태로 되어 있는지를 확인한 후에 그 작업을 하여야 한다.

다만, 다음 각 호의 조치를 하는 경우에는 그러하지 아니하다.

① 등유나 경유를 주입하기 전에 탱크·드럼 등과 주입설비 사이에 접속선이나 접지선을 연결하여 전위차를 줄이도록 할 것

② 등유나 경유를 주입하는 경우에는 그 액표면의 높이가 주입관의 선단의 높이를 넘을 때까지 주입속도를 초당 1미터 이하로 할 것

3) 위험물을 저장·취급하는 화학설비 및 그 부속설비를 설치하는 경우의 안전거리

구분	안전거리
① 단위공정시설 및 설비로부터 다른 단위공정시설 및 설비의 사이	설비의 바깥 면으로부터 10미터 이상
② 플레어스택으로부터 단위공정시설 및 설비, 위험물질 저장탱크 또는 위험물질 하역설비의 사이	플레어스택으로부터 반경 20미터 이상(다만, 단위공정시설 등이 불연재로 시공된 지붕 아래에 설치된 경우에는 제외)
③ 위험물질 저장탱크로부터 단위공정시설 및 설비, 보일러 또는 가열로의 사이	저장탱크의 바깥 면으로부터 20미터 이상(다만, 저장탱크의 방호벽, 원격조종화설비 또는 살수설비를 설치한 경우에는 제외)
④ 사무실·연구실·실험실·정비실 또는 식당으로부터 단위공정시설 및 설비, 위험물질 저장탱크, 위험물질 하역설비, 보일러 또는 가열로의 사이	사무실 등의 바깥 면으로부터 20미터 이상(다만, 난방용 보일러인 경우 또는 사무실 등의 벽을 방호구조로 설치한 경우에는 제외)

4) 신규화학물질의 유해성·위험성 조사보고서의 제출★

신규화학물질을 제조하거나 수입하려는 자는 제조하거나 수입하려는 날 30일(연간 제조하거나 수입하려는 양이 100킬로그램 이상 1톤 미만인 경우에는 14일) 전까지 신규화학물질 유해성·위험성 조사보고서에 따른 서류를 첨부하여 고용노동부장관에게 제출하여야 한다.(다만, 그 신규화학물질이 「화학물질의 등록 및 평가 등에 관한 법률」에 따른 등록 및 유해성심사 대상에 해당하는 경우에는 그 유해성·위험성 조사보고서를 환경부장관에게 제출할 수 있다)

2 노출기준

1. 정의

근로자가 유해인자에 노출되는 경우 노출기준 이하 수준에서는 거의 모든 근로자에게 건강상 나쁜 영향을 미치지 아니하는 기준을 말한다.

2. 노출기준의 표시단위

가스 및 증기	ppm 또는 mg/m³
분진	mg/m³ (단, 석면 및 내화성 세라믹섬유는 개/cm³)
고온	습구흑구온도지수(WBGT) ① 태양광선이 내리쬐는 옥외 장소 : WBGT[℃]=0.7 × 자연습구온도 + 0.2 × 흑구온도 + 0.1 × 건구온도 ② 태양광선이 내리쬐지 않는 옥내 또는 옥외 장소 : WBGT[℃]=0.7 × 자연습구온도 + 0.3 × 흑구온도

3. 질량농도(mg/m³)와 용량농도(ppm)의 환산식

1) 용량농도(ppm)를 질량농도(mg/m³)로 환산

$$\mathrm{mg/m^3} = \mathrm{ppm} \times \frac{\text{분자량[g]}}{24.45} (25℃, \ 1기압)$$

여기서, 24.45 : 25℃, 1기압에서 물질 1mol의 부피

2) 질량농도(mg/m³)를 용량농도(ppm)로 환산

$$\mathrm{ppm} = \mathrm{mg/m^3} \times \frac{24.45}{\text{분자량[g]}} (25℃, \ 1기압)$$

여기서, 24.45 : 25℃, 1기압에서 물질 1mol의 부피

> **참고** ⊘ 물질 1mol의 부피
> ① 0℃, 1기압일 때 : 22.4[L]
> ② 21℃, 1기압일 때 : 24.1[L]
> ③ 25℃, 1기압일 때 : 24.45[L]

$$\frac{V_1}{T_1} = \frac{V_2}{T_2}$$

여기서, V_1 : 변하기 전의 부피
V_2 : 변한 후의 부피
T_1 : 변하기 전의 절대온도[K]
T_2 : 변한 후의 절대온도[K]

4. 유해물질의 종류

스모크(smoke)	일반적으로 유기물이 불완전연소할 때 생긴 미립자를 말하며 주성분은 탄소의 미립자임(0.01~1μm)
분진(dust)	기계적 작용에 의해 발생된 고체 미립자가 공기 중에 부유하고 있는 것(입경 0.01~500μm 정도)
미스트(mist)	액체의 미세한 입자가 공기 중에 부유하고 있는 것(입경 0.1~100μm 정도)
흄(fume)	고체 상태의 물질이 액화된 다음 증기화되고, 증기화된 물질의 응축 및 산화로 인하여 생기는 고체상의 미립자(입경 0.01~1μm 정도)
가스(gas)	상온, 상압(25℃, 1atm) 상태에서 기체인 물질
증기(vapor)	상온, 상압(25℃, 1atm) 상태에서 액체로부터 증발되는 기체

5. 유해물질의 노출기준

1) 시간가중 평균 노출기준(TWA ; Time-Weighted Average)★★

① 1일 8시간, 주 40시간 동안의 평균노출농도로서 거의 모든 근로자가 평상작업에서 반복하여 노출되더라도 건강장해를 일으키지 않는 공기 중 유해물질의 농도를 말한다.

② 1일 8시간 작업기준으로 유해 요인의 측정치에 발생시간을 곱하여 8시간으로 나눈 값

③ 산출공식

$$TWA \text{ 환산값} = \frac{C_1 \cdot T_1 + C_2 \cdot T_2 + \cdots + C_n \cdot T_n}{8}$$

여기서, C : 유해인자의 측정치(단위 : ppm, mg/m³ 또는 개/cm³), T : 유해인자의 발생시간(단위 : 시간)

2) 단시간 노출기준(STEL ; Short-Term Exposure Limit)★

① 근로자가 1회 15분간의 시간가중 평균 노출기준(허용농도)

② 노출농도가 시간가중 평균 노출기준값을 초과하고 단시간 노출기준값 이하인 경우에는 1회 노출 지속시간이 15분 미만이어야 하고, 이러한 상태가 1일 4회 이하로 발생하여야 하며, 각 회의 노출 간격은 60분 이상이어야 한다.

3) 최고노출기준(C ; Ceiling)★

① 근로자가 1일 작업시간 동안 잠시라도 노출되어서는 아니 되는 기준

② 노출기준 앞에 "C"를 붙여 표시한다.

4) 혼합물의 노출기준(허용농도)

① 노출지수(EI ; Exposure Index) : 공기 중 혼합물질

⊙ 2가지 이상의 독성이 유사한 유해화학 물질이 공기 중에 공존할 때 대부분의 물질은 유해성의 상가작용을 나타낸다고 가정하고 계산한 노출지수로 결정

$$노출지수(EI) = \frac{C_1}{TLV_1} + \frac{C_2}{TLV_2} + \cdots\cdots + \frac{C_n}{TLV_n}$$

여기서, C_n : 각 혼합물질의 공기 중 농도, TLV_n : 각 혼합물질의 노출기준

PART 01
PART 02
PART 03
PART 04
PART 05
PART 06
PART 07

ⓛ 노출지수는 1을 초과하면 노출기준을 초과한다고 평가한다.

ⓒ 다만, 독성이 서로 다른 물질이 혼합되어 있는 경우 혼합된 물질의 유해성이 상승작용 또는 상가작용이 없으므로 각 물질에 대하여 개별적으로 노출기준 초과 여부를 결정한다. (독립작용)

ⓡ 보정된 허용농도(기준)

$$보정된 허용농도(기준) = \frac{혼합물의 공기 중 농도(C_1 + C_2 + \cdots + C_n)}{노출지수(EI)}$$

② 액체 혼합물의 구성 성분을 알 때 혼합물의 허용농도(노출기준)

$$혼합물의 노출기준(mg/m^3) = \frac{1}{\dfrac{f_1}{TLV_1} + \dfrac{f_2}{TLV_2} + \cdots\cdots + \dfrac{f_n}{TLV_n}}$$

여기서, f_n : 액체 혼합물에서의 각 성분 무게(중량) 구성비(%)
TLV_n : 해당 물질의 TLV(노출기준)

6. 노출기준

일련번호	유해물질의 명칭	화학식	노출기준			
			TWA		STEL	
			ppm	mg/m³	ppm	mg/m³
330	시안화수소	HCN	–	–	C 4.7	
656	포스겐	COCl₂	0.1	–	–	–
237	불소	F₂	0.1	–	–	–
413	염소	Cl₂	0.5	–	1	3
53	니트로벤젠	C₆H₅NO₂	1	–	–	–
223	벤젠	C₆H₆	0.5	–	2.5	–
714	황화수소	H₂S	10		15	
382	암모니아	NH₃	25	–	35	–
483	일산화탄소	CO	30	–	200	–
159	메탄올	CH₃OH	200	–	250	–
386	에탄올	C₂H₅OH	1,000	–	–	–
420	염화수소	HCl	1	–	2	–
460	이산화탄소	CO₂	5,000	–	30,000	–
8	과산화수소	H₂O₂	1	–	–	–
263	사염화탄소	CCl₄	5	–	–	–
477	이황화탄소	CS₂	1	–	–	–
462	이산화황	SO₂	2	–	5	–

3 연소의 정의

1. 연소의 정의

① 다량의 발열을 수반하는 발열화학반응

② 어떤 물질이 공기 또는 산소 중에서 산화반응을 일으켜 발열과 발광을 동반하는 현상

가연성 물질+산소(공기) → 연소 생성물 + 반응열

2. 연소의 구비조건

① 발열반응이어야 한다.

② 열에 의해서 가연물과 연소생성물의 온도가 상승하여야 한다.

③ 빛을 발생할 수 있어야 한다.

3. 완전연소

산소가 충분한 상태에서 가연성분이 완전히 산화되는 연소, 즉 연소 후 발생되는 물질 중에서 가연성분이 없는 연소를 말한다.

$$C+O_2 \rightarrow CO_2+97,000kcal/mol$$

4. 불완전연소

① 산소가 부족한 상태에서 가연성분이 불완전하게 산화되는 연소, 즉 연소 후 발생되는 물질 중에서 가연성분이 있는 연소를 말한다.

$$C+O_2 \rightarrow \frac{1}{2}CO_2+29,000kcal/mol$$

② 불완전연소의 발생원인
   ㉠ 산소공급원이 부족할 때
   ㉡ 주위의 온도, 연소실의 온도가 너무 낮을 때
   ㉢ 연소기구가 적합하지 않을 때
   ㉣ 가스 조성이 맞지 않을 때
   ㉤ 환기, 배기가 불충분할 때
   ㉥ 유류의 온도가 낮을 때
   ㉦ 불꽃이 냉각되었을 때

5. 연소의 3요소★

1) 가연성 물질(가연물, 산화되기 쉬운 물질)

① 가연물의 구비조건(가연성 물질이 연소하기 쉬운 조건)

㉠ 산소와 친화력이 좋고 표면적이 넓을 것

㉡ 반응열(발열량)이 클 것

㉢ 열전도율이 작을 것

㉣ 활성화 에너지가 작을 것(점화에너지가 작을 것)

② 가연물이 될 수 없는 조건

흡열반응 물질	질소(N_2) 및 질소화합물은 발열반응이 아니라 흡열반응을 하므로 가연물이 될 수 없다. 예 질소와 산소의 반응 – 반응 또는 조작과정에서 발열을 동반하지 않는다. $N_2 + O_2 \rightarrow 2NO - 43.2kcal$
불활성 기체	헬륨(He), 크세논(Xe), 라돈(Rn), 아르곤(Ar), 크립톤(Kr), 네온(Ne) 등의 0족 원소는 불활성 물질이므로 연소반응을 할 수 없다.
완전 산화물	이산화탄소(CO_2), 물(H_2O) 등은 더 이상 산화반응을 할 수 없으므로 불연성 물질에 포함된다.

2) 산소공급원

공기는 가장 대표적인 산소공급원으로서, 공기 중에는 최적 배분율로 약 21%의 산소가 존재한다.

3) 점화원

① 연소반응을 일으킬 수 있는 최소의 에너지(활성화 에너지)

② 전기불꽃, 정전기 불꽃, 충격에 의한 불꽃, 마찰에 의한 불꽃, 단열 압축열, 고온 표면, 나화, 복사열 등

4 연소형태

1. 연소 형태에 따른 분류

확산 연소	① 가연성 가스가 공기 중의 지연성 가스와 접촉하여 접촉면에서 연소가 일어나는 현상 ② 수소, 아세틸렌 등의 기체의 연소
증발 연소	① 액체 표면에서 발생된 증기나, 가연성 고체가 기화하면서 발생된 증기가 연소하는 현상 ② 알코올, 에테르, 등유, 경유 등의 액체 연소, 나프탈렌, 파라핀(양초), 황 등의 고체 연소
분해 연소	① 고체 가연물이 온도 상승에 따른 열분해에 의해 가연성 가스를 방출시켜서 연소하는 현상 ② 석탄, 목재 등의 고체의 연소
표면 연소	① 고체 표면에서 연소가 일어나는 현상 ② 목탄(숯), 알루미늄 등의 고체의 연소

2. 가연물의 종류에 따른 연소의 분류★★

기체연소	불꽃은 있으나 불티가 없는 연소	
	확산연소	① 가연성 가스가 공기 중의 지연성 가스(산소)와 접촉하여 접촉면에서 연소가 일어나는 현상(수소, 메탄, 프로판, 부탄 등) ② 기체의 일반적인 연소형태이다.
	예혼합연소	연소되기 전에 미리 연소 가능한 연소범위의 혼합가스를 만들어 연소시키는 형태
액체연소	액체 자체가 타는 것이 아니라 발생된 증기가 연소하는 형태	
	증발연소	액체연료인 휘발유, 등유, 알코올류, 아세톤 등이 기화하여 증기가 되어 연소
	액적연소	중유, 벙커C유와 같이 점도가 높고 비휘발성인 액체를 가열 등의 방법으로 점도를 낮추어 분무기(버너)를 사용하여 액체의 입자를 안개상으로 분출, 표면적을 넓게 하여 공기와의 접촉면을 많게 하는 연소방법
고체연소	고체에서는 여러 가지 연소형태가 복합적으로 나타난다.	
	표면연소	고체 가연물이 열분해나 증발을 하지 않고 표면에서 산소와 반응하여 연소하는 형태(목탄(숯), 코크스, 금속분, 알루미늄 등)
	분해연소	목재, 석탄 등의 고체 가연물이 열분해로 인하여 가연성 가스가 방출되어 착화되는 현상(목재, 종이, 석탄, 플라스틱 등)
	증발연소	고체 가연물이 점화원에 의해 상태변화를 일으켜 액체가 되고 일정 온도에서 가연성 증기가 발생, 공기와 혼합하여 연소하는 형태(나프탈렌, 황, 파라핀 등)
	자기연소	고체 가연물이 외부의 산소 공급원 없이 점화원에 의해 연소하는 형태(제5류 위험물, 니트로 글리세린, 니트로 셀룰로오스, 트리 니트로 톨루엔, 질산 에틸린, 피크린산, 화약, 폭약 등)

5 인화점

1. 인화점(Flash Point, 인화온도)의 정의★

① 가연성 물질에 점화원을 주었을 때 연소가 시작되는 최저온도
② 사용 중인 용기 내에서 인화성 액체가 증발하여 인화될 수 있는 가장 낮은 온도
③ 액체의 표면에서 발생한 증기농도가 공기 중에서 연소하한 농도가 될 수 있는 가장 낮은 액체온도

2. 가연성 액체의 인화점

① 가연성 액체의 인화에 대한 위험성을 결정하는 요소로 인화점을 사용
② 가연성 액체의 경우 인화점 이상에서 점화원의 접촉에 의해 인화
③ 인화점이 낮을수록 위험한 물질

01 PART
02 PART
03 PART
04 PART
05 PART
06 PART
07 PART

6 발화점

1. 발화점(Ignition Point, 발화온도, 착화점, 착화온도)의 정의★

착화원(점화원)이 없는 상태에서 가연성 물질을 공기 또는 산소 중에서 가열하였을 때 발화되는 최저온도

2. 발화점의 영향 인자 및 조건

발화점에 영향을 주는 인자	① 가연성 가스와 공기의 혼합비 ② 용기의 크기와 형태 ③ 용기벽의 재질 ④ 가열속도와 지속시간	⑤ 압력 ⑥ 산소농도 ⑦ 유속 등
발화점이 낮아질 수 있는 조건	① 분자의 구조가 복잡할수록 ② 발열량이 높을수록 ③ 반응 활성도가 클수록	④ 열전도율이 낮을수록 ⑤ 산소와의 친화력이 좋을수록 ⑥ 압력이 클수록

3. 자연발화

개념	외부로 방열하는 열보다 내부에서 발생하는 열의 양이 많은 경우에 발생
자연발화의 형태	① 산화열에 의한 발열(석탄, 건성유, 기름걸레 등) ② 분해열에 의한 발열(셀룰로이드, 니트로셀룰로오스 등) ③ 흡착열에 의한 발열(활성탄, 목탄분말, 석탄분 등) ④ 미생물에 의한 발열(퇴비, 먼지, 볏짚 등) ⑤ 중합에 의한 발열(아크릴로니트릴 등)
자연발화의 조건 (자연발화가 쉽게 일어나는 조건)	① 표면적이 넓을 것 ② 열전도율이 작을 것 ③ 발열량이 클 것 ④ 주위의 온도가 높을 것(분자운동 활발) ⑤ 수분이 적당량 존재할 것
자연발화의 인자	① 열의축적(클수록) : 열축적이 용이할수록 자연발화가 되기 쉽다. ② 발열량(클수록) : 발열량이 큰 물질일수록 자연발화가 되기 쉽다. ③ 열전도율 : 열전도율이 작을수록 자연발화가 되기 쉽다. ④ 수분 : 적당량의 수분이 존재할 때 자연발화가 되기 쉽다. ⑤ 퇴적방법 : 열 축적이 용이하게 가연물이 적재되어 있으면 자연발화가 되기 쉽다. ⑥ 공기의 유동 : 공기의 이동이 잘 안 될수록 열 축적이 용이하여 자연발화가 되기 쉽다.
자연발화 방지법	① 통풍이 잘되게 할 것 ② 저장실 온도를 낮출 것 ③ 열이 축적되지 않는 퇴적방법을 선택할 것 ④ 습도가 높지 않도록 할 것(습도가 높은 곳을 피할 것) ⑤ 공기가 접촉되지 않도록 불활성 액체 중에 저장할 것

7 폭발의 성립조건

1. 폭발의 정의

어떤 원인으로 인해 급격한 압력 상승과 함께 폭음과 화염 등을 일으키는 현상(압력의 급상승 현상으로 열과 부피팽창을 수반하는 현상)

2. 폭발의 성립조건★★

① 가연성 가스, 증기 또는 분진이 폭발범위 내에 있어야 한다.
② 밀폐된 공간이 존재하여야 한다.
③ 점화원 또는 폭발에 필요한 에너지가 있어야 한다.

3. 폭발에 영향을 주는 인자(폭발 발생의 필수인자)

온도	① 발화온도 ② 최소점화에너지
초기압력	① 고압일수록 폭발범위가 넓어진다. ② 일산화탄소 : 공기와 혼합 시 폭발범위가 좁아진다. ③ 압력이 높아지면 발화온도는 낮아진다.
용기의 모양과 크기	온도, 압력, 조성이 모두 갖추어져 있어도 용기의 크기가 작으면 발화하지 않거나 발화해도 곧 꺼져 버린다.
초기 농도 및 조성(폭발범위 %)	가연성 가스와 지연성 가스의 혼합비율로 폭발범위를 말한다.

4. 연소파와 폭굉파

1) 연소파

① 연소파는 전파속도가 비교적 늦고 음속 이하의 값을 가진다.
② 가스 조성에 따라 다르지만 대체로 0.1~10m/sec 정도가 되는데 이러한 반응역을 연소파라 한다.

2) 폭굉파

① 폭발 범위 내의 특정 농도 범위에서 연소속도가 폭발에 비해 수백 내지 수천 배에 달하는 현상
② 음속보다 화염 전파속도가 큰 경우로 파면선단(진행전면)에 충격파라고 하는 압력파가 생겨 격렬한 파괴작용을 일으키는 현상
③ 폭발한계는 폭굉한계보다 농도범위가 넓다.
④ 진행속도가 1,000~3,500m/s에 이른다.
⑤ 화염의 전파속도가 음속보다 빠르다.

5. 폭굉 유도거리(DID ; Detonation Inducement Distance)

① 최초의 완만한 연소가 격렬한 폭굉으로 발전할 때의 거리를 말한다.

② DID가 짧아지는 요건★★

    ㉠ 정상연소속도가 큰 혼합가스일수록 짧아진다.

    ㉡ 관속에 방해물이 있거나 관경이 가늘수록 짧다.

    ㉢ 압력이 높을수록 짧다.

    ㉣ 점화원의 에너지가 강할수록 짧다.

6. 혼합가스의 폭굉범위

혼합가스	폭굉하한계(%)	폭굉상한계(%)
수소(H_2) + 공기	18.3	59.0
수소(H_2) + 산소	15.0	90.0
일산화탄소(CO) + 공기	15.0	70.0
일산화탄소(CO) + 산소	38.0	90.0
암모니아(NH_3) + 산소	25.4	75.0
아세틸렌(C_2H_2) + 공기	4.2	50.0
아세틸렌(C_2H_2) + 산소	3.5	92.0
프로판(C_3H_8) + 산소	3.2	37.0

> **참고** ◎ 폭연(Deflagration)
> 열과 빛을 내면서 화염이 미연소 혼합가스 속으로 전파하면서 주위에 파괴효과를 줄 수 있는 압력파가 생성된다. 이러한 현상은 연료의 표면 주위에서 일어나는데, 그 전파속도는 100m/s 이하이다.

8 폭발의 종류

1. 폭발의 종류

화학적 폭발	폭발성 혼합가스에 점화 등으로 화학적 반응에 의한 폭발
압력 폭발	압력용기의 폭발 또는 보일러 팽창탱크 폭발
분해 폭발	가압에 의해서 단일가스로 분리 폭발(산화에틸렌, 아세틸렌, 오존, 히드라진 등)
중합 폭발	중합반응에 의한 중합열에 의해 폭발(시안화수소, 산화에틸렌, 염화비닐, 부타디엔 등)
촉매 폭발	직사일광 등 촉매의 영향으로 폭발(수소, 염소 등)
분진 폭발	분진입자의 충돌, 충격 등에 의한 폭발(마그네슘, 알루미늄 등)

2. 폭발의 분류

① 공정(Process)에 따른 분류

핵 폭발	원자핵의 분열이나 융합에 의한 강열한 에너지 방출 현상
물리적 폭발	화학적 변화 없이 물리적 변화를 주체로 한 폭발의 형태(탱크의 감압폭발, 수증기 폭발, 고압용기의 폭발, 전선폭발, 보일러 폭발 등)
화학적 폭발	화학반응이 관여하는 화학적 특성 변화에 의한 폭발(산화폭발, 분해폭발, 중합폭발, 반응폭주)

② 원인물질의 상태에 따른 분류

기상 폭발	가스폭발, 분무폭발, 분진폭발, 가스분해폭발, 증기운폭발
응상 폭발	수증기폭발(액체일 때), 증기폭발(액화가스일 때), 전선폭발

3. 화재의 특수현상

1) 유류저장탱크에서 일어나는 현상

① **보일오버(Boil Over)** : 유류탱크 화재 시 열파가 탱크 저부로 침강하여 저부에 고여 있는 물과 접촉 시 물이 급격히 증발하여 대량의 주증기가 상층의 유류를 밀어 올려 다량의 기름을 탱크 밖으로 방출하는 현상

② **슬롭오버(Slop Over)★** : 위험물 저장탱크의 화재 시 물 또는 포를 화염이 왕성한 표면에 방사할 때 위험물과 함께 탱크 밖으로 흘러넘치는 현상

③ **프로스오버(Froth Over)** : 물이 뜨거운 기름 표면 아래서 끓을 때 화재를 수반하지 않고 용기에서 넘쳐 흐르는 현상. 뜨거운 아스팔트가 물이 약간 채워져 있는 탱크차에 옮겨질 때 탱크 속의 물을 가열하여 끓기 시작하면서 수증기가 아스팔트를 밀어 올려 넘쳐 흐르는 현상

2) 가스저장탱크에서 일어나는 현상

① UVCE(개방계 증기운 폭발 : Unconfined Vapor Cloud Explosion)

정의 ★★	가연성 가스 또는 기화하기 쉬운 가연성 액체 등이 저장된 고압가스 용기(저장탱크)의 파괴로 인하여 대기 중으로 유출된 가연성 증기가 구름을 형성(증기운)한 상태에서 점화원이 증기운에 접촉하여 폭발하는 현상
특징	① 증기운의 크기가 증가되면 점화 확률이 높아진다. ② 증기운에 의한 재해는 폭발보다는 화재가 일반적이다. ③ 증기와 공기의 난류 혼합, 방출점으로부터 먼 지점에서의 증기운의 점화는 폭발 충격을 증가시킨다. ④ 폭발효율은 BLEVE보다 작다. 즉, 연소에너지의 약 20%만 폭풍파로 변한다.

② BLEVE(비등액 팽창증기 폭발 : Boiling Liquid Expanding Vapor Explosion)

정의 ★★	비등점이 낮은 인화성 액체 저장탱크가 화재로 인한 화염에 장시간 노출되어 탱크 내 액체가 급격히 증발하여 비등하고 증기가 팽창하면서 탱크 내 압력이 설계압력을 초과하여 폭발을 일으키는 현상
특징	① BLEVE를 방지하기 위해서는 용기의 압력상승을 방지하여 용기내 압력이 대기압 근처에서 유지되도록 한다. ② 살수설비 등으로 용기를 냉각하여 온도상승을 방지하는 조치를 하여야 한다.

01 PART
02 PART
03 PART
04 PART
05 PART
06 PART
07 PART

③ 화구(Fire Ball) : BLEVE 등에 의해 인화성 증기가 확산하여 공기와의 혼합이 폭발범위에 이르렀을 때 커다란 공의 형태로 폭발하는 현상

④ Flash율 : 액체가 순간적으로 기화하는 현상을 말하며, Flash 기화한 액체의 양(q)과 유출된 전액체량(Q)의 비를 Flash율이라고 한다.

$$\frac{q}{Q} = \frac{(H_{t1} - H_{t2})}{L}$$

여기서, $\frac{q}{Q}$: flash율, q : 기화된 액량, Q : 전체 액량(kg), H_{t1} : 가압하의 액체 엔탈피(kcal/kg)

H_{t2} : 대기압하의 액체 엔탈피(kcal/kg), L : 증발잠열(기화열)

4. 분진폭발

1) 개요

① 분진과 공기의 혼합물이 점화되어 빠른 속도로 반응하여 다량의 에너지를 급격하게 방출하는 현상(사료공장, 금속가공공장, 종이공장 및 섬유공장에서 공통적으로 일어날 수 있다.)

② 분진폭발을 방지하기 위하여 첨가하는 불활성 분진 폭발 첨가물은 탄산칼슘, 모래, 석분(규산칼륨) 및 석고분 등이 있으며 대체적으로 불활성 분진을 60% 이상 혼입하면 안전하다.

③ 분진폭발이란 직경 $420\mu m$ 이하의 미세한 입자의 가연성 고체들이 산소와 섞여 가연성 혼합기를 형성하고 착화원이 존재할 경우 폭발을 일으키는 현상을 말한다.

2) 분진폭발 발생 순서

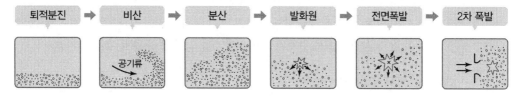

| 퇴적분진 | 비산 | 분산 | 발화원 | 전면폭발 | 2차 폭발 |

3) 분진폭발의 영향 인자★★

① 분진의 화학적 성질과 조성 : 분진의 발열량이 클수록 폭발성이 크며 휘발성분의 함유량이 많을수록 폭발하기 쉽다.

② 입도와 입도분포
  ㉠ 분진의 표면적이 입자체적에 비하여 커지면 열의 발생속도가 방열속도보다 커져서 폭발이 용이해진다.
  ㉡ 평균 입자의 직경이 작고 밀도가 작을수록 비표면적은 크게 되고 표면에너지도 크게 되어 폭발이 용이해진다.

③ 입자의 형상과 표면의 상태 : 평균입경이 동일한 분진인 경우, 입자의 형상이 복잡하면 폭발이 잘된다.

④ 수분
  ㉠ 수분 함유량이 적을수록 폭발성이 급격히 증가된다.
  ㉡ 분진 속에 존재하는 수분은 분진의 부유성을 억제하고 대전성을 감소시켜 폭발성을 둔감하게 한다.

⑤ 분진의 농도 : 분진의 농도가 양론조성농도보다 약간 높을 때, 폭발속도가 최대가 된다.

⑥ 분진의 온도
  ㉠ 초기 온도가 높을수록 최소폭발농도가 적어져서 위험하다.
  ㉡ 초기 온도가 높을수록 최소점화에너지(MIE)는 감소된다.

⑦ 분진의 부유성
  ㉠ 입자가 작고 가벼운 것은 공기 중에서 부유하기 쉽다.
  ㉡ 부유성이 큰 것일수록 공기 중에서의 체류시간도 길고 위험성도 증가한다.

⑧ 산소의 농도
  ㉠ 산소나 공기가 증가하면 폭발하한농도가 낮아짐과 동시에 입도가 큰 것도 폭발성을 갖게 된다.
  ㉡ 불활성가스(CO_2, N_2 등)를 사용하여 산소농도를 낮춘다.

4) 분진 폭발의 특징

① 폭발한계 내에서 분진의 휘발성분이 많을수록 폭발이 쉽다.
② 가스폭발에 비해 연소속도나 폭발압력이 작다.
③ 가스폭발에 비해 연소시간이 길고 발생에너지가 크기 때문에 파괴력과 타는 정도가 크다.
④ 가스에 비해 불완전연소의 가능성이 커서 일산화탄소의 존재로 인한 가스중독의 위험이 있다(가스폭발에 비하여 유독물의 발생이 많다.)
⑤ 화염속도보다 압력속도가 빠르다.
⑥ 주위 분진의 비산에 의해 2차, 3차의 폭발로 파급되어 피해가 커진다.
⑦ 연소열에 의한 화재가 동반되며, 연소입자의 비산으로 인체에 닿을 경우 심한 화상을 입는다.

5) 분진 폭발을 일으키는 조건

① 분진 : 인화성(즉, 불연성 분진은 폭발하지 않음)
② 미분상태 : 분진이 화염을 전파할 수 있는 크기의 분포를 가지고 분진의 농도가 폭발범위 이내일 것
③ 점화원 : 충분한 에너지의 점화원이 있을 것
④ 교반과 유동 : 충분한 산소가 연소를 지원하고 유지하도록 존재해야 하며, 공기(지연성가스) 중에서의 교반과 유동이 일어나야 한다.

01 PART
02 PART
03 PART
04 PART
05 PART
06 PART
07 PART

9 혼합가스의 폭발범위

1. 르 샤틀리에(Le Chatelier)의 법칙(혼합가스의 폭발범위 계산)★★

1) 순수한 혼합가스일 경우

$$\frac{100}{L} = \frac{V_1}{L_1} + \frac{V_2}{L_2} + \frac{V_2}{L_3} \cdots\cdots$$

$$L = \frac{100}{\dfrac{V_1}{L_1} + \dfrac{V_2}{L_2} + \cdots\cdots + \dfrac{V_n}{L_n}}$$

여기서, V_n : 전체 혼합가스 중 각 성분 가스의 체적(비율)[%]
L_n : 각 성분 단독의 폭발한계(상한 또는 하한)
L : 혼합가스의 폭발한계(상한 또는 하한)[vol%]

2) 혼합가스가 공기와 섞여 있을 경우

$$L = \frac{V_1 + V_2 + \cdots\cdots + V_n}{\dfrac{V_1}{L_1} + \dfrac{V_2}{L_2} + \cdots\cdots + \dfrac{V_n}{L_n}}$$

여기서, V_n : 전체 혼합가스 중 각 성분 가스의 체적(비율)[%]
L_n : 각 성분 단독의 폭발한계(상한 또는 하한)
L : 혼합가스의 폭발한계(상한 또는 하한)[vol%]

> **••• 예상문제**
>
> LPG가스가 공기 중에서 누출되어 공기와 혼합된 상태이다. 기체의 조성은 공기 55%, 프로판 40%, 부탄 5%라면, 혼합기체의 폭발하한계를 계산하시오.(단, 프로판 및 부탄의 공기 중 폭발하한계는 각각 2.1%, 1.8%이다.)
>
> **풀이** 폭발하한계 $= \dfrac{V_1 + V_2}{\dfrac{V_1}{L_1} + \dfrac{V_2}{L_2}} = \dfrac{40 + 5}{\dfrac{40}{2.1} + \dfrac{5}{1.8}} = 2.061 = 2.06(\%)$

2. 최소산소농도(MOC ; Minimum Oxygen Concentration)

1) 개요

① 가연성 혼합가스 내에 화염이 전파될 수 있는 최소한의 산소농도
② 연소가 이루어지기 위해 필요한 최소의 산소 요구량

2) 최소산소농도 산정

① 가연성 가스 또는 증기의 최소산소농도는 공기와 가연성 성분에 대한 산소의 백분율 말한다.

② 가연성 가스 또는 증기의 연소반응식을 작성하여 산소의 화학양론적 계수를 구한다.

③ 가연성 가스 또는 증기의 폭발하한계를 계산한다.

④ 연소반응식중의 산소의 화학양론적 계수와 폭발하한계(연소하한계)의 곱을 구한다.

최소산소농도(MOC) = 연소하한계 × 산소의 화학양론적 계수

3) 산소의 화학양론적 계수

① 프로판(C_3H_8) : $C_3H_8 + 5O_2 \rightarrow 3CO_2 + 4H_2O$

② 부탄(C_4H_{10}) : $C_4H_{10} + 6.5O_2 \rightarrow 4CO_2 + 5H_2O$

③ 메탄올(CH_3OH) : $CH_3OH + 1.5O_2 \rightarrow CO_2 + 2H_2O$

> **참고** ♥ **산소의 화학양론적 계수**
> ① 부탄(C_4H_{10}) : 6.5   ② 프로판(C_3H_8) : 5   ③ 메탄올(CH_3OH) : 1.5

3. 완전연소 조성농도

1) 완전연소 조성농도의 개요

① 가연성 물질 1몰이 완전연소할 수 있는 공기와의 혼합기체 중 가연성 물질의 부피(vol%)를 말하며, 화학양론농도라고도 한다.

② 발열량이 최대이고 폭발 파괴력이 가장 강한 농도를 말한다.

2) 계산식★

$$C_{st} = \frac{100}{1 + 4.773\left(n + \dfrac{m - f - 2\lambda}{4}\right)}$$

여기서, n : 탄소의 원자수, m : 수소의 원자수, f : 할로겐 원소의 원자수, λ : 산소의 원자수

3) 완전연소 조성농도와 폭발한계의 관계(Jones식 폭발한계)

① 연소(폭발) 하한계 : $C_{st} \times 0.55$

② 연소(폭발) 상한계 : $C_{st} \times 3.50$

01 PART
02 PART
03 PART
04 PART
05 PART
06 PART
07 PART

4. 주요 가연성 가스의 폭발범위

가연성 가스	폭발하한값(%)	폭발상한값(%)	가연성 가스	폭발하한값(%)	폭발상한값(%)
아세틸렌(C_2H_2)	2.5	81.0	에탄(C_2H_6)	3.0	12.5
산화에틸렌(C_2H_4O)	3.0	80.0	메탄(CH_4)	5.0	15.0
수소(H_2)	4.0	75.0	부탄(C_4H_{10})	1.8	8.4
일산화탄소(CO)	12.5	74.0	이황화탄소(CS_2)	1.25	41.0
프로판(C_3H_8)	2.1	9.5	암모니아(NH_3)	15.0	28.0

10 위험도

1. 위험도 계산식★★

① 폭발범위를 이용한 가연성 가스 및 증기의 위험성 판단방법

$$H = \frac{UFL - LFL}{LFL}$$

여기서, UFL : 연소상한값
LFL : 연소하한값
H : 위험도

② 위험도 값이 클수록 위험성이 높은 물질이다.

2. 위험도 증가 요인

① 하한농도가 낮을수록 위험도 증가
② 폭발 상한값과 하한값의 차이가 클수록 위험도 증가

11 화재의 종류★★

분류	A급 화재	B급 화재	C급 화재	D급 화재
명칭	일반화재	유류화재	전기화재	금속화재
분류	보통 잔재의 작열에 의해 발생하는 연소에서 보통 유기 성질의 고체물질을 포함한 화재	액체 또는 액화할 수 있는 고체를 포함한 화재 및 가연성 가스 화재	통전 중인 전기 설비를 포함한 화재	금속을 포함한 화재
가연물	목재, 종이, 섬유 등	가솔린, 등유, 프로판 가스 등	전기기기, 변압기, 전기다리미 등	가연성 금속 (Mg분, Al분)
소화방법	냉각소화	질식소화	질식, 냉각소화	질식소화

분류	A급 화재	B급 화재	C급 화재	D급 화재
적응 소화제	① 물 소화기 ② 강화액 소화기 ③ 산·알칼리 소화기	① 이산화탄소 소화기 ② 할로겐화합물 소화기 ③ 분말 소화기 ④ 포말 소화기	① 이산화탄소 소화기 ② 할로겐화합물 소화기 ③ 분말 소화기 ④ 무상강화액 소화기	① 건조사 ② 팽창 질석 ③ 팽창 진주암
표시색	백색	황색	청색	무색

12 폭발의 방호방법

1. 폭발 방지(폭발 예방)

1) 불활성화

① 가연성 혼합가스나 혼합분진에 불활성 가스를 주입하여 산소의 농도를 최소산소농도 이하로 낮게 유지하는 것

② 불활성 가스

  ㉠ 질소

  ㉡ 이산화탄소

  ㉢ 수증기 또는 연소배기가스 등이 있으며 통상적으로 불활성 가스로 질소가 사용된다.

③ 연소 억제를 위하여 관리되어야 할 산소의 농도는 안전율을 고려하여 해당 물질의 최소산소농도보다 4% 정도 낮게 관리되어야 한다.

④ 안정적이고 지속적인 불활성화를 유지하기 위해서 대상설비에 산소농도측정기를 설치하고 산소농도를 관리하여야 한다.

⑤ 최소산소농도(MOC)

  ㉠ 일반적으로 대부분의 가스인 경우 : 10% 정도

  ㉡ 분진인 경우 : 8% 정도

2) 불활성화 방법★★

① 인너팅(Inerting) : 산소농도를 안전한 농도로 낮추기 위하여 불활성 가스를 용기에 주입하는 것

② 치환(Purging) : 가연성 가스 또는 증기에 불활성 가스를 주입하여 산소의 농도를 최소산소농도(MOC) 이하로 낮게 하는 작업을 통하여 제한된 공간에서 화염이 전파되지 않도록 유지된 상태

진공 치환 (진공 퍼지, 저압 퍼지) (Vacuum Purging)	① 용기에 대한 가장 통상적인 치환절차 ② 저압에만 견딜 수 있도록 설계된 큰 저장용기에서는 사용할 수 없다.
압력 치환 (압력 퍼지) (Pressure Purging)	① 용기에 가압된 불활성 가스를 주입하는 방법으로 가압한 가스가 용기 내에서 충분히 확산된 후 그것을 대기로 방출하여야 한다. ② 진공치환에 비해 치환시간이 크게 단축되는 장점이 있으나 불활성 가스를 많이 소모하게 되는 단점이 있다.

01 PART
02 PART
03 PART
04 PART
05 PART
06 PART
07 PART

스위프 치환 (스위프 퍼지) (Sweep – through Purging)	① 보통 용기나 장치를 압력이나 진공으로 할 수 없는 경우에 주로 사용(진공, 압력치환을 할 수 없을 때 주로 사용) ② 저압으로 불활성 가스를 공급하여 대기압으로 방출되므로 많은 불활성 가스를 필요로 한다. ③ 용기의 한 개구부로 불활성 가스를 인너팅하고 다른 개구부로 대기 등으로 혼합가스를 방출하는 방법
사이폰 치환 (사이폰 퍼지) (Siphon Purging)	① 치환 시 불활성 가스 주입량을 최소로 하기 위하여 주로 사용 ② 산소의 농도를 매우 낮은 수준으로 줄일 수 있다. ③ 용기에 물 또는 비가연성, 비반응성의 적합한 액체를 채운 후 액체를 뽑아내면서 불활성 가스를 주입하는 방법

3) 폭발 또는 화재 등의 예방★

① 인화성 액체의 증기, 인화성 가스 또는 인화성 고체가 존재하여 폭발이나 화재가 발생할 우려가 있는 장소에서 해당 증기·가스 또는 분진에 의한 폭발 또는 화재를 예방하기 위해 환풍기, 배풍기 등 환기장치를 적절하게 설치해야 한다.

② 증기나 가스에 의한 폭발이나 화재를 미리 감지하기 위하여 가스 검지 및 경보 성능을 갖춘 가스 검지 및 경보장치를 설치하여야 한다.

2. 폭발방호(Explosion Protection) 대책

폭발 봉쇄 (Explosion Containment)	유독성 물질이나 공기 중에 방출되어서는 안 되는 물질의 폭발 시 안전밸브나 파열판을 통하여 다른 탱크나 저장소 등으로 보내어 압력을 완화시켜 파열을 방지하는 방법
폭발 억제 (Explosion Suppression)	압력이 상승하였을 때 폭발억제장치가 작동하여 고압불활성 가스가 담겨 있는 소화기가 터져서 증기, 가스, 분진폭발 등의 폭발을 진압하여 큰 파괴적인 폭발압력이 되지 않도록 하는 방법
폭발 방산 (Explosion Venting)	안전밸브나 파열판 등에 의해 탱크 내의 기체를 밖으로 방출시켜 압력을 정상화하는 방법

3. 가스폭발 위험장소 또는 분진폭발 위험장소에 설치되는 건축물

① 다음에 해당하는 부분을 내화구조로 하여야 하며, 그 성능이 항상 유지될 수 있도록 점검·보수 등 적절한 조치를 하여야 한다.★

㉠ 건축물의 기둥 및 보 : 지상 1층(지상 1층의 높이가 6미터를 초과하는 경우에는 6미터)까지

㉡ 위험물 저장·취급용기의 지지대(높이가 30센티미터 이하인 것은 제외) : 지상으로부터 지지대의 끝부분까지

㉢ 배관·전선관 등의 지지대 : 지상으로부터 1단(1단의 높이가 6미터를 초과하는 경우에는 6미터)까지

② 건축물 등의 주변에 화재에 대비하여 물 분무시설 또는 폼 헤드(Foam Head) 설비 등의 자동소화설비를 설치하여 건축물 등이 화재 시에 2시간 이상 그 안전성을 유지할 수 있도록 한 경우에는 내화구조로 하지 아니할 수 있다.

13 고압가스 용기의 도색

1. 가연성 가스 및 독성가스의 용기★★

가스의 종류	도색의 구분	가스의 종류	도색의 구분
액화석유가스	밝은 회색	액화암모니아	백색
수소	주황색	액화염소	갈색
아세틸렌	황색	산소	녹색
액화탄산가스	청색	질소	회색
소방용 용기	소방법에 따른 도색	그 밖의 가스	회색

| 가연성 가스 |

| 독성가스 |

2. 의료용 가스용기

가스의 종류	도색의 구분	가스의 종류	도색의 구분
산소	백색	질소	흑색
액화탄산가스	회색	아산화질소	청색
헬륨	갈색	싸이크로프로판	주황색
에틸렌	자색	그 밖의 가스	회색

※ 용기의 상단부에 폭 2cm의 백색(산소는 녹색)의 띠를 두 줄로 표시하여야 한다.

14 소화이론

1. 소화의 정의

가연성 물질이 공기 중에서 점화원에 의해 산소 또는 산화제 등과 접촉하여 발생되는 연소현상을 중단시키는 것을 말하며, 화재를 발화온도 이하로 낮추거나, 산소 공급의 차단, 연쇄반응을 억제하는 행위 또한 소화라고 할 수 있다.

2. 소화의 종류

1) 제거소화★

소화원리	가연성 물질을 연소구역에서 제거함으로써 소화하는 방법
소화의 예	① 가스의 화재 : 공급밸브를 차단하여 가스의 공급을 중단 ② 산림화재 : 연소방면의 수목을 제거 ③ 촛불 : 입김으로 불어 가연성 증기를 제거

01 PART
02 PART
03 PART
04 PART
05 PART
06 PART
07 PART

2) 질식소화★

소화원리	공기 중에 존재하고 있는 산소의 농도 21%를 15% 이하로 낮추어 소화하는 방법
소화의 예	연소하고 있는 가연물이 들어 있는 용기를 기계적으로 밀폐하여 산소의 공급을 차단
소화방법	① 불연성 포말로 연소물을 덮는 방법 : 공기 또는 이산화탄소를 포함한 포말로 산소공급을 차단 ② 불연성 기체로 연소물을 덮는 방법 : 이산화탄소와 같은 불연성 가스나 할로겐 화합물과 같은 무거운 증기로 산소의 공급을 차단 ③ 고체로 연소물을 덮는 방법 : 토사, 거적, 모포 등으로 산소의 공급을 차단

3) 냉각소화

소화원리	연소물로부터 열을 빼앗아 발화점 이하의 온도로 낮추는 방법
소화의 예	① 액체 사용법 : 물이나 그 밖의 액체를 사용하여 증발잠열을 이용하여 냉각시키는 방법으로 물을 분사하면 더욱 효과적이다. ② 고체 사용법 : 기름 그릇에 인화되었을 때 싱싱한 야채를 넣어 기름의 온도를 내림으로써 불을 끄는 방법 ③ 물을 소화제로 사용하는 이유 　　㉠ 구입이 용이하다. 　　㉡ 가격이 저렴하다. 　　㉢ 증발 잠열이 크다.

4) 억제소화(부촉매소화)

소화원리	가연성 물질과 산소와의 화학반응을 느리게 함으로써 소화하는 방법(연쇄반응을 억제시켜 소화하는 방법)
소화의 예	수소원자는 공기 중의 산소분자와 결합하여 연쇄반응을 일으키는데, 이와 같이 되풀이되는 화학반응을 차단하여 소화

3. 기타 소화

피복소화	가연물 주위를 공기와 차단시켜 소화하는 방법 예 방안에서 화재 발생 시 이불이나 담요로 덮는다.
희석소화	수용성 액체 화재 시 물을 방사하여 연소농도를 희석하여 소화하는 방법 예 아세톤에 물을 다량으로 섞는다.
유화소화 (에멀션소화)	비수용성 액체의 유류화재 시 물분무로 방사하여 액체 표면에 불연성의 유막을 형성하여 소화하는 방법 예 물의 유화효과(에멀션 효과)를 이용한 방호대상설비 : 기름 탱크

15 소화기의 종류

1. 소화기의 정의

물이나 가스, 분말 및 그 밖의 소화 약제를 일정한 용기에 압력과 함께 저장하였다가 화재 발생 시 방출시켜 소화하는 초기 소화용구를 말한다.

2. 물소화기

1) 의의

물에 의한 냉각작용으로 물에 계면활성제, 인산염, 알칼리금속의 탄산염 등을 첨가하여 소화효과, 침투력을 증진시키며 방염효과도 얻을 수 있는 소화기

2) 물 소화약제의 주수방법

봉상(Stream)주수	① 소방용 방수 노즐을 이용하여 굵은 물줄기 형태로 대량의 물을 방사하는 것(옥내소화전, 옥내소화전설비) ② 냉각작용
적상(입자상, Drop)	① 스프링클러 헤드에 의한 방사와 같이 빗방울 형태로 방사하는 것(스프링클러, 연결살수설비) ② 냉각작용
무상(분무상, Spray)	① 분무헤드 또는 분무 노즐에서 고압으로 방사하는 것으로 물입자를 안개모양으로 미세하게 방사하는 것(물분무소화설비) ② 냉각작용, 질식작용 ③ 전기절연성도 우수하여 전기화재에서도 사용가능

3. 포말소화기(포소화기)

① 거품을 발생시켜 방사하는 것이며 A, B급 화재에 적합하고 질식소화를 이용한 소화기
② 화학포
  ㉠ 외약제인 탄산수소나트륨(중조, $NaHCO_3$)과 내약제 황산알루미늄[$Al_2(SO_4)_3$]이 서로 화학반응을 일으켜 가압원인 CO_2가 압력원이 되어 약제를 방출시키는 방식
  ㉡ 화학반응식 : $6NaHCO_3 + Al_2(SO_4)_3 + 18H_2O \rightarrow 3Na_2SO_4 + 2Al(OH)_3 + 6CO_2 + 18H_2O$
③ **기계포** : 단백질 분해물 계면 활성제인 것을 발포장치에 공기와 혼합시킨 것을 말한다(내알코올성 폼, 알코올 폼).

4. 분말소화기

① 용기 속에 봉해 넣은 분말상의 약제를 분출시켜서 소화하는 소화기로 B, C급 화재의 소화에 적당며 질식소화, 냉각소화 효과를 얻을 수 있다.
② 탄산수소나트륨(중조, $NaHCO_3$), 탄산수소칼륨($KHCO_3$), 인산암모늄($NH_4H_2PO_4$), 요소[$KHCO_3 + (NH_2)_2CO$] 등의 약제를 화재면에 뿌려주면 열분해 반응을 일으켜 생성되는 물질 CO_2, H_2O, HPO_3(메타인산)에 의해 소화작업이 진행된다.
③ **적응화재**
  ㉠ 제1·2·4종 분말소화기는 B, C급 화재에만 적용되는 데 비해 제3종 분말은 열분해해서 부착성이 좋은 메타인산(HPO_3)을 생성시키므로 A, B, C급 화재에 적용된다.
  ㉡ 제1종 분말, 제2종 분말 소화기 : 이산화탄소와 수증기에 의한 질식 및 냉각효과와 나트륨염과

칼륨염에 의한 부촉매효과(억제소화)가 매우 좋다.

ⓒ 제3종 분말 소화기 : 열분해 시 암모니아와 수증기에 의한 질식효과, 열분해에 의한 냉각효과, 암모늄에 의한 부촉매효과와 메타인산에 의한 방진작용이 주된 소화효과이다.

종별	소화약제	화학식	적응성	약제의 착색
제1종 분말	탄산수소나트륨 (중탄산나트륨)	$NaHCO_3$	B, C급	백색
제2종 분말	탄산수소칼륨 (중탄산칼륨)	$KHCO_3$	B, C급	보라색
제3종 분말	제1인산암모늄	$NH_4H_2PO_4$	A, B, C급	담홍색
제4종 분말	탄산수소칼륨 + 요소	$KHCO_3 + (NH_2)_2CO$	B, C급	회색

② 분말 소화약제의 소화효과 : 제1종 < 제2종 < 제3종

5. 할로겐화물 소화기(증발성 액체 소화기)

B, C급 화재에 적용되며, 소화효과는 억제효과, 희석효과, 냉각효과, 질식효과이다.

1) 소화원리

① 증발성이 강한 액체를 화재면에 뿌리면 열을 흡수하여 액체를 증발시킨다. 이때 증발된 증기는 불연성이고 공기보다 무거우므로 공기의 출입을 차단하는 질식소화 효과가 있다.

② 할로겐 원소가 산소와 결합하기 전에 가연성 유리 '기'와 결합하는 부촉매 효과가 있다.

2) 종류

① 사염화탄소 소화기(CCl_4) : 할론 1040

ㄱ 일명 CTC 소화기라고도 하며, 사염화탄소를 압축압력으로 방사한다.

ㄴ 무색 투명한 불연성 액체이다.

ㄷ 사용금지장소(분해하여 독성이 있는 포스겐가스를 발생시킴)

ⓐ 지하층

ⓑ 무창층

ⓒ 밀폐된 거실 또는 사무실로서 바닥 면적이 $20m^2$ 미만인 곳

② 일취화 일염화 메탄 소화기(CH_2ClBr) : 할론 1011

ㄱ 일명 CB 소화기라고도 한다.

ㄴ 무색 투명한 불연성 액체이고 CCl_4에 비해 약 3배의 소화 능력이 있다.

③ 이취화 사불화 에탄 소화기($C_2F_4Br_2$) : 할론 2402

ㄱ 일명 FB 소화기라고도 한다.

ㄴ 무색 투명한 불연성 액체

ㄷ 할로겐화물 소화제 중에서 가장 우수한 소화기이며 독성 및 부식성도 적다.

④ 일취화 삼불화 메탄 소화기(CF_3Br) : 할론 1301

　　㉠ 일명 MTB 소화기라고도 한다.

　　㉡ 상온, 상압에서는 기체 상태이지만 압축되어 무색 무취의 투명한 액체이다.

⑤ 일취화 일염화 이불화 메탄 소화기(CF_2ClBr) : 할론 1211

　　㉠ 일명 BCF 소화기라고도 한다.

　　㉡ 전기적으로 부도체여서 전기화재 소화에 쓸 수 있다.

3) 할론 소화약제 효과의 크기

① 소화기 종류별 : 할론 1040 < 할론 1011 < 할론 2402 < 할론 1211 < 할론 1301

② 할로겐 원소별 : F(불소) < Cl(염소) < Br(브롬) < I(요오드)

③ 안정성은 소화 성능과 반대 : F(불소) > Cl(염소) > Br(브롬) > I(요오드)

4) 할론소화약제의 명명법 ★★

탄소(C)를 맨 앞에 두고 할론겐(Halogen) 원소를 주기율표 순서대로 불소(F) → 염소(Cl) → 브롬(Br) → 요오드(I)의 원자 수만큼 해당하는 숫자를 부여하며 맨 끝의 숫자가 0일 경우 이를 생략한다.

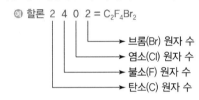

◎ 할론 2 4 0 2 = $C_2F_4Br_2$
→ 브롬(Br) 원자 수
→ 염소(Cl) 원자 수
→ 불소(F) 원자 수
→ 탄소(C) 원자 수

6. CO_2 소화기(탄산가스 소화기)

① 이산화탄소를 고압으로 압축, 액화하여 충전시킨 소화기로서 소화효과는 질식 및 냉각효과이고, 적응화재는 B, C급이다.

② 특징

　㉠ 불연성 기체로 전기화재에 적당하며, 유류화재에도 사용된다.

　㉡ 전기에 대한 절연성이 우수하다.

　㉢ 반응성이 매우 낮아 부식성이 거의 없다.

　㉣ 소화 후 증거 보존이 용이하나 방사거리가 짧아 화재 현장이 광범위할 경우 사용이 제한적이다.

7. 강화액 소화기

물의 소화능력을 향상시키고, 한랭지역 또는 겨울철에 사용할 수 있도록 어는점을 낮춘 물에 탄산칼륨을 보강시켜 만든 소화기를 말하여, 적응화재는 A급이다.

01 PART
02 PART
03 PART
04 PART
05 PART
06 PART
07 PART

8. 산 · 알칼리 소화기

① 탄산수소나트륨(중조, $NaHCO_3$)과 황산(H_2SO_4)의 화학반응으로 생긴 탄산가스(CO_2)의 압력으로 물을 방출시키는 소화기
② 적응화재는 A급이며, 소화효과는 냉각소화이다.
③ 일반화재에 사용되며, 분무 노즐의 경우에는 전기화재에도 적합하다.

9. 간이 소화기

건조사	① 모래는 반드시 마른 모래여야 한다. ② A, B, C, D급 화재에 유효하다. ③ 양동이, 삽 등의 부속 기구를 항상 비치한다.
팽창질석, 팽창진주암	① 질석을 1,000℃ 이상의 고온으로 처리해서 팽창시킨 것을 말한다. ② 비중이 낮고, 발화점이 낮은 알킬알루미늄 소화에 적합하다.
중조 톱밥	① 탄산수소나트륨(중조, $NaHCO_3$)에 마른 톱밥을 혼합한 것을 말한다. ② 인화성 액체의 소화에 적합하다.
소화탄	① 탄산수소나트륨(중조, $NaHCO_3$), 인산나트륨(Na_3PO_4) 등의 수용액을 유리 용기에 넣은 것을 말한다. ② 연소면에 투척하면 유리가 깨지면서 소화액이 분출하여 분해되면서 불연성 이산화탄소가 발생하여 소화한다.

10. 소화기의 종류별 특성

소화기명	적용화재	소화효과
분말소화기	B, C급(단, 인산염 : A, B, C급)	질식(냉각)
할로겐화물 소화기 (증발성 액체 소화기)	B, C급	억제효과, 냉각효과, 희석(질식효과)
CO_2 소화기 (탄산가스 소화기)	B, C급	질식(냉각)
포말소화기	A, B급	질식(냉각)
강화액소화기	A급(분무상 : A, C급)	냉각
산 · 알칼리 소화기	A급	냉각

11. 소화설비의 적응성

1) 물분무 등 소화설비

제1류 : 산화성 고체
제2류 : 가연성 고체
제3류 : 자연발화 및 금수성
제4류 : 인화성 액체
제5류 : 자기반응성 물질
제6류 : 산화성 액체

소화설비	건축물·그 밖의 공작물	전기설비	제1류 알칼리금속과 산화물 등	제1류 그 밖의 것	제2류 철분·금속분·마그네슘 등	제2류 고체	제2류 그 밖의 것	제3류 금수성 물품	제3류 그 밖의 것	제4류 위험물	제5류 위험물	제6류 위험물
옥내소화전 또는 옥외소화전설비	O			O		O	O		O		O	O
스프링클러설비	O			O		O	O		O	△	O	O
물분무소화설비	O	O		O		O	O		O	O	O	O
포소화설비	O			O		O	O		O	O	O	O
불활성가스소화설비		O				O				O		
할로겐화합물소화설비		O				O				O		
분말소화설비 인산염류등	O	O		O		O	O			O		O
분말소화설비 탄산수소염류등		O			O	O		O		O		
분말소화설비 그 밖의 것					O			O				

2) 대형·소형수동식 소화기 및 기타★

제1류 : 산화성 고체
제2류 : 가연성 고체
제3류 : 자연발화 및 금수성
제4류 : 인화성 액체
제5류 : 자기반응성 물질
제6류 : 산화성 액체

소화기	건축물·그 밖의 공작물	전기설비	제1류 알칼리금속과 산화물 등	제1류 그 밖의 것	제2류 철분·금속분·마그네슘 등	제2류 인화성 고체	제2류 그 밖의 것	제3류 금수성 물질	제3류 그 밖의 것	제4류 위험물	제5류 위험물	제6류 위험물
봉상수소화기	O			O		O	O		O		O	O
무상수소화기	O	O		O		O	O		O		O	O
봉상강화액소화기	O			O		O	O		O		O	O
무상강화액소화기	O	O		O		O	O		O	O	O	O
포소화기	O			O		O	O		O	O	O	O
이산화탄소소화기		O				O				O		△
할로겐화합물소화기		O				O				O		
분말소화기 인산염류소화기	O	O		O		O	O			O		O
분말소화기 탄산수소염류소화기		O			O	O		O		O		
분말소화기 그 밖의 것					O			O				
기타 물통 또는 수조	O			O		O	O		O		O	O
기타 건조사			O	O	O	O	O	O	O	O	O	O
기타 팽창질석 또는 팽창진주암			O	O	O	O	O	O	O	O	O	O

16 화학설비의 안전장치 종류

1. 안전장치의 종류

1) 안전밸브(Safety Valve)

① 의의
   ㉠ 화학변화에 의한 에너지 증가 및 물리적 상태 변화에 의한 압력 증가를 제어하기 위해 사용하는 안전장치로, 압력이 설정압력을 초과하는 경우 작동하여 내부압력을 분출하는 장치
   ㉡ 밸브 입구 쪽의 압력이 설정압력에 도달하면 자동적으로 스프링이 작동하면서 유체가 분출되고 일정 압력 이하가 되면 정상 상태로 복원되는 밸브를 말한다.

② 종류★

스프링식	일반적으로 가장 널리 사용하며, 압력이 설정된 값을 초과하면 스프링을 밀어내어 가스를 분출시켜 폭발을 방지
중추식	밸브 장치에 무게가 있는 추를 달아서 설정 압력이 되면 추를 밀어 올려 가스를 분출
파열판식	압력이 급격히 상승할 경우 용기 내의 가스를 배출(한 번 작동 후 교체)
가용전식 (가용합금식)	설정온도에서 온도가 규정온도 이상이면 녹아서 전체 가스를 배출

③ 안전밸브의 설치 조건
   ㉠ 압력 상승의 우려가 있는 경우
   ㉡ 반응생성물에 따라 안전밸브 설치가 적절한 경우
   ㉢ 액체의 열팽창에 의한 압력 상승 방지를 위한 경우

④ 안전밸브 등의 설치 : 다음 각 호의 어느 하나에 해당하는 설비에 대해서는 과압에 따른 폭발을 방지하기 위하여 안전밸브 또는 파열판을 설치하여야 한다.
   ㉠ 압력용기(안지름이 150밀리미터 이하인 압력용기는 제외하며, 압력 용기 중 관형 열교환기의 경우에는 관의 파열로 인하여 상승한 압력이 압력용기의 최고사용압력을 초과할 우려가 있는 경우)
   ㉡ 정변위 압축기
   ㉢ 정변위 펌프(토출축에 차단밸브가 설치된 것만 해당)
   ㉣ 배관(2개 이상의 밸브에 의하여 차단되어 대기온도에서 액체의 열팽창에 의하여 파열될 우려가 있는 것으로 한정)
   ㉤ 그 밖의 화학설비 및 그 부속설비로서 해당 설비의 최고사용압력을 초과할 우려가 있는 것

⑤ 안전 밸브의 작동요건 등

작동요건	① 안전밸브 등을 통하여 보호하려는 설비의 최고사용압력 이하에서 작동되도록 하여야 한다. ② 안전밸브 등이 2개 이상 설치된 경우에 1개는 최고사용압력의 1.05배(외부화재를 대비한 경우에는 1.1배) 이하에서 작동되도록 설치할 수 있다.		
배출용량	안전밸브 등에 대하여 배출용량은 그 작동원인에 따라 각각의 소요분출량을 계산하여 가장 큰 수치를 해당 안전밸브 등의 배출용량으로 하여야 한다.		
배출위험물 처리방법	① 연소 ② 흡수	③ 세정 ④ 포집	⑤ 회수 등

⑥ 안전밸브의 검사 주기(압력계를 이용하여 설정압력에서 안전밸브가 적정하게 작동하는지를 검사한 후 납으로 봉인하여 사용)

구분	검사주기
화학공정 유체와 안전밸브의 디스크 또는 시트가 직접 접촉될 수 있도록 설치된 경우	매년 1회 이상
안전밸브 전단에 파열판이 설치된 경우	2년마다 1회 이상
공정안전보고서 제출 대상으로서 고용노동부장관이 실시하는 공정안전보고서 이행상태 평가 결과가 우수한 사업장의 안전밸브의 경우	4년마다 1회 이상

⑦ 안전밸브의 형식 구분★

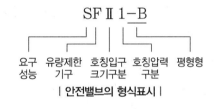

| 안전밸브의 형식표시 |

㉠ 요구성능

요구성능의 기호	요구성능	용도
S	증기의 분출압력을 요구	증기(steam)
G	가스의 분출압력을 요구	가스

㉡ 유량제한기구

형식기호	유량제한기구
L	양정식
F	전량식

㉢ 호칭지름의 구분

호칭지름의 구분	I	II	III	IV	V
범위(mm)	25 이하	25 초과 50 이하	50 초과 80 이하	80 초과 100 이하	100 초과

㉣ 호칭압력의 구분

호칭압력의 구분	1	3	5	10	21	22
설정압력의 범위(MPa)	1 이하	1 초과 3 이하	3 초과 5 이하	5 초과 10 이하	10 초과 21 이하	21 초과

01 PART
02 PART
03 PART
04 PART
05 PART
06 PART
07 PART

ⓗ 안전밸브의 형식

비평형형 안전밸브 (Conversional Safety Valve)	밸브의 작동 특성이 출구 쪽 배압에 의하여 직접적인 영향을 받는 밸브를 말한다.
평형형 안전밸브 (Balanced Safety Valve)	밸브의 작동 특성에 대한 배압의 영향이 최소화되도록 설계 및 제작된 밸브를 말한다.

2) 파열판(Rupture Disk, Bursting Disk)

① 의의
  ㉠ 입구 측의 압력이 설정 압력에 도달하면 판이 파열하면서 유체가 분출하도록 용기 등에 설치된 얇은 판으로 된 안전장치를 말한다.
  ㉡ 특히 화학 변화에 의한 에너지 방출과 같은 짧은 시간 내의 급격한 압력 변화에 적합하다.
  ㉢ 안전밸브에 대체할 수 있는 가압 방지장치를 말한다.

② 파열판의 설치조건★★
  ㉠ 반응 폭주 등 급격한 압력 상승 우려가 있는 경우
  ㉡ 급성 독성물질의 누출로 인하여 주위의 작업환경을 오염시킬 우려가 있는 경우
  ㉢ 운전 중 안전밸브에 이상 물질이 누적되어 안전밸브가 작동되지 아니할 우려가 있는 경우

③ 파열판의 특징
  ㉠ 압력 방출속도가 빠르며, 분출량이 많다.
  ㉡ 높은 점성의 슬러리나 부식성 유체에 적용할 수 있다.
  ㉢ 설정 파열압력 이하에서 파열될 수 있다.
  ㉣ 한 번 작동하면 파열되므로 교체하여야 한다.

④ 설치방법

파열판 및 안전밸브의 직렬설치	급성 독성물질이 지속적으로 외부에 유출될 수 있는 화학설비 및 그 부속설비에 파열판과 안전밸브를 직렬로 설치하고 그 사이에는 압력지시계 또는 자동경보장치를 설치하여야 한다. ① 부식물질로부터 스프링식 안전밸브를 보호할 때 ② 독성이 매우 강한 물질을 취급 시 완벽하게 격리를 할 때 ③ 스프링식 안전밸브에 막힘을 유발시킬 수 있는 슬러리를 방출시킬 때 ④ 릴리프 장치가 작동 후 방출라인이 개방되지 않아야 할 때
파열판과 안전밸브를 병렬로 반응기 상부에 설치	반응폭주 현상이 발생했을 때 반응기 내부 과압을 분출하고자 할 경우

⑤ 파열판의 형식구분

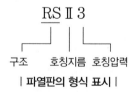

| 파열판의 형식 표시 |

ⓐ 구조에 의한 구분

돔형 파열판(C)	단판형(O)
	복합형(C)
	흠집각인형 또는 절개형(S)
역돔형 파열판(R)	흠집각인형 또는 전단작동형(S)
	칼날붙이형(K)
평면형 파열판(F)	교환형 흑연 파열판(R)
	모노 블록형 흑연 파열판(M)
	절개형 파열판(S)
기타 구조(X)	위 형태와 다른 제조사 특성에 따라 제작된 파열판

ⓑ 호칭지름의 구분

호칭지름의 구분	I	II	III	IV	V
범위(mm)	25 이하	25 초과 50 이하	50 초과 80 이하	80 초과 100 이하	100 초과

ⓒ 호칭압력의 구분

호칭압력의 구분	1	3	5	10	21	22
파열압력의 범위(MPa)	1 이하	1 초과 3 이하	3 초과 5 이하	5 초과 10 이하	10 초과 21 이하	21 초과

3) 긴급차단장치

대형의 반응기, 탑, 탱크 등에 있어서 이상상태가 발생할 때 밸브를 정지시켜 원료 공급을 차단하기 위한 안전장치

4) 긴급방출장치

① 의의 : 반응기, 탑, 탱크 등에 가스 누출, 화재 등의 이상사태 발생 시 재해 확대를 방지하기 위해 내용물을 신속하게 외부에 방출하여 안전하게 처리하기 위한 안전장치

② 종류

플레어 스택 (Flare Stack)	① 가스나 고휘발성 액체의 증기를 연소해서 대기 중으로 방출하는 방식 ② 가연성, 독성 및 냄새를 없앤 후 대기 중에 방산
블로 다운 (Blow Down)	응축성 증기, 열유, 열액 등 공정 액체를 빼내고 이것을 안전하게 유지 또는 처리하기 위한 장치

5) 스팀 드래프트(Steam Draft)

① 증기배관 내에 생기는 응축수는 송기상 지장이 되므로 제거할 필요가 필요가 있으며, 스팀 드래프트(Steam Draft)는 증기가 빠져나가지 않도록 응축수를 자동으로 배출하기 위한 장치

② 증기배관 내에 생기는 응축수를 자동으로 배출하기 위한 장치

6) 폭압방산공

① 건물, 건조로 또는 분체의 저장설비 등에 설치하는 압력방출장치로 폭발로부터 건물, 설비 등을 보호하는 기능을 가지고 있다.

② 다른 압력방출장치에 비해 구조가 간단하고 방출 면적이 넓어 방출량이 많다.

7) 화염방지기(Flame Arrester)

① 유류저장탱크에서 화염의 차단을 목적으로 외부에 증기를 방출하기도 하고 탱크 내 외기를 흡입하기도 하는 부분에 설치하는 안전장치

② 가연성 가스 또는 액체를 저장하거나 수송하는 설비 내·외부에서 화재가 발생 시 폭연 및 폭굉 화염이 인접설비로 전파되지 않도록 하는 장치

③ 화염방지기 중에서 금속망형으로 된 것을 인화방지망이라고도 하며 40메시(mesh) 이상의 가는 눈의 철망을 여러 겹으로 해서 화염이 통과할 때 화염을 차단할 목적으로 사용

④ **적용범위** : 인화점 60℃ 미만인 액체의 증기 또는 가스를 대기로 방출하는 설비와 화염의 전파 우려가 있는 배관 및 설비에 적용

8) 벤트 스택(Vent Stack)

탱크 내의 압력을 정상적인 상태로 유지하기 위한 가스 방출 안전장치

9) 통기설비 및 화염방지기 설치

① 인화성 액체를 저장·취급하는 대기압탱크에는 통기관 또는 통기밸브(Breather Valve) 등을 설치하여야 한다.

② 인화성 액체 및 인화성 가스를 저장·취급하는 화학설비에서 증기나 가스를 대기로 방출하는 경우에는 외부로부터의 화염을 방지하기 위하여 화염방지기를 그 설비 상단에 설치해야 한다.(다만, 대기로 연결된 통기관에 화염방지 기능이 있는 통기밸브가 설치되어 있거나, 인화점이 섭씨 38도 이상 60도 이하인 액체를 저장·취급할 때에 화염방지 기능을 가지는 인화방지망을 설치한 경우에는 제외)

10) 압력방출밸브의 종류

블로우 밸브(분출밸브)	과잉압력을 방출하는 밸브
대기밸브 (통기밸브, 브리더 밸브)	항상 탱크 내의 압력을 대기압과 평형한 압력으로 유지하는 밸브
릴리프 밸브(Relief Valve)	액체의 취급 시 사용하는 안전밸브로 밸브개방은 압력증가에 비례하여 서서히 개방한다.
안전 릴리프 밸브 (Safety Relief Valve)	Safety 또는 Relief 어느 쪽으로도 사용 가능한 밸브이며 개방속도는 릴리프 밸브와 안전밸브의 중간 정도를 갖는다.
안전밸브(Safety Valve)	통상 가스, 증기 또는 스팀에 소정의 압력을 초과할 때 완전 개방되어 급격히 압력을 방출한다.
파열판	입구 측의 압력이 설정 압력에 도달하면 판이 파열하면서 유체가 분출하도록 용기 등에 설치된 얇은 판으로 된 안전장치를 말한다.

2. 특수화학설비의 안전조치사항★★

1) 계측장치의 설치(내부의 이상상태를 조기에 파악하기 위해)

위험물을 기준량 이상으로 제조하거나 취급하는 다음의 어느 하나에 해당하는 특수화학설비를 설치하는 경우에는 내부의 이상 상태를 조기에 파악하기 위하여 필요한 온도계·유량계·압력계 등의 계측장치를 설치하여야 한다.

① 발열반응이 일어나는 반응장치

② 증류·정류·증발·추출 등 분리를 하는 장치

③ 가열시켜 주는 물질의 온도가 가열되는 위험물질의 분해온도 또는 발화점보다 높은 상태에서 운전되는 설비

④ 반응폭주 등 이상 화학반응에 의하여 위험물질이 발생할 우려가 있는 설비

⑤ 온도가 섭씨 350도 이상이거나 게이지 압력이 980킬로파스칼 이상인 상태에서 운전되는 설비

⑥ 가열로 또는 가열기

2) 자동경보장치의 설치

특수화학설비를 설치하는 경우에는 그 내부의 이상 상태를 조기에 파악하기 위하여 필요한 자동경보장치를 설치하여야 한다. 다만, 자동경보장치를 설치하는 것이 곤란한 경우에는 감시인을 두고 그 특수화학설비의 운전 중 설비를 감시하도록 하는 등의 조치를 하여야 한다.

3) 긴급차단장치의 설치

특수화학설비를 설치하는 경우에는 이상 상태의 발생에 따른 폭발·화재 또는 위험물의 누출을 방지하기 위하여 원재료 공급의 긴급차단, 제품 등의 방출, 불활성 가스의 주입이나 냉각용수 등의 공급을 위하여 필요한 장치 등을 설치하여야 한다.

4) 예비동력원

① 동력원의 이상에 의한 폭발이나 화재를 방지하기 위하여 즉시 사용할 수 있는 예비동력원을 갖추어 둘 것

② 밸브·콕·스위치 등에 대해서는 오조작을 방지하기 위하여 잠금장치를 하고 색채표시 등으로 구분할 것

3. 화학설비·압력용기 등의 안전기준

1) 부식방지

화학설비 또는 그 배관(화학설비 또는 그 배관의 밸브나 콕은 제외) 중 위험물 또는 인화점이 섭씨 60도 이상인 물질이 접촉하는 부분에 대해서는 위험물질 등에 의하여 그 부분이 부식되어 폭발·화재 또는 누출되는 것을 방지하기 위하여 위험물질 등의 종류·온도·농도 등에 따라 부식이 잘 되지 않는 재료를 사용하거나 도장 등의 조치를 하여야 한다.

PART 01
PART 02
PART 03
PART 04
PART 05
PART 06
PART 07

2) 덮개 등의 접합부

화학설비 또는 그 배관의 덮개·플랜지·밸브 및 콕의 접합부에 대해서는 접합부에서 위험물질 등이 누출되어 폭발·화재 또는 위험물이 누출되는 것을 방지하기 위하여 적절한 개스킷(gasket)을 사용하고 접합면을 서로 밀착시키는 등 적절한 조치를 하여야 한다.

3) 밸브 등의 재질★

화학설비 또는 그 배관의 밸브나 콕에는 개폐의 빈도, 위험물질 등의 종류·온도·농도 등에 따라 내구성이 있는 재료를 사용하여야 한다.

4. 증류탑의 보수 및 점검사항

일상점검항목 (운전 중에도 점검 가능한 항목)	① 보온재 및 보냉재의 파손 상황 ② 도장의 열화상황 ③ 플랜지(flange)부, 맨홀(manhole)부, 용접부에서 외부 누출 여부 ④ 기초 볼트의 헐거움 여부 ⑤ 증기배관에 열팽창에 의한 무리한 힘이 가해지고 있는지의 여부와 부식 등
개방 시 점검항목★	① 트레이(tray)의 부식상태, 정도, 범위 ② 폴리머(polymer) 등의 생성물, 녹 등으로 인하여 포종의 막힘 여부, 다공판의 상태, 밸러스트 유닛(ballast unit)은 고정되어 있는지의 여부 ③ 넘쳐 흐르는 둑의 높이가 설계와 같은지의 여부 ④ 용접선의 상황과 포종이 단(선반)에 고정되어 있는지의 여부 ⑤ 누출의 원인이 되는 균열, 손상 여부 ⑥ 라이닝(lining) 코팅(coating) 상황

17 공정안전 개요

1. 공정안전보고서

① 사업주는 사업장에 유해하거나 위험한 설비가 있는 경우 그 설비로부터의 위험물질 누출, 화재 및 폭발 등으로 인하여 사업장 내의 근로자에게 즉시 피해를 주거나 사업장 인근 지역에 피해를 줄 수 있는 사고로서 중대산업사고를 예방하기 위하여 공정안전보고서를 작성하고 고용노동부장관에게 제출하여 심사를 받아야 한다.
② 공정안전보고서의 내용이 중대산업사고를 예방하기 위하여 적합하다고 통보받기 전에는 관련된 유해하거나 위험한 설비를 가동해서는 아니 된다.

2. 공정안전보고서 제출대상★★

① 원유 정제처리업
② 기타 석유정제물 재처리업

③ 석유화학계 기초화학물질 제조업 또는 합성수지 및 기타 플라스틱물질 제조업

④ 질소 화합물, 질소 · 인산 및 칼리질 화학비료 제조업 중 질소질 비료 제조

⑤ 복합비료 및 기타 화학비료 제조업 중 복합비료 제조(단순혼합 또는 배합에 의한 경우는 제외)

⑥ 화학 살균 · 살충제 및 농업용 약제 제조업(농약 원제 제조만 해당)

⑦ 화약 및 불꽃제품 제조업

3. 유해 · 위험설비로 보지 않는 설비★

① 원자력 설비

② 군사시설

③ 사업주가 해당 사업장 내에서 직접 사용하기 위한 난방용 연료의 저장설비 및 사용설비

④ 도매 · 소매시설

⑤ 차량 등의 운송설비

⑥ 「액화석유가스의 안전관리 및 사업법」에 따른 액화석유가스의 충전 · 저장시설

⑦ 「도시가스사업법」에 따른 가스공급시설

⑧ 그 밖에 고용노동부장관이 누출 · 화재 · 폭발 등으로 인한 피해의 정도가 크지 않다고 인정하여 고시하는 설비

4. 공정안전보고서의 내용★★

① 공정안전자료

② 공정위험성 평가서

③ 안전운전계획

④ 비상조치계획

⑤ 그 밖에 공정상의 안전과 관련하여 고용노동부장관이 필요하다고 인정하여 고시하는 사항

5. 공정안전보고서의 세부 내용

포함사항	세부 내용
공정안전 자료	① 취급 · 저장하고 있거나 취급 · 저장하려는 유해 · 위험물질의 종류 및 수량 ② 유해 · 위험물질에 대한 물질안전보건자료 ③ 유해하거나 위험한 설비의 목록 및 사양 ④ 유해하거나 위험한 설비의 운전방법을 알 수 있는 공정도면 ⑤ 각종 건물 · 설비의 배치도 ⑥ 폭발위험장소 구분도 및 전기단선도 ⑦ 위험설비의 안전설계 · 제작 및 설치 관련 지침서

01 PART
02 PART
03 PART
04 PART
05 PART
06 PART
07 PART

포함사항	세부 내용
공정위험성 평가서 및 잠재위험에 대한 사고예방·피해 최소화 대책	① 체크리스트(Check List) ② 상대위험순위 결정(Dow and Mond Indices) ③ 작업자 실수 분석(HEA) ④ 사고 예상 질문 분석(What–if) ⑤ 위험과 운전 분석(HAZOP) ⑥ 이상위험도 분석(FMECA) ⑦ 결함 수 분석(FTA) ⑧ 사건 수 분석(ETA) ⑨ 원인결과 분석(CCA) ⑩ ①목부터 ⑨목까지의 규정과 같은 수준 이상의 기술적 평가기법
안전운전 계획	① 안전운전지침서 ⑥ 가동 전 점검지침 ② 설비점검·검사 및 보수계획, 유지계획 및 지침서 ⑦ 변경요소 관리계획 ③ 안전작업허가 ⑧ 자체감사 및 사고조사계획 ④ 도급업체 안전관리계획 ⑨ 그 밖에 안전운전에 필요한 사항 ⑤ 근로자 등 교육계획
비상조치 계획	① 비상조치를 위한 장비·인력보유현황 ② 사고 발생 시 각 부서·관련 기관과의 비상연락체계 ③ 사고 발생 시 비상조치를 위한 조직의 임무 및 수행 절차 ④ 비상조치계획에 따른 교육계획 ⑤ 주민홍보계획 ⑥ 그 밖에 비상조치 관련 사항

6. 공정위험성 평가서

1) 공정위험성 평가서 작성 시 포함사항

① 위험성 평가의 목적

② 공정 위험 특성

③ 위험성 평가결과에 따른 잠재위험의 종류 등

④ 위험성 평가결과에 따른 사고빈도 최소화 및 사고 시의 피해 최소화 대책 등

⑤ 기법을 이용한 위험성 평가 보고서

⑥ 위험성 평가 수행자 등

2) 위험성 평가기법

제조공정 중 반응, 분리(증류, 추출 등), 이송시스템 및 전기·계장시스템 등의 단위공정★	① 위험과 운전분석기법 ② 공정위험분석기법 ③ 이상위험도분석기법 ④ 원인결과분석기법	⑤ 결함수분석기법 ⑥ 사건수분석기법 ⑦ 공정안전성분석기법 ⑧ 방호계층분석기법
저장탱크설비, 유틸리티설비 및 제조공정 중 고체 건조·분쇄설비 등 간단한 단위공정★★	① 체크리스트기법 ② 작업자실수분석기법 ③ 사고예상질문분석기법 ④ 위험과 운전분석기법	⑤ 상대 위험순위결정기법 ⑥ 공정위험분석기법 ⑦ 공정안전성분석기법

18 공정안전보고서 제출 · 심사 · 확인 절차

1. 공정안전보고서 제출시기 및 절차

유해하거나 위험한 설비의 설치 · 이전 또는 주요 구조부분의 변경공사의 착공일 30일 전까지 공정안전보고서 2부를 작성하여 공단에 제출해야 한다.

2. 공정안전보고서의 심사

① 공단은 공정안전보고서를 제출받은 경우에는 제출받은 날부터 30일 이내에 심사하여 1부를 사업주에게 송부하고, 그 내용을 지방고용노동관서의 장에게 보고해야 한다.

② 공단은 공정안전보고서를 심사한 결과 화재의 예방 · 소방 등과 관련된 부분이 있다고 인정되는 경우에는 그 관련 내용을 관할 소방관서의 장에게 통보하여야 한다.

3. 공정안전보고서의 확인 등

① 공정안전보고서를 제출하여 심사를 받은 후 공단의 확인을 받아야 하는 시기
  ㉠ 신규로 설치될 유해 · 위험설비에 대해서는 설치 과정 및 설치 완료 후 시운전단계에서 각 1회
  ㉡ 기존에 설치되어 사용 중인 유해 · 위험설비에 대해서는 심사 완료 후 3개월 이내
  ㉢ 유해 · 위험설비와 관련한 공정의 중대한 변경의 경우에는 변경 완료 후 1개월 이내
  ㉣ 유해 · 위험설비 또는 이와 관련된 공정에 중대한 사고 또는 결함이 발생한 경우에는 1개월 이내

② **공단의 확인 절차** : 공단은 사업주로부터 확인요청을 받은 날부터 1개월 이내에 공정안전보고서의 세부내용이 현장과 일치하는지 여부를 확인하고, 확인한 날부터 15일 이내에 그 결과를 사업주에게 통보하고 지방고용노동관서의 장에게 보고하여야 한다.

4. 공정안전보고서 이행 상태의 평가★

① 고용노동부장관은 공정안전보고서의 확인 후 1년이 경과한 날부터 2년 이내에 공정안전보고서 이행 상태의 평가를 하여야 한다.

② 고용노동부장관은 이행상태평가 후 4년마다 이행 상태 평가를 하여야 한다. 다만, 다음의 어느 하나에 해당하는 경우에는 1년 또는 2년마다 실시할 수 있다.
  ㉠ 이행 상태 평가 후 사업주가 이행 상태 평가를 요청하는 경우
  ㉡ 사업장에 출입하여 검사 및 안전 · 보건점검 등을 실시한 결과 변경요소 관리계획 미준수로 공정안전보고서 이행상태가 불량한 것으로 인정되는 경우 등 고용노동부장관이 정하여 고시하는 경우

③ 이행상태평가는 공정안전보고서의 세부 내용에 관하여 실시한다.

④ 이행상태평가의 방법 등 이행상태평가에 필요한 세부적인 사항은 고용노동부장관이 정한다.

01 PART
02 PART
03 PART
04 PART
05 PART
06 PART
07 PART

1 작업환경 개선의 기본원칙★★

대치	① 공정변경	② 시설변경	③ 물질변경	
격리	① 원격조정	② 교대작업	③ 근로시간 단축 등	
환기	① 국소환기	② 전체환기		
교육	① 경영자	② 감독자	③ 작업자	④ 기술자

2 배기 및 환기

1. 환기의 종류

국소배기	인화성이나 폭발성의 가스ㆍ증기 등을 발산하는 시설이 고정되어 있는 경우 또는 그 범위가 한정되어 있는 경우에 사용
전체환기	인화성이나 폭발성의 가스ㆍ증기 등이 발생하는 장소가 광범위한 경우 또는 임시로 작업을 행하는 경우로서 국소배기장치를 부착하는 것이 곤란한 때에 사용

2. 후드 및 덕트의 설치기준

1) 후드★

인체에 해로운 분진, 흄(fume), 미스트(mist), 증기 또는 가스 상태의 물질을 배출하기 위하여 설치하는 국소배기장치의 후드가 다음의 기준에 맞도록 하여야 한다.
① 유해물질이 발생하는 곳마다 설치할 것
② 유해인자의 발생형태와 비중, 작업방법 등을 고려하여 해당 분진 등의 발산원을 제어할 수 있는 구조로 설치할 것
③ 후드(hood) 형식은 가능하면 포위식 또는 부스식 후드를 설치할 것
④ 외부식 또는 리시버식 후드는 해당 분진 등의 발산원에 가장 가까운 위치에 설치할 것

2) 덕트

분진 등을 배출하기 위하여 설치하는 국소배기장치(이동식은 제외)의 덕트(duct)가 다음의 기준에 맞도록 하여야 한다.
① 가능하면 길이는 짧게 하고 굴곡부의 수는 적게 할 것

② 접속부의 안쪽은 돌출된 부분이 없도록 할 것
③ 청소구를 설치하는 등 청소하기 쉬운 구조로 할 것
④ 덕트 내부에 오염물질이 쌓이지 않도록 이송속도를 유지할 것
⑤ 연결 부위 등은 외부 공기가 들어오지 않도록 할 것

3 조명관리

1. 조명의 목적

일정 공간 내의 목적하는 작업을 용이하게 하는 데 있으며, 조명관리는 인간에게 유해하지 않는 범위에서 작업의 편의를 제공하는 데 있다.
① 눈의 피로를 감소시키고 재해를 방지한다.
② 작업의 능률 향상을 가져온다.
③ 정밀작업이 가능하고 불량품 발생률이 감소한다.
④ 깨끗하고 명랑한 작업환경을 조성한다.

2. 실내 면(面)의 추천 반사율

① **최대 반사율** : 약 95%
② 천장의 반사율은 80~90%가 좋으나 최소한 75% 이상은 되어야 한다.

바닥	가구, 사무용 기기, 책상	창문 발(blind), 벽	천장
20~40%	25~45%	40~60%	80~90%

3. 휘광의 처리

눈이 적응된 휘도보다 밝은 광원이나 반사광이 시계 내에 있을 때 생기는 눈부심 현상이다.

광원으로부터의 직사휘광처리	① 광원의 휘도를 줄이고 수를 늘림 ② 광원을 시선에서 멀리 위치 ③ 휘광원 주위를 밝게 하여 광도비를 줄임 ④ 가리개(shield), 갓(hood) 혹은 차양(visor)을 사용
창문으로부터의 직사휘광처리	① 창문을 높이 설치 ② 창 위(옥외)에 드리우개(overhang)를 설치 ③ 창문(안쪽)에 수직 날개(fin)를 달아 직(直)시선을 제한 ④ 차양(shade) 혹은 발(blind)을 사용
반사휘광의 처리	① 발광체의 휘도를 줄임 ② 일반(간접)조명 수준을 높임 ③ 산란광, 간접광, 조절판(baffle) 창문에 차양(shade) 등을 사용 ④ 반사광이 눈에 비치지 않게 광원을 위치시킴 ⑤ 무광택 도료, 빛을 산란시키는 표면색을 한 사무용 기기, 윤을 없앤 종이 등을 사용

4. 적정 조명 수준

작업의 종류	작업면 조도	작업의 종류	작업면 조도
초정밀작업	750럭스(lux) 이상	보통작업	150럭스(lux) 이상
정밀작업	300럭스(lux) 이상	그 밖의 작업	75럭스(lux) 이상

4 소음 및 진동 방지 대책

1. 소음 대책

1) 소음 기준

소음작업★★	1일 8시간 작업을 기준으로 85데시벨 이상의 소음이 발생하는 작업을 말한다.
강렬한 소음작업	① 90데시벨 이상의 소음이 1일 8시간 이상 발생하는 작업 ② 95데시벨 이상의 소음이 1일 4시간 이상 발생하는 작업 ③ 100데시벨 이상의 소음이 1일 2시간 이상 발생하는 작업 ④ 105데시벨 이상의 소음이 1일 1시간 이상 발생하는 작업 ⑤ 110데시벨 이상의 소음이 1일 30분 이상 발생하는 작업 ⑥ 115데시벨 이상의 소음이 1일 15분 이상 발생하는 작업
충격소음작업	소음이 1초 이상의 간격으로 발생하는 작업으로서 다음 어느 하나에 해당하는 작업 ① 120데시벨을 초과하는 소음이 1일 1만 회 이상 발생하는 작업 ② 130데시벨을 초과하는 소음이 1일 1천 회 이상 발생하는 작업 ③ 140데시벨을 초과하는 소음이 1일 1백 회 이상 발생하는 작업

2) 소음 방지 대책

① 소음원의 제거 : 가장 적극적인 대책
② 소음원의 통제 : 기계의 적절한 설계, 정비 및 주유, 고무 받침대 부착, 소음기 사용(차량) 등
③ 소음의 격리 : 씌우개(enclosure), 장벽을 사용(창문을 닫으면 약 10dB이 감음됨)
④ 적절한 배치(layout)
⑤ 음향 처리제 사용
⑥ 차폐 장치(baffle) 및 흡음재 사용

3) 소음작업의 근로자 주지사항

근로자가 소음작업, 강렬한 소음작업 또는 충격소음작업에 종사하는 경우 다음의 사항을 근로자에게 알려야 한다.
① 해당 작업장소의 소음 수준
② 인체에 미치는 영향과 증상
③ 보호구의 선정과 착용방법
④ 그 밖에 소음으로 인한 건강장해 방지에 필요한 사항

2. 진동 대책

1) 진동의 정의

① 어떤 물체가 외부의 힘에 의해 전후, 좌우 또는 상하로 흔들리는 것을 말하며, 소음이 수반된다.

② 공해진동은 사람에게 불쾌감을 주는 진동을 말한다.

2) 진동의 영향

생리적 기능에 미치는 영향	① 심장 : 혈관계에 대한 영향 및 교감신경계의 영향으로 혈압의 상승, 맥박의 증가, 발한 등의 증상이 나타남 ② 소화기계 : 위장내압의 증가, 복합상승, 내장하수 등의 증상이 나타남 ③ 기타 : 내분비계 반응장애, 척수장애, 청각장애, 시각장애 등이 나타남
작업능률에 미치는 영향	① 시각 대상이 움직이므로 쉽게 피로함 ② 평형감각에 영향을 줌 ③ 촉각신경에 영향을 줌
정신적·일상생활에 미치는 영향	① 정신적 : 안정이 되지 않고 심할 경우 정신적 불안정 증상이 나타남 ② 일상생활 : 숙면을 취하지 못하고, 밤에 잠을 이루지 못하며 주위가 산만함

3) 진동이 인간 성능에 끼치는 일반적인 영향

① 진동은 진폭에 비례하여 시력을 손상시키며 $10 \sim 25Hz$의 경우 가장 심하다.

② 진동은 진폭에 비례하여 추적능력을 손상시키며 $5Hz$ 이하의 낮은 진동수에서 가장 심하다.

③ 안정되고 정확한 근육 조절을 요하는 작업은 진동에 의해서 저하된다.

④ 반응시간, 감시, 형태식별 등 주로 중앙 신경 처리에 달린 임무는 진동의 영향을 덜 받는다.

4) 진동 대책

전신 진동	① 전파 경로에 대한 수용자의 위치 ② 측면 전파 방지 ③ 발진원의 격리 ④ 구조물의 진동을 최소화 ⑤ 수용자의 격리
국소 진동	① 진동공구에서의 진동 발생을 감소 ② 적절한 휴식 ③ 작업 시 따뜻한 체온 유지 ④ 진동 공구의 무게를 10kg 이상 초과하지 않게 할 것 ⑤ 손에 진동이 도달하는 것을 감소시키며, 진동의 진폭을 위하여 장갑 사용 ⑥ 방진 수공구 사용

PART 01
PART 02
PART 03
PART 04
PART 05
PART 06
PART 07

건설현장
안전시설 관리

1 토질시험 방법

1. 지하탐사법

① **짚어보기** : 직경 9mm 정도의 철봉을 인력으로 꽂아내려 그 저항의 정도, 내리박히는 손의 촉감으로 지반의 단단함을 측정

② **터 파보기** : 삽으로 구멍을 내어 육안으로 확인하는 것으로 얕은 지층의 토질 및 지하수위 등을 파악하는 방법, 간격 5~10m, 깊이 1.5~3m, 지름 60~90cm

③ **물리적 탐사** : 전기저항식, 강제진동식, 탄성파식 등이 있으나 주로 전기저항식 지하탐사법이 쓰인다.

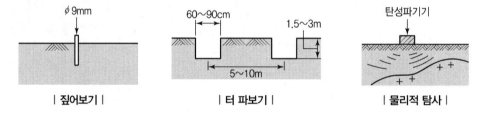

| 짚어보기 | | 터 파보기 | | 물리적 탐사 |

2. 보링(Boring)

① **의의** : 굴착 기계 및 기구를 사용하여 지반에 깊은 구멍을 파는 것으로 흙의 성질 및 지층상태, 지하수의 수위 등을 조사하는 방법

② **종류**

종류	방법
오거 보링(Augar Boring)	지표면 부근의 시료채취나 얕은 지반조사에 사용하는 방법으로 깊이 10m 이내의 토사를 채취한다.
수세식 보링(wash Boring)	깊이 30m 내외의 연질층에 사용하는 방법으로 이중관을 충격을 주며 물을 뿜어 파진 흙을 배출하여 침전시켜 토질판별
회전식 보링(Rotary Boring)	날을 회전시켜 천공하는 방법, 비교적 자연상태 그대로 채취 가능(연속적으로 시료를 채취할 수 있어 지층의 변화를 비교적 정확히 알 수 있다)
충격식 보링(Precussion Boring)	와이어 로프(Wire Rope) 끝에 충격날을 부착하여 상하 충격에 의해 천공, 토사와 암석에도 가능

3. 사운딩(Sounding)

① **의의** : 지반조사의 일종으로 로드 선단에 부착한 저항체를 지중에 매입하여 관입, 회전, 인발 등의 힘을 가하여 그 저항치에 토층의 상태를 탐사하는 방법

② 종류

표준관입시험	사질지반, 지내력 측정	콘(Cone)관입시험	점토지반, 흙의 연경정도 조사
베인테스트(Vane Test)	점토지반, 점착력 판단	스웨덴식 사운딩	모든 토질, 토층의 분석

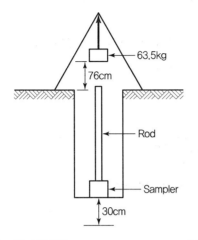

| 표준관입시험(Standard Penetration Test) |

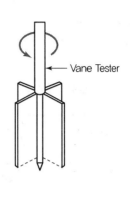

| 베인테스트(Vane Test) |

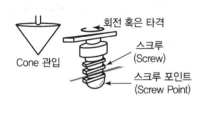

| 콘(Cone)관입시험 |

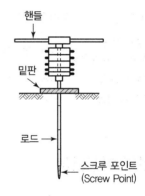

| 스웨덴식 사운딩 |

③ 표준관입시험(Standard Penetration Test)★★

　㉠ 무게 63.5kg의 해머로 76cm 높이에서 자유낙하시켜 샘플러를 30cm 관입시키는 데 소요되는 타격횟수 N치를 측정하는 시험

　㉡ 흙의 지내력 판단, 사질토 지반에 적용

　㉢ N값이 클수록 밀실한 토질이다.

N의 값	흙의 상태	N의 값	흙의 상태
0~4	매우 느슨	30~50	조밀
4~10	느슨	50 이상	매우 조밀
10~30	보통		

④ 베인테스트(Vane Test)

　㉠ 깊이 10m 이내의 연약점토 지반에 적용

　㉡ 로드 선단에 +자형 날개(Vane)를 부착하여 지중에 박아 회전시켜 점토의 점착력을 판별하는 시험

⑤ 콘(Cone)관입시험 : 로드 선단에 부착된 콘(Cone)을 지중에 관입하여 흙의 연경 정도를 판단하는 것으로 주로 점성토 지반에 적용

⑥ 스웨덴식 사운딩 : 로드 선단에 Screw Point를 부착하여 침하와 회전시켰을 때의 관입량을 측정하는 것으로 연약지반에서 굳은 지반까지 모든 토질에 적용

4. 시료 채취(Sampling)

교란시료	① 토질이 흐트러진 상태로 채취하는 방법 ② 전단강도, 투수, 압축 등을 시험
불교란시료	① 토질이 자연상태로 흩어지지 않게 채취하는 방법 ② 흙의 역학적 특성을 시험

5. 재하시험

지반에 하중을 가하여 지반의 지지력을 파악하기 위한 시험

평판재하시험 (PBT ; Plate Bearing Test)	재하판을 사용하여 지반에 하중을 가한 후에 지지력이나 지반계수를 구하는 시험
말뚝박기시험	말뚝을 지반 속에 박아 넣어 그 관입량을 측정하여 말뚝의 허용 지지력을 구하는 시험
말뚝재하시험	말뚝의 허용 지지력을 구하기 위한 재하 시험

2 　지반의 이상현상

1. 지반의 이상현상★★

1) 히빙(Heaving) 현상

　① 정의 : 연질점토 지반에서 굴착에 의한 흙막이 내 · 외면의 흙의 중량 차이로 인해 굴착 저면이 부풀어 올라오는 현상

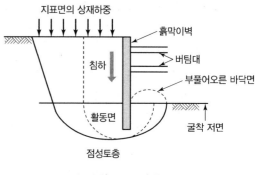

| 히빙(Heaving) 현상 |

② 발생원인 및 안전대책

발생원인	① 흙막이 근입장 깊이 부족 ② 흙막이 흙의 중량 차이 ③ 지표 재하중 ④ 점성토 지반에서 발생
안전대책	① 흙막이 근입깊이를 깊게 ② 표토를 제거하여 하중감소 ③ 굴착 저면 지반개량(흙의 전단강도를 높임) ④ 굴착면 하중 증가 ⑤ 어스앵커 설치 ⑥ 주변 지하수위 저하 ⑦ 소단굴착을 하여 소단부 흙의 중량이 바닥을 누르게 함 ⑧ 토류벽의 배면토압을 경감

③ 발생피해

    ㉠ 바닥지반 상승으로 흙막이의 파괴

    ㉡ 지반침하로 인한 지하매설물 파괴

    ㉢ 선행 시공말뚝의 파괴

2) 보일링(Boiling) 현상

① 정의 : 사질토 지반에서 굴착 저면과 흙막이 배면과의 수위 차이로 인해 굴착저면의 흙과 물이 함께 위로 솟구쳐 오르는 현상

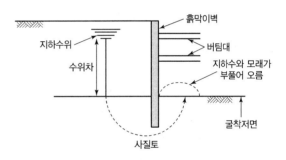

| 보일링(Boiling) 현상 |

② 발생원인 및 안전대책

발생원인	① 흙막이 근입장 깊이 부족 ② 흙막이 지하수위 높이 차이 ③ 굴착 저면의 피압수 ④ 사질토 지반에서 발생
안전대책	① 차수성이 높은 흙막이벽 설치 ② 흙막이 근입깊이를 깊게 ③ 약액주입 등의 굴착면 고결 ④ 주변의 지하수위 저하(웰포인트 공법 등) ⑤ 압성토 공법

③ 발생피해

    ㉠ 굴착저면 위로 모래와 지하수가 부풀어 올라 흙막이의 파괴

    ㉡ 지반침하로 인한 지하매설물 파괴

    ㉢ 주변 구조물의 파괴

    ㉣ 굴착 저면의 지지력 감소

3) 파이핑(Piping) 현상

① 정의 : 보일링 현상으로 인하여 지반 내에서 물의 통로가 생기면서 흙이 세굴되는 현상

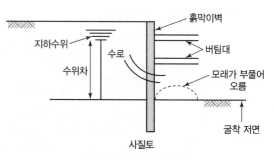

| 파이핑(Piping) 현상 |

② 발생원인 및 안전대책

발생원인	① 흙막이 근입장 깊이 부족 ② 흙막이 지하수위 높이 차이 ③ 굴착 저면의 피압수 ④ 댐이나 제방에서 필터의 불량, 균열, 누수
안전대책	① 차수성이 높은 흙막이벽 설치 ② 흙막이 근입깊이를 깊게 ③ 약액주입 등의 굴착면 고결 ④ 주변의 지하수위 저하(웰포인트 공법 등) ⑤ 압성토 공법

③ 발생피해

　ㄱ 굴착 저면 위로 모래와 지하수가 부풀어 올라 흙막이의 파괴

　ㄴ 토립자의 이동으로 주변 구조물 파괴

　ㄷ 굴착 저면의 지지력 감소

　ㄹ 댐, 제방의 파괴 및 붕괴

　ㅁ 지반침하로 인한 지하매설물 파괴

2. 지반 개량 공법

1) 사질토 연약지반 개량 공법★

종류	정의
동다짐 공법	무거운 추를 크레인 등의 장비를 이용해 자유낙하시켜 연약 지반을 다지는 공법
전기 충격 공법	지반 속에 방전 전극을 삽입한 후 대전류를 흘려 지반 속에서 고압방전을 일으켜서 발생하는 충격력으로 다지는 공법
모래 다짐 말뚝 공법 (Sand Compaction Pile)	충격, 진동을 이용하여 지반에 모래를 삽입하여 모래 말뚝을 만드는 방법
진동 다짐 공법 (바이브로 플로테이션 공법, Vibro Flotation)	수평방향으로 진동하는 Vibro Float를 이용하여 물과 진동을 동시에 일으켜서 생긴 빈틈에 자갈을 채워 느슨한 모래지반을 개량하는 공법
폭파다짐 공법	다이너마이트를 이용, 인공지진을 일으켜 느슨한 사질지반을 다지는 공법
약액 주입 공법	지반 내에 주입관을 삽입, 화학약액을 지중에 충진하여 겔 타임(gel-time)이 경과한 후 지반을 고결하는 공법

2) 점성토 연약지반 개량 공법★

종류		정의
치환공법	굴착치환	굴착기계로 연약층 제거 후 양질의 흙으로 치환하는 공법
	미끄럼치환	양질토를 연약지반에 재하하여 미끄럼활동으로 치환하는 공법
	폭파치환	연약지반이 넓게 분포할 경우 폭파에너지를 이용, 치환하는 공법
압밀 (재하) 공법	프리로딩(Pre – loading)공법 (여성토 공법)	연약지반에 하중을 가하여 압밀시키는 공법
	사면선단 재하공법	성토한 비탈면 옆부분을 더돋움하여 전단강도 증가 후 제거하는 공법
	압성토공법	토사의 측방에 압성토하거나 법면 구배를 작게 하여 활동에 저항하는 모멘트 증가
탈수공법 (연직배수 공법)	샌드드레인(Sand Drain)공법	지반 속에 큰 모래말뚝(Sand Pile)을 형성한 후 성토하중을 가하여 간극수를 단시간 내에 탈수하는 공법
	페이퍼드레인(Paper Drain)공법	드레인 Paper를 특수기계로 타입하여 설치하는 공법
	팩드레인(Pack Drain)공법	샌드드레인의 모래가 빠지는 것을 방지하기 위해 개량형인 포대에 모래를 채워 말뚝을 만드는 공법
배수공법	디프 웰(Deep Well)공법	투수성 지반 내에 지름 0.3~1.5m 정도의 우물을 굴착하여 이 속에 우물관을 설치하여 수중펌프로 배수하는 공법
	웰 포인트(Well Point)공법	지하수위를 저하시키는 것으로 투수성이 좋은 사질지반에 웰 포인트를 설치하여 배수하는 공법
고결공법	생석회 말뚝(Chemico Pile)공법	지반 내에 생석회 말뚝을 설치하여 흙을 고결화시켜 연약층의 강화를 도모하는 공법
	동결공법	지반 중의 물을 동결시켜서 붕괴나 용수의 누출을 방지하는 공법
	소결공법	지반 내 가열공기나 가연성 가스 등으로 공벽을 고결, 탈수하는 공법
기타 공법		동치환공법, 전기침투공법, 진공공법, 표면처리 공법

PART 01
PART 02
PART 03
PART 04
PART 05
PART 06
PART 07

3 유해 · 위험방지계획서

1. 유해 · 위험방지계획서를 제출해야 될 건설공사★★

① 다음 각 목의 어느 하나에 해당하는 건축물 또는 시설 등의 건설 · 개조 또는 해체공사
  ㉠ 지상높이가 31미터 이상인 건축물 또는 인공구조물
  ㉡ 연면적 3만제곱미터 이상인 건축물
  ㉢ 연면적 5천제곱미터 이상인 시설로서 다음의 어느 하나에 해당하는 시설
    ⓐ 문화 및 집회시설(전시장 및 동물원 · 식물원은 제외)
    ⓑ 판매시설, 운수시설(고속철도의 역사 및 집배송시설은 제외)
    ⓒ 종교시설
    ⓓ 의료시설 중 종합병원
    ⓔ 숙박시설 중 관광숙박시설

ⓕ 지하도상가

ⓖ 냉동 · 냉장 창고시설

② 연면적 5천제곱미터 이상인 냉동 · 냉장 창고시설의 설비공사 및 단열공사

③ 최대 지간길이(다리의 기둥과 기둥의 중심 사이의 거리)가 50미터 이상인 다리의 건설 등 공사

④ 터널의 건설 등 공사

⑤ 다목적댐, 발전용댐, 저수용량 2천만톤 이상의 용수 전용 댐 및 지방상수도 전용 댐의 건설 등 공사

⑥ 깊이 10미터 이상인 굴착공사

2. 유해 · 위험방지계획서의 확인사항(공단의 확인사항)

① 유해위험방지계획서의 내용과 실제공사 내용이 부합하는지 여부

② 유해위험방지계획서 변경내용의 적정성

③ 추가적인 유해위험요인의 존재 여부

3. 유해 · 위험방지계획서 첨부서류★★

1) 공사 개요 및 안전보건관리계획

① 공사 개요서

② 공사현장의 주변 현황 및 주변과의 관계를 나타내는 도면(매설물 현황을 포함)

③ 전체 공정표

④ 산업안전보건관리비 사용계획서

⑤ 안전관리 조직표

⑥ 재해 발생 위험 시 연락 및 대피방법

2) 작업 공사 종류별 유해 · 위험방지계획

건축물 또는 시설 등의 건설 · 개조 또는 해체공사★★	① 가설공사 ② 구조물공사 ③ 마감공사	④ 기계설비공사 ⑤ 해체공사
냉동 · 냉장창고시설의 설비공사 및 단열공사	① 가설공사 ② 단열공사	③ 기계설비공사
다리 건설 등의 공사	① 가설공사 ② 다리 하부(하부공) 공사	③ 다리 상부(상부공) 공사
터널 건설 등의 공사	① 가설공사 ② 굴착 및 발파공사	③ 구조물공사
댐 건설 등의 공사	① 가설공사 ② 굴착 및 발파공사	③ 댐 축조공사
굴착공사	① 가설공사 ② 굴착 및 발파공사	③ 흙막이 지보공 공사

참고 ✅ 제조업 등 유해 · 위험방지계획서 제출서류

① 건축물 각 층의 평면도
② 기계 · 설비의 개요를 나타내는 서류
③ 기계 · 설비의 배치도면
④ 원재료 및 제품의 취급, 제조 등의 작업방법의 개요
⑤ 그 밖에 고용노동부장관이 정하는 도면 및 서류

4. 유해 · 위험방지계획서 제출시기 ★★

① 제조업 등 유해 · 위험방지계획서 : 해당 작업 시작 15일 전까지 공단에 2부 제출
② 건설공사 유해 · 위험방지계획서 : 해당 공사의 착공 전날까지 공단에 2부 제출

4 산업안전보건관리비

1. 건설업 산업안전보건관리비의 계상 및 사용기준

1) 건설업 산업안전보건관리비의 개요

산업재해 예방을 위하여 건설공사 현장에서 직접 사용되거나 해당 건설업체의 본점 또는 주사무소(본사)에 설치된 안전전담부서에서 법령에 규정된 사항을 이행하는 데 소요되는 비용을 말한다.

2) 건설공사 등의 산업안전보건관리비 계상

① 건설공사발주자가 도급계약을 체결하거나 건설공사의 시공을 주도하여 총괄 · 관리하는 자(건설공사발주자로부터 건설공사를 최초로 도급받은 수급인은 제외)가 건설공사 사업 계획을 수립할 때에는 산업재해 예방을 위하여 사용하는 비용(이하 산업안전보건관리비)을 도급금액 또는 사업비에 계상(計上)하여야 한다.
② 고용노동부장관은 산업안전보건관리비의 효율적인 사용을 위하여 다음 각 호의 사항을 정할 수 있다.
　㉠ 사업의 규모별 · 종류별 계상 기준
　㉡ 건설공사의 진척 정도에 따른 사용비율 등 기준
　㉢ 그 밖에 산업안전보건관리비의 사용에 필요한 사항
③ 건설공사도급인은 산업안전보건관리비를 ②에서 정하는 바에 따라 사용하고 그 사용명세서를 작성하여 보존하여야 한다.
④ 선박의 건조 또는 수리를 최초로 도급받은 수급인은 사업 계획을 수립할 때에는 산업안전보건관리비를 사업비에 계상하여야 한다.

⑤ 건설공사도급인 또는 선박의 건조 또는 수리를 최초로 도급받은 수급인은 산업안전보건관리비를 산업재해 예방 외의 목적으로 사용해서는 아니 된다.

3) 적용범위

건설공사 중 총 공사금액 2천만 원 이상인 공사에 적용한다. 다만, 다음 각 호의 어느 하나에 해당되는 공사 중 단가계약에 의하여 행하는 공사에 대하여는 총계약금액을 기준으로 적용한다.
① 「전기공사업법」에 따른 전기공사로서 저압 · 고압 또는 특별고압 작업으로 이루어지는 공사
② 「정보통신공사업법」에 따른 정보통신공사

2. 건설업 산업안전보건관리비 대상액 작성요령

1) 공사 종류 및 규모별 산업안전보건관리비 계상기준표

구분 / 공사 종류	대상액 5억 원 미만인 경우 적용비율 (%)	대상액 5억 원 이상 50억 원 미만인 경우		대상액 50억 원 이상인 경우 적용비율 (%)	보건관리자 선임대상 건설공사의 적용비율 (%)
		적용비율(%)	기초액		
건축공사	2.93%	1.86%	5,349,000원	1.97%	2.15%
토목공사	3.09%	1.99%	5,499,000원	2.10%	2.29%
중건설공사	3.43%	2.35%	5,400,000원	2.44%	2.66%
특수건설공사	1.85%	1.20%	3,250,000원	1.27%	1.38%

안전관리비 대상액 = 공사원가계산서 구성항목 중 직접재료비, 간접재료비와 직접노무비를 합한 금액
(발주자가 재료를 제공할 경우에는 해당 재료비를 포함)

2) 산업안전보건관리비의 계상기준

① 발주자가 도급계약 체결을 위한 원가계산에 의한 예정가격을 작성하거나, 자기공사자가 건설공사 사업 계획을 수립할 때에는 다음 각 호에 따라 산정한 금액 이상의 산업안전보건관리비를 계상하여야 한다. 다만, 발주자가 재료를 제공하거나 일부 물품이 완제품의 형태로 제작 · 납품되는 경우에는 해당 재료비 또는 완제품 가액을 대상액에 포함하여 산출한 산업안전보건관리비와 해당 재료비 또는 완제품 가액을 대상액에서 제외하고 산출한 산업안전보건관리비의 1.2배에 해당하는 값을 비교하여 그중 작은 값 이상의 금액으로 계상한다.

안전보건 관리비의 계상	① 대상액이 5억 원 미만 또는 50억 원 이상인 경우 　안전보건관리비 = 대상액 × 계상기준표의 비율 ② 대상액이 5억 원 이상 50억 원 미만인 경우 　안전보건관리비 = 대상액 × 계상기준표의 비율 + 기초액 ③ 대상액이 명확하지 않은 경우 　도급계약 또는 자체사업계획상 책정된 총공사금액의 10분의 7에 해당하는 금액을 대상액으로 　하고 1 및 2에서 정한 기준에 따라 계상

② 발주자는 계상한 산업안전보건관리비를 입찰공고 등을 통해 입찰에 참가하려는 자에게 알려야 한다.

③ 발주자와 건설공사도급인 중 자기공사자를 제외하고 발주자로부터 해당 건설공사를 최초로 도급받은 수급인(도급인)은 공사계약을 체결할 경우 계상된 산업안전보건관리비를 공사도급계약서에 별도로 표시하여야 한다.

④ 하나의 사업장 내에 건설공사 종류가 둘 이상인 경우(분리발주한 경우를 제외)에는 공사금액이 가장 큰 공사종류를 적용한다.

⑤ 발주자 또는 자기공사자는 설계변경 등으로 대상액의 변동이 있는 경우 지체 없이 산업안전보건관리비를 조정 계상하여야 한다. 다만, 설계변경으로 공사금액이 800억 원 이상으로 증액된 경우에는 증액된 대상액을 기준으로 재계상한다.

설계변경 시 안전관리비 조정·계상 방법	① 설계변경에 따른 안전관리비는 다음 계산식에 따라 산정한다. 설계변경에 따른 안전관리비＝설계변경 전의 안전관리비＋설계변경으로 인한 안전관리비 증감액 ② 설계변경으로 인한 안전관리비 증감액은 다음 계산식에 따라 산정한다. 설계변경으로 인한 안전관리비 증감액＝설계변경 전의 안전관리비×대상액의 증감 비율 ③ 대상액의 증감 비율은 다음 계산식에 따라 산정한다. 이 경우, 대상액은 예정가격 작성 시의 대상액이 아닌 설계변경 전·후의 도급계약서상의 대상액을 말한다. 대상액의 증감 비율＝[(설계변경 후 대상액−설계변경 전 대상액) / 설계변경 전 대상액]×100%

3. 건설업 산업안전보건관리비의 항목별 사용내역

1) 산업안전보건관리비의 항목별 사용내역

도급인과 자기공사자는 산업안전보건관리비를 산업재해 예방 목적으로 다음 각 호의 기준에 따라 사용하여야 한다.

1. 안전관리자·보건관리자의 임금 등	가. 안전관리 또는 보건관리 업무만을 전담하는 안전관리자 또는 보건관리자의 임금과 출장비 전액 나. 안전관리 또는 보건관리 업무를 전담하지 않는 안전관리자 또는 보건관리자의 임금과 출장비의 각각 2분의 1에 해당하는 비용 다. 안전관리자를 선임한 건설공사 현장에서 산업재해 예방 업무만을 수행하는 작업지휘자, 유도자, 신호자 등의 임금 전액 라. 작업을 직접 지휘·감독하는 직·조·반장 등 관리감독자의 직위에 있는 자가 업무를 수행하는 경우에 지급하는 업무수당(임금의 10분의 1 이내)
2. 안전시설비 등	가. 산업재해 예방을 위한 안전난간, 추락방호망, 안전대 부착설비, 방호장치(기계·기구와 방호장치가 일체로 제작된 경우, 방호장치 부분의 가액에 한함) 등 안전시설의 구입·임대 및 설치를 위해 소요되는 비용 나. 스마트 안전장비 구입·임대 비용의 5분의 2에 해당하는 비용. 다만, 계상기준에 따라 계상된 산업안전보건관리비 총액의 10분의 1을 초과할 수 없다. 다. 용접 작업 등 화재 위험작업 시 사용하는 소화기의 구입·임대비용
3. 보호구 등	가. 보호구의 구입·수리·관리 등에 소요되는 비용 나. 근로자가 보호구를 직접 구매·사용하여 합리적인 범위 내에서 보전하는 비용 다. 안전관리자 등의 업무용 피복, 기기 등을 구입하기 위한 비용 라. 안전관리자 및 보건관리자가 안전보건 점검 등을 목적으로 건설공사 현장에서 사용하는 차량의 유류비·수리비·보험료

4. 안전보건진단비 등	가. 유해위험방지계획서의 작성 등에 소요되는 비용 나. 안전보건진단에 소요되는 비용 다. 작업환경 측정에 소요되는 비용 라. 그 밖에 산업재해 예방을 위해 법에서 지정한 전문기관 등에서 실시하는 진단, 검사, 지도 등에 소요되는 비용
5. 안전보건교육비 등	가. 법 규정에 따라 실시하는 의무교육이나 이에 준하여 실시하는 교육을 위해 건설공사 현장의 교육 장소 설치·운영 등에 소요되는 비용 나. 가목 이외 산업재해 예방 목적을 가진 다른 법령상 의무교육을 실시하기 위해 소요되는 비용 다. 안전보건교육 대상자 등에게 구조 및 응급처치에 관한 교육을 실시하기 위해 소요되는 비용 라. 안전보건관리책임자, 안전관리자, 보건관리자가 업무수행을 위해 필요한 정보를 취득하기 위한 목적으로 도서, 정기간행물을 구입하는 데 소요되는 비용 마. 건설공사 현장에서 안전기원제 등 산업재해 예방을 기원하는 행사를 개최하기 위해 소요되는 비용. 다만, 행사의 방법, 소요된 비용 등을 고려하여 사회통념에 적합한 행사에 한한다. 바. 건설공사 현장의 유해·위험요인을 제보하거나 개선방안을 제안한 근로자를 격려하기 위해 지급하는 비용
6. 근로자 건강장해 예방비 등	가. 법에서 규정하거나 그에 준하여 필요로 하는 각종 근로자의 건강장해 예방에 필요한 비용 나. 중대재해 목격으로 발생한 정신질환을 치료하기 위해 소요되는 비용 다. 「감염병의 예방 및 관리에 관한 법률」에 따른 감염병의 확산 방지를 위한 마스크, 손소독제, 체온계 구입비용 및 감염병병원체 검사를 위해 소요되는 비용 라. 휴게시설을 갖춘 경우 온도, 조명 설치·관리기준을 준수하기 위해 소요되는 비용 마. 건설공사 현장에서 근로자 심폐소생을 위해 사용되는 자동심장충격기(AED) 구입에 소요되는 비용

7. 건설재해예방전문지도기관의 지도에 대한 대가로 자기공사자가 지급하는 비용

8. 「중대재해 처벌 등에 관한 법률 시행령」에 해당하는 건설사업자가 아닌 자가 운영하는 사업에서 안전보건 업무를 총괄·관리하는 3명 이상으로 구성된 본사 전담조직에 소속된 근로자의 임금 및 업무수행 출장비 전액. 다만, 계상기준에 따라 계상된 산업안전보건관리비 총액의 20분의 1을 초과할 수 없다.

9. 법에 따른 위험성 평가 또는 「중대재해 처벌 등에 관한 법률 시행령」에 따라 유해·위험요인 개선을 위해 필요하다고 판단하여 산업안전보건위원회 또는 노사협의체에서 사용하기로 결정한 사항을 이행하기 위한 비용. 다만, 계상기준에 따라 계상된 산업안전보건관리비 총액의 10분의 1을 초과할 수 없다.

2) 공사 진척에 따른 산업안전보건관리비 사용기준

공정률	50퍼센트 이상 70퍼센트 미만	70퍼센트 이상 90퍼센트 미만	90퍼센트 이상
사용기준	50퍼센트 이상	70퍼센트 이상	90퍼센트 이상

※ 공정률은 기성공정률을 기준으로 한다.

3) 사용내역의 확인

도급인은 산업안전보건관리비 사용내역에 대하여 공사 시작 후 6개월마다 1회 이상 발주자 또는 감리자의 확인을 받아야 한다. 다만, 6개월 이내에 공사가 종료되는 경우에는 종료 시 확인을 받아야 한다.

4) 건설공사의 산업재해 예방지도

건설공사의 건설공사발주자 또는 건설공사도급인(건설공사발주자로부터 건설공사를 최초로 도급받은 수급인은 제외)은 해당 건설공사를 착공하려는 경우 건설재해예방전문지도기관과 건설 산업재해 예방을 위한 지도계약을 체결하여야 한다.

대상 사업	공사금액 1억 원 이상 120억 원(토목공사업에 속하는 공사는 150억 원) 미만의 공사와 「건축법」에 따른 건축허가의 대상이 되는 공사
제외되는 공사	① 공사기간이 1개월 미만인 공사 ② 육지와 연결되지 않은 섬 지역(제주특별자치도는 제외)에서 이루어지는 공사 ③ 사업주가 안전관리자의 자격을 가진 사람을 선임하여 안전관리자의 업무만을 전담하도록 하는 공사 ④ 유해위험방지계획서를 제출해야 하는 공사

5 셔블계 굴착기계

1. 파워 셔블(Power Shovel)

① 굴착기가 위치한 지면보다 높은 곳의 굴착에 적당
② 작업대가 견고하여 단단한 토질의 굴착에도 용이

2. 백호(Back Hoe, 드래그 셔블)

① 굴착기가 위치한 지면보다 낮은 곳을 굴착하는 데 적당
② 도랑파기에 적당하며 굴삭력이 우수
③ 비교적 굳은 지반의 토질에서도 사용 가능
④ 경사로나 연약지반에서는 무한궤도식이 타이어식보다 안전

3. 드래그 라인(Drag Line)

① 굴착기가 위치한 지면보다 낮은 곳의 굴착에 적합
② 연질지반의 굴착에 적당하고 단단하게 다져진 토질에는 적합하지 않음
③ 굴삭범위가 크지만 굴삭력이 약함
④ 수중굴착 및 모래채취 등에 많이 이용

4. 클램셸(Clam Shell)

① 좁고 깊은 곳의 수직굴착, 수중굴착에 적당
② 지하연속벽 공사, 깊은 우물통 파기에 사용
③ 구조물의 기초바닥, 잠함 등과 같은 협소하고 깊은 범위의 굴착에 적합

01 PART
02 PART
03 PART
04 PART
05 PART
06 PART
07 PART

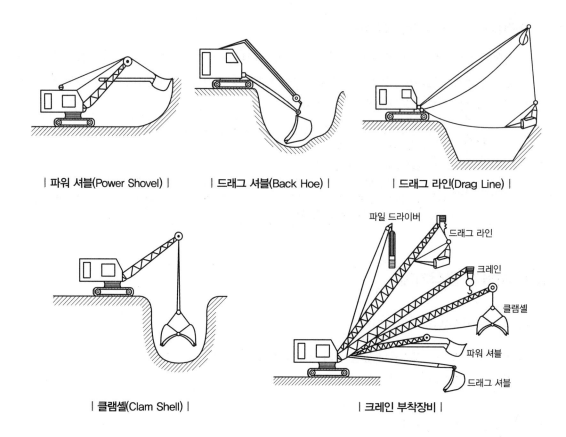

| 파워 셔블(Power Shovel) | | 드래그 셔블(Back Hoe) | | 드래그 라인(Drag Line) |

| 클램셸(Clam Shell) | | 크레인 부착장비 |

6 토공기계

1. 불도저(Bull Dozer)

1) 특징

① 트랙터 앞에 배포판(Blade)을 달아 흙을 깎아서 밀어 운반하는 기계로 굴착, 땅고르기, 매립 등을 시공
② 굴착, 절토, 운반 정지작업 등을 할 수 있는 만능 토공기계

2) 도저의 종류

① 주행방식에 따른 분류

무한궤도식	① 일반토사의 작업에 가장 많이 쓰임 ② 습지 및 험악한 지대 작업이 가능
타이어식	① 무한궤도식에 비해 기동성이 좋음 ② 습지 및 험악한 지대 작업이 곤란

| 무한궤도식 |

| 타이어식 |

② 배토판(Blade)의 형태 및 작동방법에 따른 분류

스트레이트 도저 (Straight Dozer)	트랙터의 종방향 중심축에 배토판을 직각으로 설치하여 직선적인 굴착 및 압토작업에 효율적
앵글 도저 (Angle Dozer)	배토판을 진행방향에 따라 20~30°의 좌우로 돌릴 수 있도록 만든 장치, 측면 굴착에 유리
틸트 도저 (Tilt Dozer)	배토판을 좌우로 상하 25~30°까지 아래로 기울어지게 하여 도랑파기, 경사면 굴착에 유리
힌지 도저 (Hinge Dozer)	배토판 중앙에 힌지를 붙여 안팎으로 V자형으로 꺾을 수 있으며, 흙을 깎아 옆으로 밀어내면서 전진하므로 제설, 제토작업 및 다량의 흙을 전방으로 밀고 가는 데 적합한 도저

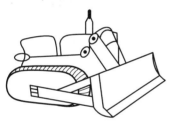

| 불도저 |

| 스트레이트 도저 |

| 앵글 도저 |

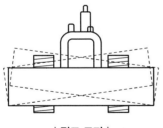

| 틸트 도저 |

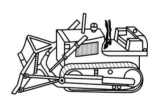

| 힌지 도저 |

③ 사용 목적에 따른 분류

레이크 도저(Rake Dozer)	배토판이 포크 형식으로 되어 있어 돌이나 나무뿌리 등을 골라 낼 수 있는 작업에 용이
습지 불도저	연약한 습지의 굴착압토에 용이하고 함수비가 높은 토질에 적합
U – 도저	배토판이 U자 형식으로 되어 있어 흙을 퍼트리지 않고 가지런히 모으는 작업에 용이, 제설작업
버킷 도저(Bucket Dozer)	배토판이 흙을 담을 수 있게 되어 있어 적재 및 운반 작업에 용이
리퍼 도저(Ripper Dozer)	아스팔트 포장도로 등 단단한 땅이나 연약한 암석을 파내는 갈고리 모양의 도저

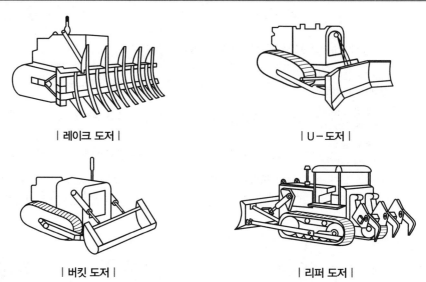

| 레이크 도저 | | U – 도저 |

| 버킷 도저 | | 리퍼 도저 |

2. 스크레이퍼(Scraper)

1) 특징

① 굴착, 운반, 하역, 적재, 사토, 정지작업을 연속적으로 할 수 있는 중ㆍ장거리 토공기계
② 불도저 보다 중량이 크고 고속운전이 가능
③ 택지조성, 공항 건설, 고속도로 건설 등의 대규모 토목 공사에 적용

2) 종류

자주식	① 모터 스크레이퍼(Motor Scraper) ② 300~1,500m의 운반거리에 적합
피견인식 (캐리올 스크레이퍼)	① 트랙터에 의해 견인되도록 한 구조 ② 50~300m의 운반거리에 적합

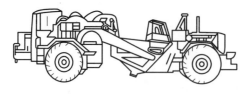

| 모터 스크레이퍼 |

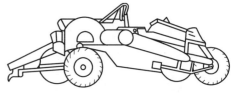

| 피견인식 |

3. 모터 그레이더(Motor Grader)

① 지면을 절삭하여 평활하게 다듬는 장비로서 노면의 성형과 정지 작업에 가장 적당한 장비
② 전륜을 기울게 할 수 있어 비탈면 고르기 작업도 가능
③ 상하작동, 좌우회전 및 경사, 수평선회가 가능

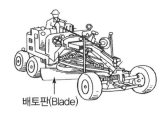

| 모터 그레이더 |

4. 다짐기계의 특징

1) 전압식

로드 롤러(Road Roller)	머캐덤 롤러(Macadam Roller)	3륜 형식으로 쇄석, 자갈 등의 다짐에 사용
	탠덤 롤러(Tandem Roller)	2륜 형식으로 아스팔트 포장의 끝마무리에 사용
탬핑 롤러(Tamping Roller)		① 깊은 다짐이나 고함수비 지반의 다짐에 많이 이용 ② 롤러의 표면에 돌기를 만들어 부착한 것 ③ 풍화암을 파쇄하고 흙 속의 간극수압을 제거 ④ 점성토 지반에 효과적
타이어 롤러(Tire Roller)		사질토나 사질 점성토에 적합하며 주행속도 개선

| 머캐덤 롤러 |

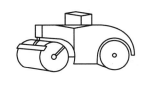

| 탠덤 롤러 |

| 탬핑 롤러 |

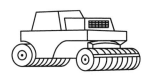

| 타이어 롤러 |

2) 충격식

① 기계가 튀어 오르든지 낙하하든지 할 때의 충격력에 의해 다지는 기계
② 소형이고 가볍기 때문에 대형 기계를 사용할 수 없는 협소한 장소의 다짐에 적합

래머	내연기관의 폭발로 인한 반력과 낙하하는 충격으로 다지는 것
프로그 래머	대형 래머로 점성토 지반 및 어스 댐 공사에 많이 사용
탬퍼	전압판의 연속적인 충격으로 다지는 것으로 갓길 및 소규모 도로 토공에 쓰임

| 래머 |

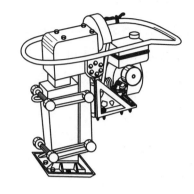
| 탬퍼 |

3) 진동식

① 진동장치를 탑재한 것으로 기계를 진동시켜 그 가진력에 의하여 다지는 기계

② 사질토에 효과가 커서 사질토의 성토에 많이 사용

③ 진동롤러(Vibration Roller)는 노반 및 소일시멘트 등에 사용하며, 종류는 소일 콤팩터, 바이브로 콤팩터, 바이브레이팅 롤러 등이 있음

7 운반기계

1. 차량계 하역 운반기계

1) 종류

동력원에 의해 특정되지 아니한 장소로 스스로 이동할 수 있는 지게차 · 구내운반차 · 화물자동차 등의 차량계 하역운반기계 및 고소작업대

2) 차량계 하역운반기계의 안전기준

① 차량계 하역운반기계 등 작업계획서 내용

  ㉠ 해당 작업에 따른 추락 · 낙하 · 전도 · 협착 및 붕괴 등의 위험 예방대책

  ㉡ 차량계 하역운반기계등의 운행경로 및 작업방법

② 전도 등의 방지 : 차량계 하역운반기계 등을 사용하는 작업을 할 때 기계가 넘어지거나 굴러떨어짐으로써 근로자가 위험해질 우려가 있는 경우 다음과 같은 조치를 하여야 한다.

  ㉠ 유도하는 사람을 배치

  ㉡ 지반의 부동침하 방지

  ㉢ 갓길 붕괴를 방지

③ **화물 적재 시의 조치★** : 차량계 하역운반기계 등에 화물을 적재하는 경우에 다음의 사항을 준수하여야 한다.

    ㉠ 하중이 한쪽으로 치우치지 않도록 적재할 것

    ㉡ 구내운반차 또는 화물자동차의 경우 화물의 붕괴 또는 낙하에 의한 위험을 방지하기 위하여 화물에 로프를 거는 등 필요한 조치를 할 것

    ㉢ 운전자의 시야를 가리지 않도록 화물을 적재할 것

④ **차량계 하역운반기계 등의 이송 시 준수사항**

    ㉠ 싣거나 내리는 작업은 평탄하고 견고한 장소에서 할 것

    ㉡ 발판을 사용하는 경우에는 충분한 길이 · 폭 및 강도를 가진 것을 사용하고 적당한 경사를 유지하기 위하여 견고하게 설치할 것

    ㉢ 가설대 등을 사용하는 경우에는 충분한 폭 및 강도와 적당한 경사를 확보할 것

    ㉣ 지정운전자의 성명 · 연락처 등을 보기 쉬운 곳에 표시하고 지정운전자 외에는 운전하지 않도록 할 것

⑤ **수리 등의 작업 시 작업지휘자의 준수사항**

    ㉠ 작업순서를 결정하고 작업을 지휘할 것

    ㉡ 안전지지대 또는 안전블록 등의 사용 상황 등을 점검할 것

⑥ **싣거나 내리는 작업** : 단위화물의 무게가 100kg 이상인 경우 작업 지휘자 준수사항

    ㉠ 작업순서 및 그 순서마다의 작업방법을 정하고 작업을 지휘할 것

    ㉡ 기구와 공구를 점검하고 불량품을 제거할 것

    ㉢ 해당 작업을 하는 장소에 관계 근로자가 아닌 사람이 출입하는 것을 금지할 것

    ㉣ 로프 풀기 작업 또는 덮개 벗기기 작업은 적재함의 화물이 떨어질 위험이 없음을 확인한 후에 하도록 할 것

⑦ **운전위치 이탈 시의 조치★★** : 차량계 하역운반기계 등, 차량계 건설기계의 운전자가 운전위치를 이탈하는 경우 해당 운전자 준수사항

    ㉠ 포크, 버킷, 디퍼 등의 장치를 가장 낮은 위치 또는 지면에 내려 둘 것

    ㉡ 원동기를 정지시키고 브레이크를 확실히 거는 등 갑작스러운 주행이나 이탈을 방지하기 위한 조치를 할 것

    ㉢ 운전석을 이탈하는 경우에는 시동키를 운전대에서 분리시킬 것. 다만, 운전석에 잠금장치를 하는 등 운전자가 아닌 사람이 운전하지 못하도록 조치한 경우에는 그러하지 아니하다.

2. 구내운반차의 안전기준

구내운반차(작업장 내 운반을 주목적으로 하는 차량으로 한정)를 사용하는 경우에 다음의 사항을 준수하여야 한다.

01 PART
02 PART
03 PART
04 PART
05 PART
06 PART
07 PART

① 주행을 제동하거나 정지상태를 유지하기 위하여 유효한 제동장치를 갖출 것

② 경음기를 갖출 것

③ 운전석이 차 실내에 있는 것은 좌우에 한 개씩 방향지시기를 갖출 것

④ 전조등과 후미등을 갖출 것(다만, 작업을 안전하게 하기 위하여 필요한 조명이 있는 장소에서 사용하는 구내운반차에 대해서는 그러하지 아니하다.)

3. 고소작업대의 안전기준

1) 고소작업대 설치기준

① 작업대를 와이어로프 또는 체인으로 올리거나 내릴 경우에는 와이어로프 또는 체인이 끊어져 작업대가 떨어지지 아니하는 구조여야 하며, 와이어로프 또는 체인의 안전율은 5 이상일 것

② 작업대를 유압에 의해 올리거나 내릴 경우에는 작업대를 일정한 위치에 유지할 수 있는 장치를 갖추고 압력의 이상 저하를 방지할 수 있는 구조일 것

③ 권과방지장치를 갖추거나 압력의 이상상승을 방지할 수 있는 구조일 것

④ 붐의 최대 지면경사각을 초과 운전하여 전도되지 않도록 할 것

⑤ 작업대에 정격하중(안전율 5 이상)을 표시할 것

⑥ 작업대에 끼임ㆍ충돌 등 재해를 예방하기 위한 가드 또는 과상승방지장치를 설치할 것

⑦ 조작반의 스위치는 눈으로 확인할 수 있도록 명칭 및 방향표시를 유지할 것

2) 고소작업대 설치 시 준수사항

① 바닥과 고소작업대는 가능하면 수평을 유지하도록 할 것

② 갑작스러운 이동을 방지하기 위하여 아웃트리거 또는 브레이크 등을 확실히 사용할 것

3) 고소작업대 이동 시 준수사항

① 작업대를 가장 낮게 내릴 것

② 작업자를 태우고 이동하지 말 것. 다만, 이동 중 전도 등의 위험예방을 위하여 유도하는 사람을 배치하고 짧은 구간을 이동하는 경우에 작업대를 가장 낮게 내린 상태에서 작업자를 태우고 이동할 수 있다.

③ 이동통로의 요철상태 또는 장애물의 유무 등을 확인할 것

4) 고소작업대 사용 시 준수사항

① 작업자가 안전모ㆍ안전대 등의 보호구를 착용하도록 할 것

② 관계자가 아닌 사람이 작업구역에 들어오는 것을 방지하기 위하여 필요한 조치를 할 것

③ 안전한 작업을 위하여 적정수준의 조도를 유지할 것

④ 전로에 근접하여 작업을 하는 경우에는 작업감시자를 배치하는 등 감전사고를 방지하기 위하여 필요한 조치를 할 것

⑤ 작업대를 정기적으로 점검하고 붐 · 작업대 등 각 부위의 이상 유무를 확인할 것

⑥ 전환스위치는 다른 물체를 이용하여 고정하지 말 것

⑦ 작업대는 정격하중을 초과하여 물건을 싣거나 탑승하지 말 것

⑧ 작업대의 붐대를 상승시킨 상태에서 탑승자는 작업대를 벗어나지 말 것. 다만, 작업대에 안전대 부착설비를 설치하고 안전대를 연결하였을 때에는 그러하지 아니하다.

4. 화물자동차

1) 승강설비

바닥으로부터 짐 윗면까지의 높이가 2미터 이상인 화물자동차에 짐을 싣는 작업 또는 내리는 작업을 하는 경우에는 근로자의 추가 위험을 방지하기 위하여 해당 작업에 종사하는 근로자가 바닥과 적재함의 짐 윗면 간을 안전하게 오르내리기 위한 설비를 설치하여야 한다.

2) 꼬임이 끊어진 섬유로프 등의 사용금지

다음의 어느 하나에 해당하는 섬유로프 등을 화물자동차의 짐걸이로 사용해서는 아니 된다.

① 꼬임이 끊어진 것

② 심하게 손상되거나 부식된 것

3) 섬유로프 등의 점검

섬유로프 등을 화물자동차의 짐걸이에 사용하는 경우에는 해당 작업을 시작하기 전 다음의 조치를 하여야 한다.

① 작업순서와 순서별 작업방법을 결정하고 작업을 직접 지휘하는 일

② 기구와 공구를 점검하고 불량품을 제거하는 일

③ 해당 작업을 하는 장소에 관계 근로자가 아닌 사람의 출입을 금지하는 일

④ 로프 풀기 작업 및 덮개 벗기기 작업을 하는 경우에는 적재함의 화물에 낙하 위험이 없음을 확인한 후에 해당 작업의 착수를 지시하는 일

4) 화물 중간에서 빼내기 금지

화물자동차에서 화물을 내리는 작업을 하는 경우에는 그 작업을 하는 근로자에게 쌓여 있는 화물의 중간에서 화물을 빼내도록 해서는 아니 된다.

01 PART
02 PART
03 PART
04 PART
05 PART
06 PART
07 PART

8 항타기 및 항발기

1. 정의

항타기	기초공사용 기계의 하나로, 말뚝 또는 널말뚝을 박는 기계와 그 부속장치
항발기	주로 가설용에 사용된 널말뚝, 파일 등을 뽑는데 사용되는 기계

2. 항타기 또는 항발기 조립·해체 시 점검사항★

1) 항타기 또는 항발기를 조립하거나 해체하는 경우 준수사항

① 항타기 또는 항발기에 사용하는 권상기에 쐐기장치 또는 역회전방지용 브레이크를 부착할 것
② 항타기 또는 항발기의 권상기가 들리거나 미끄러지거나 흔들리지 않도록 설치할 것
③ 그 밖에 조립·해체에 필요한 사항은 제조사에서 정한 설치·해체 작업 설명서에 따를 것

2) 항타기 또는 항발기를 조립하거나 해체하는 경우 점검사항★★

① 본체 연결부의 풀림 또는 손상의 유무
② 권상용 와이어로프·드럼 및 도르래의 부착상태의 이상 유무
③ 권상장치의 브레이크 및 쐐기장치 기능의 이상 유무
④ 권상기의 설치상태의 이상 유무
⑤ 리더(Leader)의 버팀 방법 및 고정상태의 이상 유무
⑥ 본체·부속장치 및 부속품의 강도가 적합한지 여부
⑦ 본체·부속장치 및 부속품에 심한 손상·마모·변형 또는 부식이 있는지 여부

3. 무너짐의 방지 준수사항

① 연약한 지반에 설치하는 경우에는 아웃트리거·받침 등 지지구조물의 침하를 방지하기 위하여 깔판·받침목 등을 사용할 것
② 시설 또는 가설물 등에 설치하는 경우에는 그 내력을 확인하고 내력이 부족하면 그 내력을 보강할 것
③ 아웃트리거·받침 등 지지구조물이 미끄러질 우려가 있는 경우에는 말뚝 또는 쐐기 등을 사용하여 해당 지지구조물을 고정시킬 것
④ 궤도 또는 차로 이동하는 항타기 또는 항발기에 대해서는 불시에 이동하는 것을 방지하기 위하여 레일 클램프(Rail Clamp) 및 쐐기 등으로 고정시킬 것
⑤ 상단 부분은 버팀대·버팀줄로 고정하여 안정시키고, 그 하단 부분은 견고한 버팀·말뚝 또는 철골 등으로 고정시킬 것

4. 권상용 와이어로프의 사용 시 준수사항

항타기 또는 항발기의 권상용 와이어로프 사용금지 조건★★	① 이음매가 있는 것 ② 와이어로프의 한 꼬임[스트랜드(Strand)를 말한다. 이하 같다]에서 끊어진 소선[필러(Pillar)선은 　제외한다]의 수가 10퍼센트 이상인 것 ③ 지름의 감소가 공칭지름의 7퍼센트를 초과하는 것 ④ 꼬인 것 ⑤ 심하게 변형되거나 부식된 것 ⑥ 열과 전기충격에 의해 손상된 것
권상용 와이어로프의 안전계수★	항타기 또는 항발기의 권상용 와이어로프의 안전계수가 5 이상이 아니면 이를 사용해서는 아니 된다.
권상용 와이어로프의 사용 시 준수사항	① 권상용 와이어로프는 추 또는 해머가 최저의 위치에 있을 때 또는 널말뚝을 빼내기 시작할 때를 　기준으로 권상장치의 드럼에 적어도 2회 감기고 남을 수 있는 충분한 길이일 것 ② 권상용 와이어로프는 권상장치의 드럼에 클램프 · 클립 등을 사용하여 견고하게 고정할 것 ③ 권상용 와이어로프에서 추 · 해머 등과의 연결은 클램프 · 클립 등을 사용하여 견고하게 할 것

5. 항타기 또는 항발기의 도르래 위치

① 항타기 또는 항발기의 권상장치의 드럼축과 권상장치로부터 첫 번째 도르래의 축 간의 거리를 권상 장치 드럼폭의 15배 이상으로 하여야 한다.

② 도르래는 권상장치의 드럼 중심을 지나야 하며 축과 수직면 상에 있어야 한다.

9 떨어짐(추락)재해의 위험성 및 안전조치

1. 추락의 정의

사람이 건축물, 비계, 기계, 사다리, 계단, 경사면, 나무 등에서 떨어지는 것을 말한다.

2. 추락의 방지(작업발판의 끝, 개구부 등 제외)

추락하거나 넘어질 위험이 있는 장소 또는 기계 · 설비 · 선박블록 등에서 작업을 할 때

① 비계를 조립하는 등의 방법으로 작업발판을 설치하여야 한다.

② 작업발판을 설치하기 곤란한 경우 추락방호망을 설치해야 한다.

③ 추락방호망을 설치하기 곤란한 경우에는 안전대를 착용하도록 하는 등 추락위험을 방지하기 위해 필요한 조치를 해야 한다.

추락 방호망의 설치기준	① 추락방호망의 설치위치는 가능하면 작업면으로부터 가까운 지점에 설치하여야 하며, 작업면으로부터 　망의 설치지점까지의 수직거리는 10미터를 초과하지 아니할 것 ② 추락방호망은 수평으로 설치하고, 망의 처짐은 짧은 변 길이의 12퍼센트 이상이 되도록 할 것 ③ 건축물 등의 바깥쪽으로 설치하는 경우 추락방호망의 내민 길이는 벽면으로부터 3미터 이상 되도록 　할 것. 다만, 그물코가 20밀리미터 이하인 추락방호망을 사용한 경우에는 낙하물에 의한 위험 방지에 　따른 낙하물방지망을 설치한 것으로 본다.

3. 개구부 등의 방호조치

① 작업발판 및 통로의 끝이나 개구부로서 근로자가 추락할 위험이 있는 장소에는 안전난간, 울타리, 수직형 추락방망 또는 덮개 등의 방호 조치를 충분한 강도를 가진 구조로 튼튼하게 설치하여야 하며, 덮개를 설치하는 경우에는 뒤집히거나 떨어지지 않도록 설치하여야 한다. 이 경우 어두운 장소에서도 알아볼 수 있도록 개구부임을 표시하여야 한다.

② 난간 등을 설치하는 것이 매우 곤란하거나 작업의 필요상 임시로 난간 등을 해체하여야 하는 경우 추락방호망을 설치하여야 한다. 다만, 추락방호망을 설치하기 곤란한 경우에는 근로자에게 안전대를 착용하도록 하는 등 추락할 위험을 방지하기 위하여 필요한 조치를 하여야 한다.

4. 지붕 위에서의 위험 방지

사업주는 근로자가 지붕 위에서 작업을 할 때에 추락하거나 넘어질 위험이 있는 경우에는 다음 각 호의 조치를 해야 한다.

① 지붕의 가장자리에 안전난간을 설치할 것

② 채광창(Skylight)에는 견고한 구조의 덮개를 설치할 것

③ 슬레이트 등 강도가 약한 재료로 덮은 지붕에는 폭 30센티미터 이상의 발판을 설치할 것

④ 작업 환경 등을 고려할 때 안전난간을 설치하기 곤란한 경우에는 추락방호망을 설치해야 한다. 다만, 사업주는 작업 환경 등을 고려할 때 추락방호망을 설치하기 곤란한 경우에는 근로자에게 안전대를 착용하도록 하는 등 추락 위험을 방지하기 위하여 필요한 조치를 해야 한다.

5. 울타리의 설치

① **설치대상** : 작업 중 또는 통행 시 전락으로 인하여 화상·질식 등의 위험에 처할 우려가 있는 케틀(Kettle), 호퍼(Hopper), 피트(Pit) 등이 있는 경우

② **조시사항** : 높이 90센티미터 이상의 울타리를 설치

6. 높이가 2m 이상인 장소에서의 위험방지조치

① **안전대의 부착설비 설치** : 지지로프 등을 설치하는 경우에는 처지거나 풀리는 것을 방지하기 위한 조치

② **승강설비의 설치** : 높이 또는 깊이가 2미터를 초과하는 장소에서 작업하는 경우 안전하게 승강하기 위한 건설작업용 리프트 등의 설비를 설치

③ **조명의 유지** : 당해 작업을 안전하게 하는 데에 필요한 조명을 유지

10 떨어짐(추락)재해 발생형태 및 발생원인

1. 추락재해 발생원인

① 비계에서 추락
② 개구부 작업대에서 추락
③ 사다리에서 추락
④ 토사 굴착 경사면에서 추락
⑤ 가설작업 발판에서의 추락

⑥ 해체 작업 시 추락
⑦ 이동식 비계에서 추락
⑧ 기계장비에 의한 추락
⑨ 철골조립 작업 시 추락

2. 추락재해 유형

불안전한 상태의 설비시설에서 추락	① 비계에서 추락 ② 개구부 작업대에서 추락	③ 사다리에서 추락 ④ 이동식 비계에서 추락
높은 장소에서 작업 중 추락	① 철골조립 작업 시 추락 ② 해체 작업 시 추락 ③ 토사 굴착 경사면에서 추락	
기타 추락	① 가설작업 발판에서의 추락 ② 기계장비에 의한 추락	

11 떨어짐(추락)재해의 방호설비

1. 안전난간의 구조 및 설치요건★★

구성	상부 난간대, 중간 난간대, 발끝막이판 및 난간기둥으로 구성할 것(다만, 중간 난간대, 발끝막이판 및 난간기둥은 이와 비슷한 구조와 성능을 가진 것으로 대체할 수 있음)
상부 난간대	상부 난간대는 바닥면ㆍ발판 또는 경사로의 표면으로부터 90센티미터 이상 지점에 설치하고, 상부 난간대를 120센티미터 이하에 설치하는 경우에는 중간 난간대는 상부 난간대와 바닥면 등의 중간에 설치하여야 하며, 120센티미터 이상 지점에 설치하는 경우에는 중간 난간대를 2단 이상으로 균등하게 설치하고 난간의 상하 간격은 60센티미터 이하가 되도록 할 것
발끝막이판(폭목)	바닥면 등으로부터 10센티미터 이상의 높이를 유지할 것(다만, 물체가 떨어지거나 날아올 위험이 없거나 그 위험을 방지할 수 있는 망을 설치하는 등 필요한 예방 조치를 한 장소는 제외)
난간기둥	상부 난간대와 중간 난간대를 견고하게 떠받칠 수 있도록 적정한 간격을 유지할 것
상부 난간대와 중간 난간대	상부 난간대와 중간 난간대는 난간 길이 전체에 걸쳐 바닥면 등과 평행을 유지할 것
난간대	지름 2.7센티미터 이상의 금속제 파이프나 그 이상의 강도가 있는 재료일 것
하중	안전난간은 구조적으로 가장 취약한 지점에서 가장 취약한 방향으로 작용하는 100킬로그램 이상의 하중에 견딜 수 있는 튼튼한 구조일 것

01 PART
02 PART
03 PART
04 PART
05 PART
06 PART
07 PART

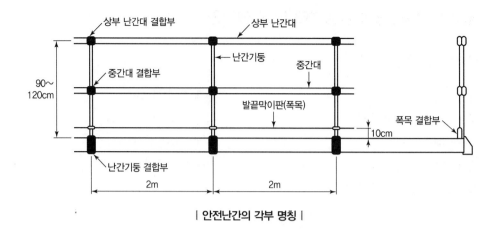

| 안전난간의 각부 명칭 |

2. 안전대의 종류

종류	사용 구분
벨트식 안전그네식	1개 걸이용
	U자 걸이용
	추락방지대
	안전블록

※ 추락방지대 및 안전블록은 안전그네식에만 적용함

12 추락방지용 방망의 구조 등 안전기준

1. 구조 및 치수

① **소재** : 합성섬유 또는 그 이상의 물리적 성질을 갖는 것이어야 한다.

② **그물코** : 사각 또는 마름모로서 그 크기는 10센티미터 이하이어야 한다.

③ **방망의 종류** : 매듭방망으로서 매듭은 원칙적으로 단매듭을 한다.

④ **테두리로프와 방망의 재봉** : 테두리로프는 각 그물코를 관통시키고 서로 중복됨이 없이 재봉사로 결속한다.

⑤ **테두리로프 상호의 접합** : 테두리로프를 중간에서 결속하는 경우는 충분한 강도를 갖도록 한다.

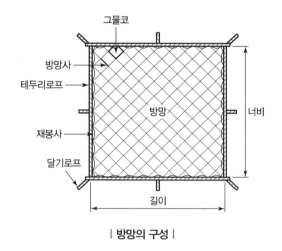

| 방망의 구성 |

⑥ 달기로프의 결속 : 달기로프는 3회 이상 엮어 묶는 방법 또는 이와 동등 이상의 강도를 갖는 방법으로 테두리로프에 결속하여야 한다.

⑦ 시험용사는 방망 폐기 시 방망사의 강도를 점검하기 위하여 테두리로프에 연하여 방망에 재봉한 방망사이다.

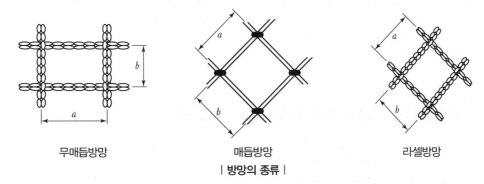

무매듭방망　　　　　　매듭방망　　　　　　라셀방망

| 방망의 종류 |

2. 방망사의 강도

1) 방망사의 신품에 대한 인장강도

그물코의 크기 (단위 : 센티미터)	방망의 종류(단위 : 킬로그램)	
	매듭 없는 방망	매듭방망
10	240	200
5		110

2) 방망사의 폐기 시 인장강도

그물코의 크기 (단위 : 센티미터)	방망의 종류(단위 : 킬로그램)	
	매듭 없는 방망	매듭방망
10	150	135
5		60

3. 사용제한

① 방망사가 규정한 강도 이하인 방망

② 인체 또는 이와 동등 이상의 무게를 갖는 낙하물에 대해 충격을 받은 방망

③ 파손한 부분을 보수하지 않은 방망

④ 강도가 명확하지 않은 방망

4. 추락방지용 방망의 표시

① 제조자명　　　　　③ 재봉 치수　　　　　⑤ 신품인 때의 방망의 강도

② 제조연월　　　　　④ 그물코

01 PART
02 PART
03 PART
04 PART
05 PART
06 PART
07 PART

13 떨어짐(낙하), 날아옴(비래)의 위험방지 및 안전조치

물체가 떨어지거나 날아올 위험이 있는 경우의 위험방지★	① 낙하물 방지망 설치 ③ 출입금지구역 설정 ② 수직보호망 또는 방호선반설치 ④ 보호구 착용
낙하물방지망 또는 방호선반 설치 시 준수사항	① 높이 10미터 이내마다 설치하고, 내민 길이는 벽면으로부터 2미터 이상으로 할 것 ② 수평면과의 각도는 20도 이상 30도 이하를 유지할 것
높이 3m 이상인 장소에서 물체를 투하하는 경우 조치사항	① 투하설비설치 ② 감시인 배치

14 떨어짐(낙하), 날아옴(비래)재해의 발생원인

발생원인	대책
고소 작업장 자재, 공구 등의 정리정돈 불량	정리정돈
외부 비계 위에 불안전한 자재의 적재	적재지양
작업발판의 폭, 간격 등 구조불량	구조개선
자재 투하 시 투하설비 미설치	투하설비 설치
낙하물 방지망의 미설치, 유지 · 보수상태 불량	방지시설 설치
인양 작업 시 와이어로프의 불량 절단	인양로프 개선
매달기 작업 시 결속방법 불량	결속방법 준수
낙하물 위험지역에서 작업통제 불량	낙하지역 출입금지 조치

15 떨어짐(낙하), 날아옴(비래)재해의 방호설비

1. 낙하물 방지망

① 작업 중 재료나 공구 등의 낙하로 인하여 근로자, 통행인 및 통행차량 등에 발생할 수 있는 재해를 예방하기 위하여 설치하는 설비

② 설치기준

  ㉠ 그물코는 사각 또는 마름모로서 크기는 가로, 세로 각 2cm 이하

  ㉡ 방지망의 설치 간격은 매 10m 이내(첫단의 설치높이는 근로자를 방호할 수 있는 가능한 한 낮은 위치에 설치)

  ㉢ 방망이 수평면과 이루는 각도는 20~30°

  ㉣ 내민 길이는 비계 외측으로부터 수평거리 2.0m 이상

  ㉤ 방망을 지지하는 긴결재의 강도는 15kN 이상의 인장력에 견딜 수 있는 로프 사용

  ㉥ 방지망의 겹침폭은 30cm 이상

  ㉦ 최하단의 방지망은 작은 못, 볼트 등의 낙하물이 떨어지지 못하도록 방망의 그물코 크기가 0.3cm 이하인 망을 설치(낙하물 방호선반 설치 시 예외)

③ 설치 후 3월 이내마다 정기점검 실시

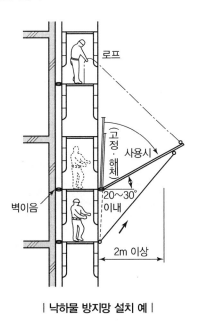

| 낙하물 방지망 설치 예 |

2. 수직 보호망

① 가설구조물의 바깥면 등에 설치하여 낙하물의 비산 등을 방지하기 위하여 수직으로 설치하는 보호망

② 설치방법

강관비계에 설치하는 경우	비계기둥과 띠장간격에 맞추어 제작 설치
강관틀 비계에 설치하는 경우	수평지지대 설치간격을 5.5m 이하로 설치
철골구조물에 설치하는 경우	수직지지대를 설치하고 견고하게 설치

3. 낙하물 방호선반

① **낙하물** : 고소 작업에 있어서 높은 곳에서 낮은 곳으로 떨어지는 목재, 콘크리트 덩어리 및 공구류 등의 모든 물체를 말한다.

② **방호선반** : 작업 중 재료나 공구 등의 낙하로 인한 피해를 방지하기 위하여 강판 등의 재료를 사용하여 비계 내측 및 외측 그리고 낙하물의 위험이 있는 장소에 설치하는 가설물

③ **설치기준**

ㄱ 풍압, 진동, 충격 등으로 탈락하지 않도록 견고하게 설치하여야 한다.

ㄴ 방호선반의 바닥판은 틈새가 없도록 설치하여야 한다.

ㄷ 방호선반의 내민 길이는 비계의 외측(비계를 설치하지 않은 경우에는 구조체의 외측)으로부터 수평거리 2m 이상 돌출 되도록 설치하여야 한다.

ㄹ 수평으로 설치하는 방호선반의 끝단에는 수평면으로부터 높이 60cm 이상의 난간을 설치하여야

하며, 난간은 방호선반에 낙하한 낙하물이 외부로 튕겨나감을 방지할 수 있는 구조이어야 한다.

ⓜ 경사지게 설치하는 방호설반이 수평면과 이루는 각도는 방호선반의 최외측이 구조물 쪽보다 20˚ 이상 30˚ 이내로 높아야 한다.

ⓗ 방호선반의 설치높이는 근로자를 낙하물에 의한 위험으로부터 방호할 수 있도록 가능한 낮은 위치에 설치하여야 하며, 8m를 초과하여 설치하지 않는다.

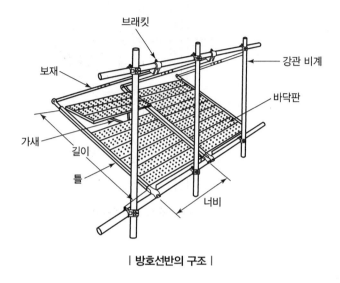

| 방호선반의 구조 |

16 토사붕괴 위험성 및 안전조치

1. 굴착작업의 위험방지

1) 굴착작업 시 지반조사 사항

① 목적 : 지반의 굴착작업에 있어 지반의 붕괴 또는 매설물 등의 손괴 등에 의하여 근로자에게 위험이 미칠 우려가 있을 때 미리 작업장소 및 주변에 대하여 조사하여 굴착시기와 작업순서를 정하여야 한다.

② 굴착면의 높이가 2미터 이상이 되는 지반의 굴착작업★★

사전조사내용	작업계획서 내용
① 형상·지질 및 지층의 상태 ② 균열·함수·용수 및 동결의 유무 또는 상태 ③ 매설물 등의 유무 또는 상태 ④ 지반의 지하수위 상태	① 굴착방법 및 순서, 토사 반출 방법 ② 필요한 인원 및 장비 사용계획 ③ 매설물 등에 대한 이설·보호대책 ④ 사업장 내 연락방법 및 신호방법 ⑤ 흙막이 지보공 설치방법 및 계측계획 ⑥ 작업지휘자의 배치계획 ⑦ 그 밖에 안전·보건에 관련된 사항

2) 굴착 시 위험방지★★

① 지반 등을 굴착하는 경우 굴착면의 기울기를 다음의 기준에 맞도록 해야 한다.

지반의 종류	굴착면의 기울기
모래	1 : 1.8
연암 및 풍화암	1 : 1.0
경암	1 : 0.5
그 밖의 흙	1 : 1.2

② 비가 올 경우를 대비하여 측구(側溝)를 설치하거나 굴착경사면에 비닐을 덮는 등 빗물 등의 침투에 의한 붕괴재해를 예방하기 위하여 필요한 조치를 해야 한다.

3) 토석붕괴 위험방지

굴착작업을 하는 경우 지반의 붕괴 또는 토석의 낙하에 의한 근로자의 위험을 방지하기 위하여 관리감독자로 하여금 작업 시작 전 점검사항
① 작업 장소 및 그 주변의 부석·균열의 유무
② 함수·용수 및 동결상태의 변화를 점검

4) 굴착작업 시 위험방지★★

사업주는 굴착작업 시 토사 등의 붕괴 또는 낙하에 의하여 근로자에게 위험을 미칠 우려가 있는 경우에는 미리 흙막이 지보공의 설치, 방호망의 설치 및 근로자의 출입 금지 등 그 위험을 방지하기 위하여 필요한 조치를 해야 한다.

2. 잠함 내 작업

1) 급격한 침하로 인한 위험방지(잠함 또는 우물통의 내부에서 굴착작업을 하는 경우)★★

① 침하관계도에 따라 굴착방법 및 재하량 등을 정할 것
② 바닥으로부터 천장 또는 보까지의 높이는 1.8미터 이상으로 할 것

2) 잠함 등 내부에서의 작업 시 준수사항★

① 잠함, 우물통, 수직갱 등 내부에서의 굴착작업 준수사항
  ㉠ 산소 결핍 우려가 있는 경우에는 산소의 농도를 측정하는 사람을 지명하여 측정하도록 할 것
  ㉡ 근로자가 안전하게 오르내리기 위한 설비를 설치할 것
  ㉢ 굴착 깊이가 20미터를 초과하는 경우에는 해당 작업장소와 외부와의 연락을 위한 통신설비 등을 설치할 것

② 산소의 농도측정 결과 산소 결핍이 인정되거나 굴착 깊이가 20미터를 초과하는 경우에는 송기를 위한 설비를 설치하여 필요한 양의 공기를 공급해야 한다.

01 PART
02 PART
03 PART
04 PART
05 PART
06 PART
07 PART

③ 작업의 금지

　㉠ 근로자가 안전하게 오르내리기 위한 설비에 고장이 있는 경우

　㉡ 잠함 등의 내부에 많은 양의 물 등이 스며들 우려가 있는 경우

　㉢ 굴착 깊이가 20m를 초과하는 경우에는 해당 작업장소와 외부와의 연락을 위한 통신설비 등에 고장이 있는 경우

3. 토사붕괴의 발생을 예방하기 위한 점검사항★★

① 전 지표면의 답사

② 경사면의 지층 변화부 상황 확인

③ 부석의 상황 변화의 확인

④ 용수의 발생 유무 또는 용수량의 변화 확인

⑤ 결빙과 해빙에 대한 상황의 확인

⑥ 각종 경사면 보호공의 변위, 탈락 유무

⑦ 점검시기는 작업 전중후, 비온 후, 인접 작업구역에서 발파한 경우에 실시

4. 경사면의 안정성 검토사항

① **지질조사** : 층별 또는 경사면의 구성 토질구조

② **토질시험** : 최적함수비, 삼축압축강도, 전단시험, 점착도 등의 시험

③ **사면붕괴 이론적 분석** : 원호활절법, 유한요소법 해석

④ 과거의 붕괴된 사례 유무

⑤ 토층의 방향과 경사면의 상호 관련성

⑥ 단층, 파쇄대의 방향 및 폭

⑦ 풍화의 정도

⑧ 용수의 상황

5. 옹벽

1) 정의

토사가 무너지는 것을 방지하기 위해 설치하는 토압에 저항하는 구조물로 자연사면의 절취 및 성토 사면의 흙막이를 하여 부지의 활용도를 높이고 붕괴 방지를 위해 설치

2) 옹벽의 안정조건★★

전도(Over Turning)에 대한 안정	① 안전율$(F_S) = \dfrac{\text{전도에 저항하는 모멘트}}{\text{전도모멘트}} \geq 2.0$
	② 대책 : 옹벽의 높이를 낮추거나 기초 후면의 길이를 길게 함
활동(Sliding)에 대한 안정	① 안전율$(F_S) = \dfrac{\text{활동에 저항하려는 힘}}{\text{활동하려는 힘}} \geq 1.5$
	② 대책 : 기초 저판의 폭 증가, 기초 하부에 말뚝보강, 기초 하부에 활동방지벽(shear key) 설치
지반지지력 (침하, Settlement)에 대한 안정	① 안전율$(F_S) = \dfrac{\text{지반의 극한지지력도}}{\text{지반의 최대반력}} \geq 3.0$
	② 대책 : 기초 저반의 폭 증가, 기초 하부의 지반 개량 및 강화

6. 붕괴 등에 의한 위험방지

1) 붕괴 · 낙하에 의한 위험방지

지반의 붕괴, 구축물의 붕괴 또는 토석의 낙하 등에 의하여 근로자가 위험해질 우려가 있는 경우 그 위험을 방지하기 위하여 다음의 조치를 하여야 한다.

① 지반은 안전한 경사로 하고 낙하의 위험이 있는 토석을 제거하거나 옹벽, 흙막이 지보공 등을 설치할 것

② 지반의 붕괴 또는 토석의 낙하 원인이 되는 빗물이나 지하수 등을 배제할 것

③ 갱내의 낙반 · 측벽(側壁) 붕괴의 위험이 있는 경우에는 지보공을 설치하고 부석을 제거하는 등 필요한 조치를 할 것

2) 구축물 또는 이와 유사한 시설물의 안전성 평가★★

구축물 또는 이와 유사한 시설물이 다음의 어느 하나에 해당하는 경우 안전진단 등 안전성 평가를 하여 근로자에게 미칠 위험성을 미리 제거하여야 한다.

① 구축물 또는 이와 유사한 시설물의 인근에서 굴착 · 항타작업 등으로 침하 · 균열 등이 발생하여 붕괴의 위험이 예상될 경우

② 구축물 또는 이와 유사한 시설물에 지진, 동해, 부동침하 등으로 균열 · 비틀림 등이 발생하였을 경우

③ 구조물, 건축물, 그 밖의 시설물이 그 자체의 무게 · 적설 · 풍압 또는 그 밖에 부가되는 하중 등으로 붕괴 등의 위험이 있을 경우

④ 화재 등으로 구축물 또는 이와 유사한 시설물의 내력이 심하게 저하되었을 경우

⑤ 오랜 기간 사용하지 아니하던 구축물 또는 이와 유사한 시설물을 재사용하게 되어 안전성을 검토하여야 하는 경우

⑥ 그 밖의 잠재위험이 예상될 경우

01 PART
02 PART
03 PART
04 PART
05 PART
06 PART
07 PART

17 토사붕괴 재해의 형태 및 발생원인

1. 붕괴의 형태

① **토사의 미끄러져 내림(Sliding)** : 광범위한 붕괴현상으로 일반적으로 완만한 경사에서 완만한 속도로 붕괴한다.

② **토사의 붕괴** : 사면 천단부 붕괴, 사면 중심부 붕괴, 사면 하단부 붕괴의 형태이며 작업위치와 붕괴 예상지점의 사전조사를 필요로 한다.

③ **얕은 표층의 붕괴** : 경사면이 침식되기 쉬운 토사로 구성된 경우 지표수와 지하수가 침투하여 경사면이 부분적으로 붕괴된다.

④ **깊은 절토 법면의 붕괴** : 사질암과 전석토층으로 구성된 심층부의 단층이 경사면 방향으로 하중응력이 발생하는 경우 전단력, 점착력 저하에 의해 경사면의 심층부에서 붕괴될 수 있다.(대량의 붕괴 재해가 발생)

⑤ **성토경사면의 붕괴** : 성토 직후에 붕괴 발생률이 높으며, 다짐불충분 상태에서 빗물이나 지표수, 지하수 등이 침투되어 공극수압이 증가되어 단위중량증가에 의해 붕괴가 발생된다.

2. 토석붕괴의 원인★★

외적 원인	① 사면, 법면의 경사 및 기울기의 증가 ② 절토 및 성토 높이의 증가 ③ 공사에 의한 진동 및 반복 하중의 증가 ④ 지표수 및 지하수의 침투에 의한 토사 중량의 증가 ⑤ 지진, 차량, 구조물의 하중작용 ⑥ 토사 및 암석의 혼합층 두께
내적 원인	① 절토 사면의 토질 · 암질 ② 성토 사면의 토질 구성 및 분포 ③ 토석의 강도 저하

18 토사붕괴 시 조치사항

1. 붕괴 조치사항

동시작업의 금지	붕괴토석의 최대 도달거리 범위 내에서 굴착공사, 배수관의 매설, 콘크리트 타설작업 등을 할 경우에는 적절한 보강대책을 강구하여야 함
대피공간의 확보	붕괴의 속도는 높이에 비례하므로 수평방향의 활동에 대비하여 작업장 좌우에 피난통로 등을 확보하여야 함
2차 재해의 방지	작은 규모의 붕괴가 발생되어 인명구출 등 구조작업 도중에 대형붕괴의 재차 발생을 방지하기 위하여 붕괴면의 주변 상황을 충분히 확인하고 2중 안전조치를 강구한 후 복구작업에 임하여야 함

2. 붕괴예방조치

① 적절한 경사면의 기울기를 계획하여야 한다.

② 경사면의 기울기가 당초 계획과 차이가 발생되면 즉시 재검토하여 계획을 변경시켜야 한다.

③ 활동할 가능성이 있는 토석은 제거하여야 한다.

④ 경사면의 하단부에 압성토 등 보강공법으로 활동에 대한 저항대책을 강구하여야 한다.

⑤ 말뚝(강관, H형강, 철근 콘크리트)을 타입하여 지반을 강화시킨다.

⑥ 빗물, 지표수, 지하수의 사전제거 및 침투를 방지하여야 한다.

19 경사로

1. 설치 및 사용 시 준수사항

① 시공하중 또는 폭풍, 진동 등 외력에 대하여 안전하도록 설계하여야 한다.

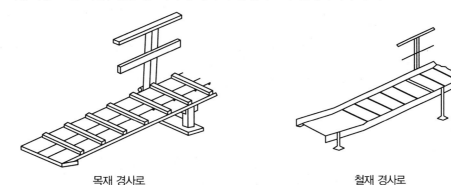

목재 경사로   철재 경사로

| 목재 및 철재 경사로의 예 |

② 경사로는 항상 정비하고 안전통로를 확보하여야 한다.

③ 비탈면의 경사각은 30° 이내로 하고 미끄럼막이 간격은 다음 표에 의한다.

경사각	미끄럼막이 간격	경사각	미끄럼막이 간격
30°	30센티미터	22°	40센티미터
29°	33센티미터	19° 20분	43센티미터
27°	35센티미터	17°	45센티미터
24° 15분	37센티미터	14°	47센티미터

④ 경사로의 폭은 최소 90센티미터 이상이어야 한다.

⑤ 높이 7미터 이내마다 계단참을 설치하여야 한다.

⑥ 추락방지용 안전난간을 설치하여야 한다.

⑦ 목재는 미송, 육송 또는 그 이상의 재질을 가진 것이어야 한다.

⑧ 경사로 지지기둥은 3미터 이내마다 설치하여야 한다.

01 PART
02 PART
03 PART
04 PART
05 PART
06 PART
07 PART

⑨ 발판은 폭 40센티미터 이상으로 하고, 틈은 3센티미터 이내로 설치하여야 한다.

⑩ 발판이 이탈하거나 한쪽 끝을 밟으면 다른 쪽이 들리지 않게 장선에 결속하여야 한다.

⑪ 결속용 못이나 철선이 발에 걸리지 않아야 한다.

20 가설계단

1. 가설계단의 안전기준★★

계단 및 계단참의 강도	① 매제곱미터당 500킬로그램 이상의 하중에 견딜 수 있는 강도를 가진 구조로 설치하여야 한다. ② 안전율(재료의 파괴응력도와 허용응력도의 비율)은 4 이상으로 하여야 한다. ③ 계단 및 승강구 바닥을 구멍이 있는 재료로 만드는 경우 렌치나 그 밖의 공구 등이 낙하할 위험이 없는 구조로 하여야 한다.
계단의 폭	① 계단을 설치하는 경우 그 폭을 1미터 이상으로 하여야 한다.(다만, 급유용 · 보수용 · 비상용 계단 및 나선형 계단이거나 높이 1미터 미만의 이동식 계단인 경우에는 제외) ② 계단에 손잡이 외의 다른 물건 등을 설치하거나 쌓아 두어서는 아니 된다.
계단참의 설치	높이가 3미터를 초과하는 계단에 높이 3미터 이내마다 진행방향으로 길이 1.2미터 이상의 계단참을 설치해야 한다.
천장의 높이	계단을 설치하는 경우 바닥면으로부터 높이 2미터 이내의 공간에 장애물이 없도록 하여야 한다.(다만, 급유용 · 보수용 · 비상용 계단 및 나선형 계단인 경우에는 제외)
계단의 난간	높이 1미터 이상인 계단의 개방된 측면에 안전난간을 설치하여야 한다.

2. 통로의 설치 및 가설통로의 안전기준

통로의 조명	근로자가 안전하게 통행할 수 있도록 통로에 75럭스 이상의 채광 또는 조명시설을 하여야 한다.(다만, 갱도 또는 상시 통행을 하지 아니하는 지하실 등을 통행하는 근로자에게 휴대용 조명기구를 사용하도록 한 경우에는 제외)
통로의 설치	① 작업장으로 통하는 장소 또는 작업장 내에 근로자가 사용할 안전한 통로를 설치하고 항상 사용할 수 있는 상태로 유지하여야 한다. ② 통로의 주요 부분에 통로표시를 하고, 근로자가 안전하게 통행할 수 있도록 하여야 한다. ③ 통로면으로부터 높이 2미터 이내에는 장애물이 없도록 하여야 한다.(다만, 부득이하게 통로면으로부터 높이 2미터 이내에 장애물을 설치할 수밖에 없거나 통로면으로부터 높이 2미터 이내의 장애물을 제거하는 것이 곤란하다고 고용노동부장관이 인정하는 경우에는 근로자에게 발생할 수 있는 부상 등의 위험을 방지하기 위한 안전 조치를 하여야 한다.)
가설통로의 구조 ★★	① 견고한 구조로 할 것 ② 경사는 30도 이하로 할 것(다만, 계단을 설치하거나 높이 2미터 미만의 가설통로로서 튼튼한 손잡이를 설치한 경우에는 그러하지 아니하다) ③ 경사가 15도를 초과하는 경우에는 미끄러지지 아니하는 구조로 할 것 ④ 추락할 위험이 있는 장소에는 안전난간을 설치할 것(다만, 작업상 부득이한 경우에는 필요한 부분만 임시로 해체할 수 있다.) ⑤ 수직갱에 가설된 통로의 길이가 15미터 이상인 경우에는 10미터 이내마다 계단참을 설치할 것 ⑥ 건설공사에 사용하는 높이 8미터 이상인 비계다리에는 7미터 이내마다 계단참을 설치할 것

21 사다리식 통로★★

① 견고한 구조로 할 것
② 심한 손상·부식 등이 없는 재료를 사용할 것
③ 발판의 간격은 일정하게 할 것
④ 발판과 벽과의 사이는 15센티미터 이상의 간격을 유지할 것
⑤ 폭은 30센티미터 이상으로 할 것
⑥ 사다리가 넘어지거나 미끄러지는 것을 방지하기 위한 조치를 할 것
⑦ 사다리의 상단은 걸쳐 놓은 지점으로부터 60센티미터 이상 올라가도록 할 것
⑧ 사다리식 통로의 길이가 10미터 이상인 경우에는 5미터 이내마다 계단참을 설치할 것
⑨ 사다리식 통로의 기울기는 75도 이하로 할 것(다만, 고정식 사다리식 통로의 기울기는 90도 이하로 하고, 그 높이가 7미터 이상인 경우에는 바닥으로부터 높이가 2.5미터 되는 지점부터 등받이울을 설치할 것)
⑩ 접이식 사다리 기둥은 사용 시 접혀지거나 펼쳐지지 않도록 철물 등을 사용하여 견고하게 조치할 것
※ 잠함(潛函) 내 사다리식 통로와 건조·수리 중인 선박의 구명줄이 설치된 사다리식 통로(건조·수리작업을 위하여 임시로 설치한 사다리식 통로는 제외)에 대해서는 사다리식 통로구조의 제⑤호부터 제⑩호까지의 규정을 적용하지 아니한다.

22 사다리

1. 옥외용 사다리

① 철재를 원칙으로 한다.
② 길이가 10미터 이상인 때에는 5미터 이내의 간격으로 계단참을 설치한다.
③ 사다리 전면의 사방 75센티미터 이내에는 장애물이 없어야 한다.

2. 목재 사다리

① 재질은 건조된 것으로 옹이, 갈라짐, 흠 등의 결함이 없고 곧은 것이어야 한다.
② 수직재와 발 받침대는 장부촉 맞춤으로 하고 사개를 파서 제작하여야 한다.
③ 발 받침대의 간격은 25~35센티미터로 하여야 한다.
④ 이음 또는 맞춤부분은 보강하여야 한다.
⑤ 벽면과의 이격거리는 20센티미터 이상으로 하여야 한다.

3. 철재 사다리

① 수직재와 발 받침대는 횡좌굴을 일으키지 않도록 충분한 강도를 가진 것으로 하여야 한다.

01 PART
02 PART
03 PART
04 PART
05 PART
06 PART
07 PART

② 발 받침대는 미끄러짐을 방지하기 위한 미끄럼방지장치를 하여야 한다.

③ 받침대의 간격은 25~35센티미터로 하여야 한다.

④ 사다리 몸체 또는 전면에 기름 등과 같은 미끄러운 물질이 묻어 있어서는 아니 된다.

4. 기계 사다리

① 추락방지용 보호손잡이 및 발판이 구비되어야 한다.

② 작업자는 안전대를 착용하여야 한다.

③ 사다리가 움직이는 동안에는 작업자가 움직이지 않도록 사전에 충분한 교육을 시켜야 한다.

5. 연장 사다리

① 총 길이는 15미터를 초과할 수 없다.

② 사다리의 길이를 고정시킬 수 있는 잠금쇠와 브래킷을 구비하여야 한다.

③ 도르래 및 로프는 충분한 강도를 가진 것이어야 한다.

6. 미끄럼방지 장치

① 사다리 지주의 끝에 고무, 코르크, 가죽, 강스파이크 등을 부착시켜 바닥과의 미끄럼을 방지하는 안전장치가 있어야 한다.

② 쐐기형 강스파이크는 지반이 평탄한 맨땅 위에 세울 때 사용하여야 한다.

③ 미끄럼방지 판자 및 미끄럼방지 고정쇠는 돌마무리 또는 인조석 깔기마감한 바닥용으로 사용하여야 한다.

④ 미끄럼방지 발판은 인조고무 등으로 마감한 실내용을 사용하여야 한다.

23 통로 발판

1. 작업발판의 개요

① 높은 곳에서 추락이나 발이 빠질 위험이 있는 장소에 근로자가 안전하게 작업할 수 있는 공간과 자재 운반 등 안전하게 이동할 수 있는 공간을 확보하기 위해 설치해 놓은 발판을 말한다.

② 작업발판의 종류에는 작업대, 통로용 작업발판이 있다.

2. 작업발판의 최대적재하중★★

① 작업발판의 최대적재하중 초과 적재금지

② 달비계(곤돌라의 달비계 제외)의 안전계수(최대 적재하중을 정하는 경우)

구분		안전계수
달기 와이어로프 및 달기 강선		10 이상
달기 체인 및 달기 훅		5 이상
달기 강대와 달비계의 하부 및 상부 지점	강재	2.5 이상
	목재	5 이상

③ 안전계수는 와이어로프 등의 절단하중값을 그 와이어로프 등에 걸리는 하중의 최대값으로 나눈 값을 말한다.

3. 비계(달비계, 달대비계 및 말비계는 제외)의 높이가 2미터 이상인 작업장소의 작업발판 설치기준

① 발판재료는 작업할 때의 하중을 견딜 수 있도록 견고한 것으로 할 것
② 작업발판의 폭은 40센티미터 이상으로 하고, 발판재료 간의 틈은 3센티미터 이하로 할 것
③ 제②호에도 불구하고 선박 및 보트 건조작업의 경우 선박블록 또는 엔진실 등의 좁은 작업공간에 작업발판을 설치하기 위하여 필요하면 작업발판의 폭을 30센티미터 이상으로 할 수 있고, 걸침비계의 경우 강관기둥 때문에 발판재료 간의 틈을 3센티미터 이하로 유지하기 곤란하면 5센티미터 이하로 할 수 있다. 이 경우 그 틈 사이로 물체 등이 떨어질 우려가 있는 곳에는 출입금지 등의 조치를 하여야 한다.
④ 추락의 위험이 있는 장소에는 안전난간을 설치할 것(다만, 작업의 성질상 안전난간을 설치하는 것이 곤란한 경우, 작업의 필요상 임시로 안전난간을 해체할 때에 추락방호망을 설치하거나 근로자로 하여금 안전대를 사용하도록 하는 등 추락위험 방지 조치를 한 경우에는 그러하지 아니하다.)
⑤ 작업발판의 지지물은 하중에 의하여 파괴될 우려가 없는 것을 사용할 것
⑥ 작업발판재료는 뒤집히거나 떨어지지 않도록 둘 이상의 지지물에 연결하거나 고정시킬 것
⑦ 작업발판을 작업에 따라 이동시킬 경우에는 위험 방지에 필요한 조치를 할 것

24 비계의 종류 및 설치 시 준수사항

1. 비계의 조립 · 해체 및 변경 시 준수사항(달비계 또는 높이 5미터 이상의 비계)★

① 근로자가 관리감독자의 지휘에 따라 작업하도록 할 것
② 조립 · 해체 또는 변경의 시기 · 범위 및 절차를 그 작업에 종사하는 근로자에게 주지시킬 것
③ 조립 · 해체 또는 변경 작업구역에는 해당 작업에 종사하는 근로자가 아닌 사람의 출입을 금지하고 그 내용을 보기 쉬운 장소에 게시할 것
④ 비, 눈, 그 밖의 기상상태의 불안정으로 날씨가 몹시 나쁜 경우에는 그 작업을 중지시킬 것
⑤ 비계재료의 연결 · 해체작업을 하는 경우에는 폭 20센티미터 이상의 발판을 설치하고 근로자로 하여금 안전대를 사용하도록 하는 등 추락을 방지하기 위한 조치를 할 것
⑥ 재료 · 기구 또는 공구 등을 올리거나 내리는 경우에는 근로자가 달줄 또는 달포대 등을 사용하게 할 것

01 PART
02 PART
03 PART
04 PART
05 PART
06 PART
07 PART

※ 강관비계 또는 통나무비계를 조립하는 경우 쌍줄로 하여야 한다.(다만, 별도의 작업발판을 설치할 수 있는 시설을 갖춘 경우에는 외줄로 할 수 있다.)

2. 비계의 점검 및 보수★★

비, 눈, 그 밖의 기상상태의 악화로 작업을 중지시킨 후 또는 비계를 조립·해체하거나 변경한 후에 그 비계에서 작업을 하는 경우에는 해당 작업을 시작하기 전에 다음의 사항을 점검하고, 이상을 발견하면 즉시 보수하여야 한다.
① 발판 재료의 손상 여부 및 부착 또는 걸림 상태
② 해당 비계의 연결부 또는 접속부의 풀림 상태
③ 연결 재료 및 연결 철물의 손상 또는 부식 상태
④ 손잡이의 탈락 여부
⑤ 기둥의 침하, 변형, 변위 또는 흔들림 상태
⑥ 로프의 부착 상태 및 매단 장치의 흔들림 상태

3. 강관비계 및 강관틀비계

1) 강관비계

① 강관비계 조립 시의 준수사항★
　㉠ 비계기둥에는 미끄러지거나 침하하는 것을 방지하기 위하여 밑받침철물을 사용하거나 깔판·받침목 등을 사용하여 밑둥잡이를 설치하는 등의 조치를 할 것
　㉡ 강관의 접속부 또는 교차부는 적합한 부속철물을 사용하여 접속하거나 단단히 묶을 것
　㉢ 교차 가새로 보강할 것
　㉣ 외줄비계·쌍줄비계 또는 돌출비계에 대해서는 다음 각 목에서 정하는 바에 따라 벽이음 및 버팀을 설치할 것
　　ⓐ 비계기둥에는 미끄러지거나 침하하는 것을 방지하기 위하여 밑받침철물을 사용하거나 깔판·깔목 등을 사용하여 밑둥잡이를 설치하는 등의 조치를 할 것
　　ⓑ 강관의 접속부 또는 교차부는 적합한 부속철물을 사용하여 접속하거나 단단히 묶을 것
　　ⓒ 교차 가새로 보강할 것
　　ⓓ 외줄비계·쌍줄비계 또는 돌출비계에 대해서는 다음에서 정하는 바에 따라 벽이음 및 버팀을 설치할 것
　　　• 강관비계의 조립 간격은 다음의 기준에 적합하도록 할 것 ★★

강관비계의 종류	조립간격(단위 : m)	
	수직방향	수평방향
단관비계	5	5
틀비계(높이가 5m 미만인 것은 제외한다)	6	8

- 강관 · 통나무 등의 재료를 사용하여 견고한 것으로 할 것
- 인장재와 압축재로 구성된 경우에는 인장재와 압축재의 간격을 1미터 이내로 할 것

ⓓ 가공전로에 근접하여 비계를 설치하는 경우에는 가공전로를 이설하거나 가공전로에 절연용 방호구를 장착하는 등 가공전로와의 접촉을 방지하기 위한 조치를 할 것

② 강관비계의 구조

ⓐ 비계기둥의 간격은 띠장 방향에서는 1.85미터 이하, 장선 방향에서는 1.5미터 이하로 할 것. 다만, 다음 각 목의 어느 하나에 해당하는 작업의 경우에는 안전성에 대한 구조검토를 실시하고 조립도를 작성하면 띠장 방향 및 장선 방향으로 각각 2.7미터 이하로 할 수 있다.

    ⓐ 선박 및 보트 건조작업

    ⓑ 그 밖에 장비 반입 · 반출을 위하여 공간 등을 확보할 필요가 있는 등 작업의 성질상 비계기둥 간격에 관한 기준을 준수하기 곤란한 작업

ⓑ 띠장 간격은 2.0미터 이하로 할 것. 다만, 작업의 성질상 이를 준수하기가 곤란하여 쌓기둥틀 등에 의하여 해당 부분을 보강한 경우에는 그러하지 아니하다.

ⓒ 비계기둥의 제일 윗부분으로부터 31미터 되는 지점 밑부분의 비계기둥은 2개의 강관으로 묶어 세울 것. 다만, 브래킷(bracket, 까치발) 등으로 보강하여 2개의 강관으로 묶을 경우 이상의 강도가 유지되는 경우에는 그러하지 아니하다.

ⓓ 비계기둥 간의 적재하중은 400킬로그램을 초과하지 않도록 할 것

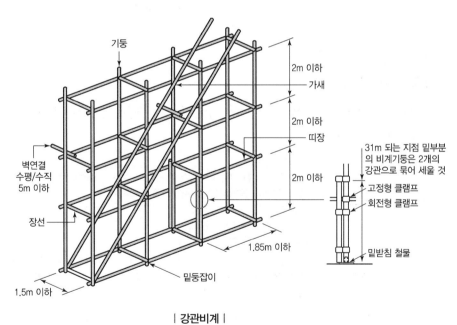

| 강관비계 |

2) 강관틀비계 조립 시 준수사항

① 비계기둥의 밑둥에는 밑받침 철물을 사용하여야 하며 밑받침에 고저차가 있는 경우에는 조절형 밑받침철물을 사용하여 각각의 강관틀비계가 항상 수평 및 수직을 유지하도록 할 것

01 PART
02 PART
03 PART
04 PART
05 PART
06 PART
07 PART

② 높이가 20미터를 초과하거나 중량물의 적재를 수반하는 작업을 할 경우에는 주틀 간의 간격을 1.8미터 이하로 할 것

③ 주틀 간에 교차 가새를 설치하고 최상층 및 5층 이내마다 수평재를 설치할 것

④ 수직방향으로 6미터, 수평방향으로 8미터 이내마다 벽이음을 할 것

⑤ 길이가 띠장 방향으로 4미터 이하이고 높이가 10미터를 초과하는 경우에는 10미터 이내마다 띠장 방향으로 버팀기둥을 설치할 것

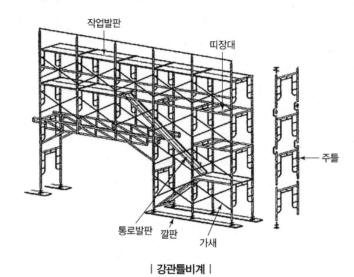

| 강관틀비계 |

4. 달비계 및 달대비계

1) 달비계의 구조

곤돌라형 달비계를 설치하는 경우에는 다음 각 호의 사항을 준수해야 한다.

① 사용금지 사항

와이어로프	① 이음매가 있는 것 ② 와이어로프의 한 꼬임에서 끊어진 소선의 수가 10퍼센트 이상인 것 ③ 지름의 감소가 공칭지름의 7퍼센트를 초과하는 것 ④ 꼬인 것 ⑤ 심하게 변형되거나 부식된 것 ⑥ 열과 전기충격에 의해 손상된 것
달기 체인	① 달기 체인의 길이가 달기 체인이 제조된 때의 길이의 5퍼센트를 초과한 것 ② 링의 단면지름이 달기 체인이 제조된 때의 해당 링의 지름의 10퍼센트를 초과하여 감소한 것 ③ 균열이 있거나 심하게 변형된 것

② 달기 강선 및 달기 강대는 심하게 손상·변형 또는 부식된 것을 사용하지 않도록 할 것

③ 달기 와이어로프, 달기 체인, 달기 강선, 달기 강대는 한쪽 끝을 비계의 보 등에, 다른 쪽 끝을 내민 보, 앵커볼트 또는 건축물의 보 등에 각각 풀리지 않도록 설치할 것

④ 작업발판은 폭을 40센티미터 이상으로 하고 틈새가 없도록 할 것

⑤ 작업발판의 재료는 뒤집히거나 떨어지지 않도록 비계의 보 등에 연결하거나 고정시킬 것

⑥ 비계가 흔들리거나 뒤집히는 것을 방지하기 위하여 비계의 보·작업발판 등에 버팀을 설치하는 등 필요한 조치를 할 것

⑦ 선반 비계에서는 보의 접속부 및 교차부를 철선·이음철물 등을 사용하여 확실하게 접속시키거나 단단하게 연결시킬 것

⑧ 근로자의 추락 위험을 방지하기 위하여 다음 각 목의 조치를 할 것

    ㉠ 달비계에 구명줄을 설치할 것

    ㉡ 근로자에게 안전대를 착용하도록 하고 근로자가 착용한 안전줄을 달비계의 구명줄에 체결하도록 할 것

    ㉢ 달비계에 안전난간을 설치할 수 있는 구조인 경우에는 달비계에 안전난간을 설치할 것

2) 작업자형 달비계의 구조

작업자형 달비계를 설치하는 경우에는 다음 각 호의 사항을 준수해야 한다.

① 달비계의 작업대는 나무 등 근로자의 하중을 견딜 수 있는 강도의 재료를 사용하여 견고한 구조로 제작할 것

② 작업대의 4개 모서리에 로프를 매달아 작업대가 뒤집히거나 떨어지지 않도록 연결할 것

③ 작업용 섬유로프는 콘크리트에 매립된 고리, 건축물의 콘크리트 또는 철재 구조물 등 2개 이상의 견고한 고정점에 풀리지 않도록 결속할 것

④ 작업용 섬유로프와 구명줄은 다른 고정점에 결속되도록 할 것

⑤ 작업하는 근로자의 하중을 견딜 수 있을 정도의 강도를 가진 작업용 섬유로프, 구명줄 및 고정점을 사용할 것

⑥ 근로자가 작업용 섬유로프에 작업대를 연결하여 하강하는 방법으로 작업을 하는 경우 근로자의 조종 없이는 작업대가 하강하지 않도록 할 것

⑦ 작업용 섬유로프 또는 구명줄이 결속된 고정점의 로프는 다른 사람이 풀지 못하게 하고 작업 중임을 알리는 경고표지를 부착할 것

⑧ 작업용 섬유로프와 구명줄이 건물이나 구조물의 끝부분, 날카로운 물체 등에 의하여 절단되거나 마모될 우려가 있는 경우에는 로프에 이를 방지할 수 있는 보호 덮개를 씌우는 등의 조치를 할 것

⑨ 달비계에 다음 각 목의 작업용 섬유로프 또는 안전대의 섬유벨트를 사용하지 않을 것

    ㉠ 꼬임이 끊어진 것

    ㉡ 심하게 손상되거나 부식된 것

    ㉢ 2개 이상의 작업용 섬유로프 또는 섬유벨트를 연결한 것

    ㉣ 작업높이보다 길이가 짧은 것

⑩ 근로자의 추락 위험을 방지하기 위하여 다음 각 목의 조치를 할 것

    ㉠ 달비계에 구명줄을 설치할 것

    ㉡ 근로자에게 안전대를 착용하도록 하고 근로자가 착용한 안전줄을 달비계의 구명줄에 체결하도록 할 것

01 PART
02 PART
03 PART
04 PART
05 PART
06 PART
07 PART

3) 달대비계 조립 시 준수사항

① 달대비계를 매다는 철선은 #8 소성철선을 사용하며 4가닥 정도로 꼬아서 하중에 대한 안전계수가 8 이상 확보되어야 한다.

② 철근을 사용할 때에는 19밀리미터 이상을 쓰며 근로자는 반드시 안전모와 안전대를 착용하여야 한다.

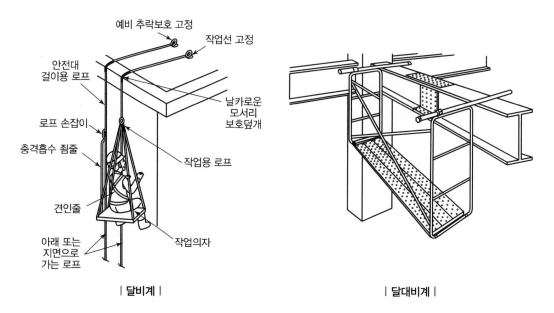

| 달비계 |　　　　　| 달대비계 |

5. 말비계 및 이동식 비계

1) 말비계 조립 시 준수사항★

① 지주부재의 하단에는 미끄럼 방지장치를 하고, 근로자가 양측 끝부분에 올라서서 작업하지 않도록 할 것

② 지주부재와 수평면의 기울기를 75° 이하로 하고, 지주부재와 지주부재 사이를 고정시키는 보조부재를 설치할 것

③ 말비계의 높이가 2미터를 초과하는 경우에는 작업발판의 폭을 40센티미터 이상으로 할 것

2) 이동식 비계 조립 시 준수사항

① 이동식 비계의 바퀴에는 뜻밖의 갑작스러운 이동 또는 전도를 방지하기 위하여 브레이크 · 쐐기 등으로 바퀴를 고정시킨 다음 비계의 일부를 견고한 시설물에 고정하거나 아웃트리거(outrigger)를 설치하는 등 필요한 조치를 할 것

② 승강용 사다리는 견고하게 설치할 것

③ 비계의 최상부에서 작업을 하는 경우에는 안전난간을 설치할 것

④ 작업발판은 항상 수평을 유지하고 작업발판 위에서 안전난간을 딛고 작업을 하거나 받침대 또는 사다리를 사용하여 작업하지 않도록 할 것

⑤ 작업발판의 최대적재하중은 250킬로그램을 초과하지 않도록 할 것

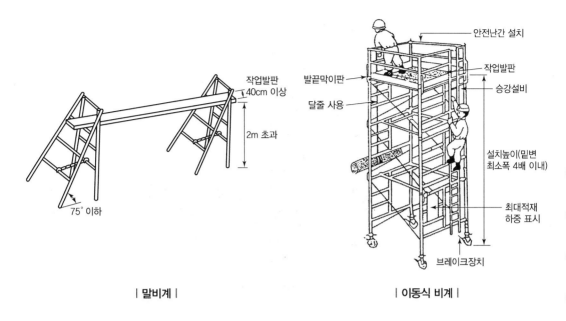

| 말비계 |　　　　　　　　　　　　　　　　| 이동식 비계 |

6. 시스템 비계

1) 시스템 비계의 구조

① 수직재 · 수평재 · 가새재를 견고하게 연결하는 구조가 되도록 할 것

② 비계 밑단의 수직재와 받침철물은 밀착되도록 설치하고, 수직재와 받침철물의 연결부의 겹침길이는 받침철물 전체길이의 3분의 1 이상이 되도록 할 것

③ 수평재는 수직재와 직각으로 설치하여야 하며, 체결 후 흔들림이 없도록 견고하게 설치할 것

④ 수직재와 수직재의 연결철물은 이탈되지 않도록 견고한 구조로 할 것

⑤ 벽 연결재의 설치간격은 제조사가 정한 기준에 따라 설치할 것

2) 시스템 비계의 조립작업 시 준수사항

① 비계 기둥의 밑둥에는 밑받침 철물을 사용하여야 하며, 밑받침에 고저차가 있는 경우에는 조절형 밑받침 철물을 사용하여 시스템 비계가 항상 수평 및 수직을 유지하도록 할 것

② 경사진 바닥에 설치하는 경우에는 피벗형 받침 철물 또는 쐐기 등을 사용하여 밑받침 철물의 바닥면이 수평을 유지하도록 할 것

③ 가공전로에 근접하여 비계를 설치하는 경우에는 가공전로를 이설하거나 가공전로에 절연용 방호구를 설치하는 등 가공전로와의 접촉을 방지하기 위하여 필요한 조치를 할 것

④ 비계 내에서 근로자가 상하 또는 좌우로 이동하는 경우에는 반드시 지정된 통로를 이용하도록 주지시킬 것

⑤ 비계 작업 근로자는 같은 수직면 상의 위와 아래 동시 작업을 금지할 것

⑥ 작업발판에는 제조사가 정한 최대적재하중을 초과하여 적재해서는 아니 되며, 최대적재하중이 표기된 표지판을 부착하고 근로자에게 주지시키도록 할 것

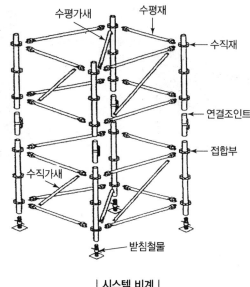

| 시스템 비계 |

7. 통나무 비계

1) 통나무 비계 조립 시 준수사항

① 비계 기둥의 간격은 2.5미터 이하로 하고 지상으로부터 첫 번째 띠장은 3미터 이하의 위치에 설치할 것

② 비계 기둥이 미끄러지거나 침하하는 것을 방지하기 위하여 비계기둥의 하단부를 묻고, 밑둥잡이를 설치하거나 깔판을 사용하는 등의 조치를 할 것

③ 비계 기둥의 이음이 겹침 이음인 경우에는 이음 부분에서 1미터 이상을 서로 겹쳐서 두 군데 이상을 묶고, 비계 기둥의 이음이 맞댄이음인 경우에는 비계 기둥을 쌍기둥틀로 하거나 1.8미터 이상의 덧댐목을 사용하여 네 군데 이상을 묶을 것

④ 비계 기둥·띠장·장선 등의 접속부 및 교차부는 철선이나 그 밖의 튼튼한 재료로 견고하게 묶을 것

⑤ 교차 가새로 보강할 것

⑥ 외줄비계·쌍줄비계 또는 돌출비계에 대해서는 다음에 따른 벽이음 및 버팀을 설치할 것★★

ㄱ) 간격은 수직 방향에서 5.5미터 이하, 수평 방향에서는 7.5미터 이하로 할 것

ㄴ) 강관·통나무 등의 재료를 사용하여 견고한 것으로 할 것

ㄷ) 인장재와 압축재로 구성되어 있는 경우에는 인장재와 압축재의 간격은 1미터 이내로 할 것

2) 통나무 비계 사용기준

통나무 비계는 지상높이 4층 이하 또는 12미터 이하인 건축물·공작물 등의 건조·해체 및 조립 등의 작업에만 사용할 수 있다.

거푸집 및 동바리

1. 거푸집의 필요조건

1) 거푸집 관련 용어의 정의

거푸집	굳지 않은 콘크리트가 소정의 형상, 치수를 유지하며 콘크리트가 적합한 강도에 도달하기 전까지 지지하는 거푸집동바리, 거푸집널 등 가설구조물의 전체
거푸집동바리	굳지 않은 콘크리트가 소정의 강도를 얻을 때까지 거푸집 형상을 유지하도록 하중을 지지하는 부재
거푸집널	거푸집의 일부로서 굳지 않은 콘크리트에 직접 접하는 합판이나 금속 등의 판 부재
장선	거푸집널을 지지하고 상부 하중을 멍에에 전달하는 부재
멍에	장선을 지지하고 상부 하중을 거푸집동바리에 전달하기 위하여 장선과 직각방향으로 설치하는 부재
작업발판 일체형 거푸집	거푸집의 설치, 해체, 철근 조립, 콘크리트 타설, 콘크리트 면처리 등의 작업을 할 수 있는 작업발판을 거푸집과 일체로 제작하여 사용하는 거푸집

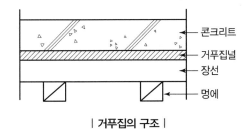

| 거푸집의 구조 |

2) 거푸집의 필요조건

① 조립 · 해체 · 운반이 용이할 것
② 반복 사용할 수 있는 형상과 크기일 것
③ 수분이나 모르타르의 누출을 방지할 수 있게 수밀성을 확보할 것
④ 시공정확도를 유지하고 변형이 생기지 않는 구조일 것
⑤ 충격 및 작업하중에 견디고, 변형을 일으키지 않는 강도를 가질 것
⑥ 청소 · 보수 · 뒷정리가 쉬울 것

3) 거푸집의 역할

① 콘크리트의 일정한 형상 및 치수 유지
② 경화에 필요한 수분 누출 방지
③ 경화하기까지 작용하는 내외 환경의 영향 방지

2. 거푸집 동바리 조립 시 안전조치사항

1) 거푸집 동바리 조립도

① 거푸집 및 동바리를 조립하는 경우에는 그 구조를 검토한 후 조립도를 작성하고, 그 조립도에 따라 조립하도록 해야 한다.

② 조립도에는 거푸집 및 동바리를 구성하는 부재의 재질 · 단면규격 · 설치간격 및 이음방법 등을 명시해야 한다.

2) 거푸집 조립 시의 안전조치

① 거푸집을 조립하는 경우에는 거푸집이 콘크리트 하중이나 그 밖의 외력에 견딜 수 있거나, 넘어지지 않도록 견고한 구조의 긴결재(콘크리트를 타설할 때 거푸집이 변형되지 않게 연결하여 고정하는 재료), 버팀대 또는 지지대를 설치하는 등 필요한 조치를 할 것

② 거푸집이 곡면인 경우에는 버팀대의 부착 등 그 거푸집의 부상(浮上)을 방지하기 위한 조치를 할 것

3) 작업발판 일체형 거푸집의 안전조치

① 작업발판 일체형 거푸집이란 거푸집의 설치 · 해체, 철근 조립, 콘크리트 타설, 콘크리트 면처리 작업 등을 위하여 거푸집을 작업발판과 일체로 제작하여 사용하는 거푸집으로서 다음 각 호의 거푸집을 말한다.

  ㉠ 갱 폼(Gang Form)

  ㉡ 슬립 폼(Slip Form)

  ㉢ 클라이밍 폼(Climbing Form)

  ㉣ 터널 라이닝 폼(Tunnel Lining Form)

  ㉤ 그 밖에 거푸집과 작업발판이 일체로 제작된 거푸집 등

② 갱 폼의 조립 · 이동 · 양중 · 해체 작업(조립 등)을 하는 경우에는 다음 각 호의 사항을 준수해야 한다.

  ㉠ 조립 등의 범위 및 작업절차를 미리 그 작업에 종사하는 근로자에게 주지시킬 것

  ㉡ 근로자가 안전하게 구조물 내부에서 갱 폼의 작업발판으로 출입할 수 있는 이동통로를 설치할 것

  ㉢ 갱 폼의 지지 또는 고정철물의 이상 유무를 수시점검하고 이상이 발견된 경우에는 교체하도록 할 것

  ㉣ 갱 폼을 조립하거나 해체하는 경우에는 갱 폼을 인양장비에 매단 후에 작업을 실시하도록 하고, 인양장비에 매달기 전에 지지 또는 고정철물을 미리 해체하지 않도록 할 것

  ㉤ 갱 폼 인양 시 작업발판용 케이지에 근로자가 탑승한 상태에서 갱 폼의 인양작업을 하지 않을 것

③ 슬립 폼(Slip Form), 클라이밍 폼(Climbing Form), 터널 라이닝 폼(Tunnel Lining Form), 그 밖에 거푸집과 작업발판이 일체로 제작된 거푸집의 조립 등의 작업을 하는 경우에는 다음 각 호의 사항을 준수하여야 한다.

⊙ 조립 등 작업 시 거푸집 부재의 변형 여부와 연결 및 지지재의 이상 유무를 확인할 것

ⓛ 조립 등 작업과 관련한 이동 · 양중 · 운반 장비의 고장 · 오조작 등으로 인해 근로자에게 위험을 미칠 우려가 있는 장소에는 근로자의 출입을 금지하는 등 위험방지 조치를 할 것

ⓒ 거푸집이 콘크리트면에 지지될 때에 콘크리트의 굳기 정도와 거푸집의 무게, 풍압 등의 영향으로 거푸집의 갑작스런 이탈 또는 낙하로 인해 근로자가 위험해질 우려가 있는 경우에는 설계도서에서 정한 콘크리트의 양생기간을 준수하거나 콘크리트면에 견고하게 지지하는 등 필요한 조치를 할 것

ⓔ 연결 또는 지지 형식으로 조립된 부재의 조립 등 작업을 하는 경우에는 거푸집을 인양장비에 매단 후에 작업을 하도록 하는 등 낙하 · 붕괴 · 전도의 위험방지를 위하여 필요한 조치를 할 것

4) 동바리 조립 시의 안전조치

동바리를 조립하는 경우에는 하중의 지지상태를 유지할 수 있도록 다음 각 호의 사항을 준수해야 한다.

① 받침목이나 깔판의 사용, 콘크리트 타설, 말뚝박기 등 동바리의 침하를 방지하기 위한 조치를 할 것

② 동바리의 상하 고정 및 미끄러짐 방지 조치를 할 것

③ 상부 · 하부의 동바리가 동일 수직선상에 위치하도록 하여 깔판 · 받침목에 고정시킬 것

④ 개구부 상부에 동바리를 설치하는 경우에는 상부하중을 견딜 수 있는 견고한 받침대를 설치할 것

⑤ U헤드 등의 단판이 없는 동바리의 상단에 멍에 등을 올릴 경우에는 해당 상단에 U헤드 등의 단판을 설치하고, 멍에 등이 전도되거나 이탈되지 않도록 고정시킬 것

⑥ 동바리의 이음은 같은 품질의 재료를 사용할 것

⑦ 강재의 접속부 및 교차부는 볼트 · 클램프 등 전용철물을 사용하여 단단히 연결할 것

⑧ 거푸집의 형상에 따른 부득이한 경우를 제외하고는 깔판이나 받침목은 2단 이상 끼우지 않도록 할 것

⑨ 깔판이나 받침목을 이어서 사용하는 경우에는 그 깔판 · 받침목을 단단히 연결할 것

5) 동바리 유형에 따른 동바리 조립 시의 안전조치

① **동바리로 사용하는 파이프 서포트의 경우**

⊙ 파이프 서포트를 3개 이상 이어서 사용하지 않도록 할 것

ⓛ 파이프 서포트를 이어서 사용하는 경우에는 4개 이상의 볼트 또는 전용철물을 사용하여 이을 것

ⓒ 높이가 3.5미터를 초과하는 경우에는 높이 2미터 이내마다 수평연결재를 2개 방향으로 만들고 수평연결재의 변위를 방지할 것

② **동바리로 사용하는 강관틀의 경우**

⊙ 강관틀과 강관틀 사이에 교차가새를 설치할 것

ⓛ 최상단 및 5단 이내마다 동바리의 측면과 틀면의 방향 및 교차가새의 방향에서 5개 이내마다 수평연결재를 설치하고 수평연결재의 변위를 방지할 것

ⓒ 최상단 및 5단 이내마다 동바리의 틀면의 방향에서 양단 및 5개틀 이내마다 교차가새의 방향

으로 띠장틀을 설치할 것

③ 동바리로 사용하는 조립강주의 경우

조립강주의 높이가 4미터를 초과하는 경우에는 높이 4미터 이내마다 수평연결재를 2개 방향으로 설치하고 수평연결재의 변위를 방지할 것

④ 시스템 동바리(규격화 · 부품화된 수직재, 수평재 및 가새재 등의 부재를 현장에서 조립하여 거푸집을 지지하는 지주 형식의 동바리)의 경우

㉠ 수평재는 수직재와 직각으로 설치해야 하며, 흔들리지 않도록 견고하게 설치할 것

㉡ 연결철물을 사용하여 수직재를 견고하게 연결하고, 연결부위가 탈락 또는 꺾어지지 않도록 할 것

㉢ 수직 및 수평하중에 대해 동바리의 구조적 안정성이 확보되도록 조립도에 따라 수직재 및 수평재에는 가새재를 견고하게 설치할 것

㉣ 동바리 최상단과 최하단의 수직재와 받침철물은 서로 밀착되도록 설치하고 수직재와 받침철물의 연결부의 겹침길이는 받침철물 전체길이의 3분의 1 이상 되도록 할 것

⑤ 보 형식의 동바리[강제 갑판(Steel Deck), 철재트러스 조립 보 등 수평으로 설치하여 거푸집을 지지하는 동바리]의 경우

㉠ 접합부는 충분한 걸침 길이를 확보하고 못, 용접 등으로 양끝을 지지물에 고정시켜 미끄러짐 및 탈락을 방지할 것

㉡ 양끝에 설치된 보 거푸집을 지지하는 동바리 사이에는 수평연결재를 설치하거나 동바리를 추가로 설치하는 등 보 거푸집이 옆으로 넘어지지 않도록 견고하게 할 것

㉢ 설계도면, 시방서 등 설계도서를 준수하여 설치할 것

6) 조립 · 해체 등 작업 시의 준수사항

① 기둥 · 보 · 벽체 · 슬래브 등의 거푸집 및 동바리를 조립하거나 해체하는 작업을 하는 경우 준수사항

㉠ 해당 작업을 하는 구역에는 관계 근로자가 아닌 사람의 출입을 금지할 것

㉡ 비, 눈, 그 밖의 기상상태의 불안정으로 날씨가 몹시 나쁜 경우에는 그 작업을 중지할 것

㉢ 재료, 기구 또는 공구 등을 올리거나 내리는 경우에는 근로자로 하여금 달줄 · 달포대 등을 사용하도록 할 것

㉣ 낙하 · 충격에 의한 돌발적 재해를 방지하기 위하여 버팀목을 설치하고 거푸집 및 동바리를 인양장비에 매단 후에 작업을 하도록 하는 등 필요한 조치를 할 것

② 철근조립 등의 작업을 하는 경우 준수사항

㉠ 양중기로 철근을 운반할 경우에는 두 군데 이상 묶어서 수평으로 운반할 것

㉡ 작업위치의 높이가 2미터 이상일 경우에는 작업발판을 설치하거나 안전대를 착용하게 하는 등 위험방지를 위하여 필요한 조치를 할 것

3. 거푸집 및 동바리 시공 시 고려하중

종류	내용
1. 연직방향 하중	거푸집, 지보공(동바리), 콘크리트, 철근, 작업원, 타설용 기계기구, 가설설비 등의 중량 및 충격하중
2. 횡방향 하중	작업할 때의 진동, 충격, 시공오차 등에 기인되는 횡방향 하중 이외에 필요에 따라 풍압, 유수압, 지진 등
3. 콘크리트의 측압	굳지 않은 콘크리트의 측압
4. 특수하중	시공 중에 예상되는 특수한 하중

상기 1~4호의 하중에 안전율을 고려한 하중

4. 거푸집 동바리 구조검토

1) 연직방향 하중에 대한 거푸집 동바리의 구조검토

$$W = 고정하중 + 작업하중 = (콘크리트 + 거푸집) 중량 + 작업하중$$
$$= (\gamma \cdot t + 0.4\text{kN/m}^2) + 2.5\text{kN/m}^2$$

여기서, γ : 철근콘크리트 단위중량[kN/m³], t : 슬래브 두께[m]

① **고정하중** : 철근콘크리트와 거푸집의 무게를 합한 하중
② **작업하중** : 작업원, 경량의 장비하중, 그 밖의 콘크리트 타설에 필요한 자재 및 공구 등의 시공(작업) 하중 및 충격하중을 포함

2) 수평방향 하중에 대한 거푸집 동바리의 구조검토

① 동바리에 작용하는 수평방향 하중은 고정하중의 2% 이상 또는 동바리 상단의 수평방향 단위길이당 1.5kN/m 이상 중에서 큰 쪽의 하중이 동바리 머리 부분에 수평방향으로 작용하는 것으로 가정하여야 한다.
② 옹벽과 같은 거푸집의 경우에는 거푸집 측면에 벽체 수직투영면적당 0.5kN/m² 이상의 수평방향 하중이 작용하는 것으로 본다. 그 밖에 바람이나 흐르는 물의 영향을 크게 받을 경우에는 별도로 고려하여야 한다.

3) 거푸집 동바리의 구조검토 순서

거푸집 동바리의 일반적인 구조검토의 순서는 다음과 같다.

하중 계산	거푸집 동바리에 작용하는 하중 및 외력의 종류, 크기를 산정한다.
응력 계산	하중 · 외력에 의하여 각 부재에 생기는 응력을 구한다.
단면, 배치간격 계산	각 부재에 발생되는 응력에 대하여 안전한 단면 및 배치간격을 결정한다.

5. 거푸집 동바리의 존치기간에 영향을 미치는 요인

① 시멘트의 성질
② 콘크리트의 배합
③ 구조물의 종류와 중요도
④ 부재의 종류와 중요도
⑤ 부재가 받는 하중
⑥ 콘크리트 내부의 온도와 표면온도의 차이

26 계측기의 종류 및 사용목적

1. 계측의 정의

조사, 설계 및 시공 시에 발생되는 오차나 설계, 시공의 오류를 보완하기 위하여 기구를 활용하여 구조물과 지반 등의 거동을 측정하는 행위

2. 계측관리의 필요성

계측 자료를 통해 시공 중 굴착공사의 안전성을 지속적으로 확인할 수 있으며, 관리기준치나 계측값을 활용하여 굴착공사 현장의 지반상태 등의 변화에 대하여 사전대책을 수립하여 안전성을 확보할 수 있다.

3. 계측관리의 목적

① 지반에 대한 제한된 정보에 근거한 설계 시 제시된 가정 조건을 보완하여 굴착공사가 지반에 미치는 영향과 지반의 변화가 가설 구조물에 미치는 영향을 예측하여 시공의 안전성을 확보하기 위해
② 굴착공사에 설치된 계측자료의 경향을 파악하여 사전에 위험요소를 찾아내기 위해
③ 굴착공사로 인한 인접 건물 및 구조물의 변화를 계측하고 계측된 자료를 수집, 정리 및 분석하며 자료를 축적하여 시공 중과 시공 후에 안정성을 도모하기 위해

4. 계측기의 종류

구분	장치	용도
지상	건물 경사계(Tilt Meter)	지상 인접구조물의 기울기 측정(구조물의 경사, 변형상태 측정)
	지표면 침하계(Level and Staff)	주위 지반에 대한 지표면의 침하량 측정
지중	지중 경사계(Inclino Meter)	지중 수평변위를 측정하여 흙막이의 기울어진 정도 파악
	지중 침하계(Extension Meter)	지중수직변위를 측정하여 지반의 침하 정도 파악
	변형률계(Strain Gauge)	흙막이벽 버팀대의 응력변화 측정
	하중계(Load Cell)	흙막이 버팀대에 작용하는 토압, 어스앵커의 인장력 등 측정
	토압계(Earth Pressure Meter)	흙막이에 작용하는 토압의 변화 파악
지하수	간극 수압계(Piezo Meter)	굴착으로 인한 지하의 간극수압 측정
	지하수위계(Water Level Meter)	지하수의 수위변화 측정

5. 계측항목별 계측기의 선정

계측항목	계측기
1. 배면지반의 거동 및 지중수평변위	지중경사계
2. 엄지말뚝, 벽체 및 띠장 응력	변형률계
3. 벽체에 작용하는 토압	토압계
4. 지하수위 및 간극수압	지하수위계, 간극수압계
5. 버팀대 또는 어스앵커의 거동	하중계, 변형률계
6. 인접구조물의 피해상황	건물경사계, 균열계
7. 진동 및 소음	진동 및 소음측정기
8. 지반 내 수직변위	층별 침하계

6. 계측기의 설치위치

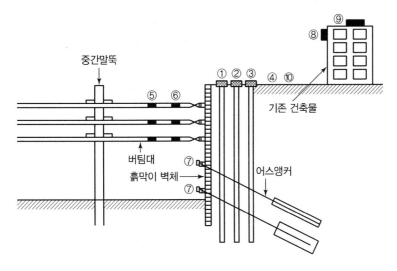

① 지중 경사계
② 간극수압계 또는 지하수위계
③ 지중침하계
④ 지표 침하계
⑤ 변형률계
⑥ 하중계(버팀대용)
⑦ 하중계(어스앵커용)
⑧ 건물경사계
⑨ 균열계
⑩ 소음측정기/진동측정기

7. 계측기의 선정원리

① 계측기의 정밀도, 계측 범위 및 신뢰도가 계측 목적에 적합할 것
② 구조가 간단하고 설치가 용이할 것
③ 온도와 습도의 영향을 적게 받거나 보정이 간달할 것
④ 예상 변위나 응력의 크기보다 계측기의 측정 범위가 넓을 것
⑤ 계기의 오차가 적고 이상 유무의 발견이 쉬울 것

8. 계측관리★

터널공사 계측관리	① 내공 변위 측정 ② 천단침하 측정 ③ 지중, 지표침하 측정	④ 록볼트 축력 측정 ⑤ 숏크리트 응력 측정	
굴착공사 계측관리	① 수위계 ② 경사계	③ 하중 및 침하계 ④ 응력계	

27 해체작업의 안전

1. 해체공사 작업계획 수립 시 준수사항

① 작업구역 내에는 관계자 이외의 자에 대하여 출입을 통제하여야 한다.

② 강풍, 폭우, 폭설 등 악천후 시에는 작업을 중지하여야 한다.

③ 사용기계기구 등을 인양하거나 내릴 때에는 그물망이나 그물포대 등을 사용토록 하여야 한다.

④ 외벽과 기둥 등을 전도시키는 작업을 할 경우에는 전도 낙하위치 검토 및 파편 비산거리 등을 예측하여 작업반경을 설정하여야 한다.

⑤ 전도작업을 수행할 때에는 작업자 이외의 다른 작업자는 대피시키도록 하고 완전 대피상태를 확인한 다음 전도시키도록 하여야 한다.

⑥ 해체건물 외곽에 방호용 비계를 설치하여야 하며 해체물의 전도, 낙하, 비산의 안전거리를 유지하여야 한다.

⑦ 파쇄공법의 특성에 따라 방진벽, 비산차단벽, 분진억제 살수시설을 설치하여야 한다.

⑧ 작업자 상호 간의 적정한 신호규정을 준수하고 신호방식 및 신호기기사용법은 사전교육에 의해 숙지되어야 한다.

⑨ 적정한 위치에 대피소를 설치하여야 한다.

2. 해체공법 선정 시 고려사항★

① 해체 대상물의 구조와 상태

② 해체 대상물의 부재단면 및 높이

③ 부지 내 작업용 공지

④ 부지 주변의 도로상황 및 환경

⑤ 해체공법의 시공성, 경제성, 안전성 등

28 콘크리트 구조물공사 안전

1. 콘크리트 압축강도에 영향을 미치는 요인

① **구성 재료의 영향** : 시멘트 및 혼화재료의 종류, 골재의 종류 및 크기
② **콘크리트 재령 및 배합** : 물−시멘트비(W/C 비), 혼화재료 및 골재 사용량, 공기량
③ **양생의 영향(온도, 습도)** : 양생기간, 건습상태
④ **시공방법의 영향** : 타설 및 다지기 등

2. 콘크리트 타설 시 점검사항

① 콘크리트를 타설 시 거푸집의 변형발생 상태
② 건물의 보, 요철부분, 내민부분의 거푸집 조립상태 및 콘크리트 타설 시 거푸집의 이탈 여부
③ 콘크리트 타설 시 청소구 폐쇄 상태
④ 거푸집의 흔들림을 방지하기 위한 턴버클, 가새 등의 설치 여부

3. 콘트리트 타설작업

1) 콘크리트 타설작업 시 준수사항★★

① 당일의 작업을 시작하기 전에 해당 작업에 관한 거푸집 및 동바리의 변형·변위 및 지반의 침하 유무 등을 점검하고 이상이 있으면 보수할 것
② 작업 중에는 감시자를 배치하는 등의 방법으로 거푸집 및 동바리의 변형·변위 및 침하 유무 등을 확인해야 하며, 이상이 있으면 작업을 중지하고 근로자를 대피시킬 것
③ 콘크리트 타설작업 시 거푸집 붕괴의 위험이 발생할 우려가 있으면 충분한 보강조치를 할 것
④ 설계도서상의 콘크리트 양생기간을 준수하여 거푸집 및 동바리를 해체할 것
⑤ 콘크리트를 타설하는 경우에는 편심이 발생하지 않도록 골고루 분산하여 타설할 것

2) 콘크리트 타설 시 안전수칙

① 타설순서는 계획에 의하여 실시하여야 한다.
② 콘크리트를 치는 도중에는 거푸집, 지보공 등의 이상 유무를 확인하여야 하고, 담당자를 배치하여 이상이 발생한 때에는 신속한 처리를 하여야 한다.
③ 타설속도는 콘크리트 표준시방서에 의한다.
④ 손수레를 이용하여 콘크리트를 운반할 때에는 다음의 사항을 준수하여야 한다.
　㉠ 손수레를 타설하는 위치까지 천천히 운반하여 거푸집에 충격을 주지 아니하도록 타설하여야 한다.
　㉡ 손수레에 의하여 운반할 때에는 적당한 간격을 유지하여야 하고 뛰어서는 안 되며, 통로 구분을 명확히 하여야 한다.
　㉢ 운반 통로에 방해가 되는 것은 즉시 제거하여야 한다.

01 PART
02 PART
03 PART
04 PART
05 PART
06 PART
07 PART

⑤ 기자재 설치, 사용을 할 때에는 다음의 사항을 준수하여야 한다.
   ㉠ 콘크리트의 운반, 타설기계를 설치하여 작업할 때에는 성능을 확인하여야 한다.
   ㉡ 콘크리트의 운반, 타설기계는 사용 전, 사용 중, 사용 후 반드시 점검하여야 한다.
⑥ 콘크리트를 한곳에만 치우쳐서 타설할 경우 거푸집의 변형 및 탈락에 의한 붕괴사고가 발생되므로 타설순서를 준수하여야 한다.
⑦ 진동기는 적절히 사용되어야 하며, 지나친 진동은 거푸집 도괴의 원인이 될 수 있으므로 각별히 주의하여야 한다.

4. 콘크리트 펌프 또는 콘크리트 펌프카 사용 시 준수사항★

콘크리트 타설작업을 하기 위하여 콘크리트 플레이싱 붐(Placing Boom), 콘크리트 분배기, 콘크리트 펌프카 등(콘크리트 타설장비)을 사용하는 경우에는 다음 각 호의 사항을 준수해야 한다.

① 작업을 시작하기 전에 콘크리트 타설장비를 점검하고 이상을 발견하였으면 즉시 보수할 것
② 건축물의 난간 등에서 작업하는 근로자가 호스의 요동 · 선회로 인하여 추락하는 위험을 방지하기 위하여 안전난간 설치 등 필요한 조치를 할 것
③ 콘크리트 타설장비의 붐을 조정하는 경우에는 주변의 전선 등에 의한 위험을 예방하기 위한 적절한 조치를 할 것
④ 작업 중에 지반의 침하나 아웃트리거 등 콘크리트 타설장비 지지구조물의 손상 등에 의하여 콘크리트 타설장비가 넘어질 우려가 있는 경우에는 이를 방지하기 위한 적절한 조치를 할 것

5. 콘크리트 측압

1) 개요

① 측압은 콘크리트가 아직 굳지 않은 유동체의 경우 발생하는 압력으로 온도, 타설속도(부어넣기 속도), 타설높이, 단위용적중량, 철근배근상태 등에 관계된다.
② 콘크리트 높이에 따라 측압은 상승하나 일정높이 이상이 되면 측압은 증가하지 않는다.

2) 콘크리트 헤드(Head)와 측압

① 콘크리트 헤드(Concrete Head)의 개요
   ㉠ 타설 윗면에서부터 최대측압이 생기는 지점까지의 높이를 말한다.
   ㉡ 타설속도, 타설높이 등에 따라 헤드의 높이는 달라지며 측압도 같이 변화하게 된다.

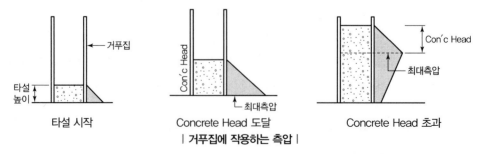

| 거푸집에 작용하는 측압 |

② 거푸집 설계용 측압의 표준치

(단위 : t/m²)

분류	Head	최대측압	내부 진동기	외부 진동기
벽	0.5	1	2	3
기둥	1	2.5	3	4

③ 거푸집 측압 증가에 영향을 미치는 인재(측압의 영향요소)★★

　　㉠ 거푸집 수평단면이 클수록 크다.

　　㉡ 콘크리트 슬럼프치가 클수록 커진다.

　　㉢ 거푸집 표면이 평활(평탄)할수록 커진다.

　　㉣ 철골, 철근량이 적을수록 커진다.

　　㉤ 콘크리트 시공연도가 좋을수록 커진다.

　　㉥ 외기의 온도, 습도가 낮을수록 커진다.

　　㉦ 타설속도가 빠를수록 커진다.

　　㉧ 다짐이 충분할수록 커진다.

　　㉨ 타설 시 상부에서 직접 낙하할 경우 커진다.

　　㉩ 거푸집의 강성이 클수록 크다.

　　㉪ 콘크리트의 비중(단위중량)이 클수록 크다.

　　㉫ 벽 두께가 두꺼울수록 커진다.

29 터널굴착 공사 안전

1. 터널굴착작업 안전기준

1) 지반조사의 확인

지질 및 지층에 관한 조사를 실시하고 다음 사항을 확인하여야 한다.

① 시추(보링) 위치

② 토층분포상태

③ 투수계수

④ 지하수위

⑤ 지반의 지지력

PART 01
PART 02
PART 03
PART 04
PART 05
PART 06
PART 07

2) 사전조사 및 작업계획서의 내용

사전조사사항	작업계획서 내용
보링(boring) 등 적절한 방법으로 낙반·출수 및 가스폭발 등으로 인한 근로자의 위험을 방지하기 위하여 미리 지형·지질 및 지층상태를 조사	① 굴착의 방법 ② 터널지보공 및 복공의 시공방법과 용수의 처리방법 ③ 환기 또는 조명시설을 설치할 때에는 그 방법

3) 자동경보장치의 작업 시작 전 점검사항

당일 작업 시작 전 다음의 사항을 점검하고 이상을 발견하면 즉시 보수하여야 한다.

① 계기의 이상 유무
② 검지부의 이상 유무
③ 경보장치의 작동상태

4) 낙반 등에 의한 위험방지 조치

① 터널 지보공 및 록볼트의 설치
② 부석의 제거

5) 출입구 부근 등의 지반붕괴에 의한 위험방지 조치

① 흙막이 지보공설치
② 방호망 설치

6) 소화설비 등★

터널건설작업을 하는 경우에는 해당 터널 내부의 화기나 아크를 사용하는 장소 또는 배전반, 변압기, 차단기 등을 설치하는 장소에 소화설비를 설치하여야 한다.

7) 터널 작업면에 대한 조도 기준

작업기준	기준
막장구간	70 lux 이상
터널중간구간	50 lux 이상
터널입·출구, 수직구 구간	30 lux 이상

8) 터널공사 발파작업 시 준수사항

① 발파는 선임된 발파책임자의 지휘에 따라 시행하여야 한다.
② 발파작업에 대한 특별시방을 준수하여야 한다.
③ 굴착단면 경계면에는 모암에 손상을 주지 않도록 시방에 명기된 정밀폭약(FINEX Ⅰ, Ⅱ) 등을 사용하여야 한다.

④ 지질, 암의 절리 등에 따라 화약량을 충분히 검토하여야 하며 시방기준과 대비하여 안전조치를 하여야 한다.

⑤ 발파책임자는 모든 근로자의 대피를 확인하고 지보공 및 복공에 대하여 필요한 조치의 방호를 한 후 발파하도록 하여야 한다.

⑥ 발파 시 안전한 거리 및 위치에서의 대피가 어려울 때에는 전면과 상부를 견고하게 방호한 임시대피장소를 설치하여야 한다.

⑦ 화약류를 장진하기 전에 모든 동력선 및 활선은 장진기기로부터 분리시키고 조명회선을 포함한 모든 동력선은 발원점으로부터 최소한 15m 이상 후방으로 옮겨 놓도록 하여야 한다.

⑧ 발파용 점화회선은 타동력선 및 조명회선으로부터 분리되어야 한다.

⑨ 발파 전 도화선 연결상태, 저항치 조사 등의 목적으로 도통시험을 실시하여야 하며 발파기 작동상태를 사전 점검하여야 한다.

⑩ 발파 후에는 충분한 시간이 경과한 후 접근하도록 하여야 한다.

9) 터널공사 전기발파작업 시 준수사항

① 미지전류의 유무에 대하여 확인하고 미지전류가 0.01A 이상일 때에는 전기발파를 하지 않아야 한다.

② 전기발파기는 충분한 기동이 있는지의 여부를 사전에 점검하여야 한다.

③ 도통시험기는 소정의 저항치가 나타나는가에 대해 사전에 점검하여야 한다.

④ 약포에 뇌관을 장치할 때에는 반드시 전기뇌관의 저항을 측정하여 소정의 저항치에 대하여 오차가 ±0.1Ω 이내에 있는가를 확인하여야 한다.

⑤ 발파모선의 배선에 있어서는 점화장소를 발파현장에서 충분히 떨어져 있는 장소로 하고 물기나 철관, 궤도 등이 없는 장소를 택하여야 한다.

⑥ 점화장소는 발파현장이 잘 보이는 곳이어야 하며 충분히 떨어져 있는 안전한 장소로 택하여야 한다.

⑦ 전선은 점화하기 전에 화약류를 충진한 장소로부터 30m 이상 떨어진 안전한 장소에서 도통시험 및 저항시험을 하여야 한다.

⑧ 점화는 충분한 허용량을 갖는 발파기를 사용하고 규정된 스위치를 반드시 사용하여야 한다.

⑨ 점화는 선임된 발파책임자가 행하고 발파기의 핸들을 점화할 때 이외는 시건장치를 하거나 모선을 분리하여야 하며 발파책임자의 엄중한 관리하에 두어야 한다.

⑩ 발파 후 즉시 발파모선을 발파기로부터 분리하고 그 단부를 절연시킨 후 재점화가 되지 않도록 하여야 한다.

⑪ 발파 후 30분 이상 경과한 후가 아니면 발파장소에 접근하지 않아야 한다.

01 PART
02 PART
03 PART
04 PART
05 PART
06 PART
07 PART

2. 터널의 뿜어붙이기 콘크리트(Shotcrete)

1) 개요

압축공기로 시공면에 뿜는 콘크리트를 말하며, 터널 굴착면의 보호와 안정을 위해 실시한다.

2) 설치방법

건식공법	시멘트와 골재를 믹서로 혼합한 상태(건비빔)를 노즐에서 물과 합류시켜 콘크리트를 제조하여 뿜어 붙이는 공법
습식공법	물을 포함한 전 재료를 믹서로 비빈 후 노즐로 뿜어 붙이는 공법

3) 뿜어붙이기 콘크리트의 최소 두께(기준 이상이어야 함)

약간 취약한 암반	약간 파괴되기 쉬운 암반	파괴되기 쉬운 암반	매우 파괴되기 쉬운 암반 (철망병용)	팽창성의 암반 (강재 지보공과 철망병용)
2cm	3cm	5cm	7cm	15cm

4) 효과

① 굴착면을 피복하여 원지반의 탈락방지
② 넓은 면을 피복하여 응력의 집중방지
③ 암괴의 유동이나 낙반을 방지
④ 굴착 시공면을 확실히 밀착시켜서 붕괴방지
⑤ 부착력에 의한 안전성 확보

3. 터널 굴착 공법의 분류

재래식 지보공 공법 (ASSM)	종래 광산에서 많이 사용하는 것으로 굴착과 동시에 목재나 강재로 주변지반의 하중을 지지하는 공법으로 안전성이 낮다.
NATM 공법	굴착 후 주변지반의 지지력을 이용하여 록볼트, 숏크리트 등을 사용하는 공법으로 경제성이 우수하다.
TBM 공법	원통형 터널굴착기로 전단면을 파쇄하는 굴착공법이다.
쉴드공법	강제 원통 굴착기(쉴드)로 터널을 구축하는 공법으로 토사구간이나 용수가 있는 연약지반에 사용된다.
개착식 공법	굴착면의 안정을 유지하면서 지표면으로부터 수직으로 파내려가 구조물을 축조하고 다시 원상태로 복구하는 공법을 말하며, 도심지터널, 지하철의 공법으로 널리 사용되고 있다.
침매공법	지상에서 터널 박스를 제작하여 해저에 침하시켜 터널을 구축하는 공법

> **참고 ⊘ 파일럿 터널(Pilot Tunnel) 공법**
> ① 본 터널 시공 전에 약간 떨어진 곳에 먼저 굴착해 놓고 지질조사, 환기, 배수, 재료운반 등의 상태를 알아보기 위하여 설치하는 터널을 말한다.
> ② 파일럿 터널은 본 터널이 완공되면 다시 매립한다.

1 위험성 평가

1. 위험성 평가의 정의 및 개요

1) 위험성 평가의 정의

사업주가 스스로 유해 · 위험요인을 파악하고 해당 유해 · 위험요인의 위험성 수준을 결정하여, 위험성을 낮추기 위한 적절한 조치를 마련하고 실행하는 과정을 말한다.

2) 용어의 정의

① 유해 · 위험요인 : 유해 · 위험을 일으킬 잠재적 가능성이 있는 것의 고유한 특징이나 속성을 말한다.

② 위험성 : 유해 · 위험요인이 사망, 부상 또는 질병으로 이어질 수 있는 가능성과 중대성 등을 고려한 위험의 정도를 말한다.

3) 위험성 평가의 절차

사업주는 위험성 평가를 다음의 절차에 따라 실시하여야 한다. 다만, 상시근로자 5인 미만 사업장(건설공사의 경우 1억 원 미만)의 경우 사전준비 절차를 생략할 수 있다.

사전준비	위험성 평가의 실시규정을 작성하고, 위험성의 수준과 그 수준의 판단기준을 정하고, 위험성 평가에 필요한 각종 자료를 수집하는 단계
유해 · 위험요인 파악	사업장 순회점검, 근로자들의 상시적인 제안 제도, 평상시 아차사고 발굴 등을 통해 사업장 내의 유해 · 위험요인을 빠짐없이 파악하는 단계
위험성 결정	사전준비 단계에서 미리 설정한 위험성의 판단 수준과 사업장에서 허용 가능한 위험성의 크기 등을 활용하여, 유해 · 위험요인의 위험성이 허용 가능한 수준인지를 추정 · 판단하고 결정하는 단계
위험성 감소대책 수립 및 실행	위험성을 결정한 결과 유해 · 위험요인의 위험수준이 사업장에서 허용 가능한 수준을 넘는다면, 합리적으로 실천 가능한 범위에서 유해 · 위험요인의 위험성을 가능한 낮은 수준으로 감소시키기 위한 대책을 수립하고 실행하는 단계
위험성 평가 실시내용 및 결과에 관한 기록 및 보존	파악한 유해 · 위험요인과 각 유해 · 위험요인별 위험성의 수준, 그 위험성의 수준을 결정한 방법, 그에 따른 조치사항 등을 기록하고, 근로자들이 보기 쉬운 곳에 게시하며 작업 전 안전점검회의(TBM) 등을 통해 근로자에게 위험성 평가 실시 결과를 공유하는 단계

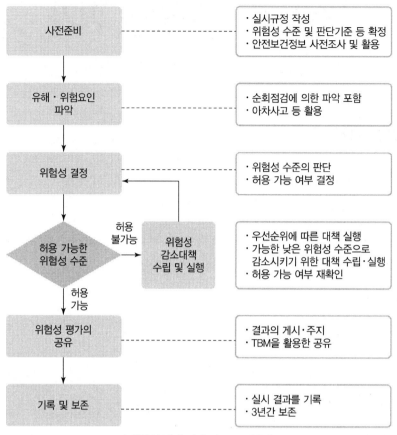

| 위험성 평가 절차 및 주요 내용 |

4) 위험성 평가 절차별 중점사항

① 사전준비

ㄱ 사업주는 위험성 평가를 효과적으로 실시하기 위하여 최초 위험성 평가 시 다음 각 호의 사항
이 포함된 위험성 평가 실시규정을 작성하고, 지속적으로 관리하여야 한다.

ⓐ 평가의 목적 및 방법

ⓑ 평가담당자 및 책임자의 역할

ⓒ 평가시기 및 절차

ⓓ 근로자에 대한 참여·공유방법 및 유의사항

ⓔ 결과의 기록·보존

ㄴ 사업주는 위험성 평가를 실시하기 전에 다음 각 호의 사항을 확정하여야 한다.

ⓐ 위험성의 수준과 그 수준을 판단하는 기준

ⓑ 허용 가능한 위험성의 수준(이 경우 법에서 정한 기준 이상으로 위험성의 수준을 정하여야
한다)

ㄷ 사업주는 다음 각 호의 사업장 안전보건정보를 사전에 조사하여 위험성 평가에 활용할 수 있다.

ⓐ 작업표준, 작업절차 등에 관한 정보

ⓑ 기계 · 기구, 설비 등의 사양서, 물질안전보건자료(MSDS) 등의 유해 · 위험요인에 관한 정보

ⓒ 기계 · 기구, 설비 등의 공정 흐름과 작업 주변의 환경에 관한 정보

ⓓ 같은 장소에서 사업의 일부 또는 전부를 도급을 주어 행하는 작업이 있는 경우 혼재 작업의 위험성 및 작업 상황 등에 관한 정보

ⓔ 재해사례, 재해통계 등에 관한 정보

ⓕ 작업환경측정결과, 근로자 건강진단결과에 관한 정보

ⓖ 그 밖에 위험성 평가에 참고가 되는 자료 등

② 유해 · 위험요인 파악

사업주는 사업장 내의 위험성 평가 대상에 따른 유해 · 위험요인을 파악하여야 한다. 이때 업종, 규모 등 사업장 실정에 따라 다음 각 호의 방법 중 어느 하나 이상의 방법을 사용하되, 특별한 사정이 없으면 사업장 순회점검에 의한 방법을 포함하여야 한다.

㉠ 사업장 순회점검에 의한 방법

㉡ 근로자들의 상시적 제안에 의한 방법

㉢ 설문조사 · 인터뷰 등 청취조사에 의한 방법

㉣ 물질안전보건자료, 작업환경측정결과, 특수건강진단결과 등 안전보건 자료에 의한 방법

㉤ 안전보건 체크리스트에 의한 방법

㉥ 그 밖에 사업장의 특성에 적합한 방법

③ 위험성 결정

㉠ 사업주는 유해 · 위험요인 파악 단계에서 파악된 유해 · 위험요인이 근로자에게 노출되었을 때의 위험성을 위험성의 수준과 그 수준을 판단하는 기준에 의해 판단하여야 한다.

㉡ 사업주는 ㉠에 따라 판단한 위험성의 수준이 허용 가능한 위험성의 수준인지 결정하여야 한다.

④ 위험성 감소대책 수립 및 실행

㉠ 사업주는 허용 가능한 위험성이 아니라고 판단한 경우에는 위험성의 수준, 영향을 받는 근로자 수 및 다음 각 호의 순서를 고려하여 위험성 감소를 위한 대책을 수립하여 실행하여야 한다. 이 경우 법령에서 정하는 사항과 그 밖에 근로자의 위험 또는 건강장해를 방지하기 위하여 필요한 조치를 반영하여야 한다.

ⓐ 위험한 작업의 폐지 · 변경, 유해 · 위험물질 대체 등의 조치 또는 설계나 계획 단계에서 위험성을 제거 또는 저감하는 조치

ⓑ 연동장치, 환기장치 설치 등의 공학적 대책

ⓒ 사업장 작업절차서 정비 등의 관리적 대책

ⓓ 개인용 보호구의 사용

㉡ 사업주는 위험성 감소대책을 실행한 후 해당 공정 또는 작업의 위험성의 수준이 사전에 자체 설정한 허용 가능한 위험성의 수준인지를 확인하여야 한다.

ⓒ ⓛ에 따른 확인 결과, 위험성이 자체 설정한 허용 가능한 위험성 수준으로 내려오지 않는 경우에는 허용 가능한 위험성 수준이 될 때까지 추가의 감소대책을 수립·실행하여야 한다.

ⓔ 사업주는 중대재해, 중대산업사고 또는 심각한 질병이 발생할 우려가 있는 위험성으로서 ㉠에 따라 수립한 위험성 감소대책의 실행에 많은 시간이 필요한 경우에는 즉시 잠정적인 조치를 강구하여야 한다.

⑤ 위험성 평가의 공유

㉠ 사업주는 위험성 평가를 실시한 결과 중 다음 각 호에 해당하는 사항을 근로자에게 게시, 주지 등의 방법으로 알려야 한다.

ⓐ 근로자가 종사하는 작업과 관련된 유해·위험요인

ⓑ 유해·위험요인의 위험성 결정 결과

ⓒ 유해·위험요인의 위험성 감소대책과 그 실행 계획 및 실행 여부

ⓓ 위험성 감소대책에 따라 근로자가 준수하거나 주의하여야 할 사항

㉡ 사업주는 위험성 평가 결과 중대재해로 이어질 수 있는 유해·위험요인에 대해서는 작업 전 안전점검회의(TBM ; Tool Box Meeting) 등을 통해 근로자에게 상시적으로 주지시키도록 노력하여야 한다.

⑥ 위험성 평가 실시내용 및 결과의 기록·보존

㉠ 사업주가 위험성 평가의 결과와 조치사항을 기록·보존할 때에는 다음 각 호의 사항이 포함되어야 한다.

ⓐ 위험성 평가 대상의 유해·위험요인

ⓑ 위험성 결정의 내용

ⓒ 위험성 결정에 따른 조치의 내용

ⓓ 그 밖에 위험성 평가의 실시내용을 확인하기 위하여 필요한 사항으로서 고용노동부장관이 정하여 고시하는 사항

• 위험성 평가를 위해 사전조사한 안전보건정보

• 그 밖에 사업장에서 필요하다고 정한 사항

㉡ 사업주는 ㉠에 따른 자료를 3년간 보존해야 한다.

㉢ 기록의 최소 보존기한은 실시 시기별 위험성 평가를 완료한 날부터 기산한다.

2. 사업장 위험성 평가

1) 위험성 평가의 실시

① 사업주는 건설물, 기계·기구·설비, 원재료, 가스, 증기, 분진, 근로자의 작업행동 또는 그 밖의 업무로 인한 유해·위험요인을 찾아내어 부상 및 질병으로 이어질 수 있는 위험성의 크기가 허용 가능한 범위인지를 평가하여야 하고, 그 결과에 따라 이 법과 이 법에 따른 명령에 따른 조치를 하여야 하며, 근로자에 대한 위험 또는 건강장해를 방지하기 위하여 필요한 경우에는 추가적인 조

치를 하여야 한다.

② 사업주는 ㉠에 따른 평가 시 고용노동부장관이 정하여 고시하는 바에 따라 해당 작업장의 근로자를 참여시켜야 한다.

③ 사업주는 ㉠에 따른 평가의 결과와 조치사항을 고용노동부령으로 정하는 바에 따라 기록하여 보존하여야 한다.

④ ㉠에 따른 평가의 방법, 절차 및 시기, 그 밖에 필요한 사항은 고용노동부장관이 정하여 고시한다.

2) 정부의 책무

고용노동부장관은 사업장 위험성 평가가 효과적으로 추진되도록 하기 위하여 다음의 사항을 강구하여야 한다.

① 정책의 수립 · 집행 · 조정 · 홍보
② 위험성 평가 기법의 연구 · 개발 및 보급
③ 사업장 위험성 평가 활성화 시책의 운영
④ 위험성 평가 실시의 지원
⑤ 조사 및 통계의 유지 · 관리
⑥ 그 밖에 위험성 평가에 관한 정책의 수립 및 추진

3) 위험성 평가 실시주체

① 사업주는 스스로 사업장의 유해 · 위험요인을 파악하고 이를 평가하여 관리 개선하는 등 위험성 평가를 실시하여야 한다.

② 작업의 일부 또는 전부를 도급에 의하여 행하는 사업의 경우는 도급을 준 도급인과 도급을 받은 수급인은 각각 위험성 평가를 실시하여야 한다.

③ 도급사업주는 수급사업주가 실시한 위험성 평가 결과를 검토하여 도급사업주가 개선할 사항이 있는 경우 이를 개선하여야 한다.

4) 위험성 평가의 대상

① 위험성 평가의 대상이 되는 유해 · 위험요인은 업무 중 근로자에게 노출된 것이 확인되었거나 노출될 것이 합리적으로 예견 가능한 모든 유해 · 위험요인이다. 다만, 매우 경미한 부상 및 질병만을 초래할 것으로 명백히 예상되는 유해 · 위험요인은 평가 대상에서 제외할 수 있다.

② 사업주는 사업장 내 부상 또는 질병으로 이어질 가능성이 있었던 상황(아차사고)을 확인한 경우에는 해당 사고를 일으킨 유해 · 위험요인을 위험성 평가의 대상에 포함시켜야 한다.

③ 사업주는 사업장 내에서 중대재해가 발생한 때에는 지체 없이 중대재해의 원인이 되는 유해 · 위험요인에 대해 위험성 평가를 실시하고, 그 밖의 사업장 내 유해 · 위험요인에 대해서는 위험성 평가 재검토를 실시하여야 한다.

5) 근로자 참여

사업주는 위험성 평가를 실시할 때 다음 각 호에 해당하는 경우 해당 작업에 종사하는 근로자를 참여시켜야 한다.

① 유해 · 위험요인의 위험성 수준을 판단하는 기준을 마련하고, 유해 · 위험요인별로 허용 가능한 위험성 수준을 정하거나 변경하는 경우
② 해당 사업장의 유해 · 위험요인을 파악하는 경우
③ 유해 · 위험요인의 위험성이 허용 가능한 수준인지 여부를 결정하는 경우
④ 위험성 감소대책을 수립하여 실행하는 경우
⑤ 위험성 감소대책 실행 여부를 확인하는 경우

6) 위험성 평가의 방법

① 위험성 평가의 수행체계
　㉠ 사업주는 다음과 같은 방법으로 위험성 평가를 실시하여야 한다.
　　ⓐ 안전보건관리책임자 등 해당 사업장에서 사업의 실시를 총괄 관리하는 사람에게 위험성 평가의 실시를 총괄 관리하게 할 것
　　ⓑ 사업장의 안전관리자, 보건관리자 등이 위험성 평가의 실시에 관하여 안전보건관리책임자를 보좌하고 지도 · 조언하게 할 것
　　ⓒ 유해 · 위험요인을 파악하고 그 결과에 따른 개선조치를 시행할 것
　　ⓓ 기계 · 기구, 설비 등과 관련된 위험성 평가에는 해당 기계 · 기구, 설비 등에 전문 지식을 갖춘 사람을 참여하게 할 것
　　ⓔ 안전 · 보건관리자의 선임의무가 없는 경우에는 제2호에 따른 업무를 수행할 사람을 지정하는 등 그 밖에 위험성 평가를 위한 체제를 구축할 것
　㉡ 사업주는 ㉠에서 정하고 있는 자에 대해 위험성 평가를 실시하기 위해 필요한 교육을 실시하여야 한다. 이 경우 위험성 평가에 대해 외부에서 교육을 받았거나, 관련 학문을 전공하여 관련 지식이 풍부한 경우에는 필요한 부분만 교육을 실시하거나 교육을 생략할 수 있다.
　㉢ 사업주가 위험성 평가를 실시하는 경우에는 산업안전 · 보건 전문가 또는 전문기관의 컨설팅을 받을 수 있다.

② 위험성 평가를 갈음하는 조치
　사업주가 다음 각 호의 어느 하나에 해당하는 제도를 이행한 경우에는 그 부분에 대하여 위험성 평가를 실시한 것으로 본다.
　㉠ 위험성 평가 방법을 적용한 안전 · 보건진단
　㉡ 공정안전보고서. 다만, 공정안전보고서의 내용 중 공정위험성 평가서가 최대 4년 범위 이내에서 정기적으로 작성된 경우에 한한다.

ⓒ 근골격계부담작업 유해요인 조사

ⓔ 그 밖에 법과 이 법에 따른 명령에서 정하는 위험성 평가 관련 제도

③ 위험성 평가의 방법

사업주는 사업장의 규모와 특성 등을 고려하여 다음 각 호의 위험성 평가 방법 중 한 가지 이상을 선정하여 위험성 평가를 실시할 수 있다.

ⓐ 위험 가능성과 중대성을 조합한 빈도 · 강도법

ⓑ 체크리스트(Checklist)법

ⓒ 위험성 수준 3단계(저 · 중 · 고) 판단법

ⓓ 핵심요인 기술(One Point Sheet)법

ⓔ 그 외 다음의 방법

    ⓐ 체크리스트(Checklist)

    ⓑ 상대위험순위 결정(Dow and Mond Indices)

    ⓒ 작업자 실수 분석(HEA)

    ⓓ 사고 예상 질문 분석(What-if)

    ⓔ 위험과 운전 분석(HAZOP)

    ⓕ 이상위험도 분석(FMECA)

    ⓖ 결함수 분석(FTA)

    ⓗ 사건수 분석(ETA)

    ⓘ 원인결과 분석(CCA)

    ⓙ ⓐ부터 ⓘ까지의 규정과 같은 수준 이상의 기술적 평가기법

참고 ⊘

① 위험 가능성과 중대성을 조합한 빈도 · 강도법
사업장에서 파악된 유해 · 위험요인이 얼마나 위험한지를 판단하기 위해 위험성의 빈도(가능성)와 강도(중대성)를 곱셈, 덧셈, 행렬 등의 방법으로 조합하여 위험성의 크기(수준)를 산출해 보고, 이 위험성의 크기가 허용 가능한 수준인지 여부를 살펴보는 방법

② 체크리스트(Checklist)법
유해 · 위험요인을 파악하고, 유해 · 위험요인별로 체크리스트를 만들어 위험성을 줄이기 위한 현재 조치가 적정한지 아닌지 "O" 또는 "X"로 표시하는 방법

③ 위험성 수준 3단계(저 · 중 · 고) 판단법
위험성 결정을 위해 유해 · 위험요인의 위험성을 가늠하고 판단할 때, 위험성 수준을 상 · 중 · 하 또는 저 · 중 · 고와 같이 간략하게 구분하고 직관적으로 이해할 수 있도록 위험성의 수준을 표시하는 방법

④ 핵심요인 기술(One Point Sheet)법
영국 산업안전보건청(HSE), 국제노동기구(ILO)에서 위험성 수준이 높지 않고, 유해 · 위험요인이 많지 않은 중 · 소규모 사업장의 위험성 평가를 위해 안내한 내용에 따른 방법으로 단계적으로 핵심질문에 답변하는 방법으로 유해 · 위험요인이 단순하고 가짓수가 많지 않은 사업장에서 간략하게 위험성 평가를 실시하는 방법

7) 위험성 평가의 실시 시기

① 사업주는 사업이 성립된 날(사업 개시일을 말하며, 건설업의 경우 실착공일을 말한다)로부터 1개월이 되는 날까지 위험성 평가의 대상이 되는 유해·위험요인에 대한 최초 위험성 평가의 실시에 착수하여야 한다. 다만, 1개월 미만의 기간 동안 이루어지는 작업 또는 공사의 경우에는 특별한 사정이 없는 한 작업 또는 공사 개시 후 지체 없이 최초 위험성 평가를 실시하여야 한다.

② 사업주는 다음 각 호의 어느 하나에 해당하여 추가적인 유해·위험요인이 생기는 경우에는 해당 유해·위험요인에 대한 수시 위험성 평가를 실시하여야 한다. 다만, ⑩에 해당하는 경우에는 재해발생 작업을 대상으로 작업을 재개하기 전에 실시하여야 한다.

　㉠ 사업장 건설물의 설치·이전·변경 또는 해체

　㉡ 기계·기구, 설비, 원재료 등의 신규 도입 또는 변경

　㉢ 건설물, 기계·기구, 설비 등의 정비 또는 보수(주기적·반복적 작업으로서 이미 위험성 평가를 실시한 경우에는 제외)

　㉣ 작업방법 또는 작업절차의 신규 도입 또는 변경

　㉤ 중대산업사고 또는 산업재해(휴업 이상의 요양을 요하는 경우에 한정한다) 발생

　㉥ 그 밖에 사업주가 필요하다고 판단한 경우

③ 사업주는 다음 각 호의 사항을 고려하여 ①에 따라 실시한 위험성 평가의 결과에 대한 적정성을 1년마다 정기적으로 재검토(이때, 해당 기간 내 ②에 따라 실시한 위험성 평가의 결과가 있는 경우 함께 적정성을 재검토하여야 한다)하여야 한다. 재검토 결과 허용 가능한 위험성 수준이 아니라고 검토된 유해·위험요인에 대해서는 위험성 감소대책을 수립하여 실행하여야 한다.

　㉠ 기계·기구, 설비 등의 기간 경과에 의한 성능 저하

　㉡ 근로자의 교체 등에 수반하는 안전·보건과 관련되는 지식 또는 경험의 변화

　㉢ 안전·보건과 관련되는 새로운 지식의 습득

　㉣ 현재 수립되어 있는 위험성 감소대책의 유효성 등

④ 사업주가 사업장의 상시적인 위험성 평가를 위해 다음 각 호의 사항을 이행하는 경우 ②와 ③의 수시평가와 정기평가를 실시한 것으로 본다.

　㉠ 매월 1회 이상 근로자 제안제도 활용, 아차사고 확인, 작업과 관련된 근로자를 포함한 사업장 순회점검 등을 통해 사업장 내 유해·위험요인을 발굴하여 위험성 결정 및 위험성 감소대책 수립·실행을 할 것

　㉡ 매주 안전보건관리책임자, 안전관리자, 보건관리자, 관리감독자 등(도급사업주의 경우 수급사업장의 안전·보건 관련 관리자 등을 포함한다)을 중심으로 ㉠의 결과 등을 논의·공유하고 이행상황을 점검할 것

　㉢ 매 작업일마다 ㉠과 ㉡의 실시결과에 따라 근로자가 준수하여야 할 사항 및 주의하여야 할 사항을 작업 전 안전점검회의 등을 통해 공유·주지할 것

3. 위험성 평가 인정

1) 인정의 신청

장관은 소규모 사업장의 위험성 평가를 활성화하기 위하여 위험성 평가 우수 사업장에 대해 인정해 주는 제도를 운영할 수 있다. 이 경우 인정을 신청할 수 있는 사업장은 다음 각 호와 같다.

① 상시근로자 수 100명 미만 사업장(건설공사를 제외). 작업의 일부 또는 전부를 도급에 의하여 행하는 사업의 경우는 도급사업주의 사업장(도급사업장)과 수급사업주의 사업장(수급사업장) 각각의 근로자 수를 이 규정에 의한 상시근로자 수로 본다.

② 총 공사금액 120억 원(토목공사는 150억 원) 미만의 건설공사

2) 인정심사

공단은 위험성 평가 인정신청서를 제출한 사업장에 대하여는 다음에서 정하는 항목을 심사(인정심사)하여야 한다.

① 사업주의 관심도

② 위험성 평가 실행수준

③ 구성원의 참여 및 이해 수준

④ 재해발생 수준

3) 인정심사위원회의 구성 · 운영

① 공단은 위험성 평가 인정과 관련한 다음 각 호의 사항을 심의 · 의결하기 위하여 각 광역본부 · 지역본부 · 지사에 위험성 평가 인정심사위원회를 두어야 한다.

　㉠ 인정 여부의 결정

　㉡ 인정취소 여부의 결정

　㉢ 인정과 관련한 이의신청에 대한 심사 및 결정

　㉣ 심사항목 및 심사기준의 개정 건의

② 인정심사위원회는 공단 광역본부장 · 지역본부장 · 지사장을 위원장으로 하고, 관할 지방고용노동관서 산재예방지도과장(산재예방지도과가 설치되지 않은 관서는 근로개선지도과장)을 당연직 위원으로 하여 10명 이내의 내 · 외부 위원으로 구성하여야 한다.

4) 위험성 평가의 인정

공단은 인정신청 사업장에 대한 현장심사를 완료한 날부터 1개월 이내에 인정심사위원회의 심의 · 의결을 거쳐 인정 여부를 결정하여야 한다. 이 경우 다음의 기준을 충족하는 경우에만 인정을 결정하여야 한다.

① 사업장 위험성 평가에 관한 지침에서 정한 방법, 절차 등에 따라 위험성 평가 업무를 수행한 사업장

② 현장심사 결과 평가점수가 100점 만점에 50점을 미달하는 항목이 없고 종합점수가 100점 만점에 70점 이상인 사업장

5) 인정의 취소

위험성 평가 인정사업장에서 인정 유효기간 중에 다음 각 호의 어느 하나에 해당하는 사업장은 인정을 취소하여야 한다.

① 거짓 또는 부정한 방법으로 인정을 받은 사업장
② 직·간접적인 법령 위반에 기인하여 다음의 중대재해가 발생한 사업장
　　㉠ 사망재해
　　㉡ 3개월 이상 요양을 요하는 부상자가 동시에 2명 이상 발생
　　㉢ 부상자 또는 직업성질병자가 동시에 10명 이상 발생
③ 근로자의 부상(3일 이상의 휴업)을 동반한 중대산업사고 발생 사업장
④ 산업재해 발생건수, 재해율 또는 그 순위 등이 공표된 사업장(산업재해로 인한 사망자가 연간 2명 이상 발생한 사업장 및 산업재해의 발생에 관한 보고를 최근 3년 이내 2회 이상 하지 않은 사업장에 한정한다.)
⑤ 사후심사 결과, 인정기준을 충족하지 못한 사업장
⑥ 사업주가 자진하여 인정 취소를 요청한 사업장
⑦ 그 밖에 인정취소가 필요하다고 공단 광역본부장·지역본부장 또는 지사장이 인정한 사업장

2 위험성 감소대책 수립 및 실행

1. 위험성 감소대책 수립 및 실행

1) 위험성 감소대책 수립 및 실행의 정의

위험성 결정 결과 허용 불가능한 위험성을 합리적으로 실천 가능한 범위에서 가능한 한 낮은 수준으로 감소시키기 위한 대책을 수립하고 실행하는 것을 말한다.

2) 위험성 감소를 위한 대책 수립 시 고려해야 할 순서

법령 등에 규정된 사항의 실시(규정된 사항이 있는 경우)	
본질적 (근원적 대책)	위험한 작업을 아예 폐지, 기계·기구, 물질의 변경 또는 대체를 통해 위험을 본질적으로 제거하는 조치
공학적 대책	인터록, 안전장치, 방호문, 국소배기장치 설치 등의 조치
관리적 대책	작업매뉴얼 정비, 출입금지, 작업허가 제도 도입, 근로자들에게 주의사항을 교육 등의 조치
개인보호구의 사용	위의 모든 조치들로도 줄이기 어려운 위험에 대해 최후의 방법으로 개인보호구의 사용 조치

2. 위험성 개선대책(공학적·관리적)의 종류

1) 본질적(근원적) 대책

① 유해·위험요인을 제거하거나 대체한다는 것은 근로자가 위험에 노출되거나, 심각한 피해를 볼 위험성을 근본적으로 없앨 수 있으므로 가장 우선하여 고려하여야 한다.

② 유해·위험요소의 제거 또는 대체의 예시

- 인화성 물질을 대체하여 화재·폭발의 위험을 제거
- 급성독성 물질을 일반 물질로 대체하여 건강장해 위험을 낮춤
- 전기로 작동하는 기계를 공압식으로 교체하여 감전 위험을 제거
- 소음이 심한 기계를 차폐형으로 교체하여 소음 저감
- 높은 건물의 외벽 청소작업을 내부에서 실시할 수 있도록 설계 등

2) 공학적 대책

① 위험요인의 제거 또는 대체가 불가능한 경우, 차선의 해결책은 파악된 유해·위험요인에서 발생하는 위험을 줄이는 데 도움이 될 수 있는 도구, 장비, 기술 및 공학적 조치를 고려하는 것이다.

② 위험을 격리 또는 방호하는 공학적 대책의 예시

- 끼임 위험이 있는 회전부에 덮개 등 방호장치를 설치
- 추락 위험이 있는 작업 장소에 안전난간을 설치
- 무거운 짐을 운반하기 위해 중량물 이동 설비 도입
- X선 장비 등 위험 공정을 완전히 격리하여 배치
- 작업에 적절한 조명 설비 설치

3) 관리적 대책

① 안전한 작업 방법에 대한 절차서를 마련하고 근로자 교육 실시 여부를 검토하여, 이미 시행 중인 조치와 어떤 추가적인 관리 대책이 필요한지를 고려한다.

② 관리적 대책의 예시

- 설비를 안전하게 작동하거나 작업을 수행하는 방법에 대해 명확한 절차와 지침을 마련
- 안전 및 보건 정보 제공 – 사용 설명서, 경고 표지, 화학물질에 대한 정보 등
- 작업장, 설비 배치의 조정 또는 재설계(지게차 이동 경로 조정 등)
- 위험성 평가 교육을 포함하여 작업과 관련한 안전 및 보건 교육 제공

4) 개인보호구의 사용

① 개인보호구는 사용자가 고려해야 할 최종 위험관리 대책 중 하나이며, 이미 시행한 다른 위험관리 대책을 강화할 수 있는 방안이다.

② 개인보호구의 사용은 최소한으로 유지하고 다른 개선대책의 대안으로 사용하지 않도록 해야 한다.

③ 개인보호구 사용 대책의 예시

- 추락 위험이 있는 장소에서 작업발판, 안전난간 등의 설치가 곤란한 경우 안전대 부착설비 설치 및 안전대 착용
- 고압 활선 작업 시 절연보호구 착용
- 물체가 떨어질 위험이 있는 건설현장에서 안전모 착용
- 연마 작업 중 방진마스크 착용

산업안전
보호장비 관리

1 보호구 선택 시 유의사항

1. 보호구의 정의

① 유해한 작업환경이나 위험에 노출되어 있는 작업조건에서 작업자가 입을 수 있는 재해나 건강장해를 방지하기 위한 목적으로 작업자의 신체 일부 또는 전부에 장착하는 보조기구를 보호구라 한다.
② 사고의 결과로 오는 상해 또는 직업병을 어느 정도까지 최소화하기 위하여 조치되는 소극적이며 2차적 안전대책이다.

2. 보호구의 구분

안전보호구 (재해방지를 대상으로 한다)	① 안전대 ② 안전모	③ 안전화 ④ 안전장갑 등
위생보호구 (건강장해 방지를 목적으로 한다)	① 방독마스크 ② 방진마스크 ③ 송기마스크 ④ 보호복	⑤ 보안경 ⑥ 방음보호구(귀마개, 귀덮개) ⑦ 특수복 등

3. 보호구 선정 시 유의사항

① 사용목적 또는 작업에 적합한 것을 선정한다.
② 검정기관의 검정에 합격한 것으로 방호성능이 보장되는 것을 선정한다.
③ 작업에 방해되지 않는 것을 선정한다.
④ 착용이 쉽고 크기 등이 사용자에게 적합한 것을 선정한다.

4. 보호구의 선정 조건

① 종류
② 형상
③ 성능
④ 수량
⑤ 강도

5. 보호구 사용 시 유의사항 : 보호구를 효율적으로 사용하기 위한 기본적 사항

① 작업에 알맞은 보호구를 선정한다.

② 작업장에는 필요한 수량의 보호구를 반드시 비치한다.

③ 작업자에게 올바른 사용방법을 제대로 교육시킨다.

④ 보호구를 사용하는 데 불편이 없도록 관리를 철저히 한다.

⑤ 작업을 할 때에 필요한 보호구는 반드시 사용한다.

6. 보호구 관리 요령★

① 정기적으로 점검하고 항상 깨끗이 보관할 것

② 청결하고 습기가 없는 장소에 보관할 것

③ 사용 후에는 세척하여 그늘에 말려서 보관할 것

④ 세척한 후에는 완전히 건조시킨 후 보관할 것

⑤ 부식성 액체, 유기용제, 기름, 산 등과 혼합하여 보관하지 말 것

7. 작업조건에 맞는 보호구

안전모	물체가 떨어지거나 날아올 위험 또는 근로자가 추락할 위험이 있는 작업
안전대	높이 또는 깊이 2미터 이상의 추락할 위험이 있는 장소에서 하는 작업
안전화	물체의 낙하 · 충격, 물체에의 끼임, 감전 또는 정전기의 대전에 의한 위험이 있는 작업
보안경	물체가 흩날릴 위험이 있는 작업
보안면	용접 시 불꽃이나 물체가 흩날릴 위험이 있는 작업
절연용 보호구	감전의 위험이 있는 작업
방열복	고열에 의한 화상 등의 위험이 있는 작업
방진마스크	선창 등에서 분진(粉塵)이 심하게 발생하는 하역작업
방한모 · 방한복 · 방한화 · 방한장갑	섭씨 영하 18도 이하인 급냉동어창에서 하는 하역작업
승차용 안전모	물건을 운반하거나 수거 · 배달하기 위하여 이륜자동차를 운행하는 직업

2 보호구 구비조건★★

① 착용이 간편할 것

② 작업에 방해요소가 되지 않도록 할 것

③ 유해 · 위험요소에 대한 방호성능이 완전할 것

④ 재료의 품질이 우수할 것

⑤ 구조 및 표면가공이 우수할 것

⑥ 외관이 보기 좋을 것

01 PART
02 PART
03 PART
04 PART
05 PART
06 PART
07 PART

3 안전모

1. 추락 및 감전 위험방지용 안전모의 종류★★

종류(기호)	사용 구분	비고
AB	물체의 낙하 또는 비래 및 추락에 의한 위험을 방지 또는 경감시키기 위한 것	
AE	물체의 낙하 또는 비래에 의한 위험을 방지 또는 경감하고, 머리부위 감전에 의한 위험을 방지하기 위한 것	내전압성
ABE	물체의 낙하 또는 비래 및 추락에 의한 위험을 방지 또는 경감하고, 머리부위 감전에 의한 위험을 방지하기 위한 것	내전압성

※ 내전압성이란 7,000V 이하의 전압에 견디는 것을 말한다.

2. 안전모의 시험성능 항목 및 기준★★

항목		시험성능기준
시험 성능 항목	내관통성	① 안전인증 : AE, ABE종 안전모는 관통거리가 9.5mm 이하이고, AB종 안전모는 관통거리가 11.1mm 이하이어야 한다. ② 자율안전확인 : 안전모는 관통거리가 11.1mm 이하이어야 한다.
	충격 흡수성	최고전달충격력이 4,450뉴턴(N)을 초과해서는 안 되며, 모체와 착장체의 기능이 상실되지 않아야 한다.
	내전압성	AE, ABE종 안전모는 교류 20kV에서 1분간 절연파괴 없이 견뎌야 하고, 이때 누설되는 충전전류는 10mA 이하이어야 한다.(※ 자율안전확인에서는 제외)
	내수성	AE, ABE종 안전모는 질량증가율이 1% 미만이어야 한다.(※ 자율안전확인에서는 제외)
	난연성	모체가 불꽃을 내며 5초 이상 연소되지 않아야 한다.
	턱끈풀림	150뉴턴(N) 이상 250뉴턴(N) 이하에서 턱끈이 풀려야 한다.
부가 성능 항목	측면 변형 방호	최대측면변형은 40mm, 잔여변형은 15mm 이내이어야 한다.
	금속 용융물 분사 방호	① 용융물에 의해 10mm 이상의 변형이 없고 관통되지 않을 것 ② 금속용융물의 방출을 정지한 후 5초 이상 불꽃을 내며 연소되지 않을 것(※ 자율안전확인에서는 제외)

3. 안전모의 내수성 시험

① AE, ABE종 안전모의 내수성 시험은 시험 안전모의 모체를 (20~25)℃의 수중에 24시간 담가놓은 후, 대기 중에 꺼내어 마른 천 등으로 표면의 수분을 닦아내고 다음 산식으로 질량증가율(%)을 산출한다.

② 공식★

$$질량증가율[\%] = \frac{담근 \ 후의 \ 질량 - 담그기 \ 전의 \ 질량}{담그기 \ 전의 \ 질량} \times 100$$

합격기준 : 질량증가율이 1% 미만일 것

안전모의 모체를 수중에 담그기 전 무게가 440g, 모체를 20~25℃의 수중에 24시간 담근 후의 무게가 443.5g이었다면 무게증가율과 합격 여부를 판단하시오.

풀이 ① 무게증가율

$$\text{질량증가율}(\%) = \frac{\text{담근 후의 질량} - \text{담그기 전의 질량}}{\text{담그기 전의 질량}} \times 100$$

$$= \frac{443.5 - 440}{440} \times 100 = 0.795 = 0.80(\%)$$

② 합격 여부 : 1% 미만이므로 합격

4 안전화

1. 안전화의 종류★

종류	성능 구분
가죽제 안전화	물체의 낙하, 충격 또는 날카로운 물체에 의한 찔림 위험으로부터 발을 보호하기 위한 것
고무제 안전화	물체의 낙하, 충격 또는 날카로운 물체에 의한 찔림 위험으로부터 발을 보호하고 내수성을 겸한 것
정전기 안전화	물체의 낙하, 충격 또는 날카로운 물체에 의한 찔림 위험으로부터 발을 보호하고 정전기의 인체대전을 방지하기 위한 것
발등안전화	물체의 낙하, 충격 또는 날카로운 물체에 의한 찔림 위험으로부터 발 및 발등을 보호하기 위한 것
절연화★	물체의 낙하, 충격 또는 날카로운 물체에 의한 찔림 위험으로부터 발을 보호하고 저압의 전기에 의한 감전을 방지하기 위한 것
절연장화	고압에 의한 감전을 방지 및 방수를 겸한 것
화학물질용 안전화	물체의 낙하, 충격 또는 날카로운 물체에 의한 찔림 위험으로부터 발을 보호하고 화학물질로부터 유해위험을 방지하기 위한 것

2. 안전화의 등급

등급	사용 장소
중작업용	광업, 건설업 및 철광업 등에서 원료취급, 가공, 강재취급 및 강재운반, 건설업 등에서 중량물 운반작업, 가공대상물의 중량이 큰 물체를 취급하는 작업장으로서 날카로운 물체에 의해 찔릴 우려가 있는 장소
보통작업용	기계공업, 금속가공업, 운반, 건축업 등 공구 가공품을 손으로 취급하는 작업 및 차량 사업장, 기계 등을 운전 조작하는 일반작업장으로서 날카로운 물체에 의해 찔릴 우려가 있는 장소
경작업용	금속 선별, 전기제품 조립, 화학제품 선별, 반응장치 운전, 식품 가공업 등 비교적 경량의 물체를 취급하는 작업장으로서 날카로운 물체에 의해 찔릴 우려가 있는 장소

3. 발등 안전화의 구분

구분	방호대 결합방법
고정식	안전화에 방호대를 고정한 것
탈착식	안전화의 끈 등을 이용하여 안전화에 방호대를 결합한 것으로 그 탈착이 가능한 것

4. 시험방법★★

구분	항목	
고무제 안전화	① 인장강도시험 ② 내유성 시험 ③ 파열강도시험	④ 선심 및 내답판의 내부식성 시험 ⑤ 누출방지시험
가죽제 안전화	① 은면결렬시험 ② 인열강도시험 ③ 내부식성 시험 ④ 인장강도시험 및 신장률 ⑤ 내유성 시험	⑥ 내압박성 시험 ⑦ 내충격성 시험 ⑧ 박리저항시험 ⑨ 내답발성 시험

5 안전대

1. 안전대의 종류

종류	사용 구분
벨트식 안전그네식	1개 걸이용
	U자 걸이용
	추락방지대
	안전블록

※ 추락방지대 및 안전블록은 안전그네식에만 적용함

2. 안전대의 착용대상 작업

안전대는 높이 2m 이상의 추락위험이 있는 작업에는 반드시 착용하여야 한다.

① 작업발판(폭 40cm)이 없는 장소의 작업
② 작업발판이 있어도 난간대가 없는 장소의 작업
③ 난간대로부터 상체를 내밀어 작업하는 경우
④ 작업발판의 구조체 사이의 거리가 30cm 이상으로 수평방호시설이 없는 장소의 작업

3. 안전대의 보관

① 직사광선이 닿지 않는 곳

② 통풍이 잘 되며 습기가 없는 곳

③ 부식성 물질이 없는 곳

④ 화기 등이 근처에 없는 곳

4. 최하사점

① **개요** : 추락방지용 보호구인 안전대 사용 시 적정 길이의 로프를 사용하여야 추락 시 근로자의 안전을 확보할 수 있다는 이론

② **공식**

$$H > h = 로프의\ 길이(l) + 로프의\ 신장(율)길이(l \times a) + 작업자의\ 키 \times \frac{1}{2}$$

여기서, h : 추락 시 로프지지 위치에서 신체의 최하사점까지의 거리(최하사점)
H : 로프를 지지한 위치에서 바닥면까지의 거리

③ **로프 거리에 따른 결과**

$H > h$: 안전
$H = h$: 위험
$H < h$: 사망 또는 중상

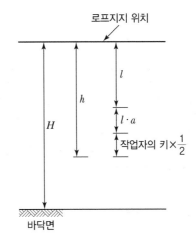

PART 01
PART 02
PART 03
PART 04
PART 05
PART 06
PART 07

6 방진마스크

1. 방진마스크의 형태★★

종류	분리식		안면부 여과식
	격리식	직결식	
형태	전면형	전면형	반면형
	반면형	반면형	
사용조건	산소농도 18% 이상인 장소에서 사용하여야 한다.		

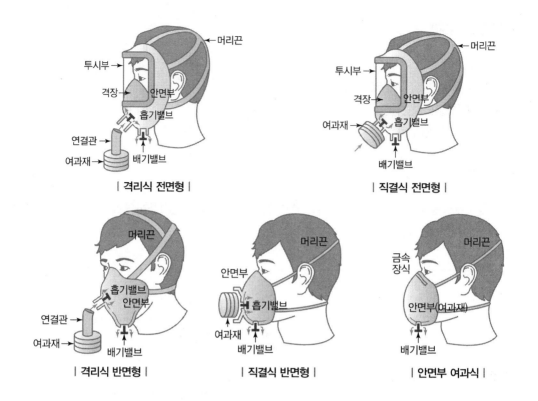

| 격리식 전면형 | 직결식 전면형 |
| 격리식 반면형 | 직결식 반면형 | 안면부 여과식 |

2. 방진마스크의 등급 및 사용장소★★

등급	특급	1급	2급
사용 장소	① 베릴륨 등과 같이 독성이 강한 물질들을 함유한 분진 등 발생장소 ② 석면 취급장소	① 특급마스크 착용장소를 제외한 분진 등 발생장소 ② 금속흄 등과 같이 열적으로 생기는 분진 등 발생장소 ③ 기계적으로 생기는 분진 등 발생장소(규소 등과 같이 2급 방진마스크를 착용하여도 무방한 경우는 제외)	특급 및 1급 마스크 착용장소를 제외한 분진 등 발생장소

※ 배기밸브가 없는 안면부 여과식 마스크는 특급 및 1급 장소에 사용해서는 안 된다.

3. 방진마스크의 구비조건★★

① 여과 효율(분집, 포집 효율)이 좋을 것

② 흡기 및 배기저항이 낮을 것

③ 사용적이 적을 것

④ 중량이 가벼울 것

⑤ 안면 밀착성이 좋을 것

⑥ 시야가 넓을 것

⑦ 피부 접촉부위의 고무질이 좋을 것

4. 방진마스크의 일반구조 및 재료

일반구조	① 착용 시 이상한 압박감이나 고통을 주지 않을 것 ② 전면형은 호흡 시에 투시부가 흐려지지 않을 것 ③ 분리식 마스크에 있어서는 여과재, 흡기밸브, 배기밸브 및 머리끈을 쉽게 교환할 수 있고 착용자 자신이 안면과 분리식 마스크의 안면부와의 밀착성 여부를 수시로 확인할 수 있어야 할 것 ④ 안면부 여과식 마스크는 여과재로 된 안면부가 사용기간 중 심하게 변형되지 않을 것 ⑤ 안면부 여과식 마스크는 여과재를 안면에 밀착시킬 수 있어야 할 것
재료	① 안면에 밀착하는 부분은 피부에 장해를 주지 않을 것 ② 여과재는 여과성능이 우수하고 인체에 장해를 주지 않을 것 ③ 방진마스크에 사용하는 금속부품은 내식성을 갖거나 부식방지를 위한 조치가 되어 있을 것 ④ 전면형의 경우 사용할 때 충격을 받을 수 있는 부품은 충격 시에 마찰 스파크를 발생되어 가연성의 가스혼합물을 점화시킬 수 있는 알루미늄, 마그네슘, 티타늄 또는 이의 합금을 사용하지 않을 것 ⑤ 반면형의 경우 사용할 때 충격을 받을 수 있는 부품은 충격 시에 마찰 스파크를 발생되어 가연성의 가스혼합물을 점화시킬 수 있는 알루미늄, 마그네슘, 티타늄 또는 이의 합금을 최소한 사용할 것

5. 시험성능기준

1) 여과재 분진 등 포집효율★★

형태 및 등급		염화나트륨(NaCl) 및 파라핀 오일(Paraffin Oil) 시험(%)
분리식	특급	99.95 이상
	1급	94.0 이상
	2급	80.0 이상
안면부 여과식	특급	99.0 이상
	1급	94.0 이상
	2급	80.0 이상

2) 안면부 누설률

형태 및 등급		누설률(%)
분리식	전면형	0.05 이하
	반면형	5 이하
안면부 여과식	특급	5 이하
	1급	11 이하
	2급	25 이하

3) 시야

형태		시야(%)	
		유효시야	겹침시야
전면형	1안식	70 이상	80 이상
	2안식	70 이상	20 이상

4) 안면부 내부의 이산화탄소 농도★★

안면부 내부의 이산화탄소 농도가 부피분율 1% 이하일 것

6. 분진포집효율★★

$$P(\%) = \frac{C_1 - C_2}{C_1} \times 100$$

여기서, P : 여과재의 분진 등 포집효율[%]
C_1 : 여과재 통과 전의 염화나트륨 농도[mg/m³]
C_2 : 여과재 통과 후의 염화나트륨 농도[mg/m³]

> ••• 예상문제
>
> 방진마스크 중 분리식 마스크에 대한 여과재의 분진 등 포집효율 시험에서 여과재 통과 전의 염화나트륨 농도는 20mg/m³이고, 여과재 통과 후의 염화나트륨 농도는 4mg/m³이었다. 여과재의 분진 등 포집효율을 구하시오.
>
> 풀이 $P(\%) = \frac{20-4}{20} \times 100 = 80(\%)$

7 방독마스크

1. 방독마스크 용어의 정의★

① 파과 : 대응하는 가스에 대하여 정화통 내부의 흡착제가 포화상태가 되어 흡착능력을 상실한 상태
② 파과시간 : 어느 일정 농도의 유해물질 등을 포함한 공기를 일정 유량으로 정화통에 통과하기 시작부터 파과가 보일 때까지의 시간
③ 파과곡선 : 파과시간과 유해물질 등에 대한 농도와의 관계를 나타낸 곡선
④ 전면형 방독마스크 : 유해물질 등으로부터 안면부 전체(입, 코, 눈)를 덮을 수 있는 구조의 방독마스크
⑤ 반면형 방독마스크 : 유해물질 등으로부터 안면부의 입과 코를 덮을 수 있는 구조의 방독마스크
⑥ 복합용 방독마스크 : 두 종류 이상의 유해물질 등에 대한 제독능력이 있는 방독마스크
⑦ 겸용 방독마스크 : 방독마스크(복합용 포함)의 성능에 방진마스크의 성능이 포함된 방독마스크

2. 종류 및 표시색★

종류	시험가스	정화통 외부 측면의 표시색
유기화합물용	시클로헥산(C_6H_{12})	갈색
	디메틸에테르(CH_3OCH_3)	
	이소부탄(C_4H_{10})	
할로겐용	염소가스 또는 증기(Cl_2)	회색
황화수소용	황화수소가스(H_2S)	
시안화수소용	시안화수소가스(HCN)	
아황산용	아황산가스(SO_2)	노랑색
암모니아용	암모니아가스(NH_3)	녹색
복합용 및 겸용의 정화통	① 복합용의 경우 : 해당 가스 모두 표시(2층 분리) ② 겸용의 경우 : 백색과 해당 가스 모두 표시(2층 분리)	

3. 등급 및 사용장소★

등급	사용장소
고농도	가스 또는 증기의 농도가 100분의 2(암모니아에 있어서는 100분의 3) 이하의 대기 중에서 사용하는 것
중농도	가스 또는 증기의 농도가 100분의 1(암모니아에 있어서는 100분의 1.5) 이하의 대기 중에서 사용하는 것
저농도 및 최저농도	가스 또는 증기의 농도가 100분의 0.1 이하의 대기 중에서 사용하는 것으로서 긴급용이 아닌 것

※ 방독마스크는 산소농도가 18% 이상인 장소에서 사용하여야 하고, 고농도와 중농도에서 사용하는 방독마스크는 전면형(격리식, 직결식)을 사용해야 한다.

4. 방독마스크의 종류별 파과농도

종류	파과농도(ppm, ±20%)	종류	파과농도(ppm, ±20%)
유기화합물용	10.0	시안화수소용	10.0
할로겐용	0.5	아황산용	5.0
황화수소용	10.0	암모니아용	25.0

5. 안면부 내부의 이산화탄소 농도★

안면부 내부의 이산화탄소 농도가 부피분율 1% 이하일 것

6. 방독마스크 흡수통의 유효사용시간★★

$$유효사용시간 = \frac{표준유효시간 \times 시험가스농도}{공기 중 유해가스농도}$$

시험가스의 농도 1.5%에서 표준유효시간이 80분인 정화통을 유해가스농도가 0.8%인 작업장에서 사용할 경우 유효사용 가능 시간을 계산하시오.

풀이

$$유효사용시간 = \frac{표준유효시간 \times 시험가스농도}{공기 중 유해가스농도} = \frac{80 \times 1.5}{0.8} = 150(분)$$

7. 방독마스크 사용 시 주의사항★

① 방독마스크를 과신하지 말 것
② 수명이 지난 것은 절대 사용하지 말 것
③ 산소결핍장소에서는 사용하지 말 것
④ 가스의 종류에 따라 용도 이외에는 사용하지 말 것

8 송기마스크

1. 송기마스크의 종류 및 등급

종류	등급		구분
호스 마스크	폐력흡인형		안면부
	송풍기형	전동	안면부, 페이스실드, 후드
		수동	안면부
에어라인마스크	일정유량형		안면부, 페이스실드, 후드
	디맨드형		안면부
	압력디맨드형		안면부
복합식 에어라인마스크	디맨드형		안면부
	압력디맨드형		안면부

2. 송풍기형 호스 마스크의 분진 포집효율★★

등급	효율(%)
전동	99.8 이상
수동	95.0 이상

참고✅ 송기마스크

공기 중 산소농도가 부족하고(산소농도 18% 미만 장소), 공기 중에 미립자상 물질이 부유하는 장소에서 사용하기에 가장 적절한 보호구

9 보안경

1. 차광보안경 용어의 정의★

① **접안경** : 착용자의 시야를 확보하는 보안경의 일부로서 렌즈 및 플레이트 등을 말한다.

② **필터** : 해로운 자외선 및 적외선 또는 강렬한 가시광선의 강도를 감소시킬 수 있도록 설계된 것을 말한다.

③ **필터렌즈(플레이트)** : 유해광선을 차단하는 원형 또는 변형모양의 렌즈(플레이트)를 말한다.

④ **커버렌즈(플레이트)** : 분진, 칩, 액체약품 등 비산물로부터 눈을 보호하기 위해 사용하는 렌즈(플레이트)를 말한다.

⑤ **시감투과율** : 필터 입사에 대한 투과 광속의 비를 말하며, 분광투과율을 측정한다.

⑥ **적외선 투과율** : 780나노미터 이상 1,400나노미터 이하, 780나노미터 이상 2,000나노미터 이하 영역의 평균 분광투과율을 말한다.

⑦ **차광도 번호(Scale Number)** : 필터와 플레이트의 유해광선을 차단할 수 있는 능력을 말하고 자외선, 가시광선 및 적외선에 대해 표기할 수 있다.

2. 종류 및 사용 구분

1) 보안경의 종류(자율안전확인)

종류	사용 구분
유리보안경	비산물로부터 눈을 보호하기 위한 것으로 렌즈의 재질이 유리인 것
플라스틱보안경	비산물로부터 눈을 보호하기 위한 것으로 렌즈의 재질이 플라스틱인 것
도수렌즈보안경	비산물로부터 눈을 보호하기 위한 것으로 도수가 있는 것

2) 차광보안경의 종류(안전인증)★★

종류	사용 구분
자외선용	자외선이 발생하는 장소
적외선용	적외선이 발생하는 장소
복합용	자외선 및 적외선이 발생하는 장소
용접용	산소용접작업 등과 같이 자외선, 적외선 및 강렬한 가시광선이 발생하는 장소

10 보호복

1. 방열복의 종류 및 구조

▼ 방열복의 종류

종류	착용부위	질량(이하) (단위 : kg)
방열상의	상체	3.0
방열하의	하체	2.0
방열일체복	몸체(상·하체)	4.3
방열장갑	손	0.5
방열두건	머리	2.0

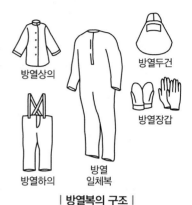

| 방열복의 구조 |

2. 화학물질용 보호복

1) 화학물질용 보호복 용어의 정의

① **화학물질용 보호복** : 화학물질이 피부를 통하여 인체에 흡수되는 것을 방지하기 위한 것으로서 신체의 전부 또는 일부를 보호하기 위한 옷을 말한다.

② **신보호복** : 신체의 모든 부분을 보호하기 위한 옷을 말한다.

③ **부분보호복** : 신체의 일부를 보호하기 위한 옷으로서 상의, 하의, 실험코트, 앞치마 또는 토시 등을 말한다.

④ **성능 수준(Class)** : 보호복의 재료, 솔기 및 접합부 등에 대해 시험항목별로 구분된 성능기준의 분류를 말한다.

⑤ **투과(Permeation)** : 화학물질이 보호복의 재료의 외부 표면에 접촉(Sorption)된 후 내부로 확산(Diffusion)하여 내부 표면으로부터 탈착(Desorption)되는 현상을 말한다.

⑥ **파과시간(Breakthrough Time)** : 투과시험 시 시험화학물질이 보호복 재료 표면에 닿기 시작해서 다른 쪽 면에 규정된 파과농도로 검출될 때까지 경과된 시간을 말한다.

⑦ **미스트(Mist)** : 기체 속에 부유하는 액체 미립자를 말한다.

2) 보호복의 표시사항

① 보호복의 일반요건에서 정하는 보호복 치수

② 성능수준(Class)

③ 보관·사용 및 세척상의 주의사항(세탁방법 포함)

④ 보호복을 표시하는 화학물질보호성능표시 및 제품 사용에 대한 설명

⑤ 고용노동부 고시에서 정한 화학물질 외 다른 화학물질에 대한 투과저항시험, 액체반발 및 액체침투 시험의 성능수준은 제조회사의 시험 결과임을 명시하여 사용설명서에 나타낼 수 있다.

⑥ 재료시험의 각 성능 수준을 사용설명서에 표시하여야 한다.

| 화학물질 보호성능 표시 |

11 안전장갑

1. 내전압용 절연장갑

1) 절연장갑의 등급★★

등급	최대사용전압		등급별 색상
	교류(V, 실효값)	직류(V)	
00	500	750	갈색
0	1,000	1,500	빨강색
1	7,500	11,250	흰색
2	17,000	25,500	노랑색
3	26,500	39,750	녹색
4	36,000	54,000	등색

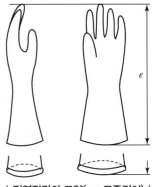

| 절연장갑의 모양(e : 표준길이) |

2) 절연장갑의 치수

등급	표준길이(mm)	비고
00	270 및 360	
0	270, 360, 410 및 460	각 등급에서의 오차범위는 ±15mm이다.
1, 2, 3	360, 410 및 460	
4	410 및 460	

2. 화학물질용 안전장갑

1) 일반구조 및 재료

① 안전장갑에 사용되는 재료와 부품은 착용자에게 해로운 영향을 주지 않아야 한다.
② 안전장갑은 착용 및 조작이 용이하고, 착용상태에서 작업을 행하는 데 지장이 없어야 한다.
③ 안전장갑은 육안을 통해 확인한 결과 찢어진 곳, 터진 곳, 구멍 난 곳이 없어야 한다.

2) 표시 사항

① 안전장갑의 치수
② 보관·사용 및 세척상의 주의사항
③ 투과저항시험에 사용되는 화학물질에 따른 3가지 화학물질 구분문자와 안전장갑을 표시하는 화학물질 보호성능표시 및 제품 사용에 대한 설명
④ 투과저항시험에 사용되는 화학물질 외 제조자가 다른 화학물질에 대한 투과저항시험을 실시하고, 성능수준을 사용설명서에 표시하는 경우 제조회사의 시험 결과임을 표시
⑤ 재료시험의 각 성능 수준을 사용설명서에 표시

12 기타 보호구

1. 전동식 호흡보호구

1) 전동식 호흡보호구의 분류

분류	사용구분
전동식 방진마스크	분진 등이 호흡기를 통하여 체내에 유입되는 것을 방지하기 위하여 고효율 여과재를 전동장치에 부착하여 사용하는 것
전동식 방독마스크	유해물질 및 분진 등이 호흡기를 통하여 체내에 유입되는 것을 방지하기 위하여 고효율 정화통 및 여과재를 전동장치에 부착하여 사용하는 것
전동식 후드 및 전동식 보안면	유해물질 및 분진 등이 호흡기를 통하여 체내에 유입되는 것을 방지하기 위하여 고효율 정화통 및 여과재를 전동장치에 부착하여 사용함과 동시에 머리, 안면부, 목, 어깨부분까지 보호하기 위해 사용하는 것

2) 시험성능기준

① 여과재의 분진 등 포집효율

형태 및 등급		염화나트륨(NaCl) 및 파라핀 오일(Paraffin Oil)시험(%)
전동식 전면형 및 전동식 반면형	전동식 특급	99.95 이상
	전동식 1급	99.5 이상
	전동식 2급	95.0 이상

② 안면부 누설률

상태 및 등급		누설률(%)
전원을 켠 상태	전동식 특급	0.05 이하
	전동식 1급	0.5 이하
	전동식 2급	5 이하
전원을 끈 상태	전동식 특급	0.1 이하
	전동식 1급	1 이하
	전동식 2급	5 이하

3) 전동식 호흡보호구의 표시사항

① 전동기 등이 본질안전 방폭구조로 설계된 경우 해당 내용 표시
② 사용범위, 사용상 주의사항, 파과곡선도(정화통에 부착)
③ 정화통의 외부 측면의 표시색

2. 보안면

1) 사용 구분

일반보안면(자율안전확인)	작업 시 발생하는 각종 비산물과 유해한 액체로부터 얼굴(머리의 전면, 이마, 턱, 목앞부분, 코, 입)을 보호하기 위해 착용하는 것을 말한다.
용접용 보안면(안전인증)	용접작업 시 머리와 안면을 보호하기 위한 것으로 통상적으로 지지대를 이용하여 고정하며 적합한 필터를 통해서 눈과 안면을 보호하는 보호구이다.

2) 용접용 보안면의 형태(안전인증)

형태	구조
헬멧형	안전모나 착용자의 머리에 지지대나 헤드밴드 등을 이용하여 적정위치에 고정, 사용하는 형태(자동용접필터형, 일반용접필터형)
핸드실드형	손에 들고 이용하는 보안면으로 적절한 필터를 장착하여 눈 및 안면을 보호하는 형태

3) 보안면의 투과율 시험성능기준

구분	시험성능기준		
일반보안면 (자율안전확인)	구분		투과율(%)
	투명투시부		85 이상
	채색투시부	밝음	50±7
		중간 밝기	23±4
		어두움	14±4
용접용 보안면 (안전인증)	커버플레이트		89% 이상
	자동용접필터		낮은 수준의 최소시감투과율 0.16% 이상

3. 방음 보호구

1) 방음용 귀마개 또는 귀덮개의 종류 및 등급

종류	등급	기호	성능	비고
귀마개	1종	EP-1	저음부터 고음까지 차음하는 것	귀마개의 경우 재사용 여부를 제조 특성으로 표기
	2종	EP-2	주로 고음을 차음하고 저음(회화음영역)은 차음하지 않는 것	
귀덮개	-	EM		

2) 방음용 귀마개의 일반구조

① 귀마개는 사용수명 동안 피부자극, 피부질환, 알레르기 반응 혹은 그 밖에 다른 건강상의 부작용을 일으키지 않을 것

② 귀마개 사용 중 재료에 변형이 생기지 않을 것

③ 귀마개를 착용할 때 귀마개의 모든 부분이 착용자에게 물리적인 손상을 유발시키지 않을 것

④ 귀마개를 착용할 때 밖으로 돌출되는 부분이 외부의 접촉에 의하여 귀에 손상이 발생하지 않을 것

⑤ 귀(외이도)에 잘 맞을 것

⑥ 사용 중 심한 불쾌함이 없을 것

⑦ 사용 중에 쉽게 빠지지 않을 것

3) 귀덮개의 일반구조

① 인체에 접촉되는 부분에 사용하는 재료는 해로운 영향을 주지 않을 것

② 귀덮개 사용 중 재료에 변형이 생기지 않을 것

③ 제조자가 지정한 방법으로 세척 및 소독을 한 후 육안상 손상이 없을 것

④ 금속으로 된 재료는 부식방지 처리가 된 것으로 할 것

⑤ 귀덮개의 모든 부분은 날카로운 부분이 없도록 처리할 것

⑥ 제조자는 귀덮개의 쿠션 및 라이너를 전용 도구로 사용하지 않고 착용자가 교체할 수 있을 것

⑦ 귀덮개는 귀 전체를 덮을 수 있는 크기로 하고, 발포 플라스틱 등의 흡음재료로 감쌀 것

⑧ 귀 주위를 덮는 덮개의 안쪽 부위는 발포 플라스틱 공기 혹은 액체를 봉입한 플라스틱 튜브 등에 의해 귀 주위에 완전하게 밀착되는 구조일 것

⑨ 길이조절을 할 수 있는 금속재질의 머리띠 또는 걸고리 등은 적당한 탄성을 가져 착용자에게 압박감 또는 불쾌함을 주지 않을 것

4) 귀마개 또는 귀덮개의 표시사항

① 일회용 또는 재사용 여부

② 세척 및 소독방법 등 사용상의 주의사항(다만, 재사용 귀마개에 한함)

CHAPTER
02 안전보건표지

1 안전보건표지의 종류

1. 안전보건표지의 정의

사업장의 유해 또는 위험한 시설, 위험물질에 대한 경고, 장소에 대한 경고, 비상시 조치의 안내, 기타 안전의식을 고취하기 위한 사항을 표시한 그림, 기호 및 문자를 포함한 형체를 말한다.

2. 안전보건표지의 목적

작업대상의 유해위험성의 성질에 따라 작업행위를 통제하고, 유해·위험한 기계기구나 취급장소에 대한 위험성을 사전에 표시로 경고하여 재해를 미연에 방지하고자 하는 것이 목적이다.

3. 안전·보건표지의 종류와 형태★★

1. 금지표지	101 출입금지	102 보행금지	103 차량통행금지	104 사용금지	105 탑승금지	106 금연
107 화기금지	108 물체이동금지	2. 경고표지	201 인화성물질경고	202 산화성물질경고	203 폭발성물질경고	204 급성독성물질경고
205 부식성물질경고	206 방사성물질경고	207 고압전기경고	208 매달린물체경고	209 낙하물경고	210 고온경고	211 저온경고
212 몸균형상실경고	213 레이저광선경고	214 발암성·변이원성·생식독성·전신독성·호흡기·호흡기과민성물질경고	215 위험장소경고	3. 지시표지	301 보안경착용	302 방독마스크착용

303 방진마스크착용	304 보안면착용	305 안전모착용	306 귀마개착용	307 안전화착용	308 안전장갑착용	309 안전복착용

4. 안내표지	401 녹십자표지	402 응급구호표지	403 들 것	404 세안장치	405 비상용기구	406 비상구

407 좌측비상구	408 우측비상구	5. 관계자외 출입금지	501 허가대상물질작업장	502 석면취급/해체작업장	503 금지대상물질의취급실험실등
			관계자외 출입금지 (허가물질 명칭) 제조/사용/보관 중 보호구/보호복 착용 흡연 및 음식물 섭취 금지	관계자외 출입금지 석면 취급/해체 중 보호구/보호복 착용 흡연 및 음식물 섭취 금지	관계자외 출입금지 발암물질 취급 중 보호구/보호복 착용 흡연 및 음식물 섭취 금지

6. 문자추가시 예시문	• 내 자신의 건강과 복지를 위하여 안전을 늘 생각한다. • 내 가정의 행복과 화목을 위하여 안전을 늘 생각한다. • 내 자신의 실수로써 동료를 해치지 않도록 안전을 늘 생각한다. • 내 자신이 일으킨 사고로 인한 회사의 재산과 손실을 방지하기 위하여 안전을 늘 생각한다. • 내 자신의 방심과 불안전한 행동이 조국의 번영에 장애가 되지 않도록 하기 위하여 안전을 늘 생각한다.

2 안전 · 보건표지의 적용

1. 안전 · 보건표지의 종류별 용도 및 사용 장소

분류	종류	용도 및 사용 장소	사용 장소 예시
금지표지	1. 출입금지	출입을 통제해야 할 장소	조립 · 해체 작업장 입구
	2. 보행금지	사람이 걸어 다녀서는 안 될 장소	중장비 운전작업장
	3. 차량통행금지	제반 운반기기 및 차량의 통행을 금지시켜야 할 장소	집단보행 장소
	4. 사용금지	수리 또는 고장 등으로 만지거나 작동시키는 것을 금지해야 할 기계 · 기구 및 설비	고장 난 기계
	5. 탑승금지	엘리베이터 등에 타는 것이나 어떤 장소에 올라가는 것을 금지	고장 난 엘리베이터
	6. 금연	담배를 피워서는 안 될 장소	
	7. 화기금지	화재가 발생할 염려가 있는 장소로서 화기 취급을 금지하는 장소	화학물질취급 장소
	8. 물체이동금지	정리 정돈 상태의 물체나 움직여서는 안 될 물체를 보존하기 위하여 필요한 장소	절전스위치 옆

분류	종류	용도 및 사용 장소	사용 장소 예시
경고표지	1. 인화성물질경고	휘발유 등 화기의 취급을 극히 주의해야 하는 물질이 있는 장소	휘발유 저장탱크
	2. 산화성물질경고	가열 · 압축하거나 강산 · 알칼리 등을 첨가하면 강한 산화성을 띠는 물질이 있는 장소	질산 저장탱크
	3. 폭발성물질경고	폭발성 물질이 있는 장소	폭발물 저장실
	4. 급성독성물질경고	급성독성 물질이 있는 장소	농약 제조 · 보관소
	5. 부식성물질경고	신체나 물체를 부식시키는 물질이 있는 장소	황산 저장소
	6. 방사성물질경고	방사능물질이 있는 장소	방사성 동위원소 사용실
	7. 고압전기경고	발전소나 고전압이 흐르는 장소	감전우려지역 입구
	8. 매달린물체경고	머리 위에 크레인 등과 같이 매달린 물체가 있는 장소	크레인이 있는 작업장 입구
	9. 낙하물체경고	돌 및 블록 등 떨어질 우려가 있는 물체가 있는 장소	비계 설치 장소 입구
	10. 고온경고	고도의 열을 발하는 물체 또는 온도가 아주 높은 장소	주물작업장 입구
	11. 저온경고	아주 차가운 물체 또는 온도가 아주 낮은 장소	냉동작업장 입구
	12. 몸균형상실경고	미끄러운 장소 등 넘어지기 쉬운 장소	경사진 통로 입구
	13. 레이저광선경고	레이저광선에 노출될 우려가 있는 장소	레이저실험실 입구
	14. 발암성 · 변이원성 · 생식독성 · 전신독성 · 호흡기과민성물질경고	발암성 · 변이원성 · 생식독성 · 전신독성 · 호흡기과민성 물질이 있는 장소	납 분진 발생장소
	15. 위험장소경고	그 밖에 위험한 물체 또는 그 물체가 있는 장소	맨홀 앞 고열금속찌꺼기 폐기장소
지시표지	1. 보안경착용	보안경을 착용해야만 작업 또는 출입을 할 수 있는 장소	그라인더작업장 입구
	2. 방독마스크착용	방독마스크를 착용해야만 작업 또는 출입을 할 수 있는 장소	유해물질작업장 입구
	3. 방진마스크착용	방진마스크를 착용해야만 작업 또는 출입을 할 수 있는 장소	분진이 많은 곳
	4. 보안면착용	보안면을 착용해야만 작업 또는 출입을 할 수 있는 장소	용접실 입구
	5. 안전모착용	헬멧 등 안전모를 착용해야만 작업 또는 출입을 할 수 있는 장소	갱도의 입구
	6. 귀마개착용	소음장소 등 귀마개를 착용해야만 작업 또는 출입을 할 수 있는 장소	판금작업장 입구
	7. 안전화착용	안전화를 착용해야만 작업 또는 출입을 할 수 있는 장소	채탄작업장 입구
	8. 안전장갑착용	안전장갑을 착용해야 작업 또는 출입을 할 수 있는 장소	고온 및 저온물 취급작업장 입구
	9. 안전복착용	방열복 및 방한복 등의 안전복을 착용해야만 작업 또는 출입을 할 수 있는 장소	단조작업장 입구
안내표지	1. 녹십자표지	안전의식을 북돋우기 위하여 필요한 장소	공사장 및 사람들이 많이 볼 수 있는 장소
	2. 응급구호표지	응급구호설비가 있는 장소	위생구호실 앞
	3. 들것	구호를 위한 들것이 있는 장소	위생구호실 앞
	4. 세안장치	세안장치가 있는 장소	위생구호실 앞

01 PART
02 PART
03 PART
04 PART
05 PART
06 PART
07 PART

분류	종류	용도 및 사용 장소	사용 장소 예시
	5. 비상용기구	비상용 기구가 있는 장소	비상용 기구 설치장소 앞
	6. 비상구	비상출입구	위생구호실 앞
	7. 좌측비상구	비상구가 좌측에 있음을 알려야 하는 장소	위생구호실 앞
	8. 우측비상구	비상구가 우측에 있음을 알려야 하는 장소	위생구호실 앞
출입금지표지	1. 허가대상유해물질 취급	허가대상유해물질 제조, 사용 작업장	출입구 (단, 실외 또는 출입구가 없을 시 근로자가 보기 쉬운 장소)
	2. 석면취급 및 해체 · 제거	석면 제조, 사용, 해체 · 제거 작업장	
	3. 금지유해물질 취급	금지유해물질 제조 · 사용설비가 설치된 장소	

2. 안전 · 보건표지의 종류별 색채★★

분류	색채
금지표지	바탕은 흰색, 기본모형은 빨간색, 관련 부호 및 그림은 검은색
경고표지	바탕은 노란색, 기본모형, 관련 부호 및 그림은 검은색 다만, 인화성 물질 경고, 산화성 물질 경고, 폭발성 물질 경고, 급성독성 물질 경고, 부식성 물질 경고 및 발암성 · 변이원성 · 생식독성 · 전신독성 · 호흡기 과민성 물질 경고의 경우 바탕은 무색, 기본모형은 빨간색(검은색도 가능)
지시표지	바탕은 파란색, 관련 그림은 흰색
안내표지	바탕은 흰색, 기본모형 및 관련 부호는 녹색, 바탕은 녹색, 관련 부호 및 그림은 흰색
출입금지표지	글자는 흰색바탕에 흑색 다음 글자는 적색 • ○○○제조/사용/보관 중 • 석면취급/해체 중 • 발암물질 취급 중

3. 안전 · 보건표지의 색채, 색도기준 및 용도★★

색채	색도기준	용도	사용례
빨간색	7.5R 4/14	금지	정지신호, 소화설비 및 그 장소, 유해행위의 금지
		경고	화학물질 취급장소에서의 유해 · 위험 경고
노란색	5Y 8.5/12	경고	화학물질 취급장소에서의 유해 · 위험경고 이외의 위험경고, 주의표지 또는 기계방호물
파란색	2.5PB 4/10	지시	특정 행위의 지시 및 사실의 고지
녹색	2.5G 4/10	안내	비상구 및 피난소, 사람 또는 차량의 통행표지
흰색	N9.5		파란색 또는 녹색에 대한 보조색
검은색	N0.5		문자 및 빨간색 또는 노란색에 대한 보조색

(참고)
1. 허용 오차 범위 H = ± 2, V = ± 0.3, C = ± 1(H는 색상, V는 명도, C는 채도를 말한다)
2. 위의 색도기준은 한국산업규격(KS)에 따른 색의 3속성에 의한 표시방법(KSA 0062 기술표준원 고시 제2008 – 0759)에 따른다.

4. 안전 · 보건표지의 기본모형

번호	기본모형	규격비율(크기)	표시사항
1		$d \geq 0.025L$ $d_1 = 0.8d$ $0.7d < d_2 < 0.8d$ $d_3 = 0.1d$	금지
2		$a \geq 0.034L$ $a_1 = 0.8a$ $0.7a < a_2 < 0.8a$	경고
2		$a \geq 0.025L$ $a_1 = 0.8a$ $0.7a < a_2 < 0.8a$	경고
3		$d \geq 0.025L$ $d_1 = 0.8d$	지시
4		$b \geq 0.0224L$ $b_2 = 0.8b$	안내
5		$h < \ell$ $h_2 = 0.8h$ $\ell \times h \geq 0.0005L^2$ $h - h_2 = \ell - \ell_2 = 2e_2$ $\ell/h = 1,\ 2,\ 4,\ 8$ (4종류)	안내

번호	기본모형	규격비율(크기)	표시사항

6	A
	B
	C
	
	모형 안쪽에는 A, B, C로 3가지 구역으로
	구분하여 글씨를 기재한다.
		① 모형크기(가로 40cm, 세로 25cm 이상)
		② 글자크기
		  A : 가로 4cm, 세로 5cm 이상
		  B : 가로 2.5cm, 세로 3cm 이상
		  C : 가로 3cm, 세로 3.5cm 이상
			관계자 외
			출입금지

7	A
	B
	C
	
	모형 안쪽에는 A, B, C로 3가지 구역으로
	구분하여 글씨를 기재한다.
		① 모형크기(가로 70cm, 세로 50cm 이상)
		② 글자크기
		  A : 가로 8cm, 세로 10cm 이상
		  B, C : 가로 6cm, 세로 6cm 이상
			관계자 외
			출입금지

※ 1. L=안전보건표지를 인식할 수 있거나 인식해야 할 안전거리를 말한다(L과 a, b, d, e, h, l은 같은 단위로 계산해야 한다).
　2. 점선 안쪽에는 표시사항과 관련된 부호 또는 그림을 그린다.

5. 안전보건표지의 제작

① 종류별로 기본모형에 의하여 종류별 용도, 설치 · 부착장소, 형태 및 색채의 구분에 따라 제작하여야
　한다.
② 표시내용을 근로자가 빠르고 쉽게 알아볼 수 있는 크기로 제작하여야 한다.
③ 그림 또는 부호의 크기는 안전보건표지의 크기와 비례하여야 하며, 안전보건표지 전체 규격의 30퍼
　센트 이상이 되어야 한다.
④ 쉽게 파손되거나 변형되지 않는 재료로 제작해야 한다.
⑤ 야간에 필요한 안전보건표지는 야광물질을 사용하는 등 쉽게 알아볼 수 있도록 제작해야 한다.

산업안전
보건법

01 산업안전보건법령

1 산업안전보건법

1. 정부의 책무

① 산업 안전 및 보건 정책의 수립 및 집행
② 산업재해 예방 지원 및 지도
③ 직장 내 괴롭힘 예방을 위한 조치기준 마련, 지도 및 지원
④ 사업주의 자율적인 산업안전 및 보건 경영체제 확립을 위한 지원
⑤ 산업안전 및 보건에 관한 의식을 북돋우기 위한 홍보 · 교육 등 안전문화 확산 추진
⑥ 산업안전 및 보건에 관한 기술의 연구 · 개발 및 시설의 설치 · 운영
⑦ 산업재해에 관한 조사 및 통계의 유지 · 관리
⑧ 산업안전 및 보건 관련 단체 등에 대한 지원 및 지도 · 감독
⑨ 그 밖에 노무를 제공하는 자의 안전 및 건강의 보호 · 증진

2. 사업주 등의 의무

① 사업주는 다음 각 호의 사항을 이행함으로써 근로자(특수형태근로종사자와 물건의 수거 · 배달 등을 하는 자를 포함)의 안전 및 건강을 유지 · 증진시키고 국가의 산업재해 예방정책을 따라야 한다.
　㉠ 산업안전보건법에 따른 명령으로 정하는 산업재해 예방을 위한 기준
　㉡ 근로자의 신체적 피로와 정신적 스트레스 등을 줄일 수 있는 쾌적한 작업환경의 조성 및 근로조건 개선
　㉢ 해당 사업장의 안전 및 보건에 관한 정보를 근로자에게 제공

② 다음 각 호의 어느 하나에 해당하는 자는 발주 · 설계 · 제조 · 수입 또는 건설을 할 때 산업안전보건법에 따른 명령으로 정하는 기준을 지켜야 하고, 발주 · 설계 · 제조 · 수입 또는 건설에 사용되는 물건으로 인하여 발생하는 산업재해를 방지하기 위하여 필요한 조치를 하여야 한다.
　㉠ 기계 · 기구와 그 밖의 설비를 설계 · 제조 또는 수입하는 자
　㉡ 원재료 등을 제조 · 수입하는 자
　㉢ 건설물을 발주 · 설계 · 건설하는 자

3. 근로자의 의무

근로자는 산업안전보건법에 따른 명령으로 정하는 산업재해 예방을 위한 기준을 지켜야 하며, 사업주

또는 「근로기준법」에 따른 근로감독관, 공단 등 관계인이 실시하는 산업재해 예방에 관한 조치에 따라야 한다.

4. 도급인의 안전조치 및 보건조치

1) 안전보건총괄책임자

도급인은 관계수급인 근로자가 도급인의 사업장에서 작업을 하는 경우에는 그 사업장의 안전보건관리책임자를 도급인의 근로자와 관계수급인 근로자의 산업재해를 예방하기 위한 업무를 총괄하여 관리하는 안전보건총괄책임자로 지정하여야 한다. 이 경우 안전보건관리책임자를 두지 아니하여도 되는 사업장에서는 그 사업장에서 사업을 총괄하여 관리하는 사람을 안전보건총괄책임자로 지정하여야 한다.

2) 도급인의 안전조치 및 보건조치

도급인은 관계수급인 근로자가 도급인의 사업장에서 작업을 하는 경우에 자신의 근로자와 관계수급인 근로자의 산업재해를 예방하기 위하여 안전 및 보건시설의 설치 등 필요한 안전조치 및 보건조치를 하여야 한다. (다만, 보호구 착용의 지시 등 관계수급인 근로자의 작업행동에 관한 직접적인 조치는 제외)

3) 도급에 따른 산업재해 예방조치

① 도급인은 관계수급인 근로자가 도급인의 사업장에서 작업을 하는 경우 다음의 사항을 이행하여야 한다.

㉠ 도급인과 수급인을 구성원으로 하는 안전 및 보건에 관한 협의체의 구성 및 운영

협의체의 구성 및 운영	구성	도급인 및 그의 수급인 전원으로 구성해야 한다.
	협의 사항	① 작업의 시작 시간 ② 작업 또는 작업장 간의 연락 방법 ③ 재해발생 위험 시의 대피 방법 ④ 작업장에서의 위험성 평가의 실시에 관한 사항 ⑤ 사업주와 수급인 또는 수급인 상호 간의 연락 방법 및 작업공정의 조정
	회의	협의체는 매월 1회 이상 정기적으로 회의를 개최하고 그 결과를 기록·보존해야 한다.

㉡ 작업장 순회점검

순회 실시 횟수	대상 사업	
2일에 1회 이상	① 건설업 ② 제조업 ③ 토사석 광업	④ 서적, 잡지 및 기타 인쇄물 출판업 ⑤ 음악 및 기타 오디오물 출판업 ⑥ 금속 및 비금속 원료 재생업
1주일에 1회 이상	2일에 1회 이상 대상 사업을 제외한 사업	

㉢ 관계수급인이 근로자에게 하는 안전보건교육을 위한 장소 및 자료의 제공 등 지원

㉣ 관계수급인이 근로자에게 하는 안전보건교육의 실시 확인

㉤ 다음 각 목의 어느 하나의 경우에 대비한 경보체계 운영과 대피방법 등 훈련

01 PART
02 PART
03 PART
04 PART
05 PART
06 PART
07 PART

ⓐ 작업 장소에서 발파작업을 하는 경우

ⓑ 작업 장소에서 화재·폭발, 토사·구축물 등의 붕괴 또는 지진 등이 발생한 경우

ⓑ 위생시설 등 시설의 설치 등을 위하여 필요한 장소의 제공 또는 도급인이 설치한 위생시설 이용의 협조

위생시설
• 휴게시설　• 세면·목욕시설　• 세탁시설　• 탈의시설　• 수면시설

② 도급인은 자신의 근로자 및 관계수급인 근로자와 함께 정기적으로 또는 수시로 작업장의 안전 및 보건에 관한 점검을 하여야 한다.

㉠ 도급사업의 합동 안전·보건 점검반의 구성

ⓐ 도급인(같은 사업 내에 지역을 달리하는 사업장이 있는 경우에는 그 사업장의 안전보건관리책임자)

ⓑ 관계수급인(같은 사업 내에 지역을 달리하는 사업장이 있는 경우에는 그 사업장의 안전보건관리책임자)

ⓒ 도급인 및 관계수급인의 근로자 각 1명(관계수급인의 근로자의 경우에는 해당 공정만 해당한다)

㉡ 정기 안전·보건점검의 실시 횟수

실시 횟수	대상 사업	
2개월에 1회 이상	① 건설업	② 선박 및 보트 건조업
분기에 1회 이상	2개월에 1회 이상 대상 사업(건설업, 선박 및 보트 건조업)을 제외한 사업	

5. 안전 및 보건에 관한 협의체의 구성·운영(노사협의체)

1) 설치대상 사업

공사금액이 120억 원(토목공사업은 150억 원) 이상인 건설공사

2) 노사협의체의 구성

근로자위원과 사용자위원이 같은 수로 구성

사용자위원	① 도급 또는 하도급 사업을 포함한 전체 사업의 대표자 ② 안전관리자 1명 ③ 보건관리자 1명(보건관리자 선임대상 건설업으로 한정) ④ 공사금액이 20억 원 이상인 공사의 관계수급인의 각 대표자
근로자위원	① 도급 또는 하도급 사업을 포함한 전체 사업의 근로자대표 ② 근로자대표가 지명하는 명예산업안전감독관 1명. 다만, 명예산업안전감독관이 위촉되어 있지 않은 경우에는 근로자대표가 지명하는 해당 사업장 근로자 1명 ③ 공사금액이 20억 원 이상인 공사의 관계수급인의 각 근로자대표

※ 노사협의체의 근로자위원과 사용자위원은 합의하여 노사협의체에 공사금액이 20억 원 미만인 공사의 관계수급인 및 관계수급인 근로자대표를 위원으로 위촉할 수 있다.

※ 노사협의체의 근로자위원과 사용자위원은 합의하여 건설기계관리법에 따라 등록된 건설기계를 직접 운전하는 사람을 노사협의체에 참여하도록 할 수 있다.

3) 노사 협의체의 운영

회의의 진행	소집시기
정기회의	2개월마다 노사협의체의 위원장이 소집
임시회의	위원장이 필요하다고 인정할 때에 소집

4) 노사협의체 협의사항

① 산업재해 예방방법 및 산업재해가 발생한 경우의 대피방법

② 작업의 시작시간, 작업 및 작업장 간의 연락방법

③ 그 밖의 산업재해 예방과 관련된 사항

6. 물질안전보건자료의 작성

1) 물질안전보건자료의 작성 및 제출

화학물질 또는 이를 포함한 혼합물로서 물질안전보건자료대상물질을 제조하거나 수입하려는 자는 물질안전보건자료를 작성하여 고용노동부장관에게 제출하여야 한다.

2) 작성내용

① 제품명

② 물질안전보건자료대상물질을 구성하는 화학물질 중 유해인자의 분류기준에 해당하는 화학물질의 명칭 및 함유량

③ 안전 및 보건상의 취급주의사항

④ 건강 및 환경에 대한 유해성, 물리적 위험성

⑤ 물리 · 화학적 특성 등 고용노동부령으로 정하는 사항

  ㉠ 물리 · 화학적 특성

  ㉡ 독성에 관한 정보

  ㉢ 폭발 · 화재 시의 대처방법

  ㉣ 응급조치 요령

  ㉤ 그 밖에 고용노동부장관이 정하는 사항

3) 경고표시 방법 및 기재항목

① 경고표시 방법

물질안전보건자료대상물질을 양도하거나 제공하는 자 또는 이를 사업장에서 취급하는 사업주는 경고표시를 하는 경우에는 물질안전보건자료대상물질 단위로 경고표지를 작성하여 물질안전보건자료대상물질을 담은 용기 및 포장에 붙이거나 인쇄하는 등 유해 · 위험정보가 명확히 나타나도록 해야 한다.

01 PART
02 PART
03 PART
04 PART
05 PART
06 PART
07 PART

② 기재항목

명칭	제품명
그림문자	화학물질의 분류에 따라 유해 · 위험의 내용을 나타내는 그림
신호어	유해 · 위험의 심각성 정도에 따라 표시하는 "위험" 또는 "경고" 문구
유해 · 위험 문구	화학물질의 분류에 따라 유해 · 위험을 알리는 문구
예방조치 문구	화학물질에 노출되거나 부적절한 저장 · 취급 등으로 발생하는 유해 · 위험을 방지하기 위하여 알리는 주요 유의사항
공급자 정보	물질안전보건자료대상물질의 제조자 또는 공급자의 이름 및 전화번호 등

4) 물질안전보건자료 작성 시 포함되어야 할 항목 및 그 순서

① 화학제품과 회사에 관한 정보
② 유해성 · 위험성
③ 구성성분의 명칭 및 함유량
④ 응급조치요령
⑤ 폭발 · 화재 시 대처방법
⑥ 누출사고 시 대처방법
⑦ 취급 및 저장방법
⑧ 노출방지 및 개인보호구
⑨ 물리화학적 특성
⑩ 안정성 및 반응성
⑪ 독성에 관한 정보
⑫ 환경에 미치는 영향
⑬ 폐기 시 주의사항
⑭ 운송에 필요한 정보
⑮ 법적 규제 현황
⑯ 그 밖의 참고사항

5) 물질안전보건자료 등의 제출방법 및 시기

① 물질안전보건자료 및 화학물질의 명칭 및 함유량에 관한 자료는 물질안전보건자료대상물질을 제조하거나 수입하기 전에 공단에 제출해야 한다.

② 물질안전보건자료를 공단에 제출하는 경우에는 공단이 구축하여 운영하는 물질안전보건자료 제출, 물질안전보건자료시스템을 통한 전자적 방법으로 제출해야 한다.

6) 변경이 필요한 물질안전보건자료의 항목 및 제출시기

① 물질안전보건자료대상물질을 제조하거나 수입하는 자는 다음의 사항이 변경된 경우 그 변경사항을 반영한 물질안전보건자료를 고용노동부장관에게 제출하여야 한다.

ㄱ 제품명(구성성분의 명칭 및 함유량의 변경이 없는 경우로 한정)

ㄴ 물질안전보건자료대상물질을 구성하는 화학물질 중 유해인자의 분류기준에 해당하는 화학물질의 명칭 및 함유량(제품명의 변경 없이 구성성분의 명칭 및 함유량만 변경된 경우로 한정)

ㄷ 건강 및 환경에 대한 유해성, 물리적 위험성

② 물질안전보건자료대상물질을 제조하거나 수입하는 자는 변경사항을 반영한 물질안전보건자료를 지체 없이 공단에 제출해야 한다.

7) 물질안전보건자료의 제공

① 물질안전보건자료대상물질을 양도하거나 제공하는 자는 이를 양도받거나 제공받는 자에게 물질안전보건자료를 제공하여야 한다.

② 물질안전보건자료대상물질을 제조하거나 수입한 자는 이를 양도받거나 제공받는 자에게 변경된 물질안전보건자료를 제공하여야 한다.

③ 물질안전보건자료대상물질을 양도하거나 제공한 자(제조하거나 수입한 자는 제외)는 변경된 물질안전보건자료를 제공받은 경우 이를 물질안전보건자료대상물질을 양도받거나 제공받는 자에게 제공하여야 한다.

④ 동일한 상대방에게 같은 물질안전보건자료대상물질을 2회 이상 계속하여 양도하거나 제공하는 경우에는 해당 물질안전보건자료대상물질에 대한 물질안전보건자료의 변경이 없으면 추가로 물질안전보건자료를 제공하지 않을 수 있다. 다만, 상대방이 물질안전보건자료의 제공을 요청한 경우에는 그렇지 않다.

8) 물질안전보건자료를 게시하거나 갖추어 두는 방법

물질안전보건자료대상물질을 취급하는 사업주는 다음의 어느 하나에 해당하는 장소 또는 전산장비에 항상 물질안전보건자료를 게시하거나 갖추어 두어야 한다.

① 물질안전보건자료대상물질을 취급하는 작업공정이 있는 장소

② 작업장 내 근로자가 가장 보기 쉬운 장소

③ 근로자가 작업 중 쉽게 접근할 수 있는 장소에 설치된 전산장비

9) 작업공정별 관리 요령에 포함되어야 할 사항

사업주는 물질안전보건자료대상물질을 취급하는 작업공정별로 물질안전보건자료대상물질의 관리 요령을 게시하여야 한다.

① 제품명

② 건강 및 환경에 대한 유해성, 물리적 위험성

③ 안전 및 보건상의 취급주의사항

④ 적절한 보호구

⑤ 응급조치 요령 및 사고 시 대처방법

10) 물질안전보건자료의 작성 · 제출 제외 대상 화학물질

① 「건강기능식품에 관한 법률」에 따른 건강기능식품

② 「농약관리법」에 따른 농약

③ 「마약류 관리에 관한 법률」에 따른 마약 및 향정신성의약품

④ 「비료관리법」에 따른 비료

⑤ 「사료관리법」에 따른 사료

⑥ 「생활주변방사선 안전관리법」에 따른 원료물질

⑦ 「생활화학제품 및 살생물제의 안전관리에 관한 법률」에 따른 안전확인대상생활화학제품 및 살생물제품 중 일반소비자의 생활용으로 제공되는 제품

⑧ 「식품위생법」에 따른 식품 및 식품첨가물

⑨ 「약사법」에 따른 의약품 및 의약외품

⑩ 「원자력안전법」에 따른 방사성물질

⑪ 「위생용품 관리법」에 따른 위생용품

⑫ 「의료기기법」에 따른 의료기기

⑬ 「첨단재생의료 및 첨단바이오의약품 안전 및 지원에 관한 법률」에 따른 첨단바이오의약품

⑭ 「총포·도검·화약류 등의 안전관리에 관한 법률」에 따른 화약류

⑮ 「폐기물관리법」에 따른 폐기물

⑯ 「화장품법」에 따른 화장품

⑰ 제①호부터 제⑯호까지의 규정 외의 화학물질 또는 혼합물로서 일반소비자의 생활용으로 제공되는 것(일반소비자의 생활용으로 제공되는 화학물질 또는 혼합물이 사업장 내에서 취급되는 경우를 포함한다)

⑱ 고용노동부장관이 정하여 고시하는 연구·개발용 화학물질 또는 화학제품

⑲ 그 밖에 고용노동부장관이 독성·폭발성 등으로 인한 위해의 정도가 적다고 인정하여 고시하는 화학물질

7. 유해위험 방지 계획서

1) 대상사업장 및 제출서류

① 대상사업장(전기 계약용량이 300킬로와트 이상인 다음의 사업)

㉠ 금속가공제품 제조업(기계 및 가구 제외)

㉡ 비금속 광물제품 제조업

㉢ 기타 기계 및 장비 제조업

㉣ 자동차 및 트레일러 제조업

㉤ 식료품 제조업

㉥ 고무제품 및 플라스틱제품 제조업

㉦ 목재 및 나무제품 제조업

㉧ 기타 제품 제조업

㉨ 1차 금속 제조업

㉩ 가구 제조업

㉪ 화학물질 및 화학제품 제조업

㉫ 반도체 제조업

㉬ 전자부품 제조업

② 제출서류(제조업 등 유해·위험방지계획서 – 해당 공사 착공 15일 전까지 공단에 2부 제출)

    ㉠ 건축물 각 층의 평면도

    ㉡ 기계·설비의 개요를 나타내는 서류

    ㉢ 기계·설비의 배치도면

    ㉣ 원재료 및 제품의 취급, 제조 등의 작업방법의 개요

    ㉤ 그 밖에 고용노동부장관이 정하는 도면 및 서류

2) 대상기계기구 설비 및 제출서류

① 대상기계기구 및 설비

대상 기계·기구 및 설비	주요 구조변경
금속이나 그 밖의 광물의 용해로	열원의 종류를 변경하는 경우
화학설비	생산량의 증가, 원료 또는 제품의 변경을 위하여 대상 화학설비를 교체·변경 또는 추가하는 경우
건조설비	열원의 종류를 변경하거나, 건조대상물이 변경되어 대상 건조설비의 어느 하나에 해당하는 변경이 발생하는 경우
가스집합 용접장치	주관의 구조를 변경하는 경우
근로자의 건강에 상당한 장해를 일으킬 우려가 있는 물질로서 고용노동부령으로 정하는 물질의 밀폐·환기·배기를 위한 설비	관리대상 유해물질, 허가대상 유해물질 및 분진작업과 관련한 밀폐·환기·배기 설비를 추가, 변경으로 인하여 후드 제어풍속이 감소하거나 배풍기의 배풍량이 증가하는 경우

② 제출 시 첨부서류(제조업 등 유해·위험방지계획서 – 해당 작업 시작 15일 전까지 공단에 2부를 제출)

    ㉠ 설치장소의 개요를 나타내는 서류

    ㉡ 설비의 도면

    ㉢ 그 밖에 고용노동부장관이 정하는 도면 및 서류

3) 대상 건설공사

① 다음 각 목의 어느 하나에 해당하는 건축물 또는 시설 등의 건설·개조 또는 해체공사

    ㉠ 지상높이가 31미터 이상인 건축물 또는 인공구조물

    ㉡ 연면적 3만 제곱미터 이상인 건축물

    ㉢ 연면적 5천 제곱미터 이상인 시설로서 다음의 어느 하나에 해당하는 시설

        ⓐ 문화 및 집회시설(전시장 및 동물원·식물원은 제외)

        ⓑ 판매시설, 운수시설(고속철도의 역사 및 집배송시설은 제외)

        ⓒ 종교시설

        ⓓ 의료시설 중 종합병원

        ⓔ 숙박시설 중 관광숙박시설

        ⓕ 지하도상가

        ⓖ 냉동·냉장 창고시설

② 연면적 5천 제곱미터 이상인 냉동 · 냉장 창고시설의 설비공사 및 단열공사

③ 최대 지간길이(다리의 기둥과 기둥의 중심 사이의 거리)가 50미터 이상인 다리의 건설 등 공사

④ 터널의 건설 등 공사

⑤ 다목적댐, 발전용댐, 저수용량 2천만 톤 이상의 용수 전용 댐 및 지방상수도 전용 댐의 건설 등 공사

⑥ 깊이 10미터 이상인 굴착공사

2 산업안전보건법 시행령

1. 안전보건 총괄책임자 지정대상 사업 및 직무

도급인은 관계수급인 근로자가 도급인의 사업장에서 작업을 하는 경우에는 그 사업장의 안전보건관리책임자를 도급인의 근로자와 관계수급인 근로자의 산업재해를 예방하기 위한 업무를 총괄하여 관리하는 안전보건총괄책임자로 지정하여야 한다.

1) 대상 사업장★★

관계수급인에게 고용된 근로자를 포함한 상시근로자가 100명(선박 및 보트 건조업, 1차 금속 제조업 및 토사석 광업의 경우에는 50명) 이상인 사업이나 관계수급인의 공사금액을 포함한 해당 공사의 총 공사금액이 20억 원 이상인 건설업으로 한다.

2) 안전보건총괄책임자의 직무★

① 위험성 평가의 실시에 관한 사항

② 작업의 중지

③ 도급 시 산업재해 예방조치

④ 산업안전보건관리비의 관계수급인 간의 사용에 관한 협의 · 조정 및 그 집행의 감독

⑤ 안전인증대상기계 등과 자율안전확인대상기계 등의 사용 여부 확인

3 산업안전보건법 시행규칙

1. 근로자 건강진단

1) 일반건강진단

정의	상시 사용하는 근로자의 건강관리를 위하여 건강진단을 실시하여야 한다.
실시시기	사업주는 상시 사용하는 근로자 중 사무직에 종사하는 근로자(공장 또는 공사현장과 같은 구역에 있지 않은 사무실에서 서무 · 인사 · 경리 · 판매 · 설계 등의 사무업무에 종사하는 근로자를 말하며, 판매업무 등에 직접 종사하는 근로자는 제외)에 대해서는 2년에 1회 이상, 그 밖의 근로자에 대해서는 1년에 1회 이상 일반건강진단을 실시하여야 한다.

2) 특수건강진단

정의	다음 각 호의 어느 하나에 해당하는 근로자의 건강관리를 위하여 특수건강진단을 실시하여야 한다. ① 유해인자에 노출되는 업무(특수건강진단대상업무)에 종사하는 근로자 ② 건강진단 실시 결과 직업병 소견이 있는 근로자로 판정받아 작업 전환을 하거나 작업 장소를 변경하여 해당 판정의 원인이 된 특수건강진단대상업무에 종사하지 아니하는 사람으로서 해당 유해인자에 대한 건강진단이 필요하다는 의사의 소견이 있는 근로자
실시시기	특수건강진단 대상 유해인자별로 정한 시기 및 주기에 따라 특수건강진단을 실시하여야 한다.

3) 배치 전 건강진단

정의	특수건강진단대상업무에 종사할 근로자의 배치 예정 업무에 대한 적합성 평가를 위하여 배치 전 건강진단을 실시하여야 한다.
실시시기	특수건강진단대상업무에 근로자를 배치하려는 경우에는 해당 작업에 배치하기 전에 배치전건강진단을 실시하여야 한다.

4) 수시건강진단

정의	특수건강진단대상업무에 따른 유해인자로 인한 것이라고 의심되는 건강장해 증상을 보이거나 의학적 소견이 있는 근로자 중 보건관리자 등이 사업주에게 건강진단 실시를 건의하는 등 수시건강진단 대상 근로자에 대하여 수시건강진단을 실시하여야 한다.
실시시기	지체 없이 수시건강진단을 실시해야 한다.

5) 임시건강진단

정의	특수건강진단 대상 유해인자 또는 그 밖의 유해인자에 의한 중독 여부, 질병에 걸렸는지 여부 또는 질병의 발생 원인 등을 확인하기 위하여 필요하다고 인정되는 경우로서 다음 각 호에 어느 하나에 해당하는 경우를 말한다. ① 같은 부서에 근무하는 근로자 또는 같은 유해인자에 노출되는 근로자에게 유사한 질병의 자각 · 타각 증상이 발생한 경우 ② 직업병 유소견자가 발생하거나 여러 명이 발생할 우려가 있는 경우 ③ 그 밖에 지방고용노동관서의 장이 필요하다고 판단하는 경우
실시시기	필요한 사항은 고용노동부장관이 정한다.

6) 특수건강진단의 시기 및 주기

구분	대상 유해인자	시기 배치 후 첫 번째 특수 건강진단	주기
1	N,N – 디메틸아세트아미드 N,N – 디메틸포름아미드	1개월 이내	6개월
2	벤젠	2개월 이내	6개월
3	1,1,2,2 – 테트라클로로에탄 사염화탄소 아크릴로니트릴 염화비닐	3개월 이내	6개월
4	석면, 면 분진	12개월 이내	12개월

구분	대상 유해인자	시기 배치 후 첫 번째 특수 건강진단	주기
5	광물성 분진 나무 분진 소음 및 충격소음	12개월 이내	24개월
6	제1호부터 제5호까지의 규정의 대상 유해인자를 제외한 특수건강진단 대상 유해인자의 모든 대상 유해인자	6개월 이내	12개월

4 산업안전보건기준에 관한 규칙

1. 작업장

1) 작업장의 출입구 설치 시 준수사항(비상구는 제외)

① 출입구의 위치, 수 및 크기가 작업장의 용도와 특성에 맞도록 할 것

② 출입구에 문을 설치하는 경우에는 근로자가 쉽게 열고 닫을 수 있도록 할 것

③ 주된 목적이 하역운반기계용인 출입구에는 인접하여 보행자용 출입구를 따로 설치할 것

④ 하역운반기계의 통로와 인접하여 있는 출입구에서 접촉에 의하여 근로자에게 위험을 미칠 우려가 있는 경우에는 비상등 · 비상벨 등 경보장치를 할 것

⑤ 계단이 출입구와 바로 연결된 경우에는 작업자의 안전한 통행을 위하여 그 사이에 1.2미터 이상 거리를 두거나 안내표지 또는 비상벨 등을 설치할 것(다만, 출입구에 문을 설치하지 아니한 경우에는 제외)

2) 비상구 설치의 구조조건★★

규정된 위험물질을 제조 · 취급하는 작업장과 그 작업장이 있는 건축물에 출입구 외에 안전한 장소로 대피할 수 있는 비상구 1개 이상을 다음의 기준에 맞는 구조로 설치하여야 한다.

① 출입구와 같은 방향에 있지 아니하고, 출입구로부터 3미터 이상 떨어져 있을 것

② 작업장의 각 부분으로부터 하나의 비상구 또는 출입구까지의 수평거리가 50미터 이하가 되도록 할 것

③ 비상구의 너비는 0.75미터 이상으로 하고, 높이는 1.5미터 이상으로 할 것

④ 비상구의 문은 피난 방향으로 열리도록 하고, 실내에서 항상 열 수 있는 구조로 할 것

2. 공사용 가설도로 설치기준★

① 도로는 장비와 차량이 안전하게 운행할 수 있도록 견고하게 설치할 것

② 도로와 작업장이 접하여 있을 경우에는 방책 등을 설치할 것

③ 도로는 배수를 위하여 경사지게 설치하거나 배수시설을 설치할 것

④ 차량의 속도제한 표지를 부착할 것

3. 관리감독자의 유해 · 위험방지 업무 등

1) 관리감독자의 유해 · 위험을 방지하기 위한 업무

작업의 종류	직무수행 내용
1. 프레스 등을 사용하는 작업★	가. 프레스 등 및 그 방호장치를 점검하는 일 나. 프레스 등 및 그 방호장치에 이상이 발견되면 즉시 필요한 조치를 하는 일 다. 프레스 등 및 그 방호장치에 전환스위치를 설치했을 때 그 전환스위치의 열쇠를 관리하는 일 라. 금형의 부착 · 해체 또는 조정작업을 직접 지휘하는 일
2. 목재가공용 기계를 취급하는 작업	가. 목재가공용 기계를 취급하는 작업을 지휘하는 일 나. 목재가공용 기계 및 그 방호장치를 점검하는 일 다. 목재가공용 기계 및 그 방호장치에 이상이 발견된 즉시 보고 및 필요한 조치를 하는 일 라. 작업 중 지그(Jig) 및 공구 등의 사용 상황을 감독하는 일
3. 크레인을 사용하는 작업	가. 작업방법과 근로자 배치를 결정하고 그 작업을 지휘하는 일 나. 재료의 결함 유무 또는 기구 및 공구의 기능을 점검하고 불량품을 제거하는 일 다. 작업 중 안전대 또는 안전모의 착용 상황을 감시하는 일
4. 위험물을 제조하거나 취급하는 작업	가. 작업을 지휘하는 일 나. 위험물을 제조하거나 취급하는 설비 및 그 설비의 부속설비가 있는 장소의 온도 · 습도 · 차광 및 환기 상태 등을 수시로 점검하고 이상을 발견하면 즉시 필요한 조치를 하는 일 다. 나목에 따라 한 조치를 기록하고 보관하는 일
5. 건조설비를 사용하는 작업★	가. 건조설비를 처음으로 사용하거나 건조방법 또는 건조물의 종류를 변경했을 때에는 근로자에게 미리 그 작업방법을 교육하고 작업을 직접 지휘하는 일 나. 건조설비가 있는 장소를 항상 정리정돈하고 그 장소에 가연성 물질을 두지 않도록 하는 일

6. 아세틸렌 용접장치를 사용하는 금속의 용접 · 용단 또는 가열작업	가. 작업방법을 결정하고 작업을 지휘하는 일
	나. 아세틸렌 용접장치의 취급에 종사하는 근로자로 하여금 다음의 작업요령을 준수하도록 하는 일
	  (1) 사용 중인 발생기에 불꽃을 발생시킬 우려가 있는 공구를 사용하거나 그 발생기에 충격을 가하지 않도록 할 것
	  (2) 아세틸렌 용접장치의 가스누출을 점검할 때에는 비눗물을 사용하는 등 안전한 방법으로 할 것
	  (3) 발생기실의 출입구 문을 열어 두지 않도록 할 것
	  (4) 이동식 아세틸렌 용접장치의 발생기에 카바이드를 교환할 때에는 옥외의 안전한 장소에서 할 것
	다. 아세틸렌 용접작업을 시작할 때에는 아세틸렌 용접장치를 점검하고 발생기 내부로부터 공기와 아세틸렌의 혼합가스를 배제하는 일
	라. 안전기는 작업 중 그 수위를 쉽게 확인할 수 있는 장소에 놓고 1일 1회 이상 점검하는 일
	마. 아세틸렌 용접장치 내의 물이 동결되는 것을 방지하기 위하여 아세틸렌 용접장치를 보온하거나 가열할 때에는 온수나 증기를 사용하는 등 안전한 방법으로 하도록 하는 일
	바. 발생기 사용을 중지하였을 때에는 물과 잔류 카바이드가 접촉하지 않은 상태로 유지하는 일
	사. 발생기를 수리 · 가공 · 운반 또는 보관할 때에는 아세틸렌 및 카바이드에 접촉하지 않은 상태로 유지하는 일
	아. 작업에 종사하는 근로자의 보안경 및 안전장갑의 착용 상황을 감시하는 일

작업의 종류	직무수행 내용
7. 가스집합용접장치의 취급작업	가. 작업방법을 결정하고 작업을 직접 지휘하는 일 나. 가스집합장치의 취급에 종사하는 근로자로 하여금 다음의 작업요령을 준수하도록 하는 일 　(1) 부착할 가스용기의 마개 및 배관 연결부에 붙어 있는 유류 · 찌꺼기 등을 제거할 것 　(2) 가스용기를 교환할 때에는 그 용기의 마개 및 배관 연결부 부분의 가스누출을 점검하고 배관 내의 가스가 공기와 혼합되지 않도록 할 것 　(3) 가스누출 점검은 비눗물을 사용하는 등 안전한 방법으로 할 것 　(4) 밸브 또는 콕은 서서히 열고 닫을 것 다. 가스용기의 교환작업을 감시하는 일 라. 작업을 시작할 때에는 호스 · 취관 · 호스밴드 등의 기구를 점검하고 손상 · 마모 등으로 인하여 가스나 산소가 누출될 우려가 있다고 인정할 때에는 보수하거나 교환하는 일 마. 안전기는 작업 중 그 기능을 쉽게 확인할 수 있는 장소에 두고 1일 1회 이상 점검하는 일 바. 작업에 종사하는 근로자의 보안경 및 안전장갑의 착용 상황을 감시하는 일
8. 거푸집 동바리의 고정 · 조립 또는 해체 작업/지반의 굴착작업/흙막이 지보공의 고정 · 조립 또는 해체 작업/터널의 굴착 작업/건물 등의 해체작업★	가. 안전한 작업방법을 결정하고 작업을 지휘하는 일 나. 재료 · 기구의 결함 유무를 점검하고 불량품을 제거하는 일 다. 작업 중 안전대 및 안전모 등 보호구 착용 상황을 감시하는 일
9. 높이 5미터 이상의 비계를 조립 · 해체 하거나 변경하는 작업(해체작업의 경우 가목은 적용 제외)	가. 재료의 결함 유무를 점검하고 불량품을 제거하는 일 나. 기구 · 공구 · 안전대 및 안전모 등의 기능을 점검하고 불량품을 제거하는 일 다. 작업방법 및 근로자 배치를 결정하고 작업 진행 상태를 감시하는 일 라. 안전대와 안전모 등의 착용 상황을 감시하는 일
10. 달비계 작업	가. 작업용 섬유로프, 작업용 섬유로프의 고정점, 구명줄의 조정점, 작업대, 고리 걸이용 철구 및 안전대 등의 결손 여부를 확인하는 일 나. 작업용 섬유로프 및 안전대 부착설비용 로프가 고정점에 풀리지 않는 매듭방법으로 결속되었는지 확인하는 일 다. 근로자가 작업대에 탑승하기 전 안전모 및 안전대를 착용하고 안전대를 구명줄에 체결했는지 확인하는 일 라. 작업방법 및 근로자 배치를 결정하고 작업 진행 상태를 감시하는 일
11. 발파작업	가. 점화 전에 점화작업에 종사하는 근로자가 아닌 사람에게 대피를 지시하는 일 나. 점화작업에 종사하는 근로자에게 대피장소 및 경로를 지시하는 일 다. 점화 전에 위험구역 내에서 근로자가 대피한 것을 확인하는 일 라. 점화순서 및 방법에 대하여 지시하는 일 마. 점화신호를 하는 일 바. 점화작업에 종사하는 근로자에게 대피신호를 하는 일 사. 발파 후 터지지 않은 장약이나 남은 장약의 유무, 용수(湧水)의 유무 및 암석 · 토사의 낙하 여부 등을 점검하는 일 아. 점화하는 사람을 정하는 일 자. 공기압축기의 안전밸브 작동 유무를 점검하는 일 차. 안전모 등 보호구 착용 상황을 감시하는 일
12. 채석을 위한 굴착작업	가. 대피방법을 미리 교육하는 일 나. 작업을 시작하기 전 또는 폭우가 내린 후에는 암석 · 토사의 낙하 · 균열의 유무 또는 함수(含水) · 용수(湧水) 및 동결의 상태를 점검하는 일 다. 발파한 후에는 발파장소 및 그 주변의 암석 · 토사의 낙하 · 균열의 유무를 점검하는 일

작업의 종류	직무수행 내용
13. 화물취급작업	가. 작업방법 및 순서를 결정하고 작업을 지휘하는 일 나. 기구 및 공구를 점검하고 불량품을 제거하는 일 다. 그 작업장소에는 관계 근로자가 아닌 사람의 출입을 금지하는 일 라. 로프 등의 해체작업을 할 때에는 하대(荷臺) 위의 화물의 낙하위험 유무를 확인하고 작업의 착수를 지시하는 일
14. 부두와 선박에서의 하역작업	가. 작업방법을 결정하고 작업을 지휘하는 일 나. 통행설비 · 하역기계 · 보호구 및 기구 · 공구를 점검 · 정비하고 이들의 사용 상황을 감시하는 일 다. 주변 작업자 간의 연락을 조정하는 일
15. 전로 등 전기작업 또는 그 지지물의 설치, 점검, 수리 및 도장 등의 작업	가. 작업구간 내의 충전전로 등 모든 충전 시설을 점검하는 일 나. 작업방법 및 그 순서를 결정(근로자 교육 포함)하고 작업을 지휘하는 일 다. 작업근로자의 보호구 또는 절연용 보호구 착용 상황을 감시하고 감전재해 요소를 제거하는 일 라. 작업 공구, 절연용 방호구 등의 결함 여부와 기능을 점검하고 불량품을 제거하는 일 마. 작업장소에 관계 근로자 외에는 출입을 금지하고 주변 작업자와의 연락을 조정하며 도로작업 시 차량 및 통행인 등에 대한 교통통제 등 작업 전반에 대해 지휘 · 감시하는 일 바. 활선작업용 기구를 사용하여 작업할 때 안전거리가 유지되는지 감시하는 일 사. 감전재해를 비롯한 각종 산업재해에 따른 신속한 응급처치를 할 수 있도록 근로자들을 교육하는 일

16. 관리대상 유해물질을 취급하는 작업	가. 관리대상 유해물질을 취급하는 근로자가 물질에 오염되지 않도록 작업방법을 결정하고 작업을 지휘하는 업무
	나. 관리대상 유해물질을 취급하는 장소나 설비를 매월 1회 이상 순회점검하고 국소배기장치 등 환기설비에 대해서는 다음 각 호의 사항을 점검하여 필요한 조치를 하는 업무. 단, 환기설비를 점검하는 경우에는 다음의 사항을 점검
	  (1) 후드(Hood)나 덕트(Duct)의 마모 · 부식, 그 밖의 손상 여부 및 정도
	  (2) 송풍기와 배풍기의 주유 및 청결 상태
	  (3) 덕트 접속부가 헐거워졌는지 여부
	  (4) 전동기와 배풍기를 연결하는 벨트의 작동 상태
	  (5) 흡기 및 배기 능력 상태
	다. 보호구의 착용 상황을 감시하는 업무
	라. 근로자가 탱크 내부에서 관리대상 유해물질을 취급하는 경우에 다음의 조치를 했는지 확인하는 업무
	  (1) 관리대상 유해물질에 관하여 필요한 지식을 가진 사람이 해당 작업을 지휘
	  (2) 관리대상 유해물질이 들어올 우려가 없는 경우에는 작업을 하는 설비의 개구부를 모두 개방
	  (3) 근로자의 신체가 관리대상 유해물질에 의하여 오염되었거나 작업이 끝난 경우에는 즉시 몸을 씻는 조치
	  (4) 비상시에 작업설비 내부의 근로자를 즉시 대피시키거나 구조하기 위한 기구와 그 밖의 설비를 갖추는 조치
	  (5) 작업을 하는 설비의 내부에 대하여 작업 전에 관리대상 유해물질의 농도를 측정하거나 그 밖의 방법으로 근로자가 건강에 장해를 입을 우려가 있는지를 확인하는 조치
	  (6) 제(5)에 따른 설비 내부에 관리대상 유해물질이 있는 경우에는 설비 내부를 충분히 환기하는 조치

01 PART
02 PART
03 PART
04 PART
05 PART
06 PART
07 PART

작업의 종류	직무수행 내용
16. 관리대상 유해물질을 취급하는 작업	(7) 유기화합물을 넣었던 탱크에 대하여 제(1)부터 제(6)까지의 조치 외에 다음의 조치 　(가) 유기화합물이 탱크로부터 배출된 후 탱크 내부에 재유입되지 않도록 조치 　(나) 물이나 수증기 등으로 탱크 내부를 씻은 후 그 씻은 물이나 수증기 등을 탱크로부터 배출 　(다) 탱크 용적의 3배 이상의 공기를 채웠다가 내보내거나 탱크에 물을 가득 채웠다가 내보내거나 탱크에 물을 가득 채웠다가 배출 마. 나목에 따른 점검 및 조치 결과를 기록·관리하는 업무
17. 허가대상 유해물질 취급작업	가. 근로자가 허가대상 유해물질을 들이마시거나 허가대상 유해물질에 오염되지 않도록 작업수칙을 정하고 지휘하는 업무 나. 작업장에 설치되어 있는 국소배기장치나 그 밖에 근로자의 건강장해 예방을 위한 장치 등을 매월 1회 이상 점검하는 업무 다. 근로자의 보호구 착용 상황을 점검하는 업무
18. 석면 해체·제거작업	가. 근로자가 석면분진을 들이마시거나 석면분진에 오염되지 않도록 작업방법을 정하고 지휘하는 업무 나. 작업장에 설치되어 있는 석면분진 포집장치, 음압기 등의 장비의 이상 유무를 점검하고 필요한 조치를 하는 업무 다. 근로자의 보호구 착용 상황을 점검하는 업무
19. 고압작업	가. 작업방법을 결정하여 고압작업자를 직접 지휘하는 업무 나. 유해가스의 농도를 측정하는 기구를 점검하는 업무 다. 고압작업자가 작업실에 입실하거나 퇴실하는 경우에 고압작업자의 수를 점검하는 업무 라. 작업실에서 공기조절을 하기 위한 밸브나 콕을 조작하는 사람과 연락하여 작업실 내부의 압력을 적정한 상태로 유지하도록 하는 업무 마. 공기를 기압조절실로 보내거나 기압조절실에서 내보내기 위한 밸브나 콕을 조작하는 사람과 연락하여 고압작업자에 대하여 가압이나 감압을 다음과 같이 따르도록 조치하는 업무 　(1) 가압을 하는 경우 1분에 제곱센티미터당 0.8킬로그램 이하의 속도로 함 　(2) 감압을 하는 경우에는 고용노동부장관이 정하여 고시하는 기준에 맞도록 함 바. 작업실 및 기압조절실 내 고압작업자의 건강에 이상이 발생한 경우 필요한 조치를 하는 업무
20. 밀폐공간작업★	가. 산소가 결핍된 공기나 유해가스에 노출되지 않도록 작업 시작 전에 해당 근로자의 작업을 지휘하는 업무 나. 작업을 하는 장소의 공기가 적절한지를 작업 시작 전에 측정하는 업무 다. 측정장비·환기장치 또는 공기호흡기 또는 송기마스크를 작업 시작 전에 점검하는 업무 라. 근로자에게 공기호흡기 또는 송기마스크의 착용을 지도하고 착용 상황을 점검하는 업무

2) 작업 시작 전 점검사항

작업의 종류	점검내용
1. 프레스 등을 사용하여 작업을 할 때★★	가. 클러치 및 브레이크의 기능 나. 크랭크축 · 플라이휠 · 슬라이드 · 연결봉 및 연결 나사의 풀림 여부 다. 1행정 1정지기구 · 급정지장치 및 비상정지장치의 기능 라. 슬라이드 또는 칼날에 의한 위험방지기구의 기능 마. 프레스의 금형 및 고정볼트 상태 바. 방호장치의 기능 사. 전단기의 칼날 및 테이블의 상태
2. 로봇의 작동 범위에서 그 로봇에 관하여 교시 등(로봇의 동력원을 차단하고 하는 것은 제외한다)의 작업을 할 때★★	가. 외부 전선의 피복 또는 외장의 손상 유무 나. 매니퓰레이터(Manipulator) 작동의 이상 유무 다. 제동장치 및 비상정지장치의 기능
3. 공기압축기를 가동할 때★★	가. 공기저장 압력용기의 외관 상태 나. 드레인밸브(Drain Valve)의 조작 및 배수 다. 압력방출장치의 기능 라. 언로드밸브(Unloading Valve)의 기능 마. 윤활유의 상태 바. 회전부의 덮개 또는 울 사. 그 밖의 연결 부위의 이상 유무
4. 크레인을 사용하여 작업을 할 때★★	가. 권과방지장치 · 브레이크 · 클러치 및 운전장치의 기능 나. 주행로의 상측 및 트롤리(Trolley)가 횡행하는 레일의 상태 다. 와이어로프가 통하고 있는 곳의 상태
5. 이동식 크레인을 사용하여 작업을 할 때★★	가. 권과방지장치나 그 밖의 경보장치의 기능 나. 브레이크 · 클러치 및 조정장치의 기능 다. 와이어로프가 통하고 있는 곳 및 작업장소의 지반상태
6. 리프트(자동차정비용 리프트를 포함)를 사용하여 작업을 할 때	가. 방호장치 · 브레이크 및 클러치의 기능 나. 와이어로프가 통하고 있는 곳의 상태
7. 곤돌라를 사용하여 작업을 할 때	가. 방호장치 · 브레이크의 기능 나. 와이어로프 · 슬링와이어(Sling Wire) 등의 상태
8. 양중기의 와이어로프 · 달기체인 · 섬유로프 · 섬유벨트 또는 훅 · 샤클 · 링 등의 철구를 사용하여 고리걸이작업을 할 때	와이어로프 등의 이상 유무
9. 지게차를 사용하여 작업을 할 때★★	가. 제동장치 및 조종장치 기능의 이상 유무 나. 하역장치 및 유압장치 기능의 이상 유무 다. 바퀴의 이상 유무 라. 전조등 · 후미등 · 방향지시기 및 경보장치 기능의 이상 유무
10. 구내운반차를 사용하여 작업을 할 때★★	가. 제동장치 및 조종장치 기능의 이상 유무 나. 하역장치 및 유압장치 기능의 이상 유무 다. 바퀴의 이상 유무 라. 전조등 · 후미등 · 방향지시기 및 경음기 기능의 이상 유무 마. 충전장치를 포함한 홀더 등의 결합상태의 이상 유무

작업의 종류	점검내용
11. 고소작업대를 사용하여 작업을 할 때	가. 비상정지장치 및 비상하강 방지장치 기능의 이상 유무 나. 과부하 방지장치의 작동 유무(와이어로프 또는 체인구동방식의 경우) 다. 아웃트리거 또는 바퀴의 이상 유무 라. 작업면의 기울기 또는 요철 유무 마. 활선작업용 장치의 경우 홈·균열·파손 등 그 밖의 손상 유무
12. 화물자동차를 사용하는 작업을 하게 할 때	가. 제동장치 및 조종장치의 기능 나. 하역장치 및 유압장치의 기능 다. 바퀴의 이상 유무
13. 컨베이어 등을 사용하여 작업을 할 때★★	가. 원동기 및 풀리(Pulley) 기능의 이상 유무 나. 이탈 등의 방지장치 기능의 이상 유무 다. 비상정지장치 기능의 이상 유무 라. 원동기·회전축·기어 및 풀리 등의 덮개 또는 울 등의 이상 유무
14. 차량계 건설기계를 사용하여 작업을 할 때	브레이크 및 클러치 등의 기능
14의 2. 용접·용단 작업 등의 화재위험작업을 할 때	가. 작업 준비 및 작업 절차 수립 여부 나. 화기작업에 따른 인근 가연성물질에 대한 방호조치 및 소화기구 비치 여부 다. 용접불티 비산방지덮개 또는 용접방화포 등 불꽃·불티 등의 비산을 방지하기 위한 조치 여부 라. 인화성 액체의 증기 또는 인화성 가스가 남아 있지 않도록 하는 환기 조치 여부 마. 작업근로자에 대한 화재예방 및 피난교육 등 비상조치 여부
15. 이동식 방폭구조 전기기계·기구를 사용할 때	전선 및 접속부 상태
16. 근로자가 반복하여 계속적으로 중량물을 취급하는 작업을 할 때★★	가. 중량물 취급의 올바른 자세 및 복장 나. 위험물이 날아 흩어짐에 따른 보호구의 착용 다. 카바이드·생석회(산화칼슘) 등과 같이 온도 상승이나 습기에 의하여 위험성이 존재하는 중량물의 취급방법 라. 그 밖에 하역운반기계등의 적절한 사용방법
17. 양화장치를 사용하여 화물을 싣고 내리는 작업을 할 때	가. 양화장치의 작동상태 나. 양화장치에 제한하중을 초과하는 하중을 실었는지 여부
18. 슬링 등을 사용하여 작업을 할 때	가. 훅이 붙어 있는 슬링·와이어슬링 등이 매달린 상태 나. 슬링·와이어슬링 등의 상태(작업시작 전 및 작업 중 수시로 점검)

4. 악천후 및 강풍 시 작업중지★★

① 비·눈·바람 또는 그 밖의 기상상태의 불안정으로 인하여 근로자가 위험해질 우려가 있는 경우 작업을 중지하여야 한다. 다만, 태풍 등으로 위험이 예상되거나 발생되어 긴급 복구작업을 필요로 하는 경우에는 그러하지 아니하다.

② 순간풍속이 초당 10미터를 초과하는 경우 타워크레인의 설치·수리·점검 또는 해체 작업을 중지하여야 하며, 순간풍속이 초당 15미터를 초과하는 경우에는 타워크레인의 운전작업을 중지하여야 한다.

5. 사전조사 및 작업계획서의 작성 등

1) 사전조사 및 작업계획서의 작성 대상

다음의 작업을 하는 경우 근로자의 위험을 방지하기 위하여 해당 작업, 작업장의 지형·지반 및 지층 상태 등에 대한 사전조사를 하고 그 결과를 기록·보존하여야 하며, 조사결과를 고려하여 작업계획 서를 작성하고 그 계획에 따라 작업을 하도록 하여야 한다.

① 타워크레인을 설치·조립·해체하는 작업
② 차량계 하역운반기계 등을 사용하는 작업(화물자동차를 사용하는 도로상의 주행작업은 제외)
③ 차량계 건설기계를 사용하는 작업
④ 화학설비와 그 부속설비를 사용하는 작업
⑤ 전기작업(해당 전압이 50볼트를 넘거나 전기에너지가 250볼트암페어를 넘는 경우로 한정)
⑥ 면의 높이가 2미터 이상이 되는 지반의 작업
⑦ 터널작업
⑧ 교량(상부 구조가 금속 또는 콘크리트로 구성되는 교량으로서 그 높이가 5미터 이상이거나 교량 의 최대 지간 길이가 30미터 이상인 교량으로 한정)의 설치·해체 또는 변경 작업
⑨ 채석작업
⑩ 건물 등의 해체작업
⑪ 중량물의 취급작업
⑫ 궤도나 그 밖의 관련 설비의 보수·점검작업
⑬ 열차의 교환·연결 또는 분리 작업(입환작업)

2) 사전조사 및 작업계획서 내용

작업명	사전조사 내용	작업계획서 내용
1. 타워크레인을 설치·조립·해체하는 작업★★		① 타워크레인의 종류 및 형식 ② 설치·조립 및 해체순서 ③ 작업도구·장비·가설설비및 방호설비 ④ 작업인원의 구성 및 작업근로자의 역할 범위 ⑤ 타워크레인의 지지에 따른 지지 방법
2. 차량계 하역운반기계 등을 사용하는 작업		① 해당 작업에 따른 추락·낙하·전도·협착 및 붕괴 등의 위험 예방대책 ② 차량계 하역운반기계 등의 운행경로 및 작업방법
3. 차량계 건설기계를 사용하는 작업★★	해당 기계의 굴러떨어짐, 지반 의 붕괴 등으로 인한 근로자의 위험을 방지하기 위한 해당 작 업장소의 지형 및 지반상태	① 사용하는 차량계 건설기계의 종류 및 성능 ② 차량계 건설기계의 운행경로 ③ 차량계 건설기계에 의한 작업방법

작업명	사전조사 내용	작업계획서 내용
4. 화학설비와 그 부속설비 사용작업		① 밸브 · 콕 등의 조작(해당 화학설비에 원재료를 공급하거나 해당 화학설비에서 제품 등을 꺼내는 경우만 해당) ② 냉각장치 · 가열장치 · 교반장치 및 압축장치의 조작 ③ 계측장치 및 제어장치의 감시 및 조정 ④ 안전밸브, 긴급차단장치, 그 밖의 방호장치 및 자동경보장치의 조정 ⑤ 덮개판 · 플랜지(Flange) · 밸브 · 콕 등의 접합부에서 위험물 등의 누출 여부에 대한 점검 ⑥ 시료의 채취 ⑦ 화학설비에서는 그 운전이 일시적 또는 부분적으로 중단된 경우의 작업방법 또는 운전 재개 시의 작업방법 ⑧ 이상 상태가 발생한 경우의 응급조치 ⑨ 위험물 누출 시의 조치 ⑩ 그 밖에 폭발 · 화재를 방지하기 위하여 필요한 조치
5. 전기작업		① 전기작업의 목적 및 내용 ② 전기작업 근로자의 자격 및 적정 인원 ③ 작업 범위, 작업책임자 임명, 전격 · 아크 섬광 · 아크 폭발 등 전기 위험 요인 파악, 접근 한계거리, 활선접근 경보장치 휴대 등 작업시작 전에 필요한 사항 ④ 전로차단에 관한 작업계획 및 전원 재투입 절차 등 작업 상황에 필요한 안전 작업 요령 ⑤ 절연용 보호구 및 방호구, 활선작업용 기구 · 장치 등의 준비 · 점검 · 착용 · 사용 등에 관한 사항 ⑥ 점검 · 시운전을 위한 일시 운전, 작업 중단 등에 관한 사항 ⑦ 교대 근무 시 근무 인계에 관한 사항 ⑧ 전기작업장소에 대한 관계 근로자가 아닌 사람의 출입금지에 관한 사항 ⑨ 전기안전작업계획서를 해당 근로자에게 교육할 수 있는 방법과 작성된 전기안전작업계획서의 평가 · 관리계획 ⑩ 전기 도면, 기기 세부 사항 등 작업과 관련되는 자료
6. 굴착작업	① 형상 · 지질 및 지층의 상태 ② 균열 · 함수 · 용수 및 동결의 유무 또는 상태 ③ 매설물 등의 유무 또는 상태 ④ 지반의 지하수위 상태	① 굴착방법 및 순서, 토사 반출 방법 ② 필요한 인원 및 장비 사용계획 ③ 매설물 등에 대한 이설 · 보호대책 ④ 사업장 내 연락방법 및 신호방법 ⑤ 흙막이 지보공 설치방법 및 계측계획 ⑥ 작업지휘자의 배치계획 ⑦ 그 밖에 안전 · 보건에 관련된 사항
7. 터널굴착작업★★	보링(Boring) 등 적절한 방법으로 낙반 · 출수 및 가스폭발 등으로 인한 근로자의 위험을 방지하기 위하여 미리 지형 · 지질 및 지층상태를 조사	① 굴착의 방법 ② 터널지보공 및 복공의 시공방법과 용수의 처리방법 ③ 환기 또는 조명시설을 설치할 때에는 그 방법

작업명	사전조사 내용	작업계획서 내용
8. 교량작업★		① 작업방법 및 순서 ② 부재의 낙하·전도 또는 붕괴를 방지하기 위한 방법 ③ 작업에 종사하는 근로자의 추락 위험을 방지하기 위한 안전조치 방법 ④ 공사에 사용되는 가설 철구조물 등의 설치·사용·해체 시 안전성 검토 방법 ⑤ 사용하는 기계 등의 종류 및 성능, 작업방법 ⑥ 작업지휘자 배치계획 ⑦ 그 밖에 안전·보건에 관련된 사항
9. 채석작업	지반의 붕괴·굴착기계의 굴러떨어짐 등에 의한 근로자에게 발생할 위험을 방지하기 위한 해당 작업장의 지형·지질 및 지층의 상태	① 노천과 갱내의 구별 및 채석방법 ② 굴착면의 높이와 기울기 ③ 굴착면 소단의 위치와 넓이 ④ 갱내에서의 낙반 및 붕괴방지 방법 ⑤ 발파방법 ⑥ 암석의 분할방법 ⑦ 암석의 가공장소 ⑧ 사용하는 굴착기계·분할기계·적재기계 또는 운반기계의 종류 및 성능 ⑨ 토석 또는 암석의 적재 및 운반방법과 운반경로 ⑩ 표토 또는 용수의 처리방법
10. 건물 등의 해체작업★★	해체건물 등의 구조, 주변 상황 등	① 해체의 방법 및 해체 순서도면 ② 가설설비·방호설비·환기설비 및 살수·방화설비 등의 방법 ③ 사업장 내 연락방법 ④ 해체물의 처분계획 ⑤ 해체작업용 기계·기구 등의 작업계획서 ⑥ 해체작업용 화약류 등의 사용계획서 ⑦ 그 밖에 안전·보건에 관련된 사항
11. 중량물의 취급 작업		① 추락위험을 예방할 수 있는 안전대책 ② 낙하위험을 예방할 수 있는 안전대책 ③ 전도위험을 예방할 수 있는 안전대책 ④ 협착위험을 예방할 수 있는 안전대책 ⑤ 붕괴위험을 예방할 수 있는 안전대책
12. 궤도와 그 밖의 관련 설비의 보수·점검작업 13. 입환작업		① 적절한 작업 인원 ② 작업량 ③ 작업순서 ④ 작업방법 및 위험요인에 대한 안전조치방법 등

6. 작업지휘자 지정 대상 사업장

① 차량계 하역운반기계 등을 사용하는 작업(화물자동차를 사용하는 도로상의 주행작업은 제외)

② 굴착면의 높이가 2미터 이상이 되는 지반의 굴착작업

③ 교량(상부구조가 금속 또는 콘크리트로 구성되는 교량으로서 그 높이가 5미터 이상이거나 교량의 최대 지간 길이가 30미터 이상인 교량으로 한정한다)의 설치·해체 또는 변경 작업

④ 중량물의 취급작업
⑤ 항타기나 항발기를 조립 · 해체 · 변경 또는 이동하여 작업을 하는 경우

7. 운전위치의 이탈금지★

다음의 기계를 운전하는 경우 운전자가 운전위치를 이탈하게 해서는 아니 된다.
① 양중기
② 항타기 또는 항발기(권상장치에 하중을 건 상태)
③ 양화장치(화물을 적재한 상태)

8. 휴게시설 등

1) 휴게시설

① 근로자들이 신체적 피로와 정신적 스트레스를 해소할 수 있도록 휴식시간에 이용할 수 있는 휴게시설을 갖추어야 한다.
② 휴게시설을 인체에 해로운 분진 등을 발산하는 장소나 유해물질을 취급하는 장소와 격리된 곳에 설치하여야 한다.(다만, 갱내 등 작업장소의 여건상 격리된 장소에 휴게시설을 갖출 수 없는 경우에는 제외)

2) 세척시설★

근로자로 하여금 다음의 어느 하나에 해당하는 업무에 상시적으로 종사하도록 하는 경우 근로자가 접근하기 쉬운 장소에 세면 · 목욕시설, 탈의 및 세탁시설을 설치하고 필요한 용품과 용구를 갖추어 두어야 한다.
① 환경미화 업무
② 음식물쓰레기 · 분뇨 등 오물의 수거 · 처리 업무
③ 폐기물 · 재활용품의 선별 · 처리 업무
④ 그 밖에 미생물로 인하여 신체 또는 피복이 오염될 우려가 있는 업무

02 산업안전에 관한 기준

1 양중기 안전기준

1. 폭풍 등에 의한 안전조치사항 ★★

풍속의 기준	내용	시기	안전조치사항
순간풍속이 초당 30미터를 초과	폭풍에 의한 이탈 방지	바람이 불어올 우려가 있는 경우	옥외에 설치되어 있는 주행 크레인에 대하여 이탈방지장치를 작동시키는 등 이탈 방지를 위한 조치를 하여야 한다.
	폭풍 등으로 인한 이상 유무 점검	바람이 불거나 중진 이상 진도의 지진이 있은 후	옥외에 설치되어 있는 양중기를 사용하여 작업을 하는 경우에는 미리 기계 각 부위에 이상이 있는지를 점검하여야 한다.
순간풍속이 초당 35미터를 초과	붕괴 등의 방지	바람이 불어올 우려가 있는 경우	건설작업용 리프트(지하에 설치되어 있는 것은 제외한다)에 대하여 받침의 수를 증가시키는 등 그 붕괴 등을 방지하기 위한 조치를 하여야 한다.
	폭풍에 의한 무너짐 방지		옥외에 설치되어 있는 승강기에 대하여 받침의 수를 증가시키는 등 승강기가 무너지는 것을 방지하기 위한 조치를 하여야 한다.

2. 크레인

1) 크레인 수리 등의 작업

① 사업주는 같은 주행로에 병렬로 설치되어 있는 주행 크레인의 수리·조정 및 점검 등의 작업을 하는 경우, 주행로 상이나 그 밖에 주행 크레인이 근로자와 접촉할 우려가 있는 장소에서 작업을 하는 경우 등에 주행 크레인끼리 충돌하거나 주행 크레인이 근로자와 접촉할 위험을 방지하기 위하여 감시인을 두고 주행로 상에 스토퍼(Stopper)를 설치하는 등 위험 방지 조치를 하여야 한다.

② 사업주는 갠트리 크레인 등과 같이 작업장 바닥에 고정된 레일을 따라 주행하는 크레인의 새들(Saddle) 돌출부와 주변 구조물 사이의 안전공간이 40센티미터 이상 되도록 바닥에 표시를 하는 등 안전공간을 확보하여야 한다.

2) 조립 등의 작업 시 조치사항

크레인의 설치·조립·수리·점검 또는 해체 작업을 하는 경우 다음의 조치를 하여야 한다.

① 작업순서를 정하고 그 순서에 따라 작업을 할 것

② 작업을 할 구역에 관계 근로자가 아닌 사람의 출입을 금지하고 그 취지를 보기 쉬운 곳에 표시할 것

③ 비, 눈, 그 밖에 기상상태의 불안정으로 날씨가 몹시 나쁜 경우에는 그 작업을 중지시킬 것

④ 작업장소는 안전한 작업이 이루어질 수 있도록 충분한 공간을 확보하고 장애물이 없도록 할 것

⑤ 들어올리거나 내리는 기자재는 균형을 유지하면서 작업을 하도록 할 것

⑥ 크레인의 성능, 사용조건 등에 따라 충분한 응력(應力)을 갖는 구조로 기초를 설치하고 침하 등이 일어나지 않도록 할 것

⑦ 규격품인 조립용 볼트를 사용하고 대칭되는 곳을 차례로 결합하고 분해할 것

3. 리프트 및 승강기의 조립 등의 작업 시 조치사항

1) 설치 · 조립 · 수리 · 점검 또는 해체 작업을 하는 경우 조치사항★

① 작업을 지휘하는 사람을 선임하여 그 사람의 지휘하에 작업을 실시할 것

② 작업을 할 구역에 관계 근로자가 아닌 사람의 출입을 금지하고 그 취지를 보기 쉬운 장소에 표시할 것

③ 비, 눈, 그 밖에 기상상태의 불안정으로 날씨가 몹시 나쁜 경우에는 그 작업을 중지시킬 것

2) 작업지휘자의 이행사항

① 작업방법과 근로자의 배치를 결정하고 해당 작업을 지휘하는 일

② 재료의 결함 유무 또는 기구 및 공구의 기능을 점검하고 불량품을 제거하는 일

③ 작업 중 안전대 등 보호구의 착용 상황을 감시하는 일

2 양중기의 와이어로프 등 안전기준

1. 양중기의 와이어로프

1) 와이어로프 등 달기구의 안전계수★

근로자가 탑승하는 운반구를 지지하는 달기와이어로프 또는 달기체인의 경우	10 이상
화물의 하중을 직접 지지하는 달기와이어로프 또는 달기체인의 경우	5 이상
훅, 샤클, 클램프, 리프팅 빔의 경우	3 이상
그 밖의 경우	4 이상

2) 와이어로프의 절단방법

① 와이어로프를 절단하여 양중작업용구를 제작하는 경우 반드시 기계적인 방법으로 절단하여야 하며, 가스용단 등 열에 의한 방법으로 절단해서는 아니 된다.

② 아크(arc), 화염, 고온부 접촉 등으로 인하여 열영향을 받은 와이어로프를 사용해서는 아니 된다.

2. 양중기 와이어로프 사용금지 조건★★

① 이음매가 있는 것

② 와이어로프의 한 꼬임[스트랜드(Strand)에서 끊어진 소선(필러(Pillar)선은 제외)]의 수가 10% 이상

(비자전로프의 경우에는 끊어진 소선의 수가 와이어로프 호칭지름의 6배 길이 이내에서 4개 이상이거나 호칭지름 30배 길이 이내에서 8개 이상)인 것

③ 지름의 감소가 공칭지름의 7%를 초과하는 것

④ 꼬인 것

⑤ 심하게 변형되거나 부식된 것

⑥ 열과 전기충격에 의해 손상된 것

01 PART
02 PART
03 PART
04 PART
05 PART
06 PART
07 PART

3 차량계 건설기계 안전기준

1. 차량계 건설기계의 종류

차량계 건설기계란 동력원을 사용하여 특정되지 아니한 장소로 스스로 이동할 수 있는 건설기계를 말한다.

① 도저형 건설기계(불도저, 스트레이트도저, 틸트도저, 앵글도저, 버킷도저 등)

② 모터그레이더(Motor Grader, 땅 고르는 기계)

③ 로더(포크 등 부착물 종류에 따른 용도 변경 형식 포함)

④ 스크레이퍼(Scraper, 흙을 절삭·운반하거나 펴 고르는 등의 작업을 하는 토공기계)

⑤ 크레인형 굴착기계(크램쉘, 드래그라인 등)

⑥ 굴착기(브레이커, 크러셔, 드릴 등 부착물 종류에 따른 용도 변경 형식을 포함한다)

⑦ 항타기 및 항발기

⑧ 천공용 건설기계(어스드릴, 어스오거, 크롤러드릴, 점보드릴 등)

⑨ 지반 압밀침하용 건설기계(샌드드레인머신, 페이퍼드레인머신, 팩드레인머신 등)

⑩ 지반 다짐용 건설기계(타이어롤러, 매커덤롤러, 탠덤롤러 등)

⑪ 준설용 건설기계(버킷준설선, 그래브준설선, 펌프준설선 등)

⑫ 콘크리트 펌프카

⑬ 덤프트럭

⑭ 콘크리트 믹서 트럭

⑮ 도로포장용 건설기계(아스팔트 살포기, 콘크리트 살포기, 아스팔트 피니셔, 콘크리트 피니셔 등)

⑯ 골재 채취 및 살포용 건설기계(쇄석기, 자갈채취기, 골재살포기 등)

⑰ 제①호부터 제⑯호까지와 유사한 구조 또는 기능을 갖는 건설기계로서 건설작업에 사용하는 것

2. 차량계 건설기계의 안전기준

1) 낙하물 보호구조★★

암석이 떨어질 우려가 있는 등 위험한 장소에서 차량계 건설기계를 사용하는 경우에는 해당 차량계 건설기계에 견고한 낙하물 보호구조를 갖춰야 한다.

① 불도저

② 트랙터

③ 굴착기

④ 로더(Loader : 흙 따위를 퍼올리는 데 쓰는 기계)

⑤ 스크레이퍼(Scraper : 흙을 절삭 · 운반하거나 펴 고르는 등의 작업을 하는 토공기계)

⑥ 덤프트럭

⑦ 모터그레이더(Motor Grader : 땅 고르는 기계)

⑧ 롤러(Roller : 지반 다짐용 건설기계)

⑨ 천공기

⑩ 항타기 및 항발기

2) 전도 등의 방지

① 유도자 배치

② 지반의 부동침하 방지

③ 갓길의 붕괴 방지 및 도로의 폭의 유지

3) 차량계 건설기계의 이송

① 싣거나 내리는 작업은 평탄하고 견고한 장소에서 할 것

② 발판을 사용하는 경우에는 충분한 길이 · 폭 및 강도를 가진 것을 사용하고 적당한 경사를 유지하기 위하여 견고하게 설치할 것

③ 자루 · 가설대 등을 사용하는 경우에는 충분한 폭 및 강도와 적당한 경사를 확보할 것

4) 붐 등의 강하에 의한 위험방지

차량계 건설기계의 붐 · 암 등을 올리고 그 밑에서 수리 · 점검작업 등을 하는 경우 붐 · 암 등이 갑자기 내려옴으로써 발생하는 위험을 방지하기 위하여 해당 작업에 종사하는 근로자에게 안전지지대 또는 안전블록 등을 사용하도록 하여야 한다.

5) 차량계 건설기계 작업계획서 내용

① 사용하는 차량계 건설기계의 종류 및 성능

② 차량계 건설기계의 운행경로

③ 차량계 건설기계에 의한 작업방법

6) 수리 등의 작업 시 조치

① 작업순서를 결정하고 작업을 지휘할 것

② 안전지지대 또는 안전블록 등의 사용상황 등을 점검할 것

4 유해물질 취급 시 주의사항

1. 관리대상 유해물질 취급 시 주의사항

1) 관리대상 유해물질의 정의

건강장해를 예방하기 위한 보건상의 조치가 필요한 원재료 · 가스 · 증기 · 분진 · 흄 · 미스트로서 법에서 정한 유기화합물, 금속류, 산 · 알칼리류, 가스상태 물질류 등을 말한다.

2) 관리대상 유해물질 취급 작업장의 게시사항★★

① 관리대상 유해물질의 명칭
② 인체에 미치는 영향
③ 취급상 주의사항
④ 착용하여야 할 보호구
⑤ 응급조치와 긴급 방재 요령

2. 허가대상 유해물질 취급 시 주의사항

1) 허가대상 유해물질의 정의

고용노동부장관의 허가를 받지 않고는 제조 · 사용이 금지되는 물질을 말한다.

2) 허가대상 유해물질 취급 작업장의 게시사항★★

① 허가대상 유해물질의 명칭
② 인체에 미치는 영향
③ 취급상의 주의사항
④ 착용하여야 할 보호구
⑤ 응급처치와 긴급 방재 요령

5 굴착작업 등의 위험방지 안전기준

1. 흙막이 지보공

1) 조립도

① 흙막이 지보공을 조립하는 경우 미리 조립도를 작성하여 그 조립도에 따라 조립하도록 하여야 한다.
② 조립도는 흙막이판 · 말뚝 · 버팀대 및 띠장 등 부재의 배치 · 치수 · 재질 및 설치방법과 순서가 명시되어야 한다.

2) 붕괴 등의 위험방지

① 흙막이 지보공을 설치하였을 때에는 정기적으로 다음 각 호의 사항을 점검하고 이상을 발견하면 즉시 보수하여야 한다.

   ㉠ 부재의 손상 · 변형 · 부식 · 변위 및 탈락의 유무와 상태

   ㉡ 버팀대의 긴압(緊壓)의 정도

   ㉢ 부재의 접속부 · 부착부 및 교차부의 상태

   ㉣ 침하의 정도

② 정기적인 점검 외에 설계도서에 따른 계측을 하고 계측 분석 결과 토압의 증가 등 이상한 점을 발견한 경우에는 즉시 보강조치를 하여야 한다.

2. 터널 지보공

1) 조립도

① 터널 지보공을 조립하는 경우에는 미리 그 구조를 검토한 후 조립도를 작성하고, 그 조립도에 따라 조립하도록 하여야 한다.

② 조립도에는 재료의 재질, 단면규격, 설치간격 및 이음방법 등을 명시하여야 한다.

2) 붕괴 등의 방지

터널 지보공을 설치한 경우에 다음의 사항을 수시로 점검하여야 하며, 이상을 발견한 경우에는 즉시 보강하거나 보수하여야 한다.

① 부재의 손상 · 변형 · 부식 · 변위 탈락의 유무 및 상태

② 부재의 긴압 정도

③ 부재의 접속부 및 교차부의 상태

④ 기둥침하의 유무 및 상태

6 철골작업 해체작업 안전기준

1. 철골작업의 안전기준

철골조립 시의 위험 방지	철골을 조립하는 경우에 철골의 접합부가 충분히 지지되도록 볼트를 체결하거나 이와 같은 수준 이상의 견고한 구조가 되기 전에는 들어 올린 철골을 걸이로프 등으로부터 분리해서는 아니 된다.
승강로의 설치	근로자가 수직방향으로 이동하는 철골부재에는 답단 간격이 30센티미터 이내인 고정된 승강로를 설치하여야 하며, 수평방향 철골과 수직방향 철골이 연결되는 부분에는 연결작업을 위하여 작업발판 등을 설치하여야 한다.
가설통로의 설치	철골작업을 하는 경우에 근로자의 주요 이동통로에 고정된 가설통로를 설치하여야 한다.
작업의 제한 (철골작업 중지) ★★	① 풍속이 초당 10미터 이상인 경우 ② 강우량이 시간당 1밀리미터 이상인 경우 ③ 강설량이 시간당 1센티미터 이상인 경우

2. 철골작업 재해방지 설비

① 용도, 사용장소 및 조건에 따른 재해 방지설비

구분	기능	용도, 사용장소, 조건	설비
추락 방지	안전한 작업이 가능한 작업대	높이 2미터 이상의 장소로서 추락의 우려가 있는 작업	비계, 달비계, 수평통로, 안전난간대
	추락자를 보호할 수 있는 것	작업대 설치가 어렵거나 개구부 주위로 난간 설치가 어려운 곳	추락방지용 방망
	추락의 우려가 있는 위험장소에서 작업자의 행동을 제한하는 것	개구부 및 작업대의 끝	난간, 울타리
	작업자의 신체를 유지시키는 것	안전한 작업대나 난간설비를 할 수 없는 곳	안전대부착설비, 안전대, 구명줄
비래 낙하 및 비산 방지	위에서 낙하된 것을 막는 것	철골 건립, 볼트 체결 및 기타 상하 작업	방호철망, 방호울타리, 가설앵커설비
	제3자의 위해 방지	볼트, 콘크리트 덩어리, 형틀재, 일반자재, 먼저 등이 낙하비산할 우려가 있는 작업	방호철망, 방호시트, 방호울타리, 방호선반, 안전망
	불꽃의 비산 방지	용접, 용단을 수반하는 작업	석면포

② 고소작업에 따른 추락 방지
   ㉠ 추락 방지용 방망
   ㉡ 안전대 및 안전대 부착설비

③ 구명줄 설치
   ㉠ 1가닥의 구명줄을 여러 명이 동시에 사용 금지
   ㉡ 구명줄을 마닐라 로프 직경 16mm를 기준하여 설치

④ 낙하 · 비래 및 비산 방지설비
   ㉠ 지상층의 철골건립 개시 전에 설치
   ㉡ 철골건물의 높이가 지상 20m 이하일 때는 방호선반을 1단 이상, 20m 이상인 경우에는 2단 이상 설치
   ㉢ 건물외부비계 방호시트에서 수평거리로 2m 이상 돌출하고 20° 이상의 각도를 유지시킬 것

⑤ 화기를 사용할 경우 : 불연성 재료로 울타리를 설치하거나 석면포로 주위를 덮는 등의 조치를 취할 것

⑥ 철골건물 내부에 낙하 · 비래 방지시설을 설치할 경우 : 3층 간격마다 수평으로 철망을 설치하여 작업자의 추락방지시설을 겸하도록 하되 기둥 주위에 공간이 생기지 않도록 하여야 한다.

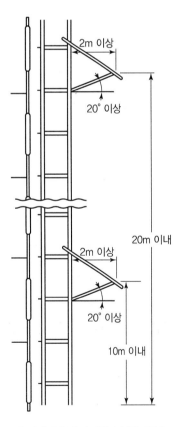

| 낙하비래 방지시설의 설치기준 |

⑦ 철골 건립 중 건립위치까지 작업자가 안전하게 승강할 수 있는 사다리, 계단, 외부비계, 승강용 엘리베이터 등을 설치해야 하며 건립이 실시되는 층에서는 주로 기둥을 이용하여 올라가는 경우가 많으므로 기둥승강 설비로서 기둥 제작 시 16밀리미터 철근 등을 이용하여 30센티미터 이내의 간격, 30센티미터 이상의 폭으로 트랩을 설치하여야 하며 안전대 부착설비구조를 겸용하여야 한다.

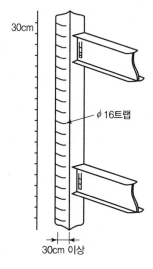

| 기둥승강용 트랩 |

3. 외압(강풍에 의한 풍압 등)에 대한 내력 설계 확인 구조물★

구조안전의 위험이 큰 다음 각 항목의 철골구조물은 건립 중 강풍에 의한 풍압 등 외압에 대한 내력이 설계에 고려되었는지 확인하여야 한다.

① 높이 20미터 이상의 구조물
② 구조물의 폭과 높이의 비가 1 : 4 이상인 구조물
③ 단면구조에 현저한 차이가 있는 구조물
④ 연면적당 철골량이 50kg/m² 이하인 구조물
⑤ 기둥이 타이플레이트(Tie Plate)형인 구조물
⑥ 이음부가 현장용접인 구조물

7 중량물 취급 시 작업계획 안전기준

1. 중량물 취급 시 준수사항

① 중량물을 운반하거나 취급하는 경우에 하역운반기계 · 운반용구를 사용하여야 한다. (다만, 작업의 성질상 사용하기 곤란한 경우에는 그러하지 아니하다)
② 중량물 취급작업의 작업계획서를 작성한 경우 작업지휘자를 지정하여 작업계획서에 따라 작업을 지휘하도록 하여야 한다.

③ 중량물을 2명 이상의 근로자가 취급하거나 운반하는 작업을 하는 경우 일정한 신호방법을 정하여 신호하도록 하여야 하며, 운전자는 그 신호에 따라야 한다.

2. 경사면에서의 중량물 취급 시 준수사항(드럼통 등의 중량물 취급 시)

① 구름멈춤대, 쐐기 등을 이용하여 중량물의 동요나 이동을 조절할 것
② 중량물이 구르는 방향인 경사면 아래로는 근로자의 출입을 제한할 것

3. 중량물을 들어올리는 작업에 관한 특별 조치

① **중량물의 제한** : 근로자가 인력으로 들어올리는 작업을 하는 경우에 과도한 무게로 인하여 근로자의 목·허리 등 근골격계에 무리한 부담을 주지 않도록 최대한 노력하여야 한다.
② **작업조건** : 근로자가 취급하는 물품의 중량·취급빈도·운반거리·운반속도 등 인체에 부담을 주는 작업의 조건에 따라 작업시간과 휴식시간 등을 적정하게 배분하여야 한다.
③ 5kg 이상의 중량물을 들어올리는 작업 시 조치사항
　㉠ 주로 취급하는 물품에 대하여 근로자가 쉽게 알 수 있도록 물품의 중량과 무게중심에 대하여 작업장 주변에 안내표시를 할 것
　㉡ 취급하기 곤란한 물품은 손잡이를 붙이거나 갈고리, 진공빨판 등 적절한 보조도구를 활용할 것

4. 중량물의 취급작업 작업계획서 내용★

① 추락위험을 예방할 수 있는 안전대책
② 낙하위험을 예방할 수 있는 안전대책
③ 전도위험을 예방할 수 있는 안전대책
④ 협착위험을 예방할 수 있는 안전대책
⑤ 붕괴위험을 예방할 수 있는 안전대책

8 하역작업 등에 의한 위험방지 안전기준

1. 화물취급 작업 등의 안전수칙

1) 섬유로프의 사용금지 조건(하물운반용 또는 고정용 사용 시)★

① 꼬임이 끊어진 것
② 심하게 손상되거나 부식된 것

2) 부두·안벽 등 하역작업장 조치사항★

① 작업장 및 통로의 위험한 부분에는 안전하게 작업할 수 있는 조명을 유지할 것
② 부두 또는 안벽의 선을 따라 통로를 설치하는 경우에는 폭을 90센티미터 이상으로 할 것

01 PART
02 PART
03 PART
04 PART
05 PART
06 PART
07 PART

③ 육상에서의 통로 및 작업장소로서 다리 또는 선거 갑문을 넘는 보도 등의 위험한 부분에는 안전난간 또는 울타리 등을 설치할 것

3) 하적단의 간격★

바닥으로부터의 높이가 2미터 이상 되는 하적단(포대ㆍ가마니 등으로 포장된 화물이 쌓여 있는 것만 해당)과 인접 하적단 사이의 간격을 하적단의 밑부분을 기준하여 10센티미터 이상으로 하여야 한다.

4) 하적단의 붕괴 등에 의한 위험방지

① 하적단의 붕괴 또는 화물의 낙하에 의하여 근로자가 위험해질 우려가 있는 경우에는 그 하적단을 로프로 묶거나 망을 치는 등 위험을 방지하기 위하여 필요한 조치를 하여야 한다.
② 하적단을 쌓는 경우에는 기본형을 조성하여 쌓아야 한다.
③ 하적단을 헐어내는 경우에는 위에서부터 순차적으로 층계를 만들면서 헐어내어야 하며, 중간에서 헐어내어서는 아니 된다.

2. 항만하역작업 안전수칙

1) 통행설비의 설치

갑판의 윗면에서 선창 밑바닥까지의 깊이가 1.5미터를 초과하는 선창의 내부에서 화물취급작업을 하는 경우에 그 작업에 종사하는 근로자가 안전하게 통행할 수 있는 설비를 설치하여야 한다. (다만, 안전하게 통행할 수 있는 설비가 선박에 설치되어 있는 경우에는 그러하지 아니하다.)

2) 선박승강설비의 설치

① 300톤급 이상의 선박에서 하역작업을 하는 경우에 근로자들이 안전하게 오르내릴 수 있는 현문 사다리를 설치하여야 하며, 이 사다리 밑에 안전망을 설치하여야 한다.
② 현문 사다리는 견고한 재료로 제작된 것으로 너비는 55센티미터 이상이어야 하고, 양측에 82센티미터 이상의 높이로 울타리를 설치하여야 하며, 바닥은 미끄러지지 않도록 적합한 재질로 처리되어야 한다.
③ 현문 사다리는 근로자의 통행에만 사용하여야 하며, 화물용 발판 또는 화물용 보판으로 사용하도록 해서는 아니 된다.

3) 양하작업 시의 안전조치

① 양하장치 등을 사용하여 양하작업을 하는 경우에 선창 내부의 화물을 안전하게 운반할 수 있도록 미리 해치(Hatch)의 수직 하부에 옮겨 놓아야 한다.
② 화물을 옮기는 경우에는 대차 또는 스내치 블록(Snatch Block)을 사용하는 등 안전한 방법을 사용하여야 하며, 화물을 슬링 로프(Sling Rope)로 연결하여 직접 끌어내는 등 안전하지 않은 방법을 사용해서는 아니 된다.

9 밀폐공간 내 작업 시의 조치 등

1. 용어의 정의

① **유해가스** : 탄산가스·일산화탄소·황화수소 등의 기체로서 인체에 유해한 영향을 미치는 물질을 말한다.
② **적정 공기** : 산소농도의 범위가 18퍼센트 이상 23.5퍼센트 미만, 탄산가스의 농도가 1.5퍼센트 미만, 일산화탄소의 농도가 30피피엠 미만, 황화수소의 농도가 10피피엠 미만인 수준의 공기를 말한다.
③ **산소결핍** : 공기 중의 산소농도가 18퍼센트 미만인 상태를 말한다.
④ **산소결핍증** : 산소가 결핍된 공기를 들이마심으로써 생기는 증상을 말한다.
⑤ **밀폐공간** : 산소결핍, 유해가스로 인한 질식·화재·폭발 등의 위험이 있는 장소를 말한다.

2. 밀폐공간 보건작업 프로그램 수립·시행 등

① 밀폐공간에서 근로자에게 작업을 하도록 하는 경우 다음 각 호의 내용이 포함된 밀폐공간 작업 프로그램을 수립하여 시행하여야 한다. ★
  ㉠ 사업장 내 밀폐공간의 위치 파악 및 관리방안
  ㉡ 밀폐공간 내 질식·중독 등을 일으킬 수 있는 유해·위험 요인의 파악 및 관리방안
  ㉢ 밀폐공간 작업 시 사전 확인이 필요한 사항에 대한 확인 절차
  ㉣ 안전보건교육 및 훈련
  ㉤ 그 밖에 밀폐공간 작업 근로자의 건강장해 예방에 관한 사항
② 근로자가 밀폐공간에서 작업을 시작하기 전에 다음의 사항을 확인하여 근로자가 안전한 상태에서 작업하도록 하여야 한다.
  ㉠ 작업 일시, 기간, 장소 및 내용 등 작업 정보
  ㉡ 관리감독자, 근로자, 감시인 등 작업자 정보
  ㉢ 산소 및 유해가스 농도의 측정결과 및 후속조치 사항
  ㉣ 작업 중 불활성 가스 또는 유해가스의 누출·유입·발생 가능성 검토 및 후속조치 사항
  ㉤ 작업 시 착용하여야 할 보호구의 종류
  ㉥ 비상연락체계
③ 밀폐공간에서의 작업이 종료될 때까지 ②의 내용을 해당 작업장 출입구에 게시하여야 한다.

3. 밀폐공간 내 작업 시의 조치사항

① **환기**★★
  ㉠ 근로자가 밀폐공간에서 작업을 하는 경우에 작업을 시작하기 전과 작업 중에 해당 작업장을 적정 공기 상태가 유지되도록 환기하여야 한다. 다만, 폭발이나 산화 등의 위험으로 인하여 환기할 수 없거나 작업의 성질상 환기하기가 매우 곤란한 경우에는 근로자에게 공기호흡기 또는 송기마스

크를 지급하여 착용하도록 하고 환기하지 아니할 수 있다.

ⓛ 근로자는 지급된 보호구를 착용하여야 한다.

② **인원의 점검★★** : 근로자가 밀폐공간에서 작업을 하는 경우에 그 장소에 근로자를 입장시킬 때와 퇴장시킬 때마다 인원을 점검하여야 한다.

③ **출입의 금지**

ⓖ 사업장 내 밀폐공간을 사전에 파악하여 밀폐공간에는 관계 근로자가 아닌 사람의 출입을 금지하고, 출입금지 표지를 밀폐공간 근처의 보기 쉬운 장소에 게시하여야 한다.

ⓛ 근로자는 출입이 금지된 장소에 사업주의 허락 없이 출입해서는 아니 된다.

④ **감시인의 배치**

ⓖ 근로자가 밀폐공간에서 작업을 하는 동안 작업상황을 감시할 수 있는 감시인을 지정하여 밀폐공간 외부에 배치하여야 한다.

ⓛ 감시인은 밀폐공간에 종사하는 근로자에게 이상이 있을 경우에 구조요청 등 필요한 조치를 한 후 이를 즉시 관리감독자에게 알려야 한다.

ⓒ 근로자가 밀폐공간에서 작업을 하는 동안 그 작업장과 외부의 감시인 간에 항상 연락을 취할 수 있는 설비를 설치하여야 한다.

⑤ **안전대**

ⓖ 밀폐공간에서 작업하는 근로자가 산소결핍이나 유해가스로 인하여 추락할 우려가 있는 경우에는 해당 근로자에게 안전대나 구명밧줄, 공기호흡기 또는 송기마스크를 지급하여 착용하도록 하여야 한다.

ⓛ 안전대나 구명밧줄을 착용하도록 하는 경우에 이를 안전하게 착용할 수 있는 설비 등을 설치하여야 한다.

ⓒ 근로자는 지급된 보호구를 착용하여야 한다.

⑥ **대피용 기구의 비치** : 근로자가 밀폐공간에서 작업을 하는 경우에 공기호흡기 또는 송기마스크, 사다리 및 섬유로프 등 비상시에 근로자를 피난시키거나 구출하기 위하여 필요한 기구를 갖추어 두어야 한다.

⑦ **구출 시 공기호흡기 또는 송기마스크의 사용**

ⓖ 밀폐공간에서 위급한 근로자를 구출하는 작업을 하는 경우 그 구출작업에 종사하는 근로자에게 공기호흡기 또는 송기마스크를 지급하여 착용하도록 하여야 한다.

ⓛ 근로자는 지급된 보호구를 착용하여야 한다.

⑧ **보호구의 지급** : 공기호흡기 또는 송기마스크를 지급하는 때에 근로자에게 질병 감염의 우려가 있는 경우에는 개인전용의 것을 지급하여야 한다.